U0259963

为网页设置标题
视频：光盘＼视频＼第 5 章＼5-1-1.swf

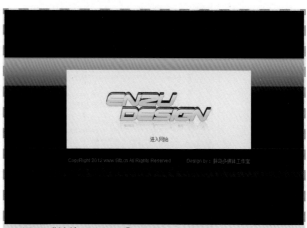

设置"链接（CSS）"选项
视频：光盘＼视频＼第 6 章＼6-1-3.swf

设置社区生活网站头信息
视频：光盘＼视频＼第 5 章＼5-2.swf

设置个人网站页面属性
视频：光盘＼视频＼第 6 章＼6-3.swf

设置"外观（CSS）"选项
视频：光盘＼视频＼第 6 章＼6-1-1.swf

使用外部 CSS 样式
视频：光盘＼视频＼第 7 章＼7-4-3.swf

其他样式设置

视频：光盘＼视频＼第 7 章 ＼7-5-5.swf

为元素应用多个类 CSS 样式

视频：光盘＼视频＼第 7 章 ＼7-7.swf

创建复合选择器

视频：光盘＼视频＼第 7 章 ＼7-3-6.swf

同时设置页面中多个元素

视频：光盘＼视频＼第 7 章 ＼7-3-7.swf

使用 CSS 过渡实现网页特效

视频：光盘＼视频＼第 7 章 ＼7-6.swf

文本样式设置

视频：光盘 \ 视频 \ 第 7 章 \7-5-2.swf

在网页中实现文字阴影

视频：光盘 \ 视频 \ 第 8 章 \8-3-3.swf

制作设计类网站页面

视频：光盘 \ 视频 \ 第 7 章 \7-8.swf

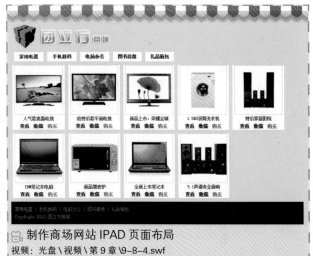

制作商场网站 IPAD 页面布局

视频：光盘 \ 视频 \ 第 9 章 \9-8-4.swf

实现鼠标滑过图像动态效果

视频：光盘 \ 视频 \ 第 8 章 \8-7.swf

实现网页元素阴影效果

视频：光盘 \ 视频 \ 第 8 章 \8-5-6.swf

动态改变图像边框颜色

视频：光盘 \ 视频 \ 第 15 章 \15-2-6.swf

定位网页元素位置
视频：光盘\视频\第 9 章\9-6-2.swf

为网页元素添加边框
视频：光盘\视频\第 9 章\9-6-3.swf

控制 Div 中内容的位置
视频：光盘\视频\第 9 章\9-6-4.swf

制作文本网页
视频：光盘\视频\第 10 章\10-1-1.swf

实现网页元素固定定位
视频：光盘\视频\第 9 章\9-7-4.swf

制作休闲游戏网站页面
视频：光盘\视频\第 9 章\9-10.swf

制作 HTML 5 视频页面
视频：光盘\视频\第 12 章\12-2-2.swf

使用 Adobe Edge Web Fonts
视频：光盘 \ 视频 \ 第 10 章\10-5-1.swf

实现特殊的字体效果
视频：光盘 \ 视频 \ 第 10 章\10-5-2.swf

制作企业网站页面
视频：光盘 \ 视频 \ 第 10 章\10-7.swf

制作旅游信息网站页面
视频：光盘 \ 视频 \ 第 11 章\11-5.swf

插入图像
视频：光盘 \ 视频 \ 第 11 章\11-2.swf

制作 HTML 5 音频网页
视频：光盘 \ 视频 \ 第 12 章\12-3-2.swf

制作交互导航菜单

视频：光盘＼视频＼第 11 章\11-3-1.swf

使用 HTML 5 画布实现圆形图片

视频：光盘＼视频＼第 11 章\11-4-5.swf

插入日期

视频：光盘＼视频＼第 10 章\10-4-5.swf

制作广告展示页面

视频：光盘＼视频＼第 12 章\12-1-1.swf

在网页中实现文本滚动

视频：光盘＼视频＼第 10 章\10-6.swf

制作 Flash 欢迎页面

视频：光盘＼视频＼第 12 章\12-4-1.swf

制作 jQuery Mobile 表单页面

视频：光盘＼视频＼第 18 章\18-2-5.swf

创建内部链接
视频：光盘 \ 视频 \ 第 13 章 \13-1-2.swf

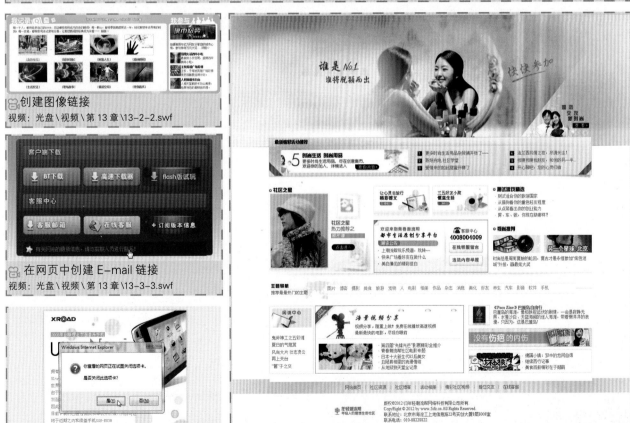

创建图像链接
视频：光盘 \ 视频 \ 第 13 章 \13-2-2.swf

在网页中创建 E-mail 链接
视频：光盘 \ 视频 \ 第 13 章 \13-3-3.swf

在网页中创建脚本链接
视频：光盘 \ 视频 \ 第 13 章 \13-3-4.swf

制作交友网站页面
视频：光盘 \ 视频 \ 第 15 章 \15-4.swf

在网页中创建图像热点链接

视频：光盘 \ 视频 \ 第 13 章 \13-3-5.swf

使用 CSS 实现交互变色表格

视频：光盘 \ 视频 \ 第 14 章 \14-4-2.swf

制作登录页面

视频：光盘 \ 视频 \ 第 16 章 \16-4.swf

制作音乐类网站页面

视频：光盘 \ 视频 \ 第 13 章 \13-5.swf

在网页中导入表格式数据内容

视频：光盘 \ 视频 \ 第 14 章 \14-3-2.swf

制作社区类网站页面

视频：光盘 \ 视频 \ 第 14 章 \14-6.swf

实现图像翻转效果

视频：光盘\视频\第 15 章\15-2-1.swf

检查网页登录表单信息

视频：光盘\视频\第 15 章\15-2-9.swf

添加弹出欢迎信息

视频：光盘\视频\第 15 章\15-2-2.swf

制作休闲旅游网站页面

视频：光盘\视频\第 12 章\12-7.swf

新建基于模板的页面

视频：光盘\视频\第 17 章\17-3-1.swf

制作用户注册页面

视频：光盘\视频\第 16 章\16-5.swf

实现弹出网页窗口
视频：光盘 \ 视频 \ 第 15 章 \15-2-4.swf

插入图像按钮
视频：光盘 \ 视频 \ 第 16 章 \16-2-12.swf

制作游戏类网站页面
视频：光盘 \ 视频 \ 第 20 章 \20-2.swf

在网页中嵌入普通视频

视频：光盘\视频\第 12 章\12-6-2.swf

为网页添加背景音乐

视频：光盘\视频\第 12 章\12-5-2.swf

动态显示隐藏网页导航

视频：光盘\视频\第 15 章\15-3-2.swf

在网页中应用库项目

视频：光盘\视频\第 17 章\17-1-2.swf

制作企业类网站页面

视频：光盘\视频\第 20 章\20-1.swf

在网页中插入 FLV 视频

视频：光盘\视频\第 12 章\12-4-3.swf

制作艺术类网站页面

视频：光盘\视频\第 17 章\17-4.swf

制作旅游信息手机网站页面

视频：光盘\视频\第18章\18-3.swf

制作折叠式公告

视频：光盘\视频\第18章\18-6-2.swf

制作儿童类网站页面

视频：光盘\视频\第20章\20-3.swf

实现特殊的打开链接页面方式

视频：光盘\视频\第15章\15-2-14.swf

制作选项卡式新闻列表

视频：光盘\视频\第18章\18-7-2.swf

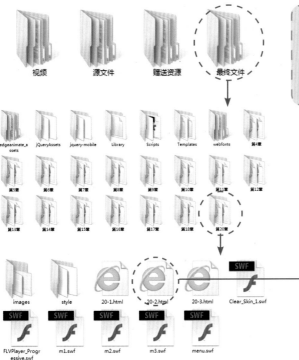

在"源文件"文件夹中包含书中所有操作案例的原始文件和素材，在"最终文件"文件夹中包含书中所有操作案例的最终效果文件。读者可以在光盘中找到原始文件进行练习，也可以查看书中案例的最终效果。

在"视频"文件夹中包含书中所有章节的案例制作视频讲解教程，全书共 149 个视频讲解教程，视频时长达 362 分钟，SWF 格式视频教程更方便播放和控制。

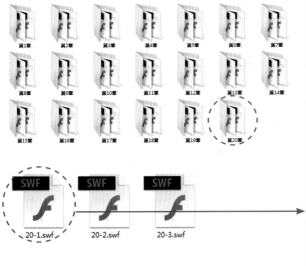

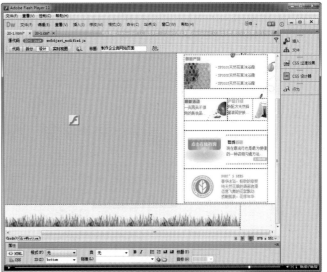

在"赠送资源"文件夹中附赠了 820 张网页背景图片、4000 多个网页常用精美图标、精美网页按钮 PSD 文件、精美网页导航 PSD 文件、115 种实用网页特效代码和 50 个 DIV+CSS 模板。

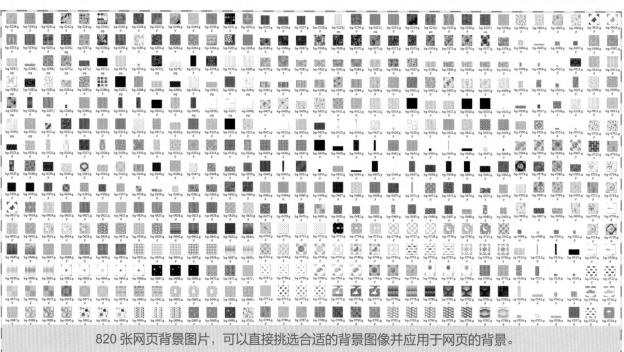

820 张网页背景图片，可以直接挑选合适的背景图像并应用于网页的背景。

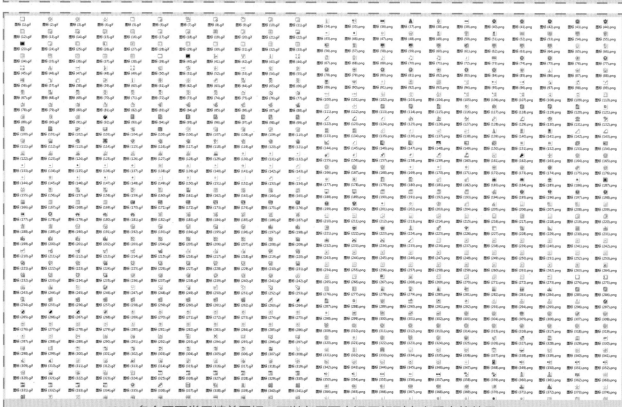

4000 多个网页常用精美图标，可以在网页中运用起到突出重点的效果。

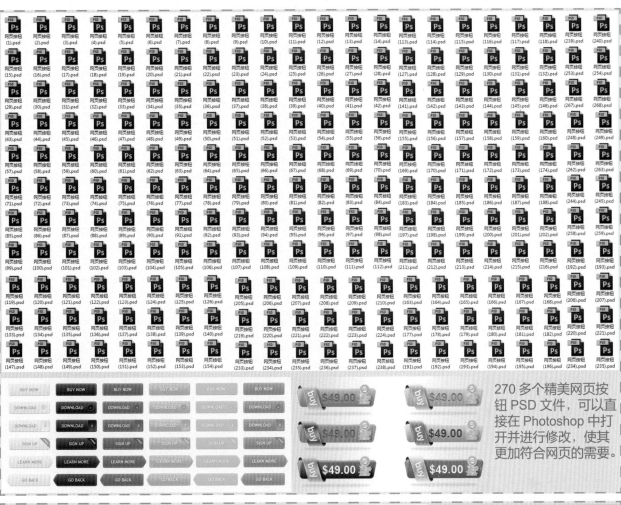

270 多个精美网页按钮 PSD 文件，可以直接在 Photoshop 中打开并进行修改，使其更加符合网页的需要。

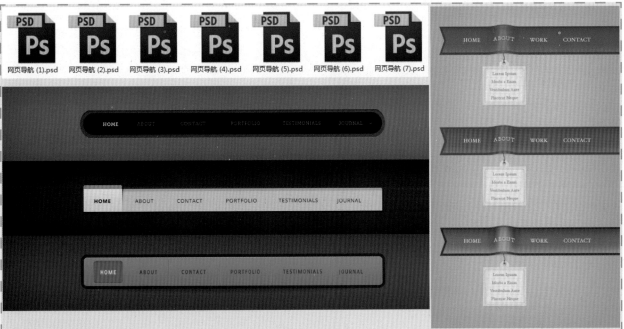

精美网页导航 PSD 文件，可以直接用于网页设计中，也可以开拓在网页导航设计方面的思路，从而设计出更多精美的网页导航菜单。

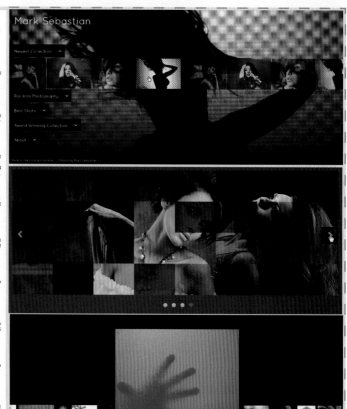

115 种实用网页特效代码，通过在网页中添加特效，可以使网页动感十足，并增强网页的交互效果。

50 个 DIV+CSS 模板，可以直接在 Dreamweaver 中打开网页，查看网页源文件和相关的 CSS 样式。

完全掌握

Dreamweaver CC

白金手册

张国勇 贺丽娟 编著

清华大学出版社

北京

内 容 简 介

本书讲解清晰明了、文字通俗易懂，从多方面讲述了Dreamweaver CC中所涉及的知识点，并配以精美的案例进行实践性的讲解，由浅到深、由点到面地对Dreamweaver CC的使用方法和网页的制作技巧进行全面阐述。

全书共分20章，其中包括网页设计基础与制作流程、初识Dreamweaver CC、创建与管理站点、HTML与HTML 5、设置网页头信息、网页整体属性设置、精通CSS样式、认识并应用CSS 3属性、使用DIV+CSS灵活布局网页、在网页中输入文本、在网页中插入图像、在网页中插入多媒体元素、网页中链接的设置、使用表格和IFrame框架布局网页、使用行为丰富网页效果、使用表单创建交互网页、创建库和模板网页、网站的测试与维护、商业网站实战等内容。全书采用了理论与实践相结合的方式，将基础知识与实例操作相结合，贯穿整本书的脉络，从而达到更加有效的学习效果。

本书配套光盘中提供了书中所有案例的源文件、相关素材以及视频教程，方便读者学习和参考。

本书适合广大网页设计人员，并且可以作为高等院校网页设计专业的教材，以及相关培训的辅助教材。

本书封面贴有清华大学出版社防伪标签，无标签者不得销售。

版权所有，侵权必究。侵权举报电话：010-62782989　13701121933

图书在版编目(CIP)数据

完全掌握——Dreamweaver CC白金手册 / 张国勇，贺丽娟 编著. —北京：清华大学出版社，2015
ISBN 978-7-302-40093-6

Ⅰ. ①完… Ⅱ. ①张… ②贺… Ⅲ. ①网页制作工具—手册 Ⅳ. ①TP393.092-62

中国版本图书馆CIP数据核字(2015)第089651号

责任编辑： 李　磊
封面设计： 王　晨
责任校对： 邱晓玉
责任印制： 刘海龙

出版发行： 清华大学出版社
　　　　网　　　址：http://www.tup.com.cn，http://www.wqbook.com
　　　　地　　　址：北京清华大学学研大厦A座　　　　　邮　　编：100084
　　　　社 总 机：010-62770175　　　　　　　　　　邮　　购：010-62786544
　　　　投稿与读者服务：010-62776969，c-service@tup.tsinghua.edu.cn
　　　　质 量 反 馈：010-62772015，zhiliang@tup.tsinghua.edu.cn
印 装 者： 北京嘉实印刷有限公司
经　　销： 全国新华书店
开　　本： 203mm×260mm　　　**印　张：** 27　**彩　插：** 8　**字　数：** 894千字
　　　　(附DVD光盘1张)
版　　次： 2015年8月第1版　　　**印　次：** 2015年8月第1次印刷
印　　数： 1～4000
定　　价： 89.80元

产品编号：062383-01

前言

　　如今，随着互联网的飞速发展，网络已经成为人们生活中不可或缺的一部分。作为业界领先的网页制作软件，无论是国内还是国外，Dreamweaver 都深受广大网页设计工作者的青睐。

　　Dreamweaver 是一款对 Web 站点、Web 网页和 Web 应用程序进行设计、编码和开发的专业编辑软件。目前，Dreamweaver CC 是该软件的最新版本，该版本中增加了许多新功能。同时，对软件外观和布局的设计做了进一步的调整，使界面看起来非常简洁、明朗。在软件的性能和易操作性方面也做了不少改进，全面支持最新的 HTML 5 和 CSS 3 技术，并且支持目前各种主流的动态网站的开发语言。可以说，它是一个集网页创作和站点管理两大利器于一身的超重量级创作工具，并且随着 Dreamweaver CC 的发布，网页设计与制作之风将会再一次被推向高潮。

本书特点与内容安排

　　本书共分 20 章内容进行讲述，通过结合实例操作，向用户详细并系统地介绍了 Dreamweaver CC 的相关功能和操作技巧，每一个知识点的介绍和实例步骤的讲解都通俗易懂，力争让用户能够真正做到学以致用。每章的主要内容如下。

　　第 1 章　网页设计基础与制作流程，主要对互联网的基础知识、网站的制作流程，以及设计网页的技巧进行简单的介绍。

　　第 2 章　初识 Dreamweaver CC，对全新版本的 Dreamweaver 相关基础功能进行介绍，包括 Dreamweaver CC 基础操作、新增功能以及如何安装、卸载该软件。

　　第 3 章　创建与管理站点，主要介绍在 Dreamweaver CC 中站点的创建和管理方法，以及站点的一些基本操作。

　　第 4 章　HTML 与 HTML 5，主要介绍 HTML 的相关基础知识和在 Dreamweaver CC 中编写 HTML 的方法，还介绍了 HTML 5 的相关知识。

　　第 5 章　设置网页头信息，主要介绍如何在 Dreamweaver CC 中设置头信息和 META 信息，并且讲述了在 HTML 代码中编辑页面头信息的方法。

　　第 6 章　网页整体属性设置，主要介绍网页元素的属性设置方法，以及如何使用辅助工具达到更加精确的设置。

　　第 7 章　精通 CSS 样式，主要向用户介绍 CSS 样式的相关知识，其中包括认识、创建以及编辑 CSS 样式，以及不同类型的 CSS 属性的设置方法。

　　第 8 章　认识并应用 CSS 3 属性，主要向用户详细介绍 CSS 3 中新增的各种控制属性，以及这些新增属性的设置方法和应用。

　　第 9 章　使用 DIV+CSS 灵活布局网页，主要介绍定义 Div 和常用的定位方式，以及表格布局和盒模型的相关知识。

　　第 10 章　在网页中输入文本，主要介绍在网页中对输入的文字进行相应的编辑和调整方法，其中包括设置文本属性、插入特殊文本对象，以及如何通过检查拼写和查找替换对文字进行修改和更正。

第 11 章　在网页中插入图像，主要介绍网页图像的基本知识，以及在网页中插入图像和其他图像元素的方法和技巧。

第 12 章　在网页中插入多媒体元素，主要介绍在 Dreamweaver CC 中如何插入多媒体，其中包括插入 Edge Animate 作品、HTML 5 Video、HTML 5 Audio、Flash 动画、背景音乐、视频等。

第 13 章　网页中链接的设置，主要介绍如何在网页中为文字和图像创建链接，以及创建内部或外部链接的方法，并对链接的几种形式分别进行介绍。

第 14 章　使用表格和 IFrame 框架布局网页，主要介绍表格和 IFrame 框架两种网页布局方式，以及如何在网页中使用这两种布局方式制作网页内容。

第 15 章　使用行为丰富网页效果，首先介绍行为的概念，然后通过基础知识结合实例的方法详细讲述了在 Dreamweaver CC 中如何为网页添加行为，以及为网页添加 jQuery 效果的方法。

第 16 章　使用表单创建交互网页，主要介绍 Dreamweaver CC 中各个表单元素的使用方法和在网页上实现的效果，并且还介绍了最新的 HTML 5 表单元素的使用方法和应用。

第 17 章　创建库和模板网页，主要讲述在 Dreamweaver CC 中库和模板的创建和应用。

第 18 章　jQuery Mobile 和 jQuery UI 的应用，主要介绍 Dreamweaver CC 中 jQuery Mobile 和 jQuery UI 的相关元素及其应用方法。

第 19 章　网站的测试、上传与维护，主要介绍关于网站制作完成后的上传与维护操作，包括网站测试、定义远程服务器、站点上传和维护等。

第 20 章　商业网站实战，主要通过制作不同类型的网站，综合运用和巩固前面所学的知识，让用户能够将所学的知识应用到实战中。

本书读者对象与作者

本书适合广大网页设计人员，并且可以作为高等院校网页设计专业的教材，以及相关培训的辅助教材。

本书由张国勇、贺丽娟编著，其中，张国勇主编第 1 ～ 14 章，贺丽娟主编第 15 ～ 20 章，此外，参与本书编写的还有李晓斌、张晓景、解晓丽、孙慧、程雪翮、刘明秀、陈燕、胡丹丹、杨越、王巍、王素梅、王状、赵建新、赵为娟、张农海、聂亚静、方明进、张陈、王琨、田磊等人。作者在写作过程中力求严谨细致，但也难免有疏漏之处，希望广大读者朋友批评指正。

我们的服务邮箱是：wkservice@vip.163.com。

本书的 PPT 课件请到 http://www.tupwk.com.cn 下载。

编　者

第 1 章　网页设计基础与制作流程

第 2 章　初识 Dreamweaver CC

第 3 章　创建与管理站点

第 4 章　HTML 与 HTML 5

第 5 章　设置网页头信息

第 6 章　网页整体属性设置

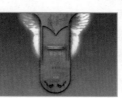

第 7 章　精通 CSS 样式

第 8 章　认识并应用 CSS 3 属性

第 9 章　使用 DIV+CSS 灵活布局网页 🔍

第 10 章　在网页中输入文本 🔍

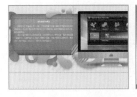

第 11 章　在网页中插入图像

第12章 在网页中插入多媒体元素

第13章 网页中链接的设置

第 14 章 使用表格和 IFrame 框架布局网页

第 15 章 使用行为丰富网页效果

第 16 章　使用表单创建交互网页

第 17 章　创建库和模板网页

第 18 章　jQuery Mobile 和 jQuery UI 的应用

第 19 章　网站的测试、上传与维护

第 20 章　商业网站实战

第①章 网页设计基础与制作流程 🔍

在网络技术高速发展的今天，网站已经成为一个自我展示和宣传的平台，一个网站是由多个相互关联的网页构成的。一般网页上都会有文本和图像信息，复杂一些的网页上还会有声音、视频、动画等多媒体。要制作出精美的网页，不仅需要熟练使用软件，还需要掌握一些网页设计制作的相关知识。

1.1 Web 互联网基础知识 🔍

互联网是世界上最大的计算机网络，万维网是互联网中的一个子集，是由分布在全球的众多 Web 服务器组成的。这些 Web 服务器上包含用户可以从世界上任何地方都能访问到的信息，而这些信息都是以网页为载体的。

1.1.1 互联网、网站和网页的关系

互联网是一组彼此连接的计算机，也称为网络。全世界所有计算机通过传输控制协议（Transmission Control Protocol/Internet Protocol，简称为 TCP/IP 协议）进行交流、娱乐，共同完成工作，如图 1-1 所示。

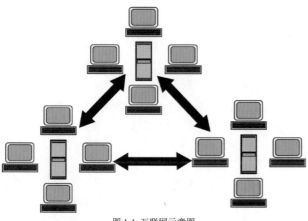

图 1-1 互联网示意图

简单来说，网站是由若干网页集合而成的，网站包含于互联网，网页构成网站。我们熟悉的 WWW，也就是 World Wide Web——万维网。万维网是互联网的一个子集，为全世界用户提供信息。WWW 共享资源共有 3 种机制，分别为"协议"、"地址"和 HTML。

1. 协议

超文本传输协议（Hyper Text Transfer Protocol，HTTP），是访问 Web 资源必须遵循的规范。

2. 地址

统一定位符（Uniform Resource Locators，URL）用来标识 Web 页面上的资源，WWW 按照统一命名方案访问 Web 页面资源。

3. HTML

超文本标记语言，用于创建可以通过 Web 访问的文档。HTML 文档使用 HTML 标记和元素建立页面，保存到服务器上。扩展名为 .htm 或 .html。

> **提示**
>
> 使用浏览器请求某些信息时，Web 服务器会相应地回应请求，它会将请求的信息发送至浏览器，浏览器可以对从服务器发送来的信息进行处理。

1.1.2 网页语言

网页一般是由多种元素构成的。最基本的元素就是文字，文字是人类最基础的表达方式，因此不可缺少。但是网页不可能只有文字，这样就太枯燥了，其在文

字的基础上还包括图像、动画、影片等其他一些元素，来丰富网页内容，给人们以生动、直接的感觉，如图 1-2 所示。

图 1-2 网站页面

网页语言，即 HTML 语言（Hyper Text Markup Language），也就是超文本标记语言，是网页设计和开发领域中的一个重要组成部分。HTML 语言是指定如何在浏览器中显示网页的一种程序语言。

网页语言是制作网页的一种标准语言，以代码的方式来进行网页的设计，如图 1-3 所示。和 Dreamweaver 这种可视化的网页设计软件对比，它们在设计过程中可以说是截然不同，但本质和结果却是基本相同的。所以，学习好 HTML 语言，对于用户从根本上了解网页设计和使用 Dreamweaver 是十分有益的。

图 1-3 网站页面的 HTML 源代码

1.1.3 常用 Web 浏览器

浏览器是安装在计算机中用来查看互联网中网页的一种工具，每一个互联网的用户都要在计算机上安装浏览器来"阅读"网页中的信息，这是使用互联网的最基本的条件，就好像我们要用电视机来收看电视节目一样。目前大多数用户所用的 Windows 操作系统中已经内置了浏览器。目前主流的浏览器如图 1-4 所示。下面将分别进行简单介绍。

图 1-4 主流的浏览器

1. IE 浏览器

微软公司开发的 Microsoft Internet Explorer 浏览器，简称 IE，目前最高版本是 11.0。IE 浏览器是集成在 Windows 操作系统中的，所以是使用最为普遍的一种浏览器，国内大多数用户都使用该浏览器。

2. Firefox 浏览器

中文称为火狐浏览器，拥有独立的内核。火狐浏览器体积小，运行速度非常快。

3. Google Chrome 浏览器

中文称为谷歌浏览器，采用 Webkit 核心技术，采用了"内置高速缓存"的优化技术，使得 Chrome 浏览器运行速度非常快。

4. Opera 浏览器

Opera 浏览器安全性能高，漏洞比 IE 和 Firefox 浏览器要少得多，浏览速度快，占用内存也比较小。

5. Safari 浏览器

Safari 是苹果公司开发的浏览器，借以同其他竞争对手抗衡，采用 Webkit 核心技术，速度很快，不过兼容性和扩展性略微逊色一些。

需要注意的是，尽管各种不同的浏览器界面大致相同，但是对于浏览使用了特效的同一个网页，显示的效果也可能不同，即便是同一个公司开发的不同版本的浏览器也有这样的状况。因此，在网页设计制作过程中应该考虑到浏览对象的不同，而选择不同的设计制作方式。如果网站主要面对的对象是国内用户，而国内用户大多使用 Windows 自带的浏览器，就可以选择目标浏览器为 IE，同时要兼顾一下还在使用低版本 IE 浏览器的用户；如果面对的对象是海外用户，而海外很多人习惯使用 Firefox 或 Google Chrome 浏览器，我们就可以选择 Firefox 或 Google Chrome 的浏览器。

提示

　　目前，国内还有很多其他的浏览器，例如遨游、搜狗、腾讯 TT 等，这些浏览器都是以 IE 为核心的，在 IE 浏览器核心的基础上添加一些其他的功能，页面的显示效果与 IE 浏览器中的显示效果基本相同。

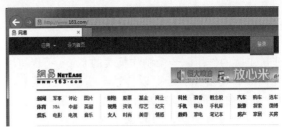

图 1-5　在浏览器地址栏中输入 URL 地址

1.1.4　域名与 URL

　　IP 地址是一组数字，人们记忆起来不够方便，因此人们给每个计算机赋予了一个具有代表性的名字，这就是主机名，主机名由英文字母或数字组成，将主机名和 IP 对应起来，这就是域名，方便了大家记忆。

　　域名和 IP 地址是可以交替使用的，但一般域名还是要通过转换成 IP 地址才能找到相应的主机，这就是上网时经常用到的 DNS 域名解析服务。

　　全球资源定位器（Universal Resource Locater，URL），它是网页在互联网中的地址，要访问该网站是需要 URL 才能够找到该网页的地址的。如"网易"的 URL 是 www.163.com，也就是它的网址，如图 1-5 所示。

1.1.5　HTTP 与 FTP

　　超文本传输协议（Hypertext Transfer Protocol，HTTP），它是一种最常用的网络通信协议。如果想链接到某一特定的网页时，就必须通过 HTTP 协议，无论用户是用哪一种网页编辑软件，无论在网页中加入什么资料，或是使用哪一种浏览器，利用 HTTP 协议都可以看到正确的网页效果。

　　文件传输协议（File Transfer Protocol，FTP），与 HTTP 协议相同，它也是使用 URL 地址的一种协议名称，以指定传输某一种互联网资源，HTTP 协议用于链接到某一网页，而 FTP 协议则是用于上传或是下载文件的。

1.2　什么是网页

　　网页实际上就是一个文件，这个文件存放在世界上某个地方的某一台计算机中，而且这台计算机必须要与互联网相连接。网页是由网址（URL，例如 www.sina.com）来识别与存取的。在浏览器的地址栏中输入网页的地址后，经过复杂而又快速的程序解析（域名解析系统）后，网页文件就会被传送到计算机中，然后再通过浏览器解释网页的内容，最后展现在浏览者的眼前。

1.2.1　网页的构成元素

　　在 Internet 发展的早期，网站只能保存纯文本。经过近十几年的发展，图像、声音、动画、视频和 3D 等技术已经在网页中得到了广泛的应用，网页已经发展成为集视、听为一体的媒体，并且通过动态网页技术，使用户可以与其他用户或者网站管理者进行交流。

　　网页中常见的构成元素有文本、图像、超链接、动画、声音、视频、动画、表单、程序等，如图 1-6 所示。

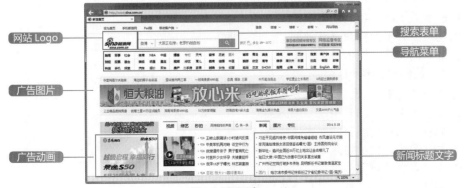

图 1-6　网页元素

1. 网站 logo

在网站设计中，Logo 作为公司或网站的标志，起着非常重要的作用。一个制作精美的 Logo 不仅可以很好地树立公司形象，还可以传达丰富的产品信息。网站 Logo 是网站特色和内涵的集中体现，它用于传递网站的定位和经营理念，同时便于人们识别。通过调查发现，一个网站的首页美观与否往往是初次访问的浏览者决定是否进行深入浏览的关键，而 Logo 作为首先映入访问者眼帘的具体形象，其重要性则不言而喻。如图 1-7 所示为精美的网站 Logo。

图 1-7 网站 Logo

2. 网站广告条

网站作为一种全新的、已经为大众所熟悉和接受的媒体，正在逐步显示出其特有的、蕴藏深厚的广告价值空间。纵观网上大多数门户及商业网站，广告收入正是其生存发展的支柱性收入，无所不在的网站广告也已经得到了网站和浏览者的认同。

虽然网站广告的历史不长，但是其发展的速度却是非常快的，与其他媒体的广告相比，中国的网络广告市场还有一个相当大的发展空间，未来的网络广告将与电视广告占有同等地位的市场份额。与此同时，网络广告的形式也发生了重要的变化，以前网站广告的主要形式还是普通的按钮广告，近几年长横幅大尺

寸广告已经成为网站中最主要的广告形式，也是现今采用最多的网站广告形式。如图 1-8 所示为精美的网站广告图片。

图 1-8 网站广告

3. 导航菜单

导航是网站设计中不可缺少的基础元素之一，它是网站信息结构的基础分类，也是浏览者进行信息浏览的路标。导航菜单应该引人注目，浏览者进入网站，首先会寻找导航菜单，通过导航菜单可以直观地了解网站的内容及信息的分类方式，以判断这个网站上是否有自己需要的资料和感兴趣的内容。

在网站中导航，就是在网站的每个页面间自由地切换，即引导用户在网站中到达他所想到达的位置，这就是每个网站内都包含很多导航要素的目的。在这些要素中有菜单按钮、移动图像和链接等各种各样的对象，网站的页数越多，包含的内容和信息越复杂多样，那么它的导航要素的构成和形态是否成体系、位置是否合适，将是决定该网站能否成功的重要因素。一般来说，在网页的上端或左侧设置主导航菜单的情况是比较普遍的方式，如图 1-9 所示。

图 1-9 网站导航菜单

4. 文本和图像

文本和图像是网页中最基本的构成元素，在任何的网页中，这两种基本的构成元素都是必不可少的，它们是向浏览者传达信息最直接、最有效的方式。网页设计人员所要考虑的是如何把这些元素以一种更容易被浏览者接受的方式组织起来放到网页中去，如图 1-10 所示。

图 1-10 网页中的文本和图像

对于网页中的基本构成元素（文本和图像），大多数浏览器本身都可以显示，无须任何外部程序或模块支持。随着技术的不断发展，使更多的元素在网页艺术设计中的综合运用越来越广泛，使浏览者可以享受到更加完美的效果。这些新技术的出现，也对网页的艺术设计提出了更高的要求。

5. 动画

随着互联网的迅速发展，网络速度的提高，在网页中出现了越来越多的多媒体元素，包括动画、声音、视频等。大多数浏览器本身都可以显示或播放这些多媒体元素，无须任何外部程序或模块支持。例如，大部分浏览器都可以显示 GIF、Flash 动画，但有些多媒体文件（如 MP3 音乐）需要先下载到本地硬盘上，然后启动相应的外部程序来播放。另外，浏览器可以使用插件来播放更多格式的多媒体文件。

在网页中应用的动画元素主要有 GIF 和 Flash 两种形式，GIF 动画的效果单一，已经不能适应人们对网页视觉效果的要求。随着 Flash 动画技术的不断发展，Flash 动画的应用已经越来越广泛，特别是在网页中，已经成为最主要的网页动画形式，打开任何一个网站，几乎都可以在该网站上看到 Flash 动画。Flash 动画因为其特殊的表现形式，更加直观、生动，受到人们的欢迎，特别是在突出表现某些信息内容的时候，Flash 动画能够更加精确、突出的表现内容，如图 1-11 所示。

图 1-11 网页中的 Flash 动画

6. 表单

表单是功能型网站中经常使用的元素，是网站交互中最重要的组成部分。在网页中，小到搜索框与搜索按钮，大到用户注册表单及用户控制面板，都需要使用到表单及其表单元素。

网页中的表单元素是用来收集用户信息，帮助用户进行功能性控制。表单的交互设计与视觉设计是网站设计中相当重要的环节。从表单视觉设计上来说，经常需要摆脱 HTML 提供默认的比较粗糙的视觉样式。

面向初级用户和专业用户，填写项尽量精简，做简单的填写说明和清晰的验证，仅放置与填写表单相关的链接，避免用户通过其他链接转移视线到其他的地方，从而放弃填写表单。

如果完成表单任务需要多个步骤，需要用图形或文字标明所需的步骤，以及当前正在进行的步骤。

如果可能，尽量先放置单行文本框、多行文本框等需要输入的项，再放置下拉列表、单选按钮、复选框等用鼠标操作的项，紧接着放置"提交"按钮，这样可以减少键盘操作被鼠标操作打断的次数。

文本输入框中的内容需要进行常用的文本格式的设置，比如加粗、字体大小等，而且尽量让此内容与用户完成发布以后的内容格式相同。

在网页设计中表单的应用非常常见，主要应用在搜索、用户登录、用户注册等方面，如图 1-12 所示。

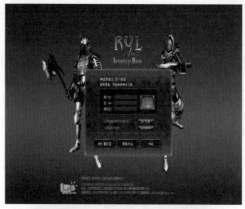

图 1-12 网页中表单的应用

静态网页与动态网页

静态网页是相对于动态网页而言的，并不是说网页中的元素都是静止不动的。静态网页是指浏览器与服务器端不发生交互的网页，网页中的 GIF 动画、Flash 等多媒体元素都会发生变化。

静态网页的执行过程大致为以下几点。

（1）浏览器向网络中的服务器发出请求，指向某个静态网页。

（2）服务器接到请求后，将传输给浏览器，此时传送的只是文本文件。

（3）浏览器接到服务器传来的文件后解析 HTML 标签，将结果显示出来。

动态网页除了静态网页中的元素外，还包括一些应用程序，这些程序需要浏览器与服务器之间发生交互行为，而且应用程序的执行需要服务器中的应用程序服务器才能完成。

动态网页可以是纯文本内容的，也可以是包含各种动画内容的，这些只是网页具体内容的表现形式，无论网页是否具有动态效果，采用动态网站技术生成的网页都称为动态网页。在动态网页网址中有一个标

志性的符号——"?"，如图 1-13 所示。

图 1-13 动态网页网址

提示

动态网页是与静态网页相对应的，静态网页的 URL 后缀是以 .htm、.html、.shtml、.xml 等常见形式出现的。而动态网页的 URL 后缀是以 .asp、.jsp、.php、.perl、.cgi 等形式出现的。

网页设计概述

网页设计是一个网页创作的过程，是根据客户需求从无到有的过程，网页设计具有很强的视觉效果、互动性、操作性等其他媒体所不具有的特点。

一个成功的网页设计，首先在观念上要确立动态的思维方式，其次要有效地将图形引入网页设计中，提高人们浏览网页的兴趣。在崇尚鲜明个性风格的今天，网页设计应该增加个性化的因素。

网页设计并非是纯粹的技术型工作，而是融合了网格应用技术与美术设计两个方面。因此，对从事人员来说，仅掌握网页设计制作的相关软件是远远不够的，还需要有一定的美术功底和审美能力。在网络世界中，有许多设计精美的网页值得我们去学习欣赏，如图 1-14 所示。

图 1-14 精美网页欣赏

1.2.4 网页设计的特点

与当初的纯文字和数字的网页相比,现在的网页无论是在内容上,还是在形式上都已经得到了极大的丰富。网页设计主要具有以下几个特点。

1. 交互性

网络媒体不同于传统媒体的地方就在于信息的动态更新和即时交互性。即时的交互是网络媒体成为热点媒体的主要原因,也是网页设计时必须考虑的问题。在网络环境中,人们不再是一个传统媒体方式的被动接受者,而是以一个主动参与者的身份加入到信息的加工处理和发布之中。这种持续的交互,使网页设计不像印刷品设计那样,出版之后就意味着设计的结束。网页设计人员可以根据网站各个阶段的经营目标,配合网站不同时期的经营策略,以及用户的反馈信息,经常对网页进行调整和修改。如图1-15所示为网页交互性的体现。

图1-15 网页的交互性

2. 版式的不可控性

网络应用尚处于发展中,关于网络应用也很难在各个方面都制订出统一的标准,这必然会导致网页版式设计的不可控制性。其具体表现为:一是网页页面会根据当前浏览器窗口大小自动格式化输出;二是网页的浏览者可以控制网页页面在浏览器中的显示方式;三是不同种类、不同版本的浏览器观察同一网页页面时效果会有所不同;四是浏览者的浏览器工作环境不同,显示效果也会有所不同。

把所有这些问题归结为一点,即网页设计者无法控制页面在用户端的最终显示效果,这正是网页版式设计的不可控性。如图1-16所示为网页版式不可控性的体现。

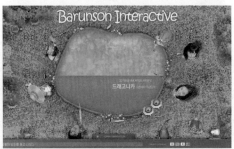

图1-16 网页版式的不可控性

3. 技术与艺术结合的紧密性

网络技术主要表现为客观因素,艺术创意主要表现为主观因素,网页设计者应该积极主动的掌握现有的各种网络技术,注重技术和艺术的紧密结合,这样才能用技术之长,实现艺术想象,以满足浏览者对网页的高质量需求。如图1-17所示为网页技术与艺术紧密结合的体现。

图1-17 网页技术与艺术结合的紧密性

4. 多媒体的综合性

目前网页中使用的多媒体视听元素主要有文字、图像、声音、动画、视频等。随着网络带宽的增加、芯片处理速度的提高以及跨平台的多媒体文件格式的推广，必将促使设计者综合运用多种媒体元素来设计网页，以满足和丰富浏览者对网页不断提高的要求。目前，国内网页已出现了模拟三维的操作界面，在数据压缩技术的改进和主流技术的推动下，Internet 网上出现了实时音频和视频服务，例如在线音乐、在线广播、在线电影等。因此，多种媒体的综合运用已经成为网页艺术设计的特点之一，也是网页设计未来的发展方向之一。如图 1-18 所示为网页多媒体的体现。

图 1-18 网页多媒体的综合性

5. 多维性

多维性源于超链接，它主要体现在网页设计中导航的设计上。由于超链接的出现，网页的组织结构更加丰富，浏览者可以在各种主题之间自由跳转，从而打破了以前人们接受信息的线性方式。例如，可以将页面的组织结构分为序列结构、层次结构、网状结构、复合结构等。但页面之间的关系过于复杂，不仅增加了浏览者检索和查找信息的难度，也会给设计者带来更大的挑战。为了让浏览者在网页上能够迅速找到所需的信息，设计者必须考虑快捷而完善的导航以及超链接设计，如图 1-19 所示。

图 1-19 网页的多维性

然而，作为一名网页设计者所要做的网页导航工作就没有那么简单了。在替浏览者考虑得很周到的网页中，提供了足够的、不同角度的导航链接，以帮助浏览者在网页的各个部分之间任意跳转，并告知浏览者目前所在的位置、当前页面与其他页面之间的关系等。而且每页都有一个返回主页的按钮或链接，如果页面是按层次结构组织的，通常还有一个返回上级页面的链接。链接关系的处理，对于信息类门户网站来说尤为重要。

1.3 怎样设计出好的网页 🔍

网页作为传播信息的一种载体，同其他出版物（如传统平面媒体）在设计上有许多共同之处，也要遵循一些设计的基本原则。但是，由于表现形式、运行方式和社会功能的不同，网页设计又有其自身的特殊规律。

1.3.1　网页设计的基本原则

网页设计是技术与艺术的结合、内容与形式的统一。它要求设计者必须掌握以下几个主要的设计原则。

1. 主题突出原则

视觉设计表达的是一定的意图和要求，有明确的主题，并按照视觉心理规律和形式将主题主动传达给观赏者，以使主题在适当的环境中被人们及时理解和接受，从而满足其需求。这就要求视觉设计不但要单纯、简练、清晰和精确，而且在强调艺术性的同时，更应该注重通过独特的风格和强烈的视觉冲击力来突出设计主题，如图 1-20 所示。

图 1-20　主题突出

网页艺术设计属于视觉设计范畴的一种，其最终目的是要达到最佳的主题诉求效果。这种效果的取得，一方面要通过对网页主题思想运用逻辑规律进行条理性处理，使之符合浏览者获取信息的心理和逻辑方式，让浏览者快速理解和吸收；另一方面还要通过对网页构成元素运用艺术的形式美法则进行条理性处理，以便更好地营造出符合设计目的的视觉环境，突出主题，增强浏览者对网页的注意力，增进对网页内容的理解。只有这两个方面有机地统一，才能实现最佳的主题诉求效果。

2. 整体原则

网页的整体性包括内容和形式上的整体性，这里主要讨论设计形式上的整体性。

网页是传播信息的载体，它要表达的是一定的内容、主题和观念，在适当的时间和空间环境中为人们所理解和接受，它以满足人们的实用和需求为目标。设计时强调其整体性，可以使浏览者更快捷、更准确、更全面地认识它、掌握它，并给人一种内部联系紧密，外部和谐完整的美感。整体性也是体现站点独特风格的重要手段。

从某种意义上讲，强调网页结构形式的视觉整体性必然会牺牲灵活的多变性。因此，在强调网页整体性设计的同时必须注意，过于强调整体性可能会使网页呆板、沉闷，以致影响浏览者的兴趣和继续浏览的欲望。"整体"是"多变"基础上的整体，如图 1-21所示。

图 1-21　网页的整体性

3. 内容与形式相统一原则

任何设计都有一定的内容和形式。设计的内容是指它的主题、形象、题材等要素的总和；形式就是它的结构、风格、设计语言等表现方式。优秀的设计必定是形式对内容的完美表现。

一方面，网页设计所追求的形式美必须适合主题的需要，这是网页设计的前提。只追求花哨的表现形式以及过于强调"独特的设计风格"而脱离内容，或者只求内容而缺乏艺术的表现，网页设计都会变得空洞无力。设计者只有将这两者有机地结合起来，深入领会主题的精髓，再融合自己的思想感情，找到一个完美的表现形式，才能体现出网页设计独具的分量和特有的价值。另一方面，要确保网页上的每一个元素都有存在的必要性，不要为了炫耀而使用冗余的技术，那样得到的效果可能会适得其反。只有通过认真设计和充分的考虑来实现全面的功能并体现美感，才能实现形式与内容的统一。

网页具有多屏、分页、嵌套等特性，设计者可以对其进行形式上的适当变化以达到多变的处理效果，丰富整个网页的形式美。这就要求设计者在注意单个页面形式与内容统一的同时，也不能忽视同一主题下多个分页面组成的整体网站的形式与整体内容的统一。因此，在网页设计中必须注意形式与内容的高度统一，如图 1–22 所示。

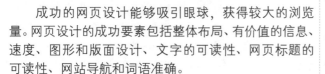

图 1-22 网页内容与形式的统一

1.3.2 网页设计的成功要素

成功的网页设计能够吸引眼球，获得较大的浏览量。网页设计的成功要素包括整体布局、有价值的信息、速度、图形和版面设计、文字的可读性、网页标题的可读性、网站导航和词语准确。

1. 整体布局

网页是网站访问者最先看到的信息，它只有在第一时间吸引浏览者的注意，才能把浏览者留下来。好的网页应该干净整洁、条理清晰、引人入胜，而不是将浏览者的注意力放到一个杂乱的环境中，如过多的闪烁、色彩、下拉列表等。

2. 有价值的信息

无论何种网站，其目的都是给浏览者提供一定的价值信息，这样浏览者才会选择留下来阅读。这些有价值的信息，可以是新闻、娱乐和广告。如果是企业网站，需要提供关于产品和服务的信息，并且这些信息必须容易理解和查询。

3. 速度

如果在 20~30 秒还不能打开一个网页，一般人都会失去耐心。因此，在设计网页的过程中，至少应该确保页面打开的速度尽可能快，最好避免使用过大的图片。

4. 图形和版面设计

图形和版面设计关系到浏览者对网页的第一印象，图形应该集中反映主页所期望传达的主要信息。

5. 文字的可读性

在设计网页中的文字信息时，一定要给文字周围留出足够的留白，这样才能使浏览者不会感觉压抑；另外，文字的颜色应该与背景的颜色形成较大的反差，不能使用相近的颜色，这样可以使文字清晰。

另一种能够提高文字可读性的因素是所选择的字体，通用字体最易阅读，特殊字体用于标题效果较好，但不适合正文部分。

6. 网页标题的可读性

网页标题必须易于阅读，需要为所有标题和副标题设置同一字体，并将标题字体加一号。例如，所有标题和副标题都采用粗体，这样便于识别标题（字体加大、加粗）和副标题（粗体，与正文字体大小相同），使浏览者一眼就能看到要点，以便找出并继续阅读有兴趣的内容。

7. 网站导航

由于人们习惯于从左到右、从上到下阅读，所以导航菜单通常应该放置在页面左边，对于较长的页面来说，在最底部设置一个简单导航也很有必要。确定一种满意模式之后，最好将这种模式应用到同一网站的每个页面中，这样，可以方便浏览者在网站中找到需要的信息。

8. 词语准确

一个网站如果只有漂亮的外观而词语错误连篇、语法混乱，同样是失败的。因此，需要注意词语的准确无误。

1.3.3 网页的色彩搭配

不同的颜色、不同的色调能够引起人们不同的情感反应，这就是所谓的色彩联想作用。在网页中，用什么颜色首先是根据网站的目标而决定的。很好地理解各种颜色的特性和联想作用，根据网站的目标而选择颜色，这些对于一个网页设计者来说都是很重要的事情。在网站中，可以用强烈而感性的颜色，也可以用宁静的单一的色调，也可以不时用一下平时不太使用但可以产生美妙效果的颜色。但是盲目地使用颜色会使色彩显得杂乱，成为一个令人厌烦的网站。一般来说，在网页上使用的颜色，其组合都有一定的一贯性和共同点。使用一系列类似的颜色，或者饱和度及明度成一定比例的颜色对比等，必须按照一定的原则来选择颜色，而且都要灵活地运用颜色所给予人的一般性的感觉和象征等效果，这样才能给用户留下良好的印象。还有通过显示器看东西时人们的眼睛容易感到疲倦。如果是为了传递一般信息的网站，最好考虑选择让用户眼睛舒服的颜色。如图 1-23 所示为合理配色的网站页面。

图 1-23 合理配色的网站页面

从色彩中获得感觉的个人差异也很大。研究表明，给男人和女人留下好感的颜色就有差异，但色彩给人

留下的感觉也是存在普遍性和一般性的。所以在网页设计中要考虑色彩令人产生的心理影响。假如一个宾馆的网站全部使用黑色将会是一种什么效果，就算网站制作得再漂亮，顾客也会讨厌它，但是如果影视类网站，效果就会完全不同了。所以在设计时要按照网站的目标考虑色彩的效果及心理影响，合理地运用色彩。如图 1-24 所示为合理配色的网站页面。

图 1-24 合理配色的网站页面

下面介绍一些网页色彩搭配的实战经验。

1. 网页的流行色

蓝色——蓝天白云，沉静整洁的颜色。

绿色——绿白相间，雅致而有生气。

橙色——活泼热烈，标准商业色调。

暗红——凝重、严肃、高贵，需要搭配黑色和灰色来压制刺激的红色。

2. 忌讳的配色

讳背景与文字颜色相近，背景与文字内容对比不强烈，灰暗的背景会使浏览者感到沮丧。

讳使用大面积艳丽纯色，艳丽的纯色对人的视觉刺激太过强烈，缺乏内涵。

讳使用过多的色彩，要有一种主色贯穿其中，主色并不是面积最大的颜色，而是最重要、最能提示和反映主题的颜色。

讳使用对比弱的配色，颜色浅固然显得干净，但如果对比过弱，就会显得苍白无力。

1.4 网站制作流程

网页设计是一项系统而复杂的工程，因此必须遵循一定的流程，进行规范化的操作，只有这样才能使所要进行的网页设计工作有条不紊地进行下去，并减少工作量，提高工作效率。

1.4.1 前期策划

在制作网站之前，网站需要有准确的定位。在明确建立网站的目的和网站的定位之后，开始收集相关的资料和意见，这样才能发挥网站的最大作用。

在进行网站定位时，需要与公司决策层共同讨论，以便让上层领导对网站的发展方向有一定的把握，同时最好调动公司其他部门一起参与讨论，及时从公司立场提出好的建议，并结合到策划中去。策划时需考虑全面，这一步也是前期策划中最为关键的一步。

网站是为企业服务的，因此收集企业各部门的意见和想法是很有必要的，这一步需要整理成文档，并对其进行整理，找出重点。再根据重点和企业业务的侧重点，结合网站的定位来确定网站的栏目。

1.4.2 网页的实施与细化

网页设计人员根据网站策划书来设计页面，在设计之前应该让栏目负责人把需要特殊处理的地方和设计人员确定好。在设计网页时，设计人员一定要根据策划书把每个栏目的具体位置和网站的整体风格确定下来，为了让网站有整体感，应该在网页中放置一些贯穿性的元素。最好能准备 2~3 套不同风格的设计方案，每种方案应该考虑到企业的整体形象，与企业的精神相结合。设计方案提出之后，由大家讨论确定。

确定网页的设计方案后，下一步就是网页的实现，即将网页设计稿制作成网页，由网页制作人员负责实现网页，并制作成模板。在这个过程实现的同时，栏目负责人应该开始收集每个栏目的具体内容并整理，网页制作完成后，由栏目负责人往每个栏目中添加具体的网页内容。

在上述过程进行的同时，网站程序人员应该编写网站开发程序。这期间需要注意的是，选择合适的网站程序开发语言和数据库。

1.4.3 后期维护

严格地说，后期更新与维护不能算是网页设计过程中的环节，而是制作完成后应该考虑的。但是这一项工作却是必不可少的，尤其是信息类网站。这是网站保持新鲜活力、吸引力以及正常运行的保障。网站的后期维护主要分为以下几个方面。

1. 网站备份

现在互联网技术已经很普及了，普通的网站经常会受到木马以及病毒的感染，从而造成网站服务器崩溃、网站数据丢失等，最终会导致网站无法正常访问。因此，对网站的定期备份，不仅是对企业负责，也是对网站忠实用户的尊重。

2. 内容维护

网站内容的维护是非常重要的，要想使网站始终保持一定的新鲜感，那么网站内容的及时更新是非常有必要的，如果浏览者每次访问网站都看到同样的内容，很快就会对该网站失去兴趣。

3. 网站外链维护

外链是网站维护不可分割的一部分，在互联网中没有了外链，网站就像是大海中的孤岛。外链不仅是在互联网上标出了位置，更是为搜索引擎建起了桥梁。

4. 定期查看网站日志

网站管理人员应该定期查看网站日志，通过网站日志，可以了解到搜索引擎何时访问了网站，访问了哪些页面，经常访问哪些页面，这些信息对进一步优化改善网站非常重要。最重要的是，通过网站日志，可以检测出是否有采集软件在采集网站数据，网站是否被盗链。

1.5 本章小结

本章主要讲解了网页设计的相关基础知识，使用户对网页设计有初步的了解。本章所讲解的概念性内容较多，用户在学习完之后，需要理解本章中的内容，以便能够更好地了解网页设计。

第②章 初识 Dreamweaver CC 🔍

Dreamweaver 软件自从开发以来就作为网页制作工具的标准而被人们广泛使用。从 2002 年的 Dreamweaver MX 到目前推出的 Dreamweaver CC，使网页设计者享有高效的工作流程、无比丰富的展示功能，以及简便易用的网页内容管理方法。

2.1 Dreamweaver CC 简介 🔍

Dreamweaver CC 是 Adobe 公司用于网站设计与开发的业界领先工具的最新版本，它提供了强大的可视化布局工具、应用开发功能和代码编辑支持，使设计和开发人员能够有效地创建非常吸引人的、基于标准的网站和应用。

2.1.1 Dreamweaver CC 概述 ⊙

Dreamweaver CC 是一款由 Adobe 公司大力开发的专业 HTML 编辑器，用于对 Web 站点、Web 页面和 Web 应用程序进行设计、编码和开发。利用 Dreamweaver 中的可视化编辑功能，用户可以快速创建页面而无须编写任何代码。

Dreamweaver CC 在增强面向专业人士的基本工具和可视技术的同时，还为网页设计用户提供了功能强大的、开放的、基于标准的开发模式。正是如此，Dreamweaver CC 的出现巩固了自 1997 年推出 Dreamweaver 1 以来，长期占据网页设计专业开发领域行业标准级解决方案的领先地位。Dreamweaver CC 的启动画面如图 2-1 所示。

Dreamweaver CC 是业界领先的网页开发工具，通过该工具能够使用户高效地设计、开发、维护基于标准的网站和应用程序。使用 Dreamweaver CC，网页开发人员能够完成从创建和维护基本网站、支持最佳实践和最新技术，以及高级应用程序的开发全过程。

与其他的网页设计制作软件相比，Dreamweaver CC 具有以下特点。

（1）集成的工作区，更加直观，使用更加方便。

（2）Dreamweaver CC 支持多种服务器端开发语言。

（3）Dreamweaver CC 提供了强大的编码功能。

（4）具有良好的可扩展性，可以安装 Adobe 公司或第三方推出的插件。

（5）Dreamweaver CC 提供了更加全面的 CSS 渲染和设计支持，用户可以构建符合最新 CSS 标准的站点。

（6）Dreamweaver CC 可以更好地与 Adobe 公司的其他设计软件集成，如 Flash CC、Photoshop CC 等，以方便对网页动画和图像的操作。

2.1.2 Dreamweaver CC 的新增功能 ⊙

Dreamweaver CC 提供了众多功能强大和可视化设计工具、应用开发环境和代码编辑支持，使开发人员和设计师能够快捷创建代码规范的应用程序，其集

图 2-1 Dreamweaver CC 启动画面

成程度非常高，开发环境精简而高效，开发人员能够运用 Dreamweaver 与服务器技术构建功能强大的网络应用程序衔接到用户的数据、网络服务体系中。

Dreamweaver CC 是 Dreamweaver 的最新版本，它同以前的 Dreamweaver CS6 版本相比，增加了一些新的功能，并且还增强了很多原有的功能。下面就对 Dreamweaver CC 的新增功能进行简单的介绍。

1. 全新简化的用户界面

Dreamweaver CC 对工作界面进行了全面的精简，减少了对话框的数量和很多不必要的操作按钮，如对文档工具栏和状态栏都进行了精简，使得整个工作界面更加直观简洁，如图 2-2 所示。

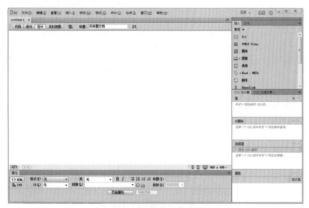

图 2-2 简洁的工作界面

2. 新增 HTML 5 画布插入按钮

HTML 5 中的画布元素是在网页中动态创建图形的容器，这些图形是在网页运行过程中通过 JavaScript 脚本创建的。在 Dreamweaver CC 的"插入"面板中新增了"画布"插入按钮，单击"插入"面板"常用"选项卡中的"画布"按钮，即可快速地在网页中插入 HTML 5 画布元素，如图 2-3 所示。

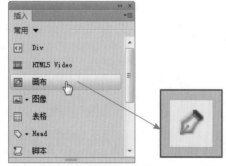

图 2-3 单击"画布"按钮

3. 新增网页结构元素

在 Dreamweaver CC 中新增了 HTML 5 结构语义

元素的插入操作按钮，它们位于"插入"面板的"结构"选项卡中，包括"页眉"、"标题"、Navigation、"侧边"、"文章"、"章节"和"页脚"等，如图 2-4 所示。通过这些按钮，可以快速地在网页中插入 HTML 5 语义标签。

图 2-4 HTML 5 结构语义元素

4. 新增 Edge Web Fonts

在网页中能够使用的默认字体并不多，如果需要使用特殊的字体效果，通常都是将特殊文字制作成图片的形式，在 Dreamweaver CC 中新增了 Edge Web fonts 的功能，在网页中可以加载 Adobe 提供的 Edge Web 字体，从而在网页中实现特殊字体效果。执行"修改 > 管理字体"命令，在弹出的"管理字体"对话框中选择 Adobe Edge Web Fonts 选项卡，即可使用 Adobe 提供的 Edge Web 字体，如图 2-5 所示。

图 2-5 Adobe Edge Web Fonts 选项卡

5. 新建 HTML 5 音频和视频插入按钮

虽然在 Dreamweaver CS5.5 和 CS6 版本中，已经可以支持 HTML 5 的相关标签，但是只能是通过代码视图直接编写 HTML 5 代码。在 Dreamweaver CC 中提供了对 HTML 5 更全面、更便捷的支持，用户可以通过新增的 HTML 5 音频和视频插入按钮，如图 2-6 所示。在网页中轻松插入 HTML 5 音频和视频，而不需要编写 HTML 5 代码。

图 2-6 HTML 5 Video 和 HTML 5 Audio 按钮

6. 新增插入 Adobe Edge Animate 动画

在全新的 Dreamweaver CC 中可以插入 Adobe Edge Animate 动画（OAM 文件），默认情况下，用户在 Dreamweaver 中插入 Adobe Edge Animate 动画后，会自动在当前站点的根目录中生成一个名为 edgeanimate_assets 的文件夹，将 Adobe Edge Animate 动画的提取内容放入该文件夹中。如果需要在 Dreamweaver CC 中插入 Adobe Edge Animate 动画，可以单击"插入"面板"媒体"选项卡中的"Edge Animate 作品"按钮，如图 2-7 所示。

图 2-7 单击"Edge Animate 作品"按钮

 提示

随着 HTML 5 技术的逐渐成熟，HTML 5 的标准化和优异特性自然成为网页设计中动画表现的最佳选择，Abode Edge Animate 就是一款 Adobe 公司开发的 HTML 5 动画可视化开发制作软件，避免了 HTML 5 代码的编写，使得网页交互动画的开发更加简单便捷。

7. 新增 HTML 5 表单输入类型

在 Dreamweaver CC 中为了能够对 HTML 5 提供更好的支持和更便捷的操作，新增了许多 HTML 5 表单输入类型，这些 HTML 5 表单输入类型位于"插入"面板的"表单"选项卡中，包括"数字"、"范围"、"颜色"、"月"、"周"、"日期"、"时间"、"日

期时间"和"日期时间（当地）"，如图 2-8 所示。单击相应的按钮，即可在页面中插入相应的 HTML 5 表单输入类型。

图 2-8 HTML 5 表单输入类型

8. 新增适用于 jQuery Mobile 的表单元素

在 Dreamweaver CC 中新增了许多适用于 jQuery Mobile 的表单元素，这些元素的功能与 HTML 5 表单输入类型中相应的元素功能相似，它们位于"插入"面板的"表单"选项卡中，包括"电子邮件"、Url、"搜索"、"数字"、"月"、"周""日期"、"时间"和"日期时间"，如图 2-9 所示。

图 2-9 适用于 jQuery Mobile 的表单元素

9. 新增 jQuery 效果

在 Dreamweaver CC 中新增了许多 jQuery 功能，通过这些 jQuery 功能可以在网页中轻松实现许多 jQuery 特效。在"插入"面板中的 jQuery UI 选项卡中提供了许多网页 jQuery 特效的插入按钮，如图 2-10 所示。并且在"行为"面板中的"效果"下拉菜单中还提供了许多 jQuery 效果，如图 2-11 所示。通过这些 jQuery 效果的添加可以使网页更加具有吸引力和趣味性。

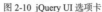

图 2-10 jQuery UI 选项卡

图 2-11 jQuery 效果菜单

10. 增强表单元素对 HTML 5 的支持

在 Dreamweaver CC 中增强了表单元素对 HTML 5 的支持，在"插入"面板中的"表单"选项卡中新增了 4 个新的表单元素，分别是"电子邮件"、"搜索"、Tel 和 Url，如图 2-12 所示。并且将表单元素插入到网页中后，表单元素的"属性"面板中新增了许多新的属性设置选项，如图 2-13 所示。

图 2-12 "表单"选项卡

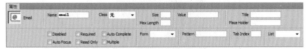

图 2-13 表单元素"属性"面板

11. 改进的"新建文档"对话框

Dreamweaver CC 中的"新建文档"对话框也经过了改进，去除了很多不必要的默认布局选项，并且在 Dreamweaver CC 中是新建 HTML 页面，默认的"文档类型"为 HTML 5，而不是之前版本的 XHTML，如图 2-14 所示。

图 2-14 全新的"新建文档"对话框

12. 改进的"插入"面板

在 Dreamweaver CC 中对"插入"面板进行了全面的优化和调整，新增了许多 HTML 5 相关的对象插入按钮，去除了许多在网页中很少使用的对象插入按钮，并且对"插入"面板中的元素类别重新进行了调整，如图 2-15 所示。

图 2-15 "插入"面板

13. 改进的"CSS 设计器"面板

在 Dreamweaver CC 中对"CSS 设计器"面板进行了"革命性"的改变，取消了 CSS 样式新建和设置对话框，将 CSS 样式的新建和设置全部集成在"CSS 设计器"面板中，并且对 CSS 3 属性提供了全面的支持，如图 2-16 所示。高度直观的 CSS 样式创建方式，可以生成整洁的符合 Web 标准的 CSS 样式代码。

图 2-16 "CSS 设计器"面板

14. 全面的系统平台支持

Dreamweaver CC 提供了全面的系统平台支持，更加完善地对 HTML 5 和 CSS 3 提供支持，支持 jQuery 和 jQuery 移动项目的创建，并且支持在 PHP 中开发动态网页。注意，只有在 Dreamweaver CC 中新建 PHP 页面，才会在"插入"面板中看到 PHP 选项卡，如图 2-17 所示。

图 2-17 PHP 选项卡

15. 增强 FTP

在 Dreamweaver CC 中增强了 FTP 的功能，用户在 Dreamweaver CC 中编辑并保存文件时，文件将自动上传到服务器，允许即使在保存操作期间正在进行并行的上传或下载进程，文件也将上传到服务器。

16. Dreamweaver 与 Creative Cloud 同步

用户可以将定义的站点、创建的文件或应用程序存储在 Creative Cloud 中，当需要使用这些文件时，可以随时随地登录 Creative Cloud 访问所存储的文件。

在 Dreamweaver CC 中可以设置 Dreamweaver 与 Creative Cloud 同步。

执行"编辑 > 首选项"命令，弹出"首选项"对话框，在"分类"列表中选择"同步设置"选项，在对话框右侧选项中选中"启用自动同步"复选框，如图 2-18 所示，开启 Dreamweaver CC 与 Creative Cloud 同步。也可以单击 Dreamweaver CC 菜单栏右侧的"同步设置"按钮，在弹出选项中单击"立即同步设置"按钮，将 Dreamweaver CC 与 Creative Cloud 同步，如图 2-19 所示。

图 2-18 "首选项"对话框

图 2-19 同步设置选项

2.2 安装和卸载 Dreamweaver CC

Dreamweaver CC 是业界领先的网页开发工具，通过该工具能够使用户有效地设计、开发和维护基于标准的网站和应用程序。使用 Dreamweaver CC，网页开发人员能够完成从创建和维护基本网站、支持最佳实践，以及最新技术的高级应用程序的开发过程。本节将详细介绍 Dreamweaver CC 的安装、运行与卸载。

2.2.1 Dreamweaver CC 的系统要求

Dreamweaver CC 可以在 Windows 操作系统中运行，也可以在 Mac OS 操作系统中运行。Dreamweaver CC 在 Windows 操作系统中运行的系统要求如表 1-1 所示。

表 1-1 Dreamweaver CC 在 Windows 操作系统中运行的系统要求

CPU	Intel Pentium4 或 AMD Athlon 64 处理器
操作系统	Microsoft Windows 7、Windows 8 或 Windows 8.1
内存	1GB 以上内存
硬盘空间	1GB 可用硬盘空间用于安装；安装过程中需要额外的可用空间（无法安装在可移动闪存设备上）
显示器	16 位显卡，1280×1024 的显示分辨率
产品激活	在线服务需要宽带 Internet 连接

Dreamweaver CC 在 Mac OS 操作系统中运行的系统要求如表 1-2 所示。

表 1-2 Dreamweaver CC 在 Mac OS 操作系统中运行的系统要求

CPU	Intel 多核处理器
操作系统	Mac OS × v10.7.5、v10.8 或 v10.9
内存	1GB 以上内存
硬盘空间	1GB 可用硬盘空间用于安装；安装过程中需要额外的可用空间（无法安装在使用区分大小写的文件系统的卷或移动闪存设备上）

（续表）

显示器	16 位显卡，1280×1024 的显示分辨率
HTML 5 多媒体播放	安装 QuickTime 7.6.6 以上版本
产品激活	在线服务需要宽带 Internet 连接

本书将在 Windows 7 操作系统中对 Dreamweaver CC 网页设计制作进行详细的讲解。

2.2.2 安装 Dreamweaver CC

在了解了一些关于 Dreamweaver CC 基本的系统要求之后，接下来就向用户介绍如何安装软件。

动手实践——安装 Dreamweaver CC

📄 最终文件：无　　　　　🎬 视频：光盘 \ 视频 \ 第 2 章 \2-2-2.swf

`01` 启动 Dreamweaver CC 安装程序，自动进入初始化安装程序界面，如图 2-20 所示。初始化完成后进入欢迎界面，可以选择安装和试用，如图 2-21 所示。

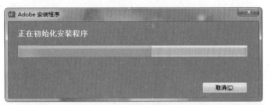

图 2-20 初始化程序

图 2-21 欢迎界面

 提示

如果安装时没有产品的序列号，可以选择"试用"选项。这样就不用输入序列号即可安装，可以正常使用软件 30 天。30 天过后则再次需要输入序列号，否则将不能正常使用。

`02` 单击"试用"按钮，进入"需要登录"界面，单击"登录"按钮，如图 2-22 所示。可以输入 Adobe ID 登录，如果还没有 Adobe ID，可以直接注册 Adobe ID 再进行登录，登录成功后，进入"Adobe 软件许可协议"界面，如图 2-23 所示。

图 2-22 "需要登录"界面

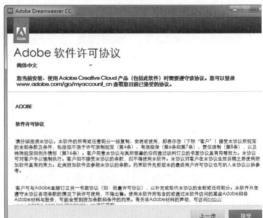

图 2-23 "Adobe 软件许可协议"界面

`03` 单击"接受"按钮，进入"选项"界面，在该界面中指定 Dreamweaver CC 的安装路径，如图 2-24 所示。单击"安装"按钮，进入"安装"界面，显示安装进度，如图 2-25 所示。

图 2-24 "选项"界面

图 2-25 "安装"界面

图 2-28 Dreamweaver CC 默认工作界面

04 安装完成后，进入"安装完成"界面，显示已安装内容，如图 2-26 所示。单击"关闭"按钮，关闭安装窗口，完成 Dreamweaver CC 的安装，单击"立即启动"按钮，可以立即运行 Dreamweaver CC 软件。

图 2-26 "安装完成"界面

2.2.3 运行 Dreamweaver CC

完 成 Dreamweaver CC 的 安 装， 会 自 动 在 Windows 程序组中添加一个 Dreamweaver CC 的快捷方式，如图 2-27 所示。可以通过单击程序菜单中的 Dreamweaver CC 快捷方式来启动 Dreamweaver CC，进入 Dreamweaver CC 工作区，如图 2-28 所示。默认情况下，Dreamweaver CC 的工作区布局是以设计视图布局的。

提示

Dreamweaver CC 默认工作区布局是一种将全部元素置于一个窗口中的集成布局，是 Adobe 家族的标准工作区布局。建议大多数用户使用默认工作区布局，本书对 Dreamweaver CC 的介绍将主要以设计视图为主。

2.2.4 卸载 Dreamweaver CC

如果 Dreamweaver CC 软件出现问题，则需要将 Dreamweaver CC 卸载后再重新进行安装。

动手实践——卸载 Dreamweaver CC

📋 最终文件：无　　　　　　　📁 视频：光盘 \ 视频 \ 第 2 章 \2-2-4.swf

01 在 Windows 操作系统的"开始"菜单中选择"控制面板"命令，如图 2-29 所示。打开"控制面板"窗口，单击"程序和功能"按钮，如图 2-30 所示。

图 2-27 Dreamweaver CC 启动选项

图 2-29 选择"控制面板"命令

图 2-30 单击"程度和功能"按钮

02 打开"程序和功能"对话框，在"卸载或更改程序"列表框中选择 Dreamweaver CC 应用程序，单击上方的"卸载"按钮，如图 2-31 所示。弹出对话框，显示"卸载选项"界面，如图 2-32 所示。

03 单击"卸载"按钮，进入"卸载"界面，显示 Dreamweaver CC 的卸载进度，如图 2-33 所示。卸载完成后进入"卸载完成"界面，如图 2-34 所示。单击"关闭"按钮，即可完成 Dreamweaver CC 的卸载。

图 2-31 单击"卸载"按钮

图 2-33 "卸载"界面

图 2-32 "卸载选项"界面

图 2-34 "卸载完成"界面

2.3 Dreamweaver CC 工作界面

Dreamweaver CC 提供了一个将全部元素置于一个窗口中的集成工作界面。在集成的工作界面中，全部窗口和面板都被集成到一个更大的应用程序窗口中，如图 2-35 所示。使用户可以查看文档和对象属性，还将许多常用操作放置于工具栏中，使用户可以快速更改文档。

图 2-35 Dreamweaver CC 工作界面

⬇ 设计器：单击该按钮，可以在弹出的下拉菜单中选择适合自己的面板布局方式，以更好地适应不同的工作类型，如图 2-36 所示。

图 2-36 "设计器"下拉菜单

⬇ "同步设置"按钮 ⚙️：该选项用于实现 Dreamweaver CC 与 Creative Cloud 同步，单击该按钮，可以在弹出的窗口中进行同步设置，如图 2-37 所示。

图 2-37 同步设置窗口

⬇ "开发中心"按钮 ⓘ：单击该按钮，可以使用系统默认浏览器自动打开 Dreamweaver 开发中心页面。

⬇ 菜单栏：菜单栏中包含了所有 Dreamweaver CC 操作所需要的命令。这些命令按照操作类别分为"文件"、"编辑"、"查看"、"插入"、"修改"、"格式"、"命令"、"站点"、"窗口"和"帮助"10 个菜单。

⬇ 文档工具栏：包含一些按钮，它们提供各种"文档"窗口视图（如"设计"视图和"代码"视图）的选项、各种查看选项和一些常用操作（如单击"实时视图"按钮 实时视图 ，可以将设计视图切换到实时视图）。

⬇ 代码视图窗口：在该窗口中将显示当前所编辑页面的相应代码，在代码窗口左侧是相应的代码工具，通过使用这些工具，可以在代码中插入注释、简化代码操作等。

⬇ 设计视图窗口：在该窗口中显示当前所制作页面的效果，也是可视化操作的窗口，可以使用各种工具，在该窗口中输入文字、插入图像等，是所见即所得的视图。

⬇ 标签选择器：标签选择器位于"文档"窗口底部的状态栏左侧，可显示环绕当前选定内容的标签的层次结构。单击该层次结构中的任何标签可以选择该标签及其全部内容。

⬇ 状态栏：在状态栏上提供了 3 个按钮和"窗口大小"选项，通过 3 个按钮可以切换设计视图分别在"手机"、"平板电脑"和"桌面电脑"中的显示效果，通过"窗口大小"选项可以设置设计视图窗口所显示的尺寸大小。

⬇ "属性"面板：用于查看和更改所选对象或文本的各种属性。选中不同的对象，在"属性"面板中显示不同的内容。

⬇ 面板组：用于帮助用户监控和修改工作，如，"插入"面板、"CSS 设计器"面板。双击相应的选项卡，可以折叠或展开当前选项卡。

2.4 Dreamweaver CC 菜单栏

　　Dreamweaver CC 的主菜单共分 10 种，即"文件"、"编辑"、"查看"、"插入"、"修改"、"格式"、"命令"、"站点"、"窗口"和"帮助"，如图 2-38 所示。下面将介绍一些主要的菜单命令。

Dw　文件(F)　编辑(E)　查看(V)　插入(I)　修改(M)　格式(O)　命令(C)　站点(S)　窗口(W)　帮助(H)

图 2-38 菜单栏

2.4.1 "文件"菜单

　　"文件"菜单包含用于文件操作的标准菜单项，如"新建"、"打开"和"保存"，还包含各种其他命令，用于查看当前文档或对当前文档执行操作，如"在浏览器中预览"、"打印代码"等。"文件"菜单如图 2-39 所示。

⬇ 新建：创建一个新的页面，执行该命令后，会弹出"新建文档"对话框，如图 2-40 所示。

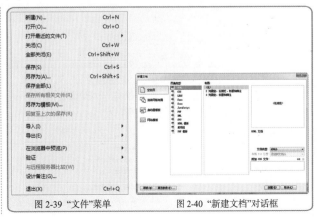

图 2-39 "文件"菜单　　　　图 2-40 "新建文档"对话框

🔽 **打开**: 执行该命令, 可以打开一个已经存在的页面。

🔽 **打开最近的文件**: 执行该命令, 可以打开最近编辑过的页面。

🔽 **关闭**: 只是关闭当前文件窗口, 而不是关闭 Dreamweaver CC 软件。

🔽 **全部关闭**: 将所有打开的文件关闭。

🔽 **保存**: 保存当前编辑的文件。

🔽 **另存为**: 将当前文件以另一个文件名进行保存。

🔽 **保存全部**: 保存当前窗口的所有文件。

🔽 **保存所有相关文件**: 保存当前编辑的文件, 并同时保存该文件相关的其他文件, 如外部 CSS 样式表文件。

🔽 **另存为模板**: 将当前的文件保存为模板, 一般用户在制作大量的网页时, 可以直接从模板中调用需要的内容, 如图 2-41 所示。

图 2-41 "另存模板"对话框

🔽 **恢复至上次的保存**: 将文件恢复至上次保存时的状态。

🔽 **导入**: 导入文件。选择一个子菜单命令, 设置要导入的文件类型, 如图 2-42 所示。

图 2-42 "导入"子菜单

🔽 **导出**: 导出文件。选择一个子菜单命令, 设置要导出的文件类型, 如图 2-43 所示。

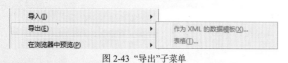

图 2-43 "导出"子菜单

🔽 **在浏览器中预览**: 将当前文件在设定的浏览器中打开预览。可以在弹出的子菜单中选择需要在哪一种浏览器中预览文件, 如图 2-44 所示。

图 2-44 "在浏览器中预览"子菜单

🔽 **验证**: 可以通过弹出的子菜单命令对当前页面进行验证操作, 如图 2-45 所示。

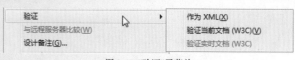

图 2-45 "验证"子菜单

🔽 **与远程服务器比较**: 和服务器远端文件进行比较, 确定本地和远程最新的文件版本。

🔽 **设计备注**: 执行此命令后, 会弹出"设计备注"对话框, 如图 2-46 所示, 用于为 HTML 文档加入注释信息。

图 2-46 "设计备注"对话框

🔽 **退出**: 关闭所有的窗口, 退出 Dreamweaver CC。

2.4.2 "编辑"菜单 ▸

"编辑"菜单包含用于基本编辑操作的标准菜单项, 如"剪切"、"拷贝"、"粘贴"等。"编辑"菜单包括选择和搜索命令, 如"选择父标签"和"查找和替换", 并且提供对"快捷键"的编辑和"首选参数"的访问。"编辑"菜单如图 2-47 所示。

图 2-47 "编辑"菜单

🔽 **撤销**: 撤销当前的操作 (即最近一次的操作)。

🔽 **重做**: 重复进行最近一次的操作。

剪切：剪切在页面中所选中的对象。

拷贝：复制在页面中所选中的对象。

粘贴：将剪贴板中的文件粘贴到当前窗口中。

选择性粘贴：可以选择只粘贴文本或粘贴带有不同格式的文本。执行该命令，会弹出"选择性粘贴"对话框，如图 2-48 所示。

图 2-48 "选择性粘贴"对话框

清除：清空当前选中的对象，其实就是 Delete（删除）。

全选：将窗口中的所有内容选中。

选择父标签：选择当前 HTML 标签的父标签（即上一层标签）所包含的内容。

选择子标签：选择当前 HTML 标签的子标签（即下一层标签）所包含的内容。

查找和替换：查找功能几乎是所有编辑软件都有的功能选项，但 Dreamweaver CC 的查找功能非常强大，它不仅可以在当前窗口、整个站点浏览器中查找，还可以在 HTML 源程序中查找源代码，如图 2-49 所示。

图 2-49 "查找和替换"对话框

查找所选：查找所选择的内容。

查找下一个：查找满足查询条件的下一项。

转到行：在"代码"视图中，该命令可用。执行该命令后，将弹出"转到行"对话框，如图 2-50 所示。在该对话框中可以设置需要跳转到源代码的行数。

图 2-50 "转到行"对话框

显示代码提示：执行该命令后，会在编辑源代码的时候显示提示的标签或属性，如图 2-51 所示。

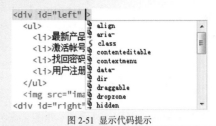

图 2-51 显示代码提示

刷新代码提示：执行该命令后，会刷新代码提示的内容。

代码提示工具：在该命令的子菜单中可以选择不同的用于显示在源代码区域的提示工具，如图 2-52 所示。

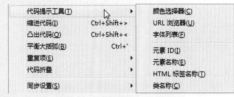

图 2-52 "代码提示工具"子菜单

缩进代码：执行该命令后，会在当前的源代码行使代码缩进，如图 2-53 所示。

图 2-53 缩进代码

凸出代码：执行该命令后，会在当前的源代码行使代码还原缩进，如图 2-54 所示。

图 2-54 凸出代码

平衡大括弧：选择放置了插入点的那一行的内容及其两侧的开始和结束标签，如果反复执行该命令且所选择的标签是对称的，则 Dreamweaver 最终将选择最外侧的 <html> 和 </html> 标签。

重复项：执行该命令，可以选择代码中重复的项目。

代码折叠：执行该命令，可以通过保留组织结构来隐藏和展开代码块，如图 2-55 所示。

图 2-55 "代码折叠"子菜单

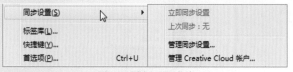 同步设置：在该命令的子菜单中可以执行相应的同步操作命令，如图 2-56 所示。

图 2-56 同步相关子菜单

 标签库：HTML 语言所有标签的集合。执行该命令，会弹出"标签库编辑器"对话框，如图 2-57 所示。

图 2-57 "标签库编辑器"对话框

快捷键：执行该命令，会弹出"快捷键"对话框，允许用户自定义键盘的快捷方式，如图 2-58 所示。

图 2-58 "快捷键"对话框

首选参数：Dreamweaver CC 首选项参数设定，包括站点、代码格式、不可见元素、字体等众多参数，如图 2-59 所示。

图 2-59 "首选项"对话框

2.4.3 "查看"菜单

"查看"菜单可以使用户切换文档的各种视图（如设计视图和代码视图），并且可以显示和隐藏不同类型的页面元素及不同的 Dreamweaver CC 工具。"查看"菜单如图 2-60 所示。

代码：在文档窗口中显示代码编辑视图，如图 2-61 所示。如果想查看或编辑源代码，可以进入该视图。

图 2-60 "查看"菜单   图 2-61 显示代码视图

拆分代码：将页面的代码视图拆分为两个部分，使用户可以同时对文档的不同部分代码进行操作。

设计：显示设计视图窗口。在可视化视图中看到的网页外观和在浏览器中看到的基本上是一致的，如图 2-62 所示。

图 2-62 显示设计视图

代码和设计：代码窗口和设计窗口内容同时显示于文档窗口。在这种视图下，编辑窗口被分割成了左右两部分，左侧显示的是源代码视图，右侧是可视化视图，这样可以在选择和编辑源代码的时候及时在可视化视图中看到效果，如图 2-63 所示。

图 2-63　显示代码视图和设计视图

垂直拆分：默认选中该命令，如果取消该命令的选中状态，将以水平的方式将代码视图和设计视图拆分为上下结构，如图 2-64 所示。

图 2-64　垂直拆分代码和设计视图

左侧的设计视图：将设计视图放置在代码视图的左侧，如图 2-65 所示。

图 2-65　左侧的设计视图效果

切换视图：在代码和设计视图方式中进行切换。

刷新设计视图：刷新正在编辑的页面设计视图。

刷新样式：刷新页面中 CSS 样式的显示效果。

实时视图：与设计视图相似，实时视图更能逼真地显示页面在浏览器中的表示形式，并使用户能够像在浏览器中那样与页面进行交互，但是实时视图不可以编辑。

实时视图选项：从该命令的子菜单中可以选择实时视图的相关设置选项，如图 2-66 所示。

图 2-66　"实时视图选项"子菜单

实时代码：实时代码视图显示浏览器用于执行该页面的实时代码，当用户在实时视图中与该页面进行交互时，它可以动态变化。该选项仅当在实时视图中查看页面时可用，且实时代码视图不可编码。

检查：执行该命令，可以进入检查模式，在该模式中，当用户在实时视图中将鼠标移至页面某一元素上时，代码视图同样会自动以高亮形式显示该元素区域的代码，如图 2-67 所示，以便对页面进行检查。

图 2-67　"检查"模式

可视化助理：从子菜单中选择要显示的不可见元素，如图 2-68 所示。

图 2-68　"可视化助理"子菜单

样式呈现：通过执行该命令的子菜单命令可以统一调整当前页面中的样式呈现效果，如图 2-69 所示。

图 2-69　"样式呈现"子菜单

代码视图选项：在子菜单中设置代码视图选项，如图 2-70 所示。

图 2-70 "代码视图选项"子菜单

窗口大小：在该命令的子菜单中可以选择相应的选项，以设置 Dreamweaver 设计窗口的尺寸大小，如图 2-71 所示。

图 2-71 "窗口大小"子菜单

缩放比例：选择不同的缩放比率，如图 2-72 所示。

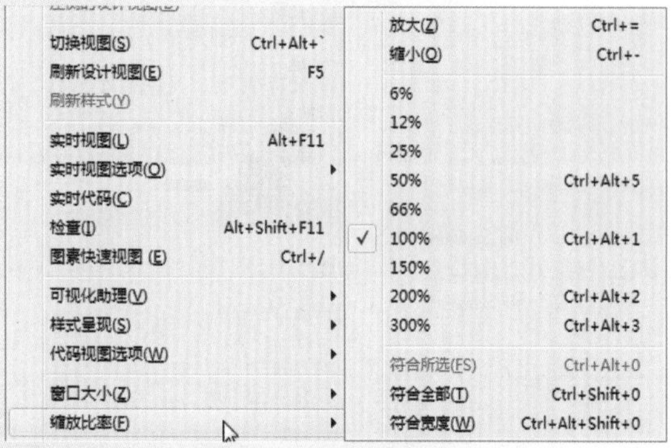

图 2-72 "缩放比例"子菜单

标尺：设置标尺，可以直观地查看窗口文档，通过如图 2-73 所示的子菜单还可以设置标尺单位。

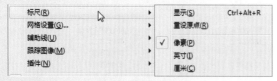

图 2-73 "标尺"子菜单

网格设置：用来设置网格，其子菜单如图 2-74 所示。

图 2-74 "网格设置"子菜单

辅助线：用来设置辅助线，通过如图 2-75 所示的子菜单编辑辅助线。

图 2-75 "辅助线"子菜单

跟踪图像：将一幅图片嵌入页面的任何一个位置作为设计的参考，而且用户还可以改变图片的透明度，如图 2-76 所示。

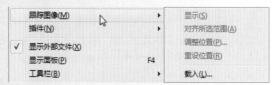

图 2-76 "跟踪图像"子菜单

插件：用来控制窗口文档中插件的播放，如图 2-77 所示。

图 2-77 "插件"子菜单

显示外部文件：默认选中该命令，则在 Dreamweaver 中编辑网页时，将同时显示该网页所链接的外部文件，如外部的 CSS 样式表文件、外部的 JavaScript 文件等。

显示面板：执行该命令，可以隐藏或显示浮动面板。

工具栏：隐藏 / 显示如图 2-78 所示子菜单中不同类型的工具栏。

图 2-78 "工具栏"子菜单

相关文件：在该命令的子菜单中列出了与当前文件所相关的一系列文件，如图 2-79 所示。

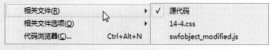

图 2-79 "相关文件"子菜单

相关文件选项：在该命令的子菜单中可以选择相应的命令，对相关文件进行筛选或者刷新相关文件，如图 2-80 所示。

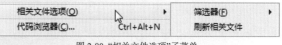

图 2-80 "相关文件选项"子菜单

代码浏览器：显示页面中光标当前位置处的相关代码提示。

2.4.4 "插入"菜单

"插入"菜单提供"插入"面板的替代项，以便于将页面元素插入到网页中。"插入"菜单如图 2-81 所示。

- Div：插入 Div。执行该命令，将弹出"插入 Div"对话框，如图 2-82 所示。在该对话框中可以设置所需要插入的 Div 的位置和 CSS 样式等属性。

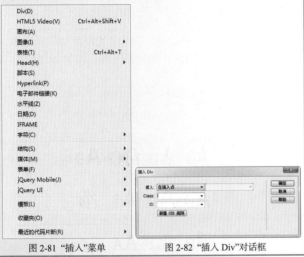

图 2-81 "插入"菜单　　　图 2-82 "插入 Div"对话框

- HTML 5 Video：在网页中插入 HTML 5 Video，在网页中显示 HTML 5 Video 图标。

- 画布：在网页中插入 HTML 5 画布，在网页中显示画布图标。

- 图像：插入图像对象。从如图 2-83 所示的子菜单中可以选择要插入的图像对象类型。

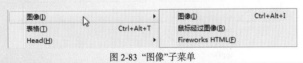

图 2-83 "图像"子菜单

- 表格：执行该命令，可以弹出"表格"对话框，在网页中插入表格。

- Head：插入网页头信息。从如图 2-84 所示的子菜单中可以选择要插入的网页头信息类型。

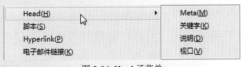

图 2-84 Head 子菜单

- 脚本：执行该命令，可以在弹出的对话框中选择需要插入的外部脚本文件。

- Hyperlink：在网页中插入超链接。

- 电子邮件链接：在网页中插入电子邮件链接。

- 水平线：在网页中插入水平线。

- 日期：在网页中插入日期时间。

- IFRAME：在网页中插入 IFRAME 框架。

- 字符：在该命令的子菜单中可以选择需要插入的特殊字符，如图 2-85 所示。

图 2-85 "字符"子菜单

- 结构：插入结构元素。从如图 2-86 所示的子菜单中可以选择要插入的 HTML 5 结构元素。

图 2-86 "结构"子菜单

- 媒体：插入媒体对象。从如图 2-87 所示的子菜单中可以选择要插入的媒体对象类型。

图 2-87 "媒体"子菜单

- 表单：插入不同种类的表单对象，在其子菜单中可以选择要插入的表单对象类型。

- jQuery Mobile：在该命令的子菜单中列出了 jQuery Mobile 的相关组件，执行相应的命令，即可在页面中插入相应的组件。

- jQuery UI：在该命令的子菜单中列出了 jQuery UI 的相关组件，执行相应的命令，即可在页面中插入相应的 jQuery UI 组件。

- 模板：插入模板对象。从如图 2-88 所示的子菜单中可以选择要插入的模板对象类型。

图 2-88 "模板"子菜单

● 收藏夹：执行该命令，将弹出"自定义收藏夹对象"对话框，如图 2-89 所示。在该对话框中可以设置要自定义的对象。

图 2-89 "自定义收藏夹对象"对话框

● 最近的代码片断：插入最近使用过的代码片断。

2.4.5 "修改"菜单

"修改"菜单使用户可以更改选定页面元素的属性。使用此菜单，用户可以编辑标签属性，更改表格和表格元素，并且为库和模板执行不同的操作。"修改"菜单如图 2-90 所示。

图 2-90 "修改"菜单

● 页面属性：修改当前窗口文档的属性，包括背景图像、背景颜色、链接颜色、字符串编码、文档标题等，如图 2-91 所示。

图 2-91 "页面属性"对话框

● 模板属性：修改模板属性。在应用了模板的页面中执行该命令后，将弹出"模板属性"对话框，如图 2-92 所示，可以设置要修改的模板属性。

图 2-92 "模板属性"对话框

● 管理字体：执行该命令，弹出"管理字体"对话框，可以为网页添加 Adobe Edge Fonts 和 Web 字体，如图 2-93 所示。

图 2-93 "管理字体"对话框

● 快速标签编辑器：快速编辑标签属性，执行此命令后，将弹出如图 2-94 所示的界面，在此可以选择要编辑的标签。

图 2-94 快速标签编辑器

● 创建链接：制作或改变链接。

● 移除链接：删除当前选择的链接。

● 打开链接页面：打开所链接的页面（无法打开远程页面）。

● 表格：这部分的子菜单均是针对表格进行操作。

● 图像：对选中图像进行简单编辑。

● 排列顺序：调整绝对定位的 Div 的上下顺序，从其子菜单中可以选择排列方式。

● 库：这个概念在 Dreamweaver 中属于高级开发，

利用其子菜单命令可以实现创建一个新的库、更新当前页、更新整个站点等功能。

🔽 模板：该选项的功能与库很相似，首先建立一个固定页面模型，然后在以后创建页面时可以反复调用，以提高工作效率。其子菜单中的命令均是对模板的控制。

2.4.6 "格式"菜单 ▶

"格式"菜单主要是为了方便用户设置网页中文本的格式。"格式"菜单如图 2-95 所示。

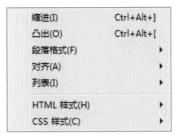

图 2-95 "格式"菜单

🔽 缩进：页面左右同时缩进，可多次使用。

🔽 凸出：缩进的反操作，即页面左右同时向外凸出。

🔽 段落格式：设置 HTML 语言中的 h1~h6 标记等，如图 2-96 所示。

图 2-96 "段落格式"子菜单

🔽 对齐：将文本的对齐方式设置为左对齐、居中对齐、右对齐或两端对齐，如图 2-97 所示。

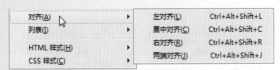

图 2-97 "对齐"子菜单

🔽 列表：分别为 ul、ol、dl 标签所对应的项目列表、编号列表、定义列表等，其子菜单如图 2-98 所示。

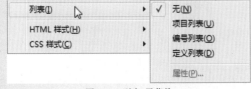

图 2-98 "列表"子菜单

🔽 HTML 样式：对文字进行加粗、斜体、加下划线等处理，如图 2-99 所示。

图 2-99 "样式"子菜单

🔽 CSS 样式：如果已经定义了 CSS 样式表，那么此选项将出现所定义过的标识符，不过如果定义的是 HTML 标签，如 td、body 之类，它们就不会出现在列表之中，子菜单中的命令还可以编辑 CSS 样式，并会列出定义过的所有的 CSS 样式，其子菜单如图 2-100 所示。

图 2-100 "CSS 样式"子菜单

2.4.7 "命令"菜单 ▶

"命令"菜单提供对各种命令的访问，包括根据格式参数的选择来设置代码格式、排序表格，以及优化图像的命令。"命令"菜单如图 2-101 所示。

图 2-101 "命令"菜单

🔽 开始录制：开始录制的命令。

🔽 播放录制命令：运行播放录制的命令。

🔽 编辑命令列表：执行该命令，可以弹出"编辑命令列表"对话框，如图 2-102 所示。在该对话框中可以编辑命令。

图 2-102 "编辑命令列表"对话框

🔘 检查拼写：检查单词拼写正确与否。如果有文字拼写错误会弹出"检查拼写"对话框，如图 2-103 所示。

图 2-103 "检查拼写"对话框

🔘 应用源格式：应用规整格式的源代码。

🔘 将源格式应用于选定内容：针对当前选择应用规整格式的源代码。

🔘 清理 HTML：这是删除 HTML/XHTML 垃圾代码的工具。执行该命令，将会弹出"清理 HTML/XHTML"对话框，如图 2-104 所示。在该对话框中"移除"选项有几组复选框可供选择，如"空标签区块"、"多余的嵌套标签"、"不属于 Dreamweaver 的 HTML 注释"、"Dreamweaver 特殊标记"和"指定的标签"。

图 2-104 "清理 HTML/XHTML"对话框

🔘 清理 Word 生成的 HTML：删除 Word 生成的 HTML 垃圾代码的工具。当将 Word 文档直接保存成 HTML 文件时，会带有相当多的垃圾代码，使用该命令就可以一并或有选择性的将其删除，如图 2-105 所示。

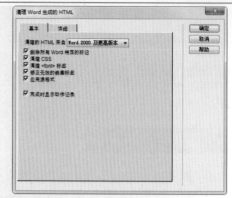

图 2-105 "清理 Word 生成的 HTML"对话框

🔘 Clean Up Web 字体脚本标签（当前页面）：执行该命令，可以清理当前网页中所使用的 Web 字体相关标签。

🔘 将 JavaScript 外置：执行该命令，会弹出"JavaScript 外置"对话框，如图 2-106 所示。可以将页面中的 JavaScript 脚本代码提取，以便放置于外部 JavaScript 文件中。

图 2-106 "将 JavaScript 外置"对话框

🔘 删除 FLV 检测：取消对 FLV 视频的检测。

🔘 优化图像：优化页面中的图像。选中页面中需要优化的图像，执行该命令，将会弹出"图像优化"对话框，可以在该对话框中对图像进行优化操作，如图 2-107 所示。

图 2-107 "图像优化"对话框

🔘 排序表格：按照一定的顺序排列表格中的数据，如图 2-108 所示。

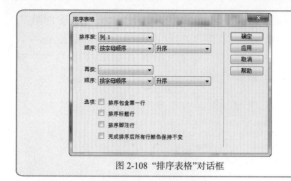

图 2-108 "排序表格"对话框

2.4.8 "站点"菜单

"站点"菜单提供的选项可用于创建、打开和编辑站点，以及用于管理当前站点中的文件。"站点"菜单如图 2-109 所示。

图 2-109 "站点"菜单

🔽 新建站点：执行该命令，将弹出"站点设置对象"对话框，创建新的站点，如图 2-110 所示。

图 2-110 "站点设置对象"对话框

🔽 新建 Business Catalyst 站点：执行该命令，可以创建 Business Catalyst 站点。

🔽 管理站点：对 Dreamweaver CC 中定义过的站点进行管理，可以完成站点的新建、删除等操作。执行该命令，将弹出"管理站点"对话框，如图 2-111 所示。

图 2-111 "管理站点"对话框

🔽 获取：将文件从远程下载到本地。

🔽 取出：将文件取出，告知其他编辑者自己正在调用该文件。

🔽 上传：将文件从本地上传到远程服务器。

🔽 存回：将文件存入，告知其他编辑者自己不再调用该文件。

🔽 撤消取出：取消文件取出。

🔽 显示取出者：显示取出文件的用户。

🔽 在站点定位：定位到"文件"面板中的当前页面。

🔽 报告：显示操作报告。执行该命令，将弹出"报告"对话框，如图 2-112 所示。

图 2-112 "报告"对话框

🔽 站点特定的代码提示：该命令功能仅可用于 PHP 站点中。

🔽 同步站点范围：对站点范围内的文件进行同步。

🔽 检查站点范围的链接：调用链接检查器检查整个站点中所有文件的链接。

🔽 改变站点范围的链接：修改整个站点的链接。执行该命令，将弹出"更改整个站点链接"对话框，如图 2-113 所示。

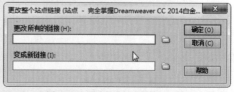

图 2-113 "更改整个站点链接"对话框

◉ 高级：进行站点的高级设置，在如图 2-114 所示的子菜单中选择高级设置的内容。

图 2-114 "高级"子菜单

◉ PhoneGap Build 服务：用于创建 PhoneGap Build 服务。

2.4.9 "窗口"菜单

"窗口"菜单提供对 Dreamweaver CC 中的所有面板、检查器和窗口的访问。"窗口"菜单如图 2-115 所示，在这里不再做过多介绍。

2.4.10 "帮助"菜单

"帮助"菜单提供对 Dreamweaver CC 文件的访问，包括如何使用 Dreamweaver CC 及创建对 Dreamweaver CC 扩展的帮助系统，并且包括各种代码的参考材料等。"帮助"菜单如图 2-116 所示，在这里不再做过多介绍。

图 2-115 "窗口"菜单　　　　图 2-116 "帮助"菜单

2.5　Dreamweaver CC 中的面板

Dreamweaver CC 中的面板包括"插入"面板、"属性"面板和其他浮动面板，它们浮动于文档窗口之上，用户可以随意调整这些面板的位置，以扩充文档窗口。

2.5.1 "插入"面板

网页的内容虽然多种多样，但是都可以被称为对象，简单的对象有文字、图像、表格等，复杂的对象包括导航条、程序等。大部分的对象都可以通过"插入"面板插入到页面中。"插入"面板如图 2-117 所示。

图 2-117 "插入"面板

在"插入"面板中包含了用于将各种类型的页面元素（如图像、表格和 Flash 动画）插入到文档中的按钮。每一个对象都是一段 HTML 代码，允许用户在插入时设置不同的属性。例如，用户可以在"插入"面板中单击"图像"按钮，插入一幅图像。当然也可以不使用"插入"面板而使用"插入"菜单来插入页面元素。

在"插入"面板中可以看到，在"插入"面板的类别名称按钮旁有一个三角形的扩展按钮，单击该按钮可以在不同类别的插入对象之间进行切换。

> **技巧**
>
> "插入"面板是 Dreamweaver CC 工作区中默认显示的面板，可以通过执行"窗口 > 插入"命令，在工作区中显示或隐藏"插入"面板。"插入"面板中的所有项目都可以在编辑窗口上方的"插入"菜单中找到。

2.5.2 "属性"面板

网页设计中的对象都有各自的属性，例如文字有字体、字号、对齐方式等属性，图像有大小、链接、替换文字等属性。所以在有了"插入"面板之后，就要有相应的面板对对象进行设置，这就要用到"属性"面板，"属性"面板的设置选项会根据对象的不同而改变。如图 2-118 所示的是选中文本对象时"属性"面板上的内容。

图 2-118 "属性"面板

2.5.3 其他浮动面板

浮动面板是 Dreamweaver 操作界面的一大特色，其中一个好处是可以节省屏幕空间。用户可以根据需要显示浮动面板，也可以拖动面板脱离面板组。用户可以通过在如图 2-119 所示的三角图标上单击鼠标展开或折叠起浮动面板。

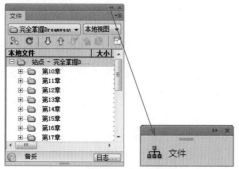

图 2-119 展开或折叠浮动面板

在 Dreamweaver CC 工作界面的右侧，整齐地竖直排放着一些浮动面板，这部分可以称之为浮动面板组，可以在"窗口"菜单中选择需要显示或隐藏的浮动面板。Dreamweaver CC 的浮动面板比较多，这里不再逐一介绍，各浮动面板会在后面的章节中进行介绍。

2.5.4 文档工具栏

文档工具栏中包含了各种按钮，它们提供各种"文档"窗口视图，如设计视图、代码视图的选项，各种查看选项和一些常用操作，如在浏览器中预览页面等，如图 2-120 所示。

图 2-120 文档工具栏

● 工作区方式：通过该部分可以切换 Dreamweaver 文档窗口的视图模式，单击"代码"按钮，文档窗口将显示代码视图；单击"拆分"按钮，文档窗口将以垂直平分的方式显示代码视图和设计视图；单击"设计"按钮，文档窗口将显示页面设计视图。

● "实时视图"按钮 实时视图：单击该按钮，将在 Dreamweaver 的文档窗口中显示当前编辑页面的实时视图效果。

● "在浏览器中预览／调试"按钮 ：单击该按钮，在弹出的下拉菜单将显示系统中所安装的浏览器，可以选择需要在某个浏览器中预览当前所编辑的页面，如图 2-121 所示。

图 2-121 弹出下拉菜单

● 标题：该选项用于设置页面的标题，可以在该选项后的文本框中输入页面的标题，默认的页面标题为"无标题文档"。

● "文件管理"按钮 ：单击该按钮，在弹出的下拉菜单中提供了对当前文件的相关管理操作选项，如图 2-122 所示。

图 2-122 弹出下拉菜单

2.5.5 状态栏

状态栏位于文档窗口底部，提供与正在创建的文档有关的其他信息，如图 2-123 所示。

图 2-123 状态栏

● 标签选择器：显示环绕当前选定内容的标签的层次结构。单击该层次结构中的任何标签，以选择该标签及其全部内容。单击 < body > 可以选择文档的整个正文。

● "手机大小"按钮 ：单击该按钮，可以将页面的当前文档窗口的页面尺寸设置为手机大小（480×800）。

● "平板电脑大小"按钮 ：单击该按钮，可以将页面的当前文档窗口的页面尺寸设置为平板电脑大小（768×1024）。

● "桌面电脑大小"按钮 ：单击该按钮，可以将页面的当前文档窗口的页面尺寸设置为桌面电脑大小（1000 宽）。

⬇ 窗口大小: 显示当前设计视图中窗口部分的尺寸，在该选项上单击鼠标，在弹出的下拉菜单中提供了一些常用的页面尺寸大小，如图 2-124 所示。

240 x 320	功能手机
320 x 480	智能手机
480 x 800	智能手机
768 x 1024	平板电脑
1000 x 620	(1024 x 768，最大化)
1260 x 875	(1280 x 1024，最大化)
1420 x 750	(1440 x 900，最大化)
1580 x 1050	(1600 x 1200，最大化)
✓ 全大小	
编辑大小...	
✓ 方向横向	
方向纵向	

图 2-124 弹出下拉菜单

2.6 本章小结 🔍

　　真正的网页设计制作还没有开始，在本章中只是让用户熟悉一下 Dreamweaver CC 的界面以及工作环境，学会定制 Dreamweaver CC 的一些基本属性。一旦掌握了 Dreamweaver CC 中的各种菜单、面板的使用方法，无论做什么都会得心应手。本章重点介绍了 Dreamweaver CC 的一些基础知识以及一些基本操作，使用户对菜单栏、文档窗口、"插入"面板、"属性"面板、浮动面板等有最基本的认识。

第③章 创建与管理站点

网站是一系列具有链接的文档的组合，这些文档都具有一些共性，例如相关的主题、相似的设计等。要制作一个能够被公众浏览的网站，首先需要在本地磁盘上制作这个网站，然后把这个网站上传到互联网的Web服务器上。放置在本地磁盘上的网站称为本地站点，处于互联网的Web服务器中的网站称为远程站点。Dreamweaver CC 提供了对本地站点和远程站点强大的管理功能。

3.1 创建本地站点

无论是一个网页制作的新手，还是一个专业的网页设计师，都要从构建站点开始，理清网站结构的脉络。当然，不同的网站有不同的结构，功能也不会相同，所以一切都应按照需求组织站点的结构。

3.1.1 创建本地静态站点

在 Dreamweaver CC 中创建本地静态站点的方法非常简单，也非常方便。下面就通过一个小练习，向用户介绍如何在 Dreamweaver CC 中创建本地静态站点。

动手实践——创建本地静态站点

📄 最终文件：无　　　　📹 视频：光盘 \ 视频 \ 第 3 章 \3-1-1.swf

01 执行"站点 > 新建站点"命令，弹出"站点设置对象"对话框，如图 3-1 所示。在该对话框中的"站点名称"文本框中输入站点的名称，单击"本地站点文件夹"文本框后面的"浏览"按钮，弹出"选择根文件夹"对话框，可浏览到本地站点的位置，如图 3-2 所示。

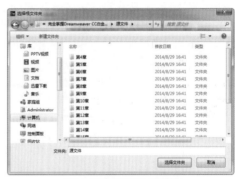

图 3-2 "选择根文件夹"对话框

02 单击"选择文件夹"按钮，确定本地站点根目录的位置，"站点设置对象"对话框如图 3-3 所示。单击"保存"按钮，即可完成本地站点的创建。执行"窗口 > 文件"命令，打开该面板，在该面板中显示出刚创建的本地站点，如图 3-4 所示。

图 3-1 "站点设置对象"对话框

图 3-3 "站点设置对象"对话框

图 3-4 "文件"面板

提示

在大多数情况下，都是在本地站点中编辑网页，再通过 FTP 上传到远程服务器。还可以执行"站点 > 管理站点"命令，在弹出的"管理站点"对话框中单击"新建站点"按钮，同样可以弹出"站点设置对象"对话框。

3.1.2 设置服务器

如果用户需要使用 Dreamweaver 连接远程服务器，将站点中的文件通过 Dreamweaver 上传到远程服务器，则在创建站点时需要设置"服务器"选项卡中的相关选项，否则不需要设置"服务器"选项卡中的选项。在"站点设置对象"对话框中单击"服务器"选项，可以切换到"服务器"选项卡，如图 3-5 所示。在该选项卡中可以指定远程服务器和测试服务器。

图 3-5 "服务器"选项

单击"添加新服务器"按钮 +，可弹出"服务器设置"对话框，如图 3-6 所示。

图 3-6 "服务器设置"对话框

3.1.3 设置服务器基本选项

在"服务器设置"窗口中分为"基本"和"高级"两个选项卡。在"基本"选项卡中可以对服务器的相关基本选项进行设置，如图 3-7 所示。

图 3-7 服务器的"基本"选项卡

🔘 服务器名称：在该文本框中可以指定服务器的名称，该名称可以是用户任意定义的名称。

🔘 连接方法：在该选项的下拉列表中可以选择连接到远程服务器的方法。在 Dreamweaver CC 中提供了 7 种连接远程服务器的方法，如图 3-8 所示。

图 3-8 "连接方法"下拉列表

🔘 FTP：该选项为默认的远程服务器连接方法，大多数情况下都是通过 FTP 来连接到远程服务器的，FTP 也是目前最常用的连接远程服务器的方法。

🔘 SFTP：SFTP 为安全的 FTP 连接，SFTP 使用加密密钥和共用密钥来保证指向测试服务器的安全链接。在"连接方法"下拉列表中选择 SFTP 选项，则切换为 SFTP 设置面板，如图 3-9 所示。

图 3-9 SFTP 设置选项

提示

如果用户选择使用 SFTP 方式连接远程服务器，则远程服务器必须运行了 SFTP 服务，否则无法通过该方式进行连接。端口 22 是接收 SFTP 连接的默认端口。

⬇ FTP over SSL/TLS（隐式加密）：该连接方法也是 FTP 连接，只是在 FTP 连接的基础上添加了隐式加密的功能。在"连接方法"下拉列表中选择"FTP over SSL/TLS（隐式加密）"选项，则切换为相应的设置面板，如图 3-10 所示。

图 3-10 FTP over SSL/TLS（隐式加密）设置选项

⬇ FTP over SSL/TLS（显式加密）：该连接方法同样是 FTP 连接，只是在 FTP 连接的基础上添加了显示加密的功能。在"连接方法"下拉列表中选择"FTP over SSL/TLS（显式加密）"选项，则切换为相应的设置面板，如图 3-11 所示。

图 3-11 FTP over SSL/TLS（显式加密）设置选项

⬇ 本地 / 网络：在连接到网络文件夹或在本地计算机上存储文件或运行测试服务器时，可以在"连接方法"下拉列表中选择"本地 / 网络"选项，则切换为"本地 / 网络"设置面板，如图 3-12 所示。单击"服务器文件夹"选项文本框后的"浏览"按钮，浏览并选择存储站点文件的文件夹。

图 3-12 "本地 / 网络"设置选项

⬇ WebDAV：WebDAV 又称为 Web 的分布式和版本控制协议，对于这种连接方法，必须有支持协议的服务器，例如，Microsoft Internet Information Server（IIS）5.0，或安装正确配置的 Apache Web 服务器。在"连接方法"下拉列表中选择 WebDAV 选项，则切换为 WebDAV 设置面板，如图 3-13 所示。在 URL 选项的文本框中输入 WebDAV 服务器上要连接到的目录的完整 URL。此 URL 包括协议、端口和目录。

图 3-13 WebDAV 设置选项

提示

如果选择 WebDAV 作为连接方法，并且是在多用户环境中使用 Dreamweaver，则还应该确保所有用户都选择 WebDAV 作为连接方法。如果一些用户选择 WebDAV，而另一些用户选择其他的连接方法，那么由于 WebDAV 使用自己的锁定系统，所以 Dreamweaver 的存回和取出功能就会受到影响。

⬇ RDS：如果需要使用远程开发服务（RDS）链接到 Web 服务器，可以在"连接方法"下拉列表中选择 RDS 选项，则切换为 RDS 设置面板，如图 3-14 所示。单击"设置"按钮，弹出"配置 RDS 服务器"对话框，如图 3-15 所示。当使用 RDS 连接方法时，远程服务器必须位于运行 Adobe ColdFusion 的计算机上。

图 3-14 RDS 设置对话框

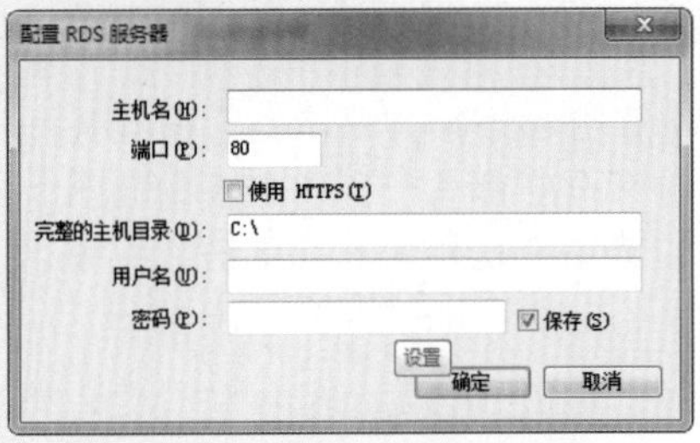

图 3-15 "配置 RDS 服务器"对话框

⬇ FTP 地址：在该文本框中输入要将站点文件上传到其中的 FTP 服务器的地址。FTP 地址是计算机系统中完整的 Internet 名称。注意，在这里需要输入完整的 FTP 地址，并且不要输入任何多余的文本，特别是不要在地址前面加上协议名称。

🔽 端口：端口 21 是接收 FTP 连接的默认端口。可以通过编辑右侧的文本框更改默认的端口号。

🔽 用户名 / 密码：分别在"用户名"和"密码"文本框中输入用于连接到 FTP 服务器的用户名和密码。选中"保存"复选框，可以保存所输入的 FTP 用户名和密码。

🔽 "测试"按钮：完成"FTP 地址"、"用户名"和"密码"选项的设置后，可以通过单击"测试"按钮，测试与 FTP 服务器的连接。

🔽 根目录：在该选项的文本框中输入远程服务器上用于存储站点文件的目录。在有些服务器上，根目录就是首次使用 FTP 连接到的目录。用户也可以链接到远程服务器，如果在"文件"面板中的"远程文件"视图中出现像 public_html、www 或用户名这样名称的文件夹，它可能就是 FTP 的根目录。

🔽 Web URL：在该文本框中可以输入 Web 站点的 URL 地址（例如，http://www.mysite.com）。Dreamweaver CC 使用 Web URL 创建站点根目录的相对链接。

🔽 使用被动式 FTP：如果代理配置要求使用被动式 FTP，可以选中该复选框。

🔽 使用 IPv6 传输模式：如果使用的是启用 IPv6 的 FTP 服务器，可以选中该复选框。IPv6 指的是第 6 版 Internet 协议。

🔽 使用以下位置中定义的代理：如果选中该复选框，将指定一个代理主机或代理端口。单击该选项后的"首选参数"链接，可以弹出站点的"首选参数"对话框，在该对话框中可以对代理主机进行设置。

🔽 使用 FTP 性能优化：默认选中该选项，对连接到的 FTP 的性能进行优化操作。

🔽 使用其它的 FTP 移动方法：如果需要使用其他的一些 FTP 中移动文件的方法，可以选中该复选框。

3.1.4 设置服务器高级选项

　　无论选择哪种连接方式连接远程服务器，在其相关的设置对话框中都有一个"高级"选项卡，而且该选项卡中的选项都是相同的。单击"高级"按钮，切换到"高级"选项卡中，如图 3-16 所示。

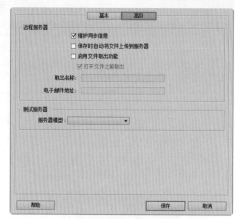

图 3-16 服务器的"高级"选项卡

🔽 维护同步信息：如果希望自动同步本地站点和远程服务器上的文件，可以选中该复选框。

🔽 保存时自动将文件上传到服务器：如果希望在本地保存文件时，Dreamweaver CC 自动将该文件上传到远程服务器站点中，可以选中该复选框。

🔽 启用文件取出功能：选中该复选框，可以启用"存回 / 取出"功能，则可以对"取出名称"和"电子邮件地址"选项进行设置。

🔽 服务器模型：如果使用的是测试服务器，则可以从"服务器模型"下拉列表中选择一种服务器模型。在该下拉列表中提供了 8 个选项可供选择，如图 3-17 所示。

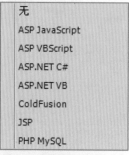

图 3-17 "服务器类型"下拉列表

3.1.5 版本控制选项

　　在"站点设置对象"对话框中单击"版本控制"选项，可以切换到"版本控制"选项卡，在"访问"下拉列表中选择 Subversion，如图 3-18 所示。Dreamweaver 可以连接到 Subversion（SVN）的服务器。

　　Subversion 是一种版本控制系统，它使用户能够协作编辑和管理 Web 服务器上的文件。Dreamweaver CC 并不是一个完整的 Subversion 客户端，但用户可以通过 Dreamweaver CC 获取文件的最新版本、更改和提交文件。

图 3-18 "版本控制"设置选项

图 3-19 "协议"下拉列表

⊙ 访问：在该下拉列表中可以选择访问的方式，包括两个选项，分别是"无"和 Subversion。默认情况下，选择的是"无"选项。

⊙ 协议：在"协议"下拉列表中可以选择连接 Subversion 服务器的协议，包括 4 个选项，如图 3-19 所示。如果选择 SVN+SSH 协议，则要求计算机具备特殊的配置。

⊙ 服务器地址：在"服务器地址"文本框中可以输入 Subversion 服务器的地址，通常的形式为"服务器名称.域.com"。

⊙ 存储库路径：在"存储库路径"文本框中可以输入 Subversion 服务器上存储库的路径。通常类似于 /svn/your_root_directory。

⊙ 服务器端口：该选项用于设置服务器的端口，默认的服务器端口为 80 端口，如果希望使用的服务器端口不同于默认服务器的端口，可以在"服务器端口"文本框中输入端口号。

⊙ 用户名/密码：分别在"用户名"和"密码"文本框中输入 Subversion 服务器的"用户名"和"密码"。

⊙ "测试"按钮：完成以上相应选项的设置后，可以单击"测试"按钮，测试与 Subversion 服务器的连接。

3.2 站点的高级选项设置

在 3.1 节中已经介绍了如何通过"站点设置对象"对话框来创建一个本地静态站点。如果在"站点设置对象"对话框中单击"高级设置"选项，即可展开站点的高级设置，可以对站点的"遮盖"、"设计备注"、"Web 字体"等高级选项进行设置。

3.2.1 本地信息

单击"站点设置对象"对话框左侧"高级设置"选项下的"本地信息"选项，可以对站点的本地信息进行设置，如图 3-20 所示。

图 3-20 "本地信息"选项

⊙ 默认图像文件夹：该选项用于设置站点中默认的图像文件夹，但是对于比较复杂的网站，图像往往不只存放在一个文件夹，所以实用价值不大。可以直接输入路径，也可以单击右侧的"浏览"按钮⬛，

在弹出的"选择站点的本地图像文件夹"对话框中，找到相应的文件夹进行保存。

⊙ 链接相对于：设置站点中链接的方式，可以选择"文档"或"站点根目录"。默认情况下，Dreamweaver 创建文档的相对链接。

⊙ Web URL：在该文本框中可以输入 Web 站点的 URL 地址（例如，http://www.mysite.com）。

⊙ 区分大小写的链接检查：选中该复选框，在 Dreamweaver 中检查链接时，将检查链接的大小写与文件名的大小写是否相匹配。此选项用于文件名区分大小写的 UNIX 系统。

⊙ 启用缓存：该选项用于指定是否创建本地缓存，以提高链接和站点管理任务的速度。如果不选择此选项，Dreamweaver 在创建站点前将再次询问用户是否希望创建缓存。

3.2.2 遮盖

单击"站点设置对象"对话框左侧"高级设置"

选项下的"遮盖"选项，可以对站点的遮盖进行设置，如图 3-21 所示。使用文件遮盖之后，可以在进行一些站点操作的时候排除被遮盖的文件。例如，如果不希望上传 Flash 动画文件，可以将站点中的 Flash 动画文件，即扩展名为 .swf 的文件设置遮盖，这样 Flash 动画文件就不会被上传了。

图 3-21 "遮盖"选项

> 启用遮盖：选中该复选框，将激活 Dreamweaver 中的文件遮盖功能。默认情况下，该选项为选中状态。

> 遮盖具有以下扩展名的文件：选中该复选框后，可以指定要遮盖的特定文件类型，以便 Dreamweaver 遮盖以指定文件扩展名的所有文件。例如，可以遮盖所有以扩展名 .swf 结尾的文件。输入的文件类型不一定是文件扩展名，可以是任何形式的文件名结尾。

3.2.3 设计备注

单击"站点设置对象"对话框左侧"高级设置"选项下的"设计备注"选项，可以对站点的设计备注进行设置，如图 3-22 所示。如果一个人开发站点，可能需要记录一些开发过程中的信息，防止以后忘记。如果是团队成员共同开发站点，则可能需要记录一些需要别人分享的信息，然后上传到服务器上，使其他人也能够访问。

图 3-22 "设计备注"选项

> 维护设计备注：选中该复选框，可以启用保存设计备注的功能。默认情况下，该选项为选中状态。

> "清理设计备注"按钮：单击该按钮，可以删除过去保存的设计备注。单击该按钮只能删除设计备注文件（mno 文件），不会删除 _notes 文件夹或 _notes 文件夹中的 dwsync.xml 文件。Dreamweaver 使用 dwsync.xml 文件保存有关站点的同步信息。

> 启用上传并共享设计备注：选中该复选框后，可以在制作者上传文件或者取出时，将设计备注上传到所指定的远程服务器上。

3.2.4 文件视图列

单击"站点设置对象"对话框左侧"高级设置"选项下的"文件视图列"选项，该选项用来设置站点管理器中文件浏览窗口所显示的内容。如图 3-23 所示为默认情况下所显示的内容。单击"添加新列"按钮，将弹出"添加新列"对话框，如图 3-24 所示。

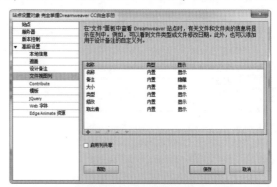

图 3-23 "文件视图列"选项

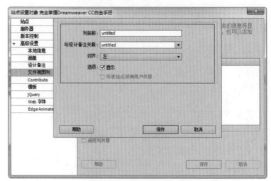

图 3-24 "添加新列"对话框

> 文件视图列：在"文件视图列"面板中默认包括 6 个选项，"名称"显示文件名，"备注"用于显示设计备注，"大小"用于显示文件大小，"类型"用于显示文件类型，"修改"用于显示修改时间，"取出者"用于显示文件正在被谁打开或修改。

在"文件视图列"面板中还可以对相关选项进行调整。

> "添加新列"按钮：单击该按钮，可以弹出"添加新列"对话框，以添加新的项目列。

"删除列"按钮 ☐：单击该按钮，可以删除选中的列。

"编辑现有列"按钮 ✐：单击该按钮，可以弹出"编辑现有列"对话框，对选中的列项目进行编辑。

"在列表中上移项"按钮 ▲：选中需要上移的列项目，单击该按钮，即可将该列项目上移。

"在列表中下移项"按钮 ▼：选中需要下移的列项目，单击该按钮，即可将该列项目下移。

启用列共享：选中该复选框后，可以启用列共享。如果要共享列，设置备注和上传设计备注都必须启用。

"添加新列"窗口：在"添加新列"对话框中可以对相关的选项进行设置。

列名称：所添加的新列项目的名称。

与设计备注关联：是否和设计备注结合，这里要注意的是，新添加列主要显示的是设计备注的内容，所以一定要和设计备注结合。

对齐：在该下拉列表中可以选择列内容的对齐方式，包括左、右、居中。

选项：选中"显示"选项，可以显示列项目；选中"与该站点所有用户共享"选项，可以将列项目与站点的所有用户共享。

3.2.5　Contribute

单击"站点设置对象"对话框左侧"高级设置"选项下的 Contribute 选项，可以对站点的 Contribute 选项进行设置，如图 3-25 所示。

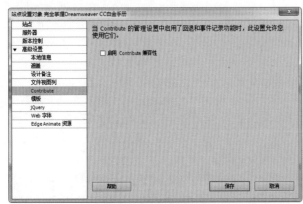

图 3-25　Contribute 选项

Contribute 选项使得用户易于向此网站发布内容，可以选择是否选中"启用 Contribute 兼容性"复选框。选中该复选框可使用户与 Contribute 用户之间的工作更有效率，该选项默认为不选中。

3.2.6　模板

单击"站点设置对象"对话框左侧"高级设置"选项下的"模板"选项，可以对站点的"模板"选项进行设置，如图 3-26 所示。

图 3-26　"模板"选项

"模板"选项是用来设置站点中的模板更新选项，其中只有一个"不改写文档相对路径"选项，选中该复选框，则在更新站点中的模板时，将不会改写文档的相对路径。

3.2.7　jQuery

单击"站点设计对象"对话框左侧"高级设置"选项下的 jQuery 选项，可以对站点的 jQuery 选项进行设置，如图 3-27 所示。

图 3-27　jQuery 选项

jQuery 选项用来设置 jQuery 资源文件夹的位置，默认的站点 jQuery 资源文件夹位于站点的根目录中，名称为 jQueryAssets，单击"资源文件夹"文本框后的"浏览"按钮 🗁，可以更改 jQuery 资源文件夹的位置。

3.2.8　Web 字体

单击"站点设置对象"对话框左侧"高级设置"选项下的"Web 字体"选项，可以对站点的 Web 字体选项进行设置，如图 3-28 所示。

图 3-28 "Web 字体"选项

"Web 字体"选项用于设置 Web 字体在站点中的保存位置，默认的站点 Web 字体文件夹位于站点的根目标中，名称为 webfonts，单击"Web 字体文件夹"文本框后的"浏览"按钮，可以更改 Web 字体在站点中的位置。

3.2.9 Edge Animate 资源

单击"站点设置对象"对话框左侧"高级设置"

选项下的"Edge Animate 资源"选项，可以对站点的 Edge Animate 资源选项进行设置，如图 3-29 所示。

图 3-29 "Edge Animate 资源"选项

"Edge Animate 资源"选项用来设置 Edge Animate 资源文件夹的位置，默认的站点 Edge Animate 资源文件夹位于站点的根目录中，名称为 edgeanimate_assets，单击"资源文件夹"文本框后的"浏览"按钮，可以更改 Edge Animate 资源文件夹的位置。

3.3 站点的规划与基本操作

在创建站点之前，需要对站点的结构进行规划，特别是大型的网站站点，更需要对站点有好的规划，好的站点规划可以使网站的结构目录更加清晰。完成站点的创建，就可以在站点中进行新建文件夹、新建页面等基本的操作，以及在站点中复制文件和调整文件位置等。

3.3.1 站点规划

如同做事情之前要先计划一样，在创建网站前，最关键的事情就是规划整个站点的结构。如果要制作的网站规模非常大，分类非常多，或者栏目复杂，这时就更需要有充分的时间做好规划工作。

> **提示**
> 站点规划的工作最好在创建站点之前完成，目标就是结构清晰，这可以节约网站建设者的宝贵时间，不至于出现众多相关联的文件都分布在具有相似名称的文件夹中的情况。

如果要使站点的结构清晰、一目了然，可以通过以下几个方面进行考虑。

1. 划分站点目录

即把网站中相关的、属于同样栏目、具有同样含义的文件放在各自的目录中。例如一般的公司网站，通常都包含"公司简介"、"服务项目"、"人才招聘"、"联系我们"等栏目，均可以放在同一个文件夹下，而真正涉及网站具体内容的部分，再分别放置在各自

的文件夹中。

2. 不同种类的文件放在不同的文件夹中

正所谓"分门别类"，如今的多媒体网站，除了具有标准的 HTML 格式文件外，还有其他如图像格式文件、Flash 文件、MP3 格式文件等。这些不同种类的文件可以放在各自的文件夹中，以便于管理和调用。最常见的就是把网站的所有图片或网站中某个栏目的所有图片放在一个 images 的文件夹中，而在国外众多网站的结构管理中，经常把非 HTML 文件放在一个 Assets 的二级目录下，或者是每个分类中再建立 Assets 目录。

3. 本地站点和远程站点使用统一的目录结构

这很容易让人理解，只有远程服务器与本地站点的结构相同时，才会使在本地制作的站点原封不动地显示出来。用 FTP 上传文件时需要这样做，如果使用 Dreamweaver 自身的上传功能，Dreamweaver 会为我们设置好这一切。

3.3.2　在站点中新建文件夹

　　刚创建的站点，通常都是空的，用户可以根据网站的实际需要在站点中创建文件夹和文件。建立文件夹的过程实际上就是构思网站结构的过程，多数情况下文件夹代表网站的子栏目，每个子栏目都要有自己对应的文件夹。

动手实践——在站点中新建文件夹

目最终文件: 无　　　　　　　　视频: 光盘 \ 视频 \ 第 3 章 \3-3-2.swf

　　01 默认情况下，"文件"面板位于 Dreamweaver CC 工作区的右上方，打开"文件"面板，如图 3-30 所示。在"文件"面板中的站点根目录中单击鼠标右键，在弹出的快捷菜单中选择"新建文件夹"命令，如图 3-31 所示。

图 3-30 "文件"面板　　　　图 3-31 选择"新建文件夹"命令

技巧

　　在站点中创建文件夹，除了可以通过在"文件"面板中创建外，还可以直接在本地站点所在的文件夹中，使用 Windows 中创建文件夹的方法新建一个文件夹，同样可以在站点中创建文件夹。

　　02 在站点中新建一个文件夹，默认新建的文件夹名称为 untitled，如图 3-32 所示。直接为新建的文件夹重命名为"第 3 章"，如图 3-33 所示。

图 3-32 新建文件夹　　　　图 3-33 重命名文件夹

提示

　　站点中文件夹名称尽量要具有明确的含义，或者是采用通用的名称，例如，images 或 pic 文件夹用于存放网站中的图像，style 文件夹用于存放网站中的 CSS 样式表文件，js 文件夹用于存放网站中的 JavaScript 文件等。

3.3.3　在站点中新建文件

　　在站点中新建文件夹后，就可以在站点中创建新的页面了。创建页面的方法有很多，接下来就向用户介绍如何在"文件"面板中创建新页面。

动手实践——在站点中新建文件

目最终文件: 无　　　　　　　　视频: 光盘 \ 视频 \ 第 3 章 \3-3-3.swf

　　01 打开"文件"面板，如图 3-34 所示。在"第 3 章"文件夹上单击鼠标右键，在弹出的快捷菜单中选择"新建文件"命令，如图 3-35 所示。

图 3-34 "文件"面板　　　　图 3-35 选择"新建文件"命令

　　02 此时可在站点中新建一个网页文件，默认新建的文件名称为 untitled.html，如图 3-36 所示。直接为新建的文件重新命名为 index.html，如图 3-37 所示。

图 3-36 新建文件　　　　图 3-37 重命名新建文件

提示

　　在"文件"面板中新建页面,需在某个文件夹上单击鼠标右键,在弹出的快捷菜单中选择"新建文件"命令,则新建出的页面就位于该文件夹中。如果在站点的根目录上单击鼠标右键,在弹出的快捷菜单中选择"新建文件"命令,则新建的页面就位于站点的根目录中。

3.3.4 使用"新建文档"对话框新建文件

在"文件"面板中只可以新建默认格式的 HTML 页面,而通过"新建文档"对话框可以新建多种格式的文件,并且还可以新建具有布局示例的页面和多种网页相关文件。

执行"文件 > 新建"命令,弹出"新建文档"对话框,如图 3-38 所示。

图 3-38 "新建文档"对话框

⊙ 空白页:在"空白页"选项卡中可以新建基本的静态网页和动态网页,其中最常用的就是 HTML 选项。

⊙ 页面类型:在该列表框中列出了 Dreamweaver CC 可以新建的页面类型。

⊙ 布局:在该列表框中列出了 Dreamweaver CC 所提供的预设的页面布局方式。如果在"布局"列表框中选择的是"2 列固定,右侧栏、标题和脚注"选项,则在对话框的预览区域中会自动生成"2 列固定,右侧栏、标题和脚注"的预览图,在描述区域会自动显示对"2 列固定,右侧栏、标题和脚注"的描述说明,如图 3-39 所示。

图 3-39 "新建文档"对话框

⊙ 文档类型:在该选项的下拉列表中可以设置所新建文档的类型,包括 7 个选项,如图 3-40 所示。其中,HTML 5 为 Dreamweaver CC 默认新建的文档类型。

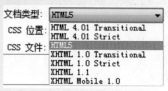

图 3-40 "文档类型"下拉列表

⊙ 布局 CSS 位置:该选项用于指定布局 CSS 样式的位置,包括 3 个选项,如图 3-41 所示。只有当在"布局"列表框中选择一个 Dreamweaver 预设的布局选项时,该选项才可用。

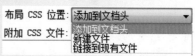

图 3-41 "布局 CSS 位置"下拉列表

⊙ 附加 CSS 文件:该选项用于链接外部的 CSS 样式表文件。单击该选项的"附加样式表"按钮 🔗,会弹出"链接外部样式表"对话框,如图 3-42 所示。用于链接外部的 CSS 样式表文件,所链接的 CSS 样式表文件会显示在"附加 CSS 文件"列表框中。

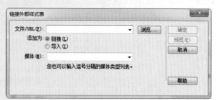

图 3-42 "链接外部样式表"对话框

⊙ 流体网格布局:单击"流体网格布局"选项卡,可以切换到"流体网格布局"面板中,可以新建基于"移动设备"、"平板电脑"或"台式机"3 种设备的流体布局网页,如图 3-43 所示。

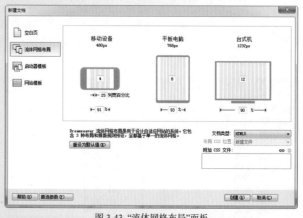

图 3-43 "流体网格布局"面板

⊙ 启动器模板:单击"启动器模板"选项卡,可以切换到"启动器模板"面板中,在该面板中提供了 3 种 Mobile 起始示例页面,选中其中一个示例,单击"创建"按钮,即可创建 jQuery Mobile 页面,如图 3-44 所示。

图 3-44 "启动器模板"面板

⏹ 网站模板：单击"网站模板"选项卡，可以切换到"网站模板"面板中，可以创建基于各站点中的模板的相关页面，在"站点"列表中可以选择需要创建基于模板页的站点，在"站点的模板"列表框中列出了所选中站点中的所有模板页面，选中一个模板，单击"创建"按钮，即可创建基于该模板的页面，如图 3-45 所示。

图 3-45 "网站模板"面板

⏹ "首选参数"按钮：单击该按钮，将弹出"首选参数"对话框，并自动切换到"新建文档"设置面板，通过设置该面板来设定网页创建的默认属性，如图 3-46 所示。

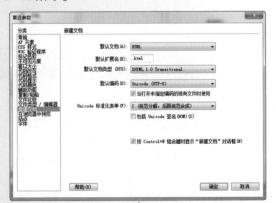

图 3-46 "首选参数"对话框

⏺ 默认文档：设置新建网页时默认的文件类型。

⏺ 默认扩展名：设置默认文件类型的扩展名。

⏹ 默认文档类型（DTD）：设置文档的 DTD 类型。

⏹ 默认编码：设置解码的语言，图中显示的是"Unicode（UTF-8）"，多数情况下，要保持这个项目不变。也可以在其下拉列表中选择"简体中文（GB2312）"选项。

⏹ 当打开未指定编码的现有文件时使用：选中该复选框，则表示当打开没有指定页面编码的文件时，使用默认的编码方法显示页面，默认选中该复选框。

⏹ Unicode 标准化表单：设置表单的标准化类型。

⏹ 包括 Unicode 签名（BOM）：选中该复选框，则表示页面包含 Unicode 签名，默认不勾选该选项。

⏹ 按 Control+N 组合键时显示"新建文档"对话框（N）：勾选该选项后，在按快捷键 Ctrl+N 新建文件时，会弹出"新建文档"对话框。

技巧

此外，除了上面介绍的新建文件的方法外，如果刚刚打开 Dreamweaver CC，可以直接在欢迎界面的"新建"选项下方单击不同类型的页面，即可创建相应的文件，如图 3-47 所示。如果单击"更多"选项，则会弹出"新建文档"对话框，单击其他的选项，则直接创建相应的文件。

图 3-47 欢迎界面

3.3.5 移动和复制文件或文件夹

从"文件"面板的站点文件列表中，选中需要移动或复制的文件（或文件夹）。如果要进行移动操作，可以单击鼠标右键，在弹出的快捷菜单中选择"编辑 > 剪切"命令，如图 3-48 所示；如果要进行复制操作，可以单击鼠标右键，在弹出的快捷菜单中选择"编辑 > 复制"命令；在需要粘贴的位置单击鼠标右键，在弹出的快捷菜单中选择"编辑 > 粘贴"命令，可以将文件或文件夹移动或复制到相应的位置，如图 3-49 所示。

图 3-48 执行"剪切"命令

图 3-49 执行"粘贴"命令

使用鼠标拖动的方法，也可以实现文件或文件夹的移动操作，其方法如下：先从"文件"面板的站点文件列表框中，选中需要移动的文件或文件夹，再拖动选中的文件或文件夹将其移动到目标文件夹中，然后释放鼠标，如图 3-50 所示。

图 3-50 使用拖动的方法移动文件

3.3.6 重命名文件或文件夹

给文件或文件夹重命名的操作十分简单，使用鼠标选中需要重命名的文件或文件夹，然后按 F2 键，文件名即变为可编辑状态，如图 3-51 所示。在其中输入文件名，再按 Enter 键确认即可。

图 3-51 重命名文件或文件夹

提示

无论是重命名还是移动，最好是在 Dreamweaver 的"文件"面板中进行，因为 Dreamweaver 有动态更新链接的功能，可以确保站点内部不会出现链接错误。和大多数的文件管理器一样，它可以利用剪切、复制和粘贴操作来实现文件或文件夹的移动和复制。

3.3.7 删除文件或文件夹

要从站点文件列表框中删除文件，可以先选中需要删除的文件或文件夹，然后在其快捷菜单中执行"编辑 > 删除"命令或按 Delete 键，这时会弹出一个提示框，询问是否要真正删除文件或文件夹，单击"是"按钮确认后，即可将文件或文件夹从本地站点中删除。

3.4 Business Catalyst

在 Dreamweaver CC 中集成了 Business Catalyst 的功能，以满足设计者对于独立工作平台的需求。Business Catalyst 可以提供一个专业的在线远程服务器站点，使设计者能够获得一个专业的在线平台。

3.4.1 什么是 Business Catalyst

Adobe 公司在 2009 年收购了澳大利亚的 Business Catalyst 公司。Business Catalyst 为网站设计人员提供了一个功能强大的电子商务内容管理系统。Business Catalyst 平台拥有一些非常实用的功能，

如网站分析、电子邮件营销等。Business Catalyst 可以让所设计的网站轻松获得一个在线平台，并且可以让用户轻松掌握顾客的行踪，建立和管理任何规模的客户数据库，在线销售自己的产品和服务。Business Catalyst 平台还集成了很多主流的网络支付系统，如 PayPal、Google Checkout 以及预集成的网关。

3.4.2 创建 Business Catalyst 站点

在 Dreamweaver CC 中可以更加方便地创建 Business Catalyst 站点，就像是创建本地静态站点一样，接下来就向用户介绍一下如何创建 Business Catalyst 站点。

动手实践——创建 Business Catalyst 站点

目最终文件：无　　　　　　　🖳视频：光盘\视频\第 3 章\3-4-2.swf

01 执行"站点 > 新建 Business Catalyst 站点"命令，弹出 Business Catalyst 对话框，在该对话框中可以对 Business Catalyst 站点的相关选项进行设置，如图 3-52 所示。在 Site Name 文本框中输入 Business Catalyst 站点的名称，在 URL 文本框中输入 Business Catalyst 站点的 URL 名称，如图 3-53 所示。

图 3-52　Business Catalyst 对话框

图 3-53　设置 Business Catalyst 选项

02 单击 Create Free Temporary Site 按钮，即可创建一个免费的临时 Business Catalyst 站点。如果所设置的 URL 名称已经被占用，则会给出相应的提示，并自动分配一个没有被占用的 URL，如图 3-54 所示。

03 单击 Create Free Temporary Site 按钮，弹出"选择站点的本地根文件夹"对话框，浏览到 Business Catalyst 站点的本地根文件夹，如图 3-55 所示。

图 3-54　自动分配 URL 名称

图 3-55　"选择站点的本地根文件夹"对话框

04 单击"选择"按钮，确定站点的本地根文件夹，弹出"Adobe ID 口令"对话框，输入用户 Adobe ID 密码，如图 3-56 所示。单击"确定"按钮，Dreamweaver CC 会自动与所创建的 Business Catalyst 站点进行连接，如图 3-57 所示。

图 3-56　"Adobe ID 口令"对话框

图 3-57　"后台文件活动"对话框

技巧 📖

在"Adobe ID 口令"对话框中输入 Adobe ID 密码后，如果选中"保存密码"复选框，则以后连接到该 Business Catalyst 站点时，不需要再输入密码。如果没有选中该复选框，则每次连接到该 Business Catalyst 站点时，都需要输入 Adobe ID 密码。

05 与远程 Business Catalyst 站点成功连接后，会弹出提示框，提示是否下载整个 Business Catalyst 站点，如图 3-58 所示。单击"确定"按钮，开始下载 Business Catalyst 站点中的所有文件，下载完成后，在"文件"面板中可以看到所创建的 Business Catalyst 站点，如图 3-59 所示。

3.4.3 Business Catalyst 面板

通过 Business Catalyst 面板可以对所创建的 Business Catalyst 站点页面进行设置和创建相应的内容。

打开"文件"面板，单击"连接到远程服务器"按钮 🔧，连接到远程的 Business Catalyst 服务器，如图 3-62 所示。打开 Business Catalyst 面板，可以看到该面板的提示信息，如图 3-63 所示。

图 3-58 提示框

图 3-59 "文件"面板

06 在本地根文件夹中可以看到从 Business Catalyst 站点中下载的相关文件，如图 3-60 所示。打开浏览器，在地址栏中输入所创建的 Business Catalyst 站点的 URL 地址，可以看到所创建的 Business Catalyst 站点的默认网站效果，如图 3-61 所示。

图 3-62 "文件"面板 　　图 3-63 Business Catalyst 面板

在"文件"面板中双击 Business Catalyst 站点中的某一个页面，在 Dreamweaver 中打开该页面，如图 3-64 所示。此时，Business Catalyst 面板如图 3-65 所示。

图 3-60 本地根文件夹

图 3-64 打开页面 　　图 3-65 Business Catalyst 面板

单击"登录"按钮，弹出登录对话框，如图 3-66 所示。输入 Adobe ID 和密码，登录服务器，Business Catalyst 面板如图 3-67 所示。

图 3-61 Business Catalyst 站点的默认效果

图 3-66 登录对话框 　　图 3-67 Business Catalyst 面板

在 Business Catalyst 面板中提供了多种不同类型的页面元素，单击需要在页面中插入的页面元素，即可弹出相应的设置对话框，可在此页面中插入相应的页面元素。

3.5 管理站点

在 Dreamweaver CC 中可以创建多个不同类型的站点，包括本地站点、远程站点、Business Catalyst 站点等，如何在多个不同的站点之间进行切换？如何对 Dreamweaver CC 中创建的多个站点进行管理呢？本节将向用户介绍这些内容。

3.5.1 使用"管理站点"对话框管理站点

如果想要对 Dreamweaver 中的站点进行编辑、删除、复制等操作，可以执行"站点 > 管理站点"命令，在弹出的"管理站点"对话框中可以对 Dreamweaver 站点进行全面的管理操作，如图 3-68 所示。

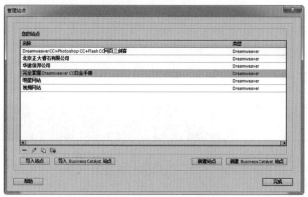

图 3-68 "管理站点"对话框

🔽 站点列表框：该列表框中显示了当前在 Dreamweaver CC 中创建的所有站点，并且显示了各个站点的类型，可以在该列表框中选中需要进行管理的站点。

🔽 "删除当前选定的站点"按钮▭：单击该按钮，弹出提示框，单击"是"按钮，即可删除当前选中的站点。注意，这里删除的只是在 Dreamweaver 中创建的站点，而该站点中的文件并不会被删除。

🔽 "编辑当前选定的站点"按钮▨：单击该按钮，弹出"站点设置对象"对话框，在该对话框中可以对选中的站点设置信息进行修改。

🔽 "复制当前选定的站点"按钮▥：单击该按钮，即可复制选中的站点并得到该站点的副本，如图 3-69 所示。

图 3-69 复制选中的站点

🔽 "导出当前选定的站点"按钮▤：单击该按钮，弹出"导出站点"对话框，选择导出站点的位置，在"文件名"文本框中为导出的站点文件设置名称，如图 3-70 所示。单击"保存"按钮，即可将选中的站点导出为一个扩展名为 .set 的 Dreamweaver 站点文件。

图 3-70 "导出站点"对话框

🔽 "导入站点"按钮：单击该按钮，弹出"导入站点"对话框，在该对话框中选择需要导入的站点文件，如图 3-71 所示。单击"打开"按钮，即可将该站点文件导入到 Dreamweaver CC 中。

图 3-71 "导入站点"对话框

"导入 Business Catalyst 站点"按钮：单击该按钮，将弹出 Business Catalyst 对话框，显示当前用户所创建的 Business Catalyst 站点，如图 3-72 所示。选择需要导入的 Business Catalyst 站点，单击 Import Site 按钮，即可将选中的 business Catalyst 站点导入到 Dreamweaver CC 中。

图 3-72 Business Catalyst 对话框

"新建站点"按钮：单击该按钮，弹出"站点设置对象"对话框，可以创建新的站点，该按钮与执行"站点 > 新建站点"命令功能相同。

"新建 Business Catalyst 站点"按钮：单击该按钮，弹出 Business Catalyst 对话框，可以创建新的 Business Catalyst 站点，该按钮与执行"站点 > 新建 Business Catalyst 站点"命令功能相同。

3.5.2 自由切换站点

使用 Dreamweaver CC 编辑网页或进行网站管理时，每次只能操作一个站点。在"文件"面板左边的下拉列表中选择已经创建的站点，如图 3-73 所示，就可以快速切换到对这个站点进行操作的状态。

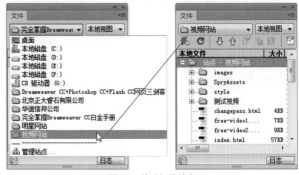

图 3-73 快速切换站点

另外，在"管理站点"对话框中选中需要切换到的站点，单击"完成"按钮，同样可以切换到所选择的站点。

3.6 创建远程企业站点

前面已经介绍了在 Dreamweaver CC 中创建本地站点和创建 Business Catalyst 站点的方法，以及对站点进行管理的操作方法。通常情况下，都是创建本地站点，完成网站的制作后，再设置远程服务器信息，将网站上传到远程服务器。但有些情况下，也可以在创建站点时，将该站点的远程服务器设置好，这样可以制作好一部分网站页面，就上传一部分页面，可以便于在网络中查看页面的效果。

动手实践——创建远程企业站点

📋 最终文件: 无　　　　📹 视频: 光盘 \ 视频 \ 第 3 章 \3-6.swf

01 执行"站点 > 新建站点"命令，弹出"站点设置对象"对话框，在"站点名称"对话框中输入站点的名称，单击"本地站点文件夹"后的"浏览"按钮，弹出"选择根文件夹"对话框，从中可浏览到站点的根文件夹，如图 3-74 所示。单击"选择"按钮，选定站点根文件夹，如图 3-75 所示。

图 3-75 "站点设置对象"对话框

02 单击"站点设置对象"对话框左侧的"服务器"选项，切换到"服务器"选项设置面板，如图 3-76 所示。单击"添加新服务器"按钮➕，弹出"添加新服务器"窗口，对远程服务器的相关信息进行设置，如图 3-77 所示。

图 3-74 "选择根文件夹"对话框

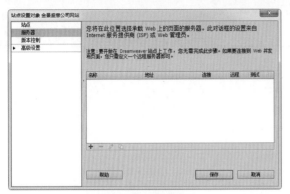

图 3-76 "服务器"选项卡

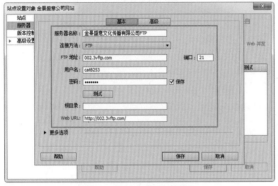

图 3-77 设置远程服务器信息

03 单击"测试"按钮，弹出"文件活动"对话框，显示正在与设置的远程服务器连接，如图 3-78 所示。连接成功后，弹出提示框，提示"Dreamweaver 已成功连接您的 Web 服务器"，如图 3-79 所示。

图 3-78 "文件活动"对话框

图 3-79 与远程服务器连接成功

04 单击"添加新服务器"窗口上的"高级"选项卡，切换到"高级"选项卡的设置中，在"服务器模型"下拉列表中选择 PHP MySQL 选项，如图 3-80 所示。单击"保存"按钮，完成"添加新服务器"窗口的设置，如图 3-81 所示。

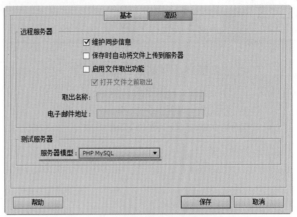

图 3-80 设置"服务器模型"

图 3-81 完成远程服务器设置

提示

在创建远程站点的过程中，对于"服务器模型"可以设置也可以不用设置，如果已经确定了网站的形式，可以进行设置。例如，在此处企业网站确定使用 PHP MySQL 形式进行开发，则可以设置"服务器模型"为 PHP MySQL。

05 单击"保存"按钮，完成远程企业站点的创建，"文件"面板将自动切换为刚建立的站点，如图 3-82 所示。单击"文件"面板上的"连接到远程服务器"按钮 ，即可连接到该站点所设置的远程服务器上，如图 3-83 所示。

图 3-82 "文件"面板

图 3-83 连接到远程服务器

3.7 本章小结 🔍

　　创建站点是进行网站设计制作的第一步，也是非常关键的一步，良好的网站站点应该结构清晰，这样有助于后期的网站开发和维护。本章主要向用户介绍了创建本地站点和 Business Catalyst 站点的方法，以及在 Dreamweaver CC 中对各种不同类型的站点进行管理的方法。站点就好像是一个网站的基石，用户需要能够仔细理解，熟练掌握创建站点以及站点设置和管理的方法。

第 4 章　HTML 与 HTML 5

HTML 语言是所有网站页面的基础，通过 HTML 语言可以在网页中建立多种元素，如图像、表格、链接、视频等。在 Dreamweaver 中，可以通过可视化的操作界面制作页面，Dreamweaver 会自动生成相应的 HTML 代码，其本质还是 HTML。每一种可视化的网页制作软件都提供源代码控制功能，即在软件中可以随时调出源代码进行修改或编辑。Dreamweaver CC 也不例外，相比早期版本，它提供的源代码控制功能更强大、更灵活。

4.1　HTML 语言

在 Dreamweaver CC 中可以随时查看、编辑 HTML 源代码。除此之外，Dreamweaver CC 的快速标签编辑器很好地解决了可视化操作和 HTML 源代码编写之间的矛盾。所以说，Dreamweaver CC 提供的与编写 HTML 源代码有关的两种工具的功能是非常强大的，它们直接将 HTML 编辑带入了可视化的设计环境。

对于设计人员来讲，在制作网页的时候，不涉及 HTML 语言是不可能的，无论是一个初学者，还是一个高级的制作人员，都需要或多或少地接触 HTML 语言，虽然 Dreamweaver CC 提供可视化的方法来创建和编辑 HTML 文件，但是对于一个深入掌握网页制作、对代码严格控制的用户来讲，直接书写 HTML 源代码是必须掌握的操作。

4.1.1　什么是 HTML 语言

在介绍 HTML 语言之前，不得不介绍万维网（World Wide Web）。万维网是一种建立在互联网上的、全球性的、交互的、多平台的、分布式的信息资源网络。它采用 HTML 语法描述超文本（Hypertext）文件。Hypertext 有两个含义：一个是链接相关联的文件；另一个是内含多媒体对象的文件。

从技术上讲，万维网有 3 个基本组成，分别是全球资源定位器（URLs）、超文本传输协议（HTTP）和超文本标记语言（HTML）。

其中全球资源定位器（Universal Resource Locators，URLs）提供在 Web 上进入资源的统一方法和路径，使得用户所要访问的站点具有唯一性，相当于生活中的门牌地址。

超文本传输协议（Hyper Text Transfer Protocol，HTTP）是一种在网络上传输数据的协议，专门用于传输万维网上的信息资源。

超文本标记语言（Hyper Text Markup Language，HTML）是一种文本类、解释执行的标记语言，是在标准一般化的标记语言（SGML）的基础上建立的。SGML 仅定义一套标记语言的方法，而没有定义一套实际的标记语言。而 HTML 就是根据 SGML 制定的特殊应用。

> **提示**
>
> HTML 文件可以直接由浏览器解释执行，而无须编译。当用浏览器打开网页时，浏览器读取网页中的 HTML 代码，分析其语法结构，然后根据解释显示的网页内容。正因如此，网页显示的速度同网页代码的质量有很大的关系，保持精简和高效的 HTML 源代码是必要的。

HTML 语言是一种文件交换，有别于物理的文件结构，它旨在定义文件内的对象描述文件的逻辑结构，而并不是定义文件的显示。由于 HTML 所描述的文件具有极高的适应性，所以特别适合于万维网的环境。

HTML 于 1990 年被万维网所采用，至今经历了众多版本，主要由万维网国际协会（W3C）主导其发展。而很多编写浏览器的软件公司也会根据自己的需要定义 HTML 标记或属性，所以导致现在的 HTML 标准较为混乱。

由于 HTML 语言编写的文件是标准的 ASCII 文本文件，可以使用任何的文本编辑器来打开 HTML 文件。

4.1.2 HTML 语言的基本结构

编写 HTML 文件的时候，必须遵循 HTML 的语法规则。一个完整的 HTML 文件由标题、段落、列表、表格、单词和嵌入的各种对象所组成。这些逻辑上统一的对象统称为元素，HTML 使用标签来分割并描述这些元素。实际上 HTML 文件就是由元素与标签组成的。

HTML 文件基本结构如下。

```
<html>              <!--HTML文件开始-->
<head>              <!--HTML文件的头部开始-->
</head>             <!--HTML文件的头部结束-->
<body>              <!--HTML文件的主体开始-->
</body>             <!--HTML文件的主体结束-->
</html>             <!--HTML文件结束-->
```

可以看到，代码分为 3 部分。

🔽 <html>……</html>：告诉浏览器 HTML 文件开始和结束，其中包含 <head> 和 <body> 标签。HTML 文档中所有的内容都应该在两个标记之间，一个 HTML 文档总是以 <html> 开始，以 </html>结束的。

🔽 <head>……</head>：HTML 文件的头部标签。

🔽 <body>……</body>：HTML 文件的主体标签，绝大多数内容都放置在这个区域中。通常它在 </head> 标签之后，和 </html> 标签之前。

4.1.3 HTML 中的普通标签和空标签

绝大多数元素都有起始标签和结束标签，在起始和结束之间的部分是元素体，如 <body>…</body>。第一个元素都有名称和可选择的属性，元素的名称和属性都在起始标签内标明。

1. 普通标签

普通标签是由一个起始标签和一个结束标签所组成的，其语法格式如下。

```
<x>控制文字</x>
```

其中，x 代表标签名称。<x> 和 </x> 就如同一组开关：起始标签 <x> 为开启某种功能，而结束标签 </x>（通常为起始标签加上一个斜线 /）为关闭功能，受控制的内容便放在两标签之间，例如：

```
<b>加粗文字</b>
```

标签之中还可以附加一些属性，用来实现或完成某些特殊效果或功能，例如：

```
<xa1="v1", a2="v2" … an="vn">控制文字</x>
```

其中，a1、a2 … an 为属性名称，而 v1、v2 … vn 则是其所对应的属性值。属性值加不加引号，目前所使用的浏览器都可接受，但根据 W3C 的新标准，属性值

是要加引号的，所以最好养成加引号的习惯。

2. 空标签

虽然大部分的标签是成对出现的，但也有一些是单独存在的，这些单独存在的标签称为空标签，其语法格式如下。

```
<x>
```

同样，空标签也可以附加一些属性，用来完成某些特殊效果或功能，例如：

```
<x a1="v1", a2="v2" … an="vn">
```

W3C 定义的新标准 (XHTML1.0/HTML4.0) 建议：空标签应以 / 结尾，即 <x />。

如果附加属性则为：

```
<x a1="v1", a2="v2" … an="vn" />
```

例如：

```
<hr color="#0000FF" />
```

目前所使用的浏览器对于空标签后面是否要加 / 并没有严格要求，即在空标签最后加 / 和没有加 / 不影响其功能，但是如果希望文件能满足最新标准，最好加上 /。

> **提示**
>
> 其实 HTML 还有其他更为复杂的语法，使用技巧也非常多，作为一种语言，它有很多的编写原则并且以很快的速度发展着，现在已有很多专门的书籍来介绍它，如果用户希望深入掌握 HTML 语言，可以参考专门介绍 HTML 语言的相关书籍。

4.1.4 HTML 的主要功能

HTML 语言作为一种网页编辑语言，易学易懂，能制作出精美的网页效果，其主要功能如下。

（1）利用 HTML 语言格式化文本。如设置标题、字体、字号、颜色，设置文本的段落、对齐方式等。

（2）利用 HTML 语言可以在页面中插入图像。使网页图文并茂，还可以设置图像的属性。如大小、边框、布局等。

（3）HTML 语言可以创建列表，把信息用一种易读的方式表现出来。

（4）利用 HTML 语言可以建立表格。表格为浏览者提供了快速找到需要信息的显示方式。

（5）利用 HTML 语言在页面中加入多媒体。可以在网页中加入音频、视频和动画，还能设定播放的时间和次数。

（6）HTML 语言可以建立超链接。通过超链接检索在线的信息，用鼠标单击，就可以链接到任何一处。

（7）利用 HTML 语言还可以实现交互式表单、计数器等。

4.1.5 HTML 的重要标签

标签是 HTML 语言最基本的单位，每一个标签都是由 < 开始，由 > 结束，标签通过指定信息为段落或标题等来标识文档中的内容。本节就向用户介绍在 HTML 语言中常用的一些标签。

1. 基本标签

通过前面的学习，我们已经知道 HTML 文件是由 <html>、<head> 和 <body>3 个标签组成的，它们都属于基本标签，其基本应用格式如下。

```
<html>
<head>
</head>
<body>
</body>
</html>
```

除此之外，HTML 还包括另外的一些基本标签，常见的基本标签介绍如下。

● <html></html>：<html> 标签出现在 HTML 文档的第一行，用来表示 HTML 文档的开始。</html> 标签出现在 HTML 文档的最后一行，用来表示 HTML 文档的结束。两个标签一定要一起使用，网页中的所有其他内容都需要放在 <html> 与 </html> 之间。

● <head></head>：<head> 与 </head> 标签是网页的头标签，用来定义 HTML 文档的头部信息，该标签也是成对使用的。

● <body></body>：在 <head> 标签之后就是 <body> 与 </body> 标签了，该标签也是成对出现的。<body> 与 </body> 标签之间为网页主体内容和其他用于控制内容显示的标签。

● <title></title>：该标签出现在 <head> 与 </head> 标签中间，用来定义 HTML 文档的标题，显示在浏览器窗口的标题栏上。

● <hr>：该标签是水平线标签，它用来在网页中插入一条水平分隔线。

● <!-- -->：注释标签，用于为 HTML 文档中的代码添加相应的说明或注释，方便理解和修改。写法为 <!-- 这里是注释内容 -->，注释标签中的内容不会在浏览器中显示出来。

技巧

在基本标签中，<body> 标签作为网页的主体内容部分，具有很多的属性，通过这些属性的设置，可以定义页面的背景颜色、背景图像、文字颜色等内容。

2. 文本标签

文本标签主要用来设置网页中的文字效果，如文字的大小、文字的加粗等显示方式。文本标签也是写在 <body> 标签内部的，其基本应用格式如下。

```
<body>
  <h1>这里将显示为标题1的格式</h1>
  <b>这里将显示为加粗的文字</b>
</body>
```

常用的文本标签介绍如下。

● <h1></h1>……<h6></h6>：这 6 个标签为文本的标题标签，<h1></h1> 标签是显示字号最大的标题，而 <h6></h6> 标签则是显示字号最小的标题。

● <b></b>：文本加粗标签，用于显示需要加粗的文字。

● <i></i>：文本斜体标签，用于显示需要显示为斜体的文字。

● <em></em>：文本强调标签，用于显示需要强调的文本。

● <strong></strong>：该标签用于显示加重的文本，即粗体的另一种表示方式。

● <font></font>：该标签用于设置文本的字体、字号和颜色，分别对应的属性为 face、size 和 color。

提示

文本标签在页面中虽然不起眼，但应用还是比较广泛的，它们主要是将一些比较重要的文本内容用醒目的方式显示出来，从而吸引浏览者的目光，让浏览者能够注意到这些重要的文字内容。

3. 图像标签

图像是网页中不可缺少的元素之一，在 HTML 中使用 <img> 标签对图像处理。在 <img> 标签中，src 属性是不可缺少的，该属性用于设置图像的路径，设置路径后，在网页中就能够显示出路径所链接的图像，其基本应用格式如下。

```
<img src="images/banner.jpg" />
```

<img> 标签除了有 src 属性以外，还包含其他的一些属性，介绍如下。

● alt：该属性用于设置图像的提示性文字。

● align：该属性用于设置图像与其周围文本的对齐方式，共有 4 个属性值，分别为 top、right、bottom 和 left。

● border：该属性用于设置图像边框的宽度，该属性的取值为大于或等于 0 的整数，以像素为单位。

● width：该属性用于设置图像的宽度。

🔘 height：该属性用于设置图像的高度。

4. 格式标签

格式标签主要用于对网页中的各种元素进行排版布局，格式标签放置在 HTML 文档中的 `<body>` 与 `</body>` 标签之间，通过格式标签可以定义文字段落、对齐方式等，其基本应用格式如下。

```
<body>
<center>这里显示的文字将会居中</center>
<p>这里显示的是一个文本段落</p>
</body>
```

常用的格式标签介绍如下。

🔘 `<p></p>`：该标签用于定义一个段落，在该标签之间的文本将以段落的格式在浏览器中显示。

🔘 `<br>`：该标签是换行标签。

🔘 `<center></center>`：该标签是居中标签，可以使页面元素居中显示。

🔘 `<dl></dl>`、`<dt></dt>`、`<dd></dd>`：`<dl>` 和 `</dl>` 标签是创建一个普通的列表；`<dt>` 和 `</dt>` 标签则是创建列表中的上层项目；`<dd>` 和 `</dd>` 标签则是创建列表中的下层项目。其中 `<dt></dt>` 标签和 `<dd></dd>` 标签一定要放在 `<dl></dl>` 标签中才可以使用。

🔘 `<ol></ol>`、`<ul></ul>`、`<li></li>`：`<ol>` 和 `</ol>` 标签是创建一个有序列表；`<ul>` 和 `</ul>` 标签是创建一个项目列表；`<li>` 和 `</li>` 标签是创建列表项，只能放在 `<ol></ol>` 标签或 `<ul></ul>` 标签之间才可以使用。

5. 表格标签

在 HTML 中表格标签是开发人员常用的标签，尤其是在 DIV+CSS 布局还没有被广泛应用的时候，它是表格网页布局的主要方法。表格的标签是 `<table></table>`，在表格中可以放入任何元素，其基本应用格式如下。

```
<table>
 <tr>
  <td>这是一个一行一列的表格</td>
 </tr>
</table>
```

常用表格标签介绍如下。

🔘 `<table></table>`：表格标签。在表格标签中必须由 `<tr></tr>` 单元行标签和 `<td></td>` 单元格标签组成。

🔘 `<caption></caption>`：表格标题标签。用于设置表格的标题。

表格常用属性介绍如下。

🔘 width：该属性用于设置表格的宽度。

🔘 height：该属性用于设置表格的高度。

🔘 cellpadding：该属性用于设置表格中单元格边框与其内部内容之间的间距。

🔘 cellspacing：该属性用于设置表格中单元格之间的间距。

🔘 border：该属性用于设置表格的边框。

🔘 align：该属性用于设置表格的水平对齐方式。

🔘 bgcolor：该属性用于设置表格的背景颜色。

6. 超链接标签

超链接可以说是 HTML 超文本文件的命脉，HTML 通过超链接标签来整合分散在世界各地的图像、文字、影像和音乐等信息，此类标签的主要用途为标示超文本文件链接。`<a></a>` 是超链接标签，其基本应用格式如下。

```
<a href="http://www.qq.com">打开腾讯网首页</a>
```

超链接一般是设置在文字或图像上的，通过单击设置超链接的文字或图像，可以跳转到所链接的页面，超链接标签 `<a></a>` 的主要属性介绍如下。

🔘 href：该属性为超链接指定目标页面的地址，如果不想链接到任何位置则设置为空链接，即 href="#"。

🔘 target：该属性用于设置链接的打开方式，有 4 个可选值，分别为 _blank、_parent、_self 和 _top。_blank 打开方式将链接地址在新的浏览器窗口中打开；_parent 打开方式将链接地址在父框架页面中打开，如果该网页并不是框架页面，则在当前浏览器窗口中打开；_self 打开方式将链接地址在当前的浏览器窗口中打开；_top 打开方式将链接地址在浏览器窗口中打开，并删除框架。

🔘 name：该属性用于创建锚记链接。

7. 分区标签

在 HTML 文档中常用的分区标签有两个，分别为 `<div>` 标签和 `<span>` 标签。

其中，`<div>` 标签称为区域标签（又称为容器标签），用来作为多种 HTML 标签组合的容器，对该区域进行操作和设置，就完成对区域中元素的操作和设置。

通过使用 `<div>` 标签，能让网页代码具有很高的可扩展性，其基本应用格式如下。

```
<body>
<div>这里是第一个区块的内容</div>
<div>这里是第二个区块的内容</div>
</body>
```

提示

在 <div> 标签中可以包含文字、图像、表格等元素，但需要注意的是，<div> 标签不能嵌套在 <p> 标签中使用。

<span> 标签用来作为片段文字、图像等简短内容的容器标签，其意义与 <div> 标签类似，但是和 <div> 标签是不一样的，<span> 标签是文本级元素，默认情况下是不会占用整行的，可以在一行显示多个 <span> 标签。<span> 标签常用于段落、列表等项目中。

4.2 在 Dreamweaver CC 中编写 HTML

在 Dreamweaver CC 的编辑环境中，主要有 3 种编辑视图的方式，分别为代码视图、拆分视图和设计视图，如图 4-1 所示。代码视图主要用于编辑页面的 HTML 代码；拆分视图则可以一边对页面进行可视化编辑制作，一边查看相应的 HTML 代码；设计视图用于在 Dreamweaver 中进行可视化的页面编辑制作。

| 代码 | 拆分 | 设计 | 实时视图 | ⊙ | 标题: | 无标题文档 | ↕ |

图 4-1 Dreamweaver CC 中的编辑视图方式

4.2.1 在代码视图中编写 HTML 页面

前面已经向用户介绍了有关 HTML 的知识，认识了 HTML 中的主要标签，接下来就通过 Dreamweaver CC 的代码视图编写一个 HTML 页面。

动手实践——在代码视图中编写 HTML 页面

📄 最终文件：光盘 \ 最终文件 \ 第 4 章 \4-2-1.html
🎬 视频：光盘 \ 视频 \ 第 4 章 \4-2-1.swf

01 执行"文件 > 新建"命令，弹出"新建文档"对话框，设置如图 4-2 所示。单击"创建"按钮，创建一个 HTML 页面。单击文档工具栏上的"代码"按钮 代码，转换到代码视图中，可以看到页面的代码，如图 4-3 所示。

图 4-2 "新建文档"对话框

```
<!doctype html>
<html>
<head>
<meta charset="utf-8">
<title>无标题文档</title>
</head>

<body>
</body>
</html>
```

图 4-3 页面代码

提示

目前，在 Dreamweaver CC 中新建的 HTML 页面，默认为遵循 HTML 5 规范，如果需要新建其他规范的 HTML 页面，例如 XHTML 的页面，需要在"新建文档"对话框中的"文档类型"下拉列表中进行选择。

02 在页面 HTML 代码中的 <title> 与 </title> 标签之间输入页面标题，如图 4-4 所示。在 <body> 与 </body> 标签之间输入页面的主体内容，如图 4-5 所示。

```
<!doctype html>
<html>
<head>
<meta charset="utf-8">
<title>在代码视图中编写HTML页面</title>
</head>

<body>
</body>
</html>
```

图 4-4 输入页面标题

```
<!doctype html>
<html>
<head>
<meta charset="utf-8">
<title>在代码视图中编写HTML页面</title>
</head>

<body>
这是我们在Dreamweaver CC中制作的第一个页面<br>
<hr>
在代码视图中编写HTML页面
</body>
</html>
```

图 4-5 输入页面主体内容

03 执行"文件 > 保存"命令，弹出"另存为"对话框，将其保存为"光盘\源文件\第4章\4-2-1.html"，如图 4-6 所示。完成第一个 HTML 页面的制作，在浏览器中预览该页面，效果如图 4-7 所示。

图 4-6 "另存为"对话框

图 4-7 预览页面效果

4.2.2 在设计视图中制作 HTML 页面

在代码视图中通过编写 HTML 代码的方式制作纯文本的网页还是比较简单的，如果涉及图像、表单、多媒体等内容，那就需要设计者具有很强的 HTML 代码编辑能力了，但如果通过 Dreamweaver CC 中的设计视图，则可以轻松制作复杂的 HTML 页面。接下来通过一个小练习，介绍如何使用 Dreamweaver CC 的设计视图制作 HTML 页面。

动手实践——在设计视图中制作 HTML 页面

最终文件：光盘\最终文件\第 4 章\4-2-2.html
视频：光盘\视频\第 4 章\4-2-2.swf

01 新建 HTML 文档，单击文档工具栏上的"设计"按钮 设计 ，即可进入设计视图的编辑窗口，如图 4-8 所示。

图 4-8 进入 Dreamweaver CC 的设计视图

02 在文档工具栏上的"标题"文本框中输入页面标题，并按 Enter 键确认，如图 4-9 所示。在空白的文档窗口中输入页面的正文内容，如图 4-10 所示。

图 4-9 设置页面标题

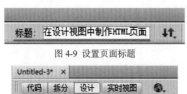

图 4-10 输入页面正文内容

技巧

在 Dreamweaver CC 的设计视图中，如果需要为文字换行，可以按快捷键 Ctrl+Enter，则会在光盘所在位置插入一个换行符
 标签。

03 完成页面的制作，将页面保存为"光盘\源文件\第 4 章\4-2-2.html"，在浏览器中预览页面可以看到页面的效果。

4.2.3 认识 Dreamweaver CC 的代码视图

Dreamweaver 使用了 Roundtrip HTML 技术，使得用户在修改 HTML 代码的同时，也可以在设计视图中修改网页，并且在设计视图中的操作结果会立刻以源代码的形式显示在代码视图中。同样，在代码视图中可以直接编辑 HTML 源代码，当用鼠标单击设计视图中的任意位置时，会立刻看到相应的编辑结果。Dreamweaver CC 的代码工具栏在编码区域的一侧，包含了常用编辑操作，如图 4-11 所示。

图 4-11 Dreamweaver CC 的代码工具栏

"打开文档"按钮：单击该按钮，在其弹出的下拉菜单中列出了当前在 Dreamweaver CC 中打开的文档，选中其中一个文档，即可在当前的文档窗口中显示所选择的文档代码。

"显示代码浏览器"按钮：单击该按钮，即可显示光标所在位置的代码浏览器，在代码浏览器中显示光标所在标签中所应用的 CSS 样式设置，如图 4-12 所示。

图 4-12 显示代码浏览器

"折叠整个标签"按钮：折叠一组开始和结束标签之间的内容。将光标定位在需要折叠的标签中即可，比如将光标置于 <body> 标签内，然后单击按钮，Dreamweaver CC 即可将其首尾对应的标签区域进行折叠，如图 4-13 所示。

图 4-13　折叠整个标签

如果在按住 Alt 键的同时，单击"折叠整个标签"按钮，则 Dreamweaver CC 将折叠外部的标签。例如，将光标置于 <head> 标签内，按住 Alt 键单击"折叠整个标签"按钮，则折叠代码的效果如图 4-14 所示。

```
<!doctype html>
<html>
<head>
<meta charset="utf-8">
<title>在设计视图中制作HTML页面</title>
</head>

<body>
Dreamweaver CC学习<br>
在设计视图中制作HTML页面
</body>
</html>
```

图 4-14　折叠整个标签以外的区域

"折叠整个标签"按钮的功能只能对规则的标签区域起作用。如果标签不够规则，则不能实现折叠效果。

　　"折叠所选"按钮：将所选中的代码折叠。可以直接选择多行代码，单击该按钮，如图 4-15 所示。代码折叠后，将鼠标光标移动到标签上的时候，可以看到标签内被折叠的相关代码，如图 4-16 所示。

图 4-15　选中需要折叠的代码

图 4-16　折叠所选代码

　　"扩展全部"按钮：单击该按钮，可以还原页面中所有折叠的代码。如果只希望展开某一部分的折叠代码，只要单击该部分折叠代码左侧的展开按钮 即可。

　　"选择父标签"按钮：选择插入点的那一行的内容及其两侧的开始和结束标签。如果反复单击此按钮且标签是对称的，则 Dreamweaver CC 最终将选择最外面的 <html> 和 </html> 标签。例如，将光标置于 <title> 标签内，单击"选择父标签"按钮，将会选择 <title> 标签的父标签 <head> 标签，

如图 4-17 所示。

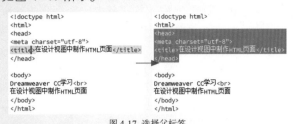

图 4-17　选择父标签

　　"选取当前代码段"按钮：选择插入点的那一行的内容及其两侧的圆括号、大括号或方括号。如果反复单击此按钮且两侧的符号是对称的，则 Dreamweaver CC 最终将选择该文档最外面的大括号、圆括号或方括号。例如，将光标放置在 CSS 样式代码中，单击该按钮，则会选中当前 CSS 样式大括号中的所有属性设置代码，如图 4-18 所示。

图 4-18　选取当前代码段

　　"行号"按钮：单击该按钮，可以在代码视图左侧显示 HTML 代码的行号。默认情况下，该按钮为按下状态，即默认显示代码行号。

　　"高亮显示无效代码"按钮：单击该按钮，可以使用黄色高亮显示 HTML 代码中无效的代码。

　　"自动换行"按钮：单击该按钮，当代码超过窗口宽度时，自动换行。默认情况下，该按钮为按下状态。

　　信息栏中的语法错误警告"按钮：启用或禁用页面顶部提示出现语法错误的信息栏。当 Dreamweaver 检测到语法错误时，语法错误信息栏会指定代码中发生错误的那一行。此外，Dreamweaver CC 会在代码视图中文档的左侧突出显示出现错误的行号。默认情况下，信息栏处于启用状态，但仅当 Dreamweaver CC 检测到页面中的语法错误时才显示。

　　"应用注释"按钮：单击该按钮，在弹出的下拉菜单中选择相应的选项，如图 4-19 所示。使用户可以在所选代码两侧添加注释标签或打开新的注释标签。

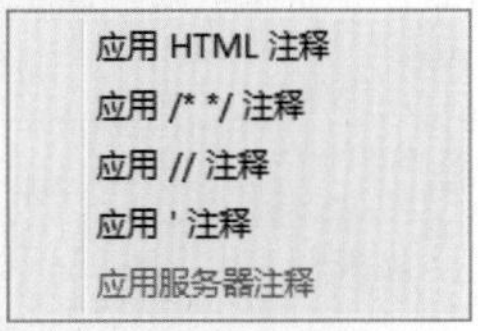

| 应用 HTML 注释 |
| 应用 /* */ 注释 |
| 应用 // 注释 |
| 应用 ' 注释 |
| 应用服务器注释 |

图 4-19　弹出下拉菜单

以前为调试某些程序而需要注释部分代码，而这些代码又有为数不少的行数，所以只能一行一行

添加注释，而现在只需要选择注释的代码行，然后单击该按钮，在弹出的下拉菜单中选择相应的注释方法即可。

📀 应用 HTML 注释：将在所选代码两侧添加 <!-- 和 -->。如果未选择代码，则打开一个新标签。

📀 应用 /* */注释：将在所选 CSS 或 JavaScript 代码两侧添加 /* 和 */。

📀 应用 // 注释：将在所选 CSS 或 JavaScript 代码每一行的行首插入 //。如果未选择代码，则单独插入一个 // 符号。

📀 应用 / 注释：适用于 Visual Basic 代码。将在每一行 Visual Basic 脚本的行首插入一个单引号。如果未选择代码，则在插入点插入一个单引号。

📀 应用服务器注释：如果在处理 ASP、ASP. NET、JSP、PHP 或 ColdFusion 文件时选择了该选项，则 Dreamweaver CC 会自动检测正确的注释标签并将其应用到所选内容。

📀 "删除注释"按钮🖼：单击该按钮，可以删除所选代码的注释标签。如果所选内容包含嵌套注释，则只会删除外部注释标签。

📀 "环绕标签"按钮☑：环绕标签主要是防止写标签时忽略关闭标签。其操作方法是选择一段代码，单击"环绕标签"按钮☑，然后输入相应的标签代码，即可在该选择区域外围添加完整的新标签代码。这样既快速又防止了前后标签遗漏不能关闭的情况。例如，在 HTML 代码中选中"Dreamweaver"文字，单击"环绕标签"按钮☑，如图 4-20 所示，在这里输入 <a> 标签后，只需要按 Enter 键，即可以选择的文字的首尾出现 <a> 与 </a> 标签，如图 4-21 所示。

图 4-20 环绕标签

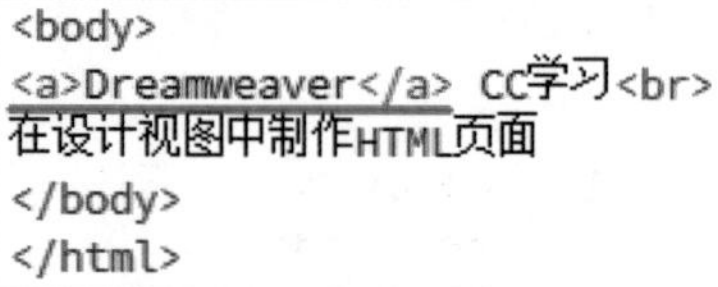

```
<body>
<a>Dreamweaver</a> CC学习<br>
在设计视图中制作HTML页面
</body>
</html>
```

图 4-21 应用环绕标签的结果

📀 "最近的代码片断"按钮🖼：单击该按钮，可以在弹出的下拉菜单中选择最近所使用过的代码片断，将该代码片断插入到光标所在的位置，如图 4-22 所示。

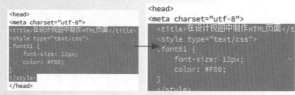

图 4-22 弹出下拉菜单

📀 "移动或转换 CSS"按钮🖼：单击该按钮，弹出菜单包括"将内联 CSS 转换为规则"和"移动 CSS 规则"两个选项，如图 4-23 所示。可以将 CSS 移动到另一位置，或将内联 CSS 转换为 CSS 规则。

图 4-23 弹出下拉菜单

📀 "缩进代码"按钮🖬：选中相应的代码，单击该按钮，可以将选定内容向右移动，如图 4-24 所示。

图 4-24 缩进代码

📀 "凸出代码"按钮🖬：选中相应的代码，单击该按钮，可以将选定内容向左移动，如图 4-25 所示。

图 4-25 凸出代码

📀 "格式化源代码"按钮🖼：单击该按钮，可以在弹出的下拉菜单中选择相应的选项，如图 4-26 所示。将先前指定的代码格式应用于所选代码，如果未选择代码，则应用于整个页面。也可以通过从"格式化源代码"按钮中选择"代码格式设置"来快速设置代码格式首选参数，或通过选择"编辑标签库"来编辑标签库。

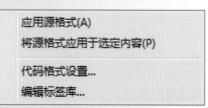

图 4-26 弹出下拉菜单

技巧

为了保证程序代码的可读性，一般都需要将标签代码进行一定的缩进凸出，从而显得错落有致。选择一段代码后按 Tab 键完成代码的缩进，对于已经缩进的代码，如果想要凸出，可以按快捷键 Shift+Tab。也可以通过单击"缩进代码"按钮🖬和"凸出代码"按钮🖬来完成上述功能。

4.3　快速标签编辑器

快速标签编辑器的作用是让用户在文档窗口中直接对 HTML 标签进行编写。它无须使用代码视图，就可以编辑单独的 HTML 标签，使网页制作人员从可视化的工作环境进一步向 HTML 代码靠近。

打开快速标签编辑器的方法非常简单，只需要将光标定位在设计视图中，然后按快捷键 Ctrl+T 即可，如图 4-27 所示。或者直接单击"属性"面板上的"快速标签编辑器"按钮，如图 4-28 所示。

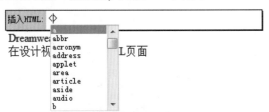

图 4-27　快速标签编辑器

图 4-28　"快速标签编辑器"按钮

实际上，快速标签编辑器包含插入 HTML、编辑标签和环绕标签 3 个功能，打开编辑器后，可以继续按快捷键 Ctrl+T 进行状态切换，在设计视图中快速选择不同状态的标签编辑功能，如图 4-29 所示。

图 4-29　编辑标签和环绕标签状态

技巧

无论是哪种状态下的快速标签编辑器，用户都可以拖动编辑器左侧的灰色部分，来改变标签编辑器在文档中的位置。

4.3.1　使用插入模式的快速标签编辑器

如果在文档中没有选择任何对象，就直接启动快速标签编辑器，快速标签编辑器会以插入模式启动，如图 4-30 所示。这时编辑器中只显示一对尖括号，提示用户输入新的标签及标签中的其他内容。

图 4-30　插入 HTML 模式

当关闭快速标签编辑器后，输入的 HTML 代码就被添加到文档窗口中插入点所在的位置。如果用户在快速标签编辑器中只输入了起始标签，而未输入结束标签，则 Dreamweaver CC 会自动为其补上封闭标签，以避免出现不必要的错误。

4.3.2　使用编辑模式的快速标签编辑器

当用户在文档窗口中选择了完整的 HTML 标签，包括起始标签、结束标签、标签间的内容，启动快速标签编辑器时，就会自动进入编辑模式，如图 4-31 所示。

选择完整的标签内容，最有效的方法是利用文档窗口左下角的快速标签选择器。单击标签选择器上所对应的标签，就可以在文档窗口中选中该标签及其标签间的内容，如图 4-32 所示。

图 4-31　编辑标签模式

图 4-32　标签选择器

4.3.3　使用环绕模式的快速标签编辑器

当用户在文档窗口中只选择了标签间的内容，而未选择任何的标签，那么打开快速标签编辑器时会自动进入环绕模式，如图 4-33 所示。环绕模式与插入模式有着明显的区别，在环绕模式中只能够输入单个的起始标签，并且在关闭快速标签编辑器后，Dreamweaver CC 会自动将与其匹配的结束标签加入用户在文档窗口所选择内容的后面，所选内容的前面则是起始标签。

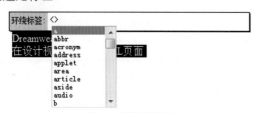

图 4-33 环绕标签模式

如果用户在环绕模式的快速标签编辑器中输入多个标签，那么会出现错误的提示信息，与此同时 Dreamweaver CC 会自动忽略错误的输入。

4.3.4 设置标签编辑器的属性

执行"编辑 > 首选参数"命令，弹出"首选项"

对话框，在该对话框左侧的"分类"列表框中选择"代码提示"选项，此时的对话框如图 4-34 所示。

图 4-34 "首选项"对话框

从图中可以看到快速标签编辑器的属性设置，在对话框中选中"启用代码提示"复选框后，可以在编辑过程中显示提示菜单；通过拖动下方滑块的位置，可以调节提示菜单出现之前的等待时间，默认值为 0 秒。

4.4 使用"代码片断"面板

利用"代码片断"面板可以减小代码编写的工作量。在该面板中可以存储 HTML、JavaScript、CFML、ASP、JSP 的代码片断，这样当需要重复使用这些代码时，就可以很方便地重用这些代码，或者创建并储存新的代码片断。

4.4.1 插入代码片断

执行"窗口 > 代码片断"命令，打开"代码片断"面板，如图 4-35 所示。在"代码片断"面板中选择希望插入的代码片断，然后直接单击面板上的"插入"按钮，即可将代码片断插入到页面中。如图 4-36 所示是插入了一种下拉菜单的代码片断。

图 4-35 "代码片断"面板

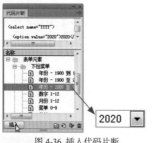

图 4-36 插入代码片断

4.4.2 创建代码片断

如果自己编写了一段代码，希望在其他页面中重

复使用，这时就可以使用"代码片断"面板创建自己的代码片断，轻松实现代码的重用。

单击"代码片断"面板上的"新建代码片断文件夹"按钮，创建一个自定义名称的文件夹，然后单击"新建代码片断"按钮，如图 4-37 所示。弹出"代码片断"对话框，如图 4-38 所示。在该对话框中设置好各项参数，单击"确定"按钮，就可以把自己的代码片断添加到"代码片断"面板。

图 4-37 单击"新建代码片断"按钮　　图 4-38 "代码片断"对话框

如果希望编辑和删除"代码片断"面板中的代码片断，只需要选择要编辑或删除的代码片断，然后单

击该面板上的"编辑代码片断"按钮▶或"删除"按钮🗑即可。

4.5　在 Dreamweaver 中优化网页代码 🔍

由于经常需要复制一些其他格式的文件，在这些文件中可能会带有垃圾代码和一些 Dreamweaver CC 不可识别的错误代码，它们不仅增加文档的大小，延长下载时间，在用浏览器浏览时也会变得很慢，还可能发生错误。所以，要对 HTML 源代码进行优化处理，用以清除空标签、合并嵌套的 <font> 标签等，从而提高 HTML 代码的可读性。

4.5.1　优化 HTML 代码 ▷

在 Dreamweaver CC 中打开需要进行代码优化的 HTML 页面，执行"命令 > 清理 HTML"命令，弹出"清理 HTML/XHTML"对话框，在其中可以选择优化方式，如图 4-39 所示。

图 4-39 "清理 HTML/XHTML"对话框

🔽 空标签区块：选中该复选框，则可以清除 HTML 代码中的空标签区块，例如 <font color="#00FF00"></font> 就是一个空标签。

🔽 多余的嵌套标签：选中该复选框，则可以清除 HTML 代码中多余的嵌套标签，例如"<i>HTML 语言在 <i> 短短的几年 </i> 时间里，已经有了长足的发展。</i>"中就有多余的嵌套，选中该选项后，这段代码中内层的 <i> 与 </i> 标签将被删除。

🔽 不属于 Dreamweaver 的 HTML 注解：选中该复选框后，例如 <!—begin body text--> 这种类型的注释将被删除，而像 <!--#BeginEditable "main" --> 这种注释则不会，因为它是由 Dreamweaver 生成的。

🔽 Dreamweaver 特殊标记：与上面一项正好相反，选中该复选框后，将只清理 Dreamweaver 生成的注释。如果当前页面是一个模板或者库页面，选中该复选框，清除 Dreamweaver 特殊标记后，模板与库页面都将变为普通页面。

🔽 指定的标签：选中该复选框后，并在该复选框后面的文本框中输入需要删除的标签即可。

🔽 尽可能合并嵌套的 <font> 标签：选中该复选框后，Dreamweaver 将可以合并的 <font> 标签进行合并，一般可以合并的 <font> 标签都是控制一段相同文本的，例如："<font size="6"><font color="#00FF00">HTML 语言 </font></font>"，代码中的 <font> 标签就可以合并。

🔽 完成后显示动作记录：当单击"确定"按钮后，Dreamweaver 会花一段时间进行处理，如果选中了"完成后显示动作记录"复选框，则处理结束时会弹出一个提示框，其中详细列出了修改的内容。

4.5.2　清理 Word 生成的 HTML 代码 ▷

在 Dreamweaver CC 中，用户可以打开或导入由 Microsoft Word 软件保存的 HTML 文件，由于 Word 生成的 HTML 文件中有许多无用的 HTML 代码，因此 Dreamweaver CC 提供了一个"清理 Word 生成的 HTML"命令，用来清理那些只有 Word 才使用的，而 Dreamweaver 并不使用的代码。即使是这样还是建议用户对 Word 文档进行备份，因为使用了"清理 Word 生成的 HTML"命令的文件有可能出现无法打开的情况。

在 Dreamweaver CC 中，执行"文件 > 导入 >Word 文档"命令，弹出"导入 Word 文档"对话框，在该对话框中定位并选择需要打开的 Word 文件，再单击"打开"按钮，即可导入这个文件。

将 Word 文件导入到 HTML 页面中后，执行"命令 > 清理 Word 生成的 HTML"命令，弹出"清理 Word 生成的 HTML"对话框。

在"清理 Word 生成的 HTML"对话框中有两个选项卡，分别是"基本"和"详细"，其中"基本"选项卡用来做基本设置，如图 4-40 所示。"详细"选项卡用来对清理 Word 特定标记和 CSS 进行具体的设置，如图 4-41 所示。

图 4-40 "基本"选项卡

图 4-41 "详细"选项卡

技巧

执行"文件 > 打开"命令，也可以打开由 Word 生成的 HTML 文件，再执行"命令 > 清理 Word 生成的 HTML"命令，弹出"清理 Word 生成的 HTML"对话框。

一般情况下，对"清理 Word 生成的 HTML"对话框的设置都采用默认设置。设置完毕后，单击"确定"按钮，即可开始清理过程。清理完毕，如果此前在对话框的"基本"选项卡中选中"完成时显示动作记录"复选框，这时将弹出清理 Word HTML 结果对话框，显示完成了哪些清理动作。

4.6 认识全新的 HTML 5

HTML 5 是近十年来 Web 标准最巨大的飞跃。和以前的版本不同，HTML 5 并非仅用来表示 Web 内容，它的使命是将 Web 带入一个成熟的应用平台，在这个平台上，视频、音频、图像、动画，以及同计算机的交互都被标准化了。尽管 HTML 5 的实现还有很长的路要走，但 HTML 5 正在改变 Web。在 Dreamweaver CC 中已经开始全面支持 HTML 5，默认新建的 HTML 页面就是基于 HTML 5 规范的。

4.6.1 初识 HTML 5

W3C 在 2010 年 1 月 22 日发布了最新的 HTML 5 工作草案。HTML 5 的工作组包括 AOL、Apple、Google、IBM、Microsoft、Mozilla、Nokia、Opera 以及数百家其他的开发商。制定 HTML 5 的目的是取代 1999 年 W3C 所制定的 HTML 4.01 和 XHTML 1.0 标准，希望能够在网络应用迅速发展的同时，网页语言能够符合网络发展的需求。

HTML 5 实际上指的是包括 HTML、CSS 样式和 JavaScript 脚本在内的一整套技术的组合，希望通过 HTML 5 能够轻松实现许多丰富的网络应用需求，而减少浏览器对插件的依赖，并且提供更多能有效增强网络应用的标准集。

在 HTML 5 中添加了许多新的应用标签，其中包括 `<video>`、`<audio>`、`<canvas>` 等标签，添加这些标签是为了设计者能够轻松地在网页中添加或处理图像和多媒体内容。其他新的标签还有 `<section>`、`<article>`、`<header>` 和 `<nav>`，新添加的标签是为了能够更加丰富网页中的内容。除了添加了许多功能强大的新标签和属性，还对一些标签进行了修改，以方便适应快速发展的网络应用。同时也有一些标签和属性在 HTML 5 标准中已经被去除。

4.6.2 HTML 5 标签

通过制作如何处理所有 HTML 元素以及如何从错误中恢复的精确规则，HTML 5 改进了互操作性，并减少了开发成本。HTML 5 标签如表 4-1 所示。

表 4-1 HTML 5 标签

标 签	描 述	HTML 4	HTML 5
`<!--…-->`	定义注释	√	√
`<!DOCTYPE>`	定义文档类型	√	√
`<a>`	定义超链接	√	√
`<abbr>`	定义缩写	√	√
`<acronvm>`	HTML 5 中已不支持，定义首字母缩写	√	×
`<address>`	定义地址元素	√	√
`<applet>`	HTML 5 中已不支持，定义 applet	√	×
`<area>`	定义图像映射中的区域	√	√
`<article>`	HTML 5 新增，定义 article	×	√
`<aside>`	HTML 5 新增，定义页面内容之外的内容	×	√

（续表）

标 签	描 述	HTML 4	HTML 5
<audio>	HTML 5 新增，定义声音内容	×	√
<b>	定义粗体文本	√	√
<base>	定义页面中所有链接的基准 URL	√	√
<basefont>	HTML 5 中已不支持，请使用 CSS 代替	√	×
<bdo>	定义文本显示的方向	√	√
<big>	HTML 5 中已不支持，定义大号文本	√	×
<blockquote>	定义长的引用	√	√
<body>	定义 body 元素	√	√
 	插入换行符	√	√
<button>	定义按钮	√	√
<canvas>	HTML 5 新增，定义图形	×	√
<caption>	定义表格标题	√	√
<center>	HTML 5 中已不支持，定义居中的文本	√	×
<cite>	定义引用	√	√
<code>	定义计算机代码文本	√	√
<col>	定义表格列的属性	√	√
<colgroup>	定义表格式的分组	√	√
<command>	HTML 5 新增，定义命令按钮	×	√
<datagrid>	HTML 5 新增，定义树列表中的数据	×	√
<datalist>	HTML 5 新增，定义下拉列表	×	√
<dataemplate>	HTML 5 新增，定义数据模板	×	√
<dd>	定义自定义的描述	√	√
<del>	定义删除文本	√	√
<details>	HTML 5 新增，定义元素的细节	×	√
<dialog>	HTML 5 新增，定义对话	×	√
<dir>	HTML 5 中已不支持，定义目录列表	√	×
<div>	定义文档中的一个部分	√	√
<dfn>	定义自定义项目	√	√
<dl>	定义自定义列表	√	√
<dt>	定义自定义的项目	√	√
<em>	定义强调文本	√	√
<embed>	HTML 5 新增，定义外部交互内容或插件	×	√
<event-source>	HTML 5 新增，为服务器发送的事件定义目标	×	√
<fieldset>	定义 fieldset	√	√
<figure>	HTML 5 新增，定义媒介内容的分组，以及它们的标题	×	√
<font>	不赞成，定义文本的字体、尺寸和颜色	√	×
<footer>	HTML 5 新增，定义 section 或 page 的页脚	×	√
<form>	定义表单	√	√
<frame>	HTML 5 中已不支持，定义子窗口（框架）	√	×
<frameset>	HTML 5 中已不支持，定义框架的集	√	×
<h1> to <h6>	定义标题 1 到标题 6	√	√
<head>	定义关于文档的信息	√	√
<header>	HTML 5 新增，定义 section 或 page 的页眉	×	√
<hr>	定义水平线	√	√
<html>	定义 html 文档	√	√
<i>	定义斜体文本	√	√
<iframe>	定义行内的子窗口（框架）	√	√
<img>	定义图像	√	√

（续表）

标 签	描 述	HTML 4	HTML 5
<input>	定义输入域	√	√
<ins>	定义插入文本	√	√
<isindex>	HTML 5 中已不支持，定义单行的输入域	√	×
<kbd>	定义键盘文本	√	√
<label>	定义表单控件的标注	√	√
<legend>	定义 fieldset 中的标题	√	√
<li>	定义列表的项目	√	√
<link>	定义资源引用	√	√
<m>	HTML 5 新增，定义有记号的文本	×	√
<map>	定义图像映射	√	√
<menu>	定义菜单列表	√	√
<meta>	定义元信息	√	√
<meter>	HTML 5 新增，定义预定义范围内的度量	×	√
<nav>	HTML 5 新增，定义导航链接	×	√
<nest>	HTML 5 新增，定义数据模板中的嵌套点	×	√
<noframes>	HTML 5 中已不支持，定义 noframe 部分	√	×
<noscript>	HTML 5 中已不支持，定义 noscript 部分	√	×
<object>	定义嵌入对象	√	√
<ol>	定义有序列表	√	√
<optgroup>	定义选项组	√	√
<option>	定义下拉列表中选项	√	√
<output>	HTML 5 新增，定义输出的一些类型	×	√
<p>	定义段落	√	√
<param>	为对象定义参数	√	√
<pre>	定义预格式化文本	√	√
<progress>	HTML 5 新增，定义任何类型的任务的进度	×	√
<q>	定义短的引用	√	√
<rule>	HTML 5 新增，为升级模板定义规则	×	√
<s>	HTML 5 中已不支持，定义加删除线的文本	√	×
<samp>	定义样本计算机代码	√	√
<script>	定义脚本	√	√
<section>	HTML 5 新增，定义 section	×	√
<select>	定义可选列表	√	√
<small>	HTML 5 中已不支持，定义小号文本	√	×
<source>	HTML 5 新增，定义媒介源	×	√
<span>	定义文档中的 section	√	√
<strike>	HTML 5 中已不支持，定义加删除线的文本	√	×
<strong>	定义强调文本	√	√
<style>	定义样式定义	√	√
<sub>	定义上标文本	√	√
<sup>	定义下标文本	√	√
<table>	定义表格	√	√
<tbody>	定义表格的主体	√	√
<td>	定义表格单元	√	√
<textarea>	定义文本区域	√	√
<tfoot>	定义表格的脚注	√	√
<th>	定义表头	√	√
<thead>	定义表头	√	√

（续表）

标 签	描 述	HTML 4	HTML 5
\<time\>	HTML 5 新增，定义日期 / 时间	×	√
\<title\>	定义文档的标题	√	√
\<tr\>	定义表格行	√	√
\<tt\>	HTML 5 中已不支持，定义打字机文本	√	×
\<u\>	HTML 5 中已不支持，定义下划线文本	√	×
\<ul\>	定义无序列表	√	√
\<var\>	定义变量	√	√
\<video\>	HTML 5 新增，定义视频	×	√
\<xmp\>	HTML 5 中已不支持，定义预格式文本	√	×

4.6.3 HTML 5 标准属性

在 HTML 中标签拥有属性，在 HTML 5 中新增的属性有 contenteditable、contextmenu、draggablel、irrelevant、ref、registrationmark、template。不再支持 HTML 4.01 中的 accesskey 属性。

在表 4-2 中所列出的属性是通用于每个标签的核心属性和语言属性。

表 4-2 HTML 5 标准属性

属 性	值	描 述	HTML 4	HTML 5
acceskey	character	设置访问一个元素的键盘快捷键	×	√
class	class_rule or style_rule	元素的类名	√	√
contenteditable	true false	设置是否允许用户编辑元素	×	√
contentextmenu	id of a menu element	给元素设置一个上下文菜单	×	√
dir	ltr rtl	设置文本方向	√	√
draggable	true false auto	设置是否允许用户拖动元素	×	√
id	id_name	元素的唯一 id	√	√
irrelevant	true false	设置元素是否相关，不显示非相关的元素	×	√
lang	language_code	设置语言码	√	√
ref	urlof elementID	引用另一个文档或文档上另一个位置，仅在 template 属性设置时使用	×	√
registrationmark	registration mark	为元素设置拍照，可以规则于任何 \<rule\> 元素的后代元素，除了 \<nest\> 元素	×	√
style	style_definition	行内的样式定义	√	√
tabindex	number	设置元素的 tab 顺序	√	√
template	urlor elementID	引用应该应用到该元素的另一个文档或本文档上另一个位置	×	√
title	tooltip_text	显示在工具提示中的文本	√	√

4.6.4 HTML 5 事件属性

HTML 元素可以拥有事件属性，这些属性在浏览器中具有触发行为，比如当用户单击一个 HTML 元素时启动一段 JavaScript 脚本。下面列出的事件属性，可以把它们插入到 HTML 中来定义事件行为。

HTML 5 所支持的事件属性如表 4-3 所示。

表 4-3 HTML 5 事件属性

属 性	值	描 述	HTML 4	HTML 5
onabort	script	发生 abort 事件时运行脚本	×	√
onbeforeonload	script	在元素加载前运行脚本	×	√
onblur	script	当元素失去焦点时运行脚本	√	√
onchange	script	当元素改变时运行脚本	√	√
onclick	script	在鼠标单击时允许脚本	√	√
oncontextmenu	script	当菜单被触发时运行脚本	×	√
ondblclick	script	当鼠标双击时运行脚本	√	√
ondrag	script	只要脚本在被拖动就允许脚本	×	√
ondragend	script	在拖动操作结束时运行脚本	×	√
ondragenter	script	当元素被拖动到一个合支的放置目标时，执行脚本	×	√
ondragleave	script	当元素离开合法的放置目标时，执行脚本	×	√
ondragover	script	只要元素正在合法的放置目标上拖动时，就执行脚本	×	√
ondragstart	script	当拖动操作开始时执行脚本	×	√
ondrop	script	当元素正在被拖动时执行脚本	×	√
onerror	script	当元素加载的过程中出现错误时执行脚本	×	√
onfocus	script	当元素获得焦点时执行脚本	√	√
onkeydown	script	当按钮按下时执行脚本	√	√
onkeypress	script	当按键被按下时执行脚本	√	√
onkeyup	script	当按钮松开时执行脚本	√	√
onload	script	当文档加载时执行脚本	√	√
onmessage	script	当 message 事件触发时执行脚本	×	√
onmousedown	script	当鼠标按钮按下时执行脚本	√	√
onmousemove	script	当鼠标指针移动时执行脚本	√	√
onmouseover	script	当鼠标指针移动到一个元素上时执行脚本	√	√
onmouseout	script	当鼠标指针移出元素时执行脚本	√	√
onmouseup	script	当鼠标按钮松开时执行脚本	√	√
onmousewheel	script	当鼠标滚轮滚动时执行脚本	×	√
onreset	script	不支持，当表单重置时执行脚本	√	×
onresize	script	当元素调整大小时运行脚本	×	√
onscroll	script	当元素滚动条被滚动时执行脚本	×	√
onselect	script	当元素被选中时执行脚本	√	√
onsubmit	script	当表单提交时运行脚本	√	√
onunload	script	当文档卸载时运行脚本	×	√

4.7 本章小结

　　本章重点介绍了 Dreamweaver CC 中有关 HTML 源代码控制的功能，使用户对代码视图和快速标签编辑器有全面的认识和了解。考虑到有些用户可能是刚刚学习制作网页，对 HTML 语言也不太熟悉，本章重点介绍了 HTML 语言的基本知识，并且还介绍了有关 HTML 5 的知识。

　　实际上，每一个网页制作人员都必须或多或少地懂一些 HTML 语言，因为它才是网页制作的基础，任何的可视化软件或者环境在操作时都是通过修改 HTML 代码来实现的。在可视化环境中遇到无法修改的内容时，必须转移到代码视图中进行操作。另外，高级的网页制作人员都是非常精通 HTML 语言的。

第5章 设置网页头信息

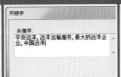

网页头部信息的设置属于页面总体设定的范围，包括网页的说明、关键字、过期时间等内容，虽然它们中的大多数不能够直接在网页上看到效果，但从功能上，很多都是必不可少的。头信息是网页中必须添加的信息，它能够为网页添加许多辅助的信息内容。

5.1 设置头信息

前面介绍过，每一个网页都离不开 HTML 语言代码，或者说由 HTML 脚本所组成的 *.htm、*.html 文件就是网页文件。一个完整的 HTML 网页文件包含两个部分，即 head 部分和 body 部分。其中 head 部分包含许多不可见的信息（头信息），如语言编码、版权声明、关键字、作者信息、网页描述等；而 body 部分则包含网页中可见的内容，如文字、图像、多媒体、表单等。

执行"文件 > 打开"命令，打开页面"光盘 \ 源文件 \ 第 5 章 \5-1.html"，效果如图 5-1 所示。该网站页面在浏览器中预览效果如图 5-2 所示。

图 5-1 在 Dreamweaver CC 中打开页面

图 5-2 页面预览效果

转换到代码视图，可以在 <head> 与 </head> 标签中看到文件头内容，如图 5-3 所示。

```
<head>
<meta charset="utf-8">
<title>企业网站</title>
<link href="style/5-1.css" rel="stylesheet" type="text/css">
<script src="../Scripts/swfobject_modified.js" type="text/javascript"></script>
</head>
```

图 5-3 显示文件头内容

5.1.1 设置网页标题

网页标题可以是中文、英文或符号，它显示在浏览器的标题栏中，当网页被加入收藏夹时，网页标题又被作为网页的名字出现在收藏夹中。

动手实践——为网页设置标题

最终文件：光盘 \ 最终文件 \ 第 5 章 \5-1-1.html

视频：光盘 \ 视频 \ 第 5 章 \5-1-1.swf

01 如果需要为网页设计标题，可以直接在文档工具栏上的"标题"文本框中输入网页标题，如图 5-4 所示。或者单击"属性"面板上的"页面属性"按钮，弹出"页面属性"对话框，切换到"标题 / 编码"选项，在"标题"文本框中输入网页标题，如图 5-5 所示。

标题: 企业网站

图 5-4 设置网页标题

图 5-5 设置网页标题

02 转换到代码视图中，可以在网页 HTML 代码的 <head> 与 </head> 标签之间的 <title> 标签中看到所设置的网页标题，如图 5-6 所示。在这里可以直接修改页面标题。

```
<head>
<meta charset="utf-8">
<title>企业网站</title>
<link href="style/5-1.css" rel="stylesheet" type="text/css">
<script src="../Scripts/swfobject_modified.js" type="text/javascript"></script>
</head>
```

图 5-6 在代码视图中修改网页标题

03 保存页面，在浏览器中预览该页面，可以在浏览器的窗口上看到所设置的网页标题，如图 5-7 所示。

图 5-7 在浏览器窗口中查看网页标题

5.1.2 设置网页 META 信息

META 标记用来记录当前网页的相关信息，如编码、作者、版权等，也可以用来给服务器提供信息，如网页终止时间、刷新的间隔等。

单击"插入"面板中的 Head 按钮，在下拉菜单中选择 META 命令，如图 5-8 所示。弹出 META 对话框，如图 5-9 所示。在该对话框中输入相应的信息，单击"确定"按钮，即可在文件的头部添加相应的数据。

图 5-8 选择 META 选项

图 5-9 META 对话框

☑ **属性**：在"属性"下拉列表中有 HTTP-equivalent 和"名称"两个选项，分别对应 HTTP-EQUIV 变量和 NAME 变量。

☑ **值**：在"值"文本框中可以输入 HTTP-EQUIV 变量或 NAME 变量的值。

☑ **内容**：在"内容"文本框中可以输入 HTTP-EQUIV 变量或 NAME 变量的内容。

1. 设置网页文字编码格式

在 META 对话框中的"属性"下拉列表中选择 HTTP-equivalent 选项，在"值"文本框中输入 Content-Type，在"内容"文本框中输入 text/html;charset=UTF-8，则可设置文字编码为国际通用编码，如图 5-10 所示。

图 5-10 设置网页文字编码

2. 设置网页到期时间

在 META 对话框中的"属性"下拉列表中选择 HTTP-equivalent 选项，在"值"文本框中输入 expires，在"内容"文本框中输入"Wed,11 Nov 2014 11:00:00 GMT"，则网页将在格林尼治时间 2014 年 11 月 11 日 11 点过期，届时将无法脱机浏览这个网页，必须连到网上重新浏览这个网页，如图 5-11 所示。

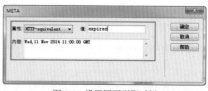

图 5-11 设置网页到期时间

3. 禁止从本地计算机的缓存中调阅页面

在 META 对话框中的"属性"下拉列表中选择 HTTP-equivalent 选项，在"值"文本框中输入 Pragma，在"内容"文本框中输入 no-cache，则禁止此页面保存在访问者的缓存中。浏览器访问某个页面时，会将它保存在缓存中，下次再访问该页面时就可以从缓存中读取，以缩短访问该页的时间。当用户希望访问者每次访问时，都刷新网页广告的图标，或网页的计数器，就要禁用缓存了，如图 5-12 所示。

图 5-12 禁止浏览器从本地计算机的缓存中调阅页面内容

4. 设置 cookie 过期

在 META 对话框中的"属性"下拉列表中选择 HTTP-equivalent 选项，在"值"文本框中输入 set-cookie，在"内容"文本框中输入"Wed,11 Nov 2014 11:00:00 GMT"，则 cookie 将在格林尼治时间 2014 年 11 月 11 日 11 点过期，并被自动删除，如图 5-13 所示。

图 5-13 设置网页 cookie 过期

提示

cookie 是小的数据包，里面包含着关于用户网上冲浪的习惯信息。cookie 主要被广告代理商用来进行人数统计，查看某个站点吸引了哪类消费者。一些网站还使用 cookie 来保存用户最近的账号信息。这样，当用户进入某个站点，而该用户又在该站点有账号时，站点就会立刻知道此用户是谁，并自动载入这个用户的个人信息。

5. 强制页面在当前窗口以独立页面显示

在 META 对话框中的"属性"下拉列表中选择 HTTP-equivalent 选项，在"值"文本框中输入 Window-target，在"内容"文本框中输入 _top，则可以防止这个网页被显示在其他网页的框架结构中，如图 5-14 所示。

图 5-14 强制页面在当前窗口以独立页面显示

6. 设置网页打开时的效果

在 META 对话框中的"属性"下拉列表中选择 HTTP-equivalent 选项，在"值"文本框中输入 Page-Enter，

在"内容"文本框中输入"revealTrans(duration=10,transition=20)"，的如图 5-15 所示。

图 5-15 设置网页打开时的效果

7. 设置网页退出时的效果

在 META 对话框中的"属性"下拉列表中选择 HTTP-equivalent 选项，在"值"文本框中输入 Page-Exit，在"内容"文本框中输入"revealTrans(duration=20,transition=10)"，如图 5-16 所示。

图 5-16 设置网页退出时的效果

5.1.3 其他 META 信息设置

如果在 META 对话框中的"属性"下拉列表中选择"名称"选项，则对应 NAME 变量，此时可以设置以下几种常用的 META 信息。

1. 设置网页的搜索引擎关键字

在"值"文本框中输入 Keywords，在"内容"文本框中输入网页的关键字，各关键字之间用逗号隔开。这是告诉搜索引擎放出的机器人，把"内容"文本框中填入的内容作为网页的关键字添加到搜索引擎。许多搜索引擎都通过放出机器人搜索来登录网站，这些机器人就要用到 META 元素的一些特性来决定怎样登录。如果网页上没有这些 META 元素，则不会被登录。

2. 设置网页搜索引擎说明

在"值"文本框中输入 description，在"内容"文本框中输入对网页的说明。这是告诉搜索引擎放出的机器人，把"内容"文本框中输入的内容作为对网页的说明添加到搜索引擎。

3. 告诉搜索机器需要索引哪些页面

在"值"文本框中输入 robots，在"内容"文本框中可以填入 all、index、noindex、follow、nofollow 或 none 等 6 个参数。其中 all 为默认值，用来告诉搜索机器人登录此网页，而且可以根据此页面的超链接进行检索；index 是告诉搜索机器人登录此网页；noindex 是不让搜索机器人登录此网页，但可以根据此页面的超链接进行检索；follow 是告诉搜索机器人根据此页面的超链接进行检索；nofollow 是不让搜索机器人根据此页面的超链接进行检索，但可以登录此页面；none 是既不让搜索机器人登录此网页，也不让搜索机器人根据此页面的超链接进行检索。

4. 设置网页编辑器的说明

在"值"文本框中输入 Generator，在"内容"文本框中输入所用的网页编辑器，这是对使用的网页编辑器的说明。

5. 设置网页作者说明

如果在"值"文本框中输入 Author，在"内容"文本框中输入"WEB 星工场"，则说明这个网页的作者是 WEB 星工场。

6. 设置版权声明

在"值"文本框中输入 Copyright，在"内容"文本框中输入版权声明。

5.1.4 添加网页关键字

关键字的作用是协助互联网上的搜索引擎寻找网页。网站的来访者大多都是由搜索引擎引导来的。

动手实践——为网页添加关键字

📄 最终文件：光盘 \ 最终文件 \ 第 5 章 \5-1-4.html
📹 视频：光盘 \ 视频 \ 第 5 章 \5-1-4.swf

 打开页面"光盘 \ 源文件 \ 第 5 章 \5-1-4.html"，单击"插入"面板上的 Head 按钮，在下拉菜单中选择"关键字"命令，如图 5-17 所示。弹出"关键字"对话框，在该对话框中输入页面的关键字即可，不同关键字之间用逗号分隔，如图 5-18 所示。单击"确定"按钮后，关键字信息就设置好了。

图 5-17 选择"关键字"命令

图 5-18 设置"关键字"对话框

 如果需要编辑关键字信息，转换到代码视图中，可以在网页 HTML 代码的 <head> 与 </head> 标签中看到所设置的网页关键字，如图 5-19 所示。

```
<head>
<meta charset="utf-8">
<title>企业网站</title>
<link href="style/5-1.css" rel="stylesheet" type="text/css">
<script src="../Scripts/swfobject_modified.js" type="text/javascript"></script>
<meta name="keywords" content="平安远洋,远洋运输服务,最大的远洋企业,中国远洋">
</head>
```

图 5-19 在代码视图中编辑关键字

技巧

设置的关键字一定要是与该网站内容相贴切的内容，并且有些搜索引擎限制索引的关键字或字符的数目，当超过了限制的数目时，它将忽略所有的关键字，所以最好只使用几个精选的关键字。

5.1.5 添加网页说明

许多搜索引擎装置能够读取描述 META 标记的内容。有些使用该信息在它们的数据库中将页面编入索引，而有些还在搜索结果页面中显示该信息。

动手实践——为网页添加说明

📄 最终文件：光盘 \ 最终文件 \ 第 5 章 \5-1-5.html
📹 视频：光盘 \ 视频 \ 第 5 章 \5-1-5.swf

 打开页面"光盘 \ 源文件 \ 第 5 章 \5-1-5.html"，单击"插入"面板上的 Head 按钮，在下拉菜单中选择"说明"命令，如图 5-20 所示。弹出"说明"对话框，在该对话框中输入对页面的说明语句，如图 5-21 所示。单击"确定"按钮后，页面说明的信息就设置好了。

图 5-20 选择"说明"命令

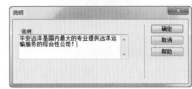

图 5-21 设置"说明"对话框

02 如果需要编辑页面说明信息，可以转换到代码视图，在 <head> 与 </head> 标签中可以看到说明内容，如图 5-22 所示。

```
<head>
<meta charset="utf-8">
<title>企业网站</title>
<link href="style/5-1.css" rel="stylesheet" type="text/css">
<script src="../Scripts/swfobject_modified.js" type="text/javascript"></script>
<meta name="keywords" content="平安远洋,远洋运输服务,最大的远洋企业,中国远洋">
<meta name="description" content="平安远洋是国内最大的专业提供远洋运输服务的综合性公司">
</head>
```

图 5-22 在代码视图中编辑说明

5.1.6　插入视口

视口是 Dreamweaver CC 新增的网页头信息设置功能，该功能主要是针对浏览者使用移动设备查看网页时控制网页布局的大小。每一款手机有不同的屏幕大小和不同的分辨率，通过视口的设置，可以使制作出来的网页大小适合各种手机屏幕大小使用。

在网页中插入视口的方法很简单，单击"插入"面板上的 Head 按钮旁的倒三角按钮，在下拉菜单中选择"视口"命令，如图 5-23 所示。

图 5-23 选择"视口"命令

即可在网页中插入视口，转换到网页的代码视图中，在 <head> 与 </head> 标签中看到所设置的视口代码，如图 5-24 所示。

```
<head>
<meta charset="utf-8">
<title>企业网站</title>
<link href="style/5-1.css" rel="stylesheet" type="text/css">
<script src="../Scripts/swfobject_modified.js" type="text/javascript"></script>
<meta name="keywords" content="平安远洋,远洋运输服务,最大的远洋企业,中国远洋">
<meta name="description" content="平安远洋是国内最大的专业提供远洋运输服务的综合性公司">
<meta name="viewport" content="width=123, initial-scale=1">
</head>
```

图 5-24 视口代码

width 属性用于设置视口的大小，如 width=device-width 表示视口的宽度默认等于屏幕的宽度；initial-scale 属性用于设置网页初始缩放比例，也即是当网页第一次载入时的缩放比例，如 initial-scale=1 表示网页初始大小占屏幕面积的 100%。

5.2　设置社区生活网站头信息

上一节已经详细讲解了如何通过"插入"面板以及直接在 HTML 代码中编辑网页头信息。下面将通过练习带领用户完成一个网页头信息的设置。页面的最终效果如图 5-25 所示。

图 5-25 页面最终效果

动手实践——设置社区生活网站头信息

📄 最终文件：光盘 \ 最终文件 \ 第 5 章 \5-2.html

📹 视频：光盘 \ 视频 \ 第 5 章 \5-2.swf

01 执行"文件 > 打开"命令，打开页面"光盘 \ 源文件 \ 第 5 章 \5-2.html"，在 Dreamweaver CC 的设计视图中可以看到页面的效果，如图 5-26 所示。

图 5-26 打开页面

02 单击"插入"面板上的 Head 按钮，在下拉菜单中选择"关键字"命令，弹出"关键字"对话框，为页面设置页面关键字，如图 5-27 所示。单击"确定"按钮，完成"关键字"对话框的设置，为页面添加关键字，在 HTML 代码的 `<head>` 部分可以看到已加入关键字的相关代码，如图 5-28 所示。

图 5-27 设置页面关键字

```
<head>
<meta charset="utf-8">
<title>社区生活网站</title>
<link href="style/5-3.css" rel="stylesheet" type="text/css">
<meta name="keywords" content="社区服务,社区生活,社区活动,健康社区,最美社区">
</head>
```

图 5-28 关键字代码

03 单击"插入"面板上的 Head 按钮，在下拉菜单中选择"说明"命令，弹出"说明"对话框，为页面设置页面说明，如图 5-29 所示。单击"确定"按钮，完成"说明"对话框的设置，为页面添加说明，在 HTML 代码的 `<head>` 部分可以看到加入的说明相关代码，如图 5-30 所示。

图 5-29 设置页面说明

```
<head>
<meta charset="utf-8">
<title>社区生活网站</title>
<link href="style/5-3.css" rel="stylesheet" type="text/css">
<meta name="keywords" content="社区服务,社区生活,社区活动,健康社区,最美社区">
<meta name="description" content="提供丰富便捷的社区资讯和社区服务,是目前北京市最大的综合性社区服务企业！">
</head>
```

图 5-30 说明代码

04 接着设置页面的作者信息。单击"插入"面板上的 Head 按钮，在下拉菜单中选择 META 命令，弹出 META 对话框，设置如图 5-31 所示。再设置页面的版权信息，单击"插入"面板上的 Head 按钮，在下拉菜单中选择 META 命令，弹出 META 对话框，设置如图 5-32 所示。

图 5-31 设置作者信息

图 5-32 设置版权信息

05 设置页面的制作信息。单击"插入"面板上的 Head 按钮，在下拉菜单中选择 META 命令，弹出 META 对话框，设置如图 5-33 所示。完成页面头内容的设置，转换到代码视图中，可以在页面的 HTML 代码中看到写入到网页头部标签 `<head>` 之间的相关代码，如图 5-34 所示。

图 5-33 设置页面制作信息

图 5-34 所添加的页面头内容代码

提示

可以为网页添加多种页面头信息内容，最主要的就是页面关键字、页面说明、页面标题、页面版权声明等信息，其他各种页面头信息，用户可以根据实际需要进行添加。

06 完成网页头信息的添加后，执行"文件 > 保存"命令，保存页面，在浏览器中预览页面，效果如图 5-35 所示。

图 5-35 在浏览器中预览网页效果

5.3 本章小结

本章介绍了网页头部内容的添加方法，这些内容经常被忽略，但在实际的应用中，头部元素却能起到关键作用。因此用户需要掌握这些内容的添加方法，尤其是常用的标题、关键字、说明、作者等基本信息。

第6章 网页整体属性设置

许多网站的页面会有固定的色彩或者是图像背景，这些特征可以通过网站页面属性来控制。在开始设计网站页面时，即可设置好页面的各种属性。网页属性可以控制网页的背景颜色和文本颜色等，主要对外观进行总体上的控制。本章将向用户介绍如何设置页面的整体属性。

6.1 "页面属性"对话框

将设计视图切换到代码视图，会看到 `<body>` 和 `</body>` 标签，网页的主体部分就位于这两个标签之间。`<body>` 标签作为一个对象，会有许多相关的属性。本节将围绕这些属性的设置展开，其中包括网页的标题、文本颜色、背景颜色、背景图片等设置。

6.1.1 设置"外观（CSS）"选项

执行"修改 > 页面属性"命令，或单击"属性"面板上的"页面属性"按钮 页面属性... ，弹出"页面属性"对话框，Dreamweaver CC 将页面属性分为许多类别，其中"外观（CSS）"是设置页面的一些基本属性，如图 6-1 所示。并且将设置的页面相关属性自动生成为 CSS 样式表，写在页面头部。

图 6-1 "外观（CSS）"选项面板

图 6-2 "字体样式"选项　　图 6-3 "字体组细"选项

◢ 大小：在该选项下拉列表中可以选择页面中的默认文本字号，还可以设置页面字体大小的单位，默认为"px（像素）"。

◢ 文本颜色：在该选项的文本框中可以设置网页中默认的文本的颜色。如果未对该选项进行设置，则网页中默认的文本颜色为黑色。

◢ 背景颜色：在该选项的文本框中可以设置网页的背景颜色。一般情况下，背景颜色都设置为白色，即在文本框中输入 #FFFFFF。如果在这里不设置颜色，常用的浏览器也会默认网页的背景色为白色，但低版本的浏览器会显示网页背景色为灰色。为了增强网页的通用性，这里最好还是对背景色进行设置。

◢ 背景图像：在该选项的文本框中可以输入网页背景图像的路径，给网页添加背景图像。也可以单击文本框后的"浏览"按钮，弹出"选择图像源文件"对话框，如图 6-4 所示。选择需要设置为背景图像的文件，单击"确定"按钮，即可使用这个图像为

◢ 页面字体：从"页面字体"选项后的第一个下拉列表中选择一种字体设置为页面字体，也可以直接在该选项的下拉列表框中输入字体的名称。在第二个下拉列表中可以选择字体的样式，如图 6-2 所示。在第三个下拉列表中可以选择字体的粗细，如图 6-3 所示。

背景图像。

图 6-4 "选择图像源文件"对话框

🔽 重复：在使用图像作为背景时，可以在"重复"下拉列表中选择背景图像的重复方式，其选项包括 no-repeat、repeat、repeat-x 和 repeat-y，如图 6-5 所示。

图 6-5 "重复"下拉列表

🔽 no-repeat：选择该选项，则所设置的背景图像只显示一次，不会进行重复平铺。

🔽 repeat：选择该选项，则所设置的背景图像在横向和纵向均会进行重复平铺操作。

🔽 repeat-x：选择该选项，则所设置的背景图像仅在横向会进行重复平铺操作，而不会在纵向进行平铺操作。

🔽 repeat-y：选择该选项，则所设置的背景图像仅在纵向会进行重复平铺操作，而不会在横向进行平铺操作。

🔽 左边距/右边距/上边距/下边距：在"左边距"、"右边距"、"上边距"和"下边距"文本框中可以分别设置网页四边与浏览器四边边框的距离。

> **提示**
>
> 在设置页面背景图像时，需要注意，为了避免出现问题，尽可能使用图像的相对路径，而不要使用绝对路径。

动手实践——设置"外观（CSS）"选项

📋 最终文件：光盘 \ 最终文件 \ 第 6 章 \6-1-1.html

📁 视频：光盘 \ 视频 \ 第 6 章 \6-1-1.swf

01 执行"文件 > 打开"命令，打开页面"光盘 \ 源文件 \ 第 6 章 \6-1-1.html"，效果如图 6-6 所示。在浏览器中预览的效果如图 6-7 所示。

图 6-6 在 Dreamweaver CC 中打开的页面效果

图 6-7 在浏览器中预览页面效果

02 单击"属性"面板上的"页面属性"按钮，弹出"页面属性"对话框，对"外观（CSS）"相关选项进行设置，如图 6-8 所示。单击"确定"按钮，在 Dreamweaver CC 的设计视图中可以看到页面的效果如图 6-9 所示。

图 6-8 设置"外观（CSS）"选项

图 6-9 页面效果

03 转换到代码视图中，在页面头部的 <head> 与 </head> 标签之间可以看到所生成的相应的 CSS 样式代码，如图 6-10 所示。保存页面，在浏览器中预览页面，可以看到完成"外观（CSS）"选项设置后的页面效果，如图 6-11 所示。

```
<style type="text/css">
body,td,th {
    font-family: "宋体";
    font-weight: bold;
    font-size: 14px;
    color: #FF4F4F;
}
body {
    background-color: #DAEEEF;
    margin-left: 0px;
    margin-top: 0px;
    margin-right: 0px;
    margin-bottom: 0px;
}
</style>
```

图 6-10 生成的 CSS 样式

图 6-11 在浏览器中预览页面效果

6.1.2 设置"外观（HTML）"选项

在"页面属性"对话框左侧的"分类"列表框中选择"外观（HTML）"选项，可以切换到"外观（HTML）"选项面板，如图 6-12 所示。该选项的设置与"外观（CSS）"的设置基本相同，唯一的区别是在"外观（HTML）"选项中设置的页面属性，将会自动在页面主体标签 <body> 中添加相应的属性设置代码，而不会自动生成 CSS 样式。

图 6-12 "外观（HTML）"选项面板

"外观（HTML）"的相关设置选项与"外观（CSS）"的相关设置选项基本相同，只是出现了 3 个关于文本超链接的相关设置，这里不再做过多的介绍，关于文本超链接的设置将在下节中进行介绍。

6.1.3 设置"链接（CSS）"选项

在"页面属性"对话框左侧的"分类"列表框中选择"链接（CSS）"选项，可以切换到"链接（CSS）"选项面板，在该部分可以设置页面中链接文本的效果，如图 6-13 所示。

图 6-13 "链接（CSS）"选项面板

● 链接字体：从"链接字体"第 1 个下拉列表中选择一种字体设置为页面中链接文字的字体，从第 2 个下拉列表中设置页面中链接文字的字体样式，从第 3 个下拉列表中设置页面中链接文字的字体粗细。

● 大小：从该选项的下拉列表中可以选择页面中的链接文本的字号，还可以设置链接文本字体大小的单位，默认为"px（像素）"。

● 链接颜色：在该选项的文本框中可以设置网页中文本超链接的默认状态颜色。

● 变换图像链接：在该选项的文本框中可以设置网页中当鼠标移动到超链接文字上时超链接文本的颜色。

● 已访问链接：在该选项的文本框中可以设置网页中访问过的超链接文本的颜色。

● 活动链接：在该选项的文本框中可以设置网页中激活的超链接文本的颜色。

● 下划线样式：从该选项的下拉列表中可以选择网页中当鼠标移动到超链接文字上方时采用何种下划线。在该选项的下拉列表中包括 4 个选项，如图 6-14 所示。

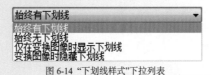

图 6-14 "下划线样式"下拉列表

始终有下划线：该选项为超链接文本的默认选项，选择该选项，则链接文本在任何状态下都会具有下划线。

始终无下划线：选择该选项，则链接文本在任何状态下都没有下划线。

仅在变换图像时显示下划线：选择该选项，则当超链接文本处于"变换图像链接"状态时，显示下划线，其他的状态下不显示下划线。

变换图像时隐藏下划线：默认的超链接文本是具有下划线的。选择该选项，则当超链接文本处于"变换图像链接"状态时，不显示下划线，其他状态下都显示下划线。

动手实践——设置"链接（CSS）"选项

📄 最终文件：光盘\最终文件\第 6 章\6-1-3.html

📀 视频：光盘\视频\第 6 章\6-1-3.swf

01 执行"文件 > 打开"命令，打开页面"光盘\源文件\第 6 章\6-1-3.html"，效果如图 6-15 所示。单击"属性"面板上的"页面属性"按钮，弹出"页面属性"对话框，选择"链接（CSS）"选项，切换到"链接（CSS）"选项面板，设置如图 6-16 所示。

图 6-15 打开的页面效果

图 6-16 设置"链接（CSS）"选项

02 单击"确定"按钮，完成"页面属性"对话框的设置，转换到代码视图中，在页面头部的 <head> 与 </head> 标签之间可以看到所生成的相应的 CSS 样式代码，如图 6-17 所示。保存页面，在浏览器中预览页面，可以看到页面中超链接文字的效果，如图 6-18 所示。

```css
<style type="text/css">
a:link {
    color: #006;
    text-decoration: none;
}
a:visited {
    text-decoration: none;
    color: #F00;
}
a:hover {
    text-decoration: underline;
    color: #60F;
}
a:active {
    text-decoration: none;
    color: #000;
}
</style>
```

图 6-17 生成的 CSS 样式

图 6-18 在浏览器中预览页面效果面板

6.1.4 设置"标题（CSS）"选项

在"页面属性"对话框左侧的"分类"列表框中选择"标题（CSS）"选项，可以切换到"标题（CSS）"选项面板，在"标题（CSS）"选项中可以设置标题文字的相关属性，如图 6-19 所示。

图 6-19 "标题（CSS）"选项面板

标题字体：在"标题字体"选项后的第 1 个下拉列表中选择一种字体设置为页面中标题的字体，从第 2 个下拉列表中设置页面中标题字体的样式，从第 3 个下拉列表中设置页面中标题字体的粗细。

标题 1~ 标题 6：在 HTML 页面中可以通过 <h1> ~<h6> 标签，定义页面中的文字为标题文字，分别对应"标题 1"~"标题 6"，在该部分选项区中可以分别设置不同标题文字的大小以及文本颜色。

动手实践——设置"标题（CSS）"选项

目 最终文件：光盘 \ 最终文件 \ 第 6 章 \6-1-4.html
吕 视频：光盘 \ 视频 \ 第 6 章 \6-1-4.swf

01 执行"文件 > 打开"命令，打开页面"光盘 \ 源文件 \ 第 6 章 \6-1-4.html"，效果如图 6-20 所示。选中"服务器 1"文字，在"属性"面板上的"格式"下拉列表中选择"标题 1"应用，效果如图 6-21 所示。

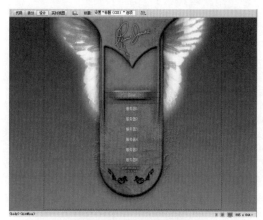

图 6-20 打开的页面效果

图 6-21 应用"标题 1"的效果

02 使用相同的方法，分别为相应的文字应用"标题 2"~"标题 6"，效果如图 6-22 所示。转换到代码视图中，可以看到该部分的代码，如图 6-23 所示。

图 6-22 页面效果

```
<div id="text2">
    <h1>服务器1</h1>
    <h2>服务器2</h2>
    <h3>服务器3</h3>
    <h4>服务器4</h4>
    <h5>服务器5</h5>
    <h6>服务器6</h6>
</div>
```

图 6-23 代码效果

> **提示**
>
> "标题 1"~"标题 6"对应的 HTML 标签分别是 <h1>~<h6>。在 HTML 中，默认对 <h1>~<h6> 标签都有相应的样式效果设置，所以会显示出不同的效果。

03 单击"属性"面板上的"页面属性"按钮，弹出"页面属性"对话框，选择"标题（CSS）"选项，切换到"标题（CSS）"选项面板，设置如图 6-24 所示。单击"确定"按钮，完成"页面属性"对话框的设置，效果如图 6-25 所示。

图 6-24 设置"标题（CSS）"选项

图 6-25 页面效果

04 转换到代码视图中，在页面头部的 <head> 与 </head> 标签之间可以看到所生成的相应的 CSS 样式代码，如图 6-26 所示。保存页面，在浏览器中预览页面，可以看到页面中标题文字的效果，如图 6-27 所示。

```
<style type="text/css">
h1 {
    font-size: 30px;
    color: #FF6600;
}
h2 {
    font-size: 28px;
    color: #6600FF;
}
h3 {
    font-size: 24px;
    color: #CC0000;
}
h4 {
    font-size: 20px;
    color: #003366;
}
h5 {
    font-size: 14px;
    color: #336600;
}
h6 {
    font-size: 12px;
    color: #999900;
}
</style>
```

图 6-26 生成的 CSS 样式代码

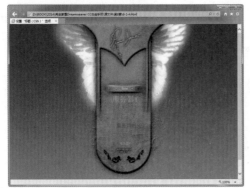

图 6-27 在浏览器中预览页面效果

6.1.5 设置"标题/编码"选项

在"页面属性"对话框左侧的"分类"列表框中选择"标题/编码"选项，可以切换到"标题/编码"选项面板，在"标题/编码"选项中可以设置网页的标题、文字编码等，如图 6-28 所示。

图 6-28 "标题/编码"选项面板

🔽 标题：在该选项的文本框中可以输入页面的标题，和上一章中所介绍的通过头信息设置页面标题的效果相同。

🔽 文档类型：可以从该选项的下拉列表中选择文档的类型，在 Dreamweaver CC 中默认新建的文档类型是 HTML 5。

🔽 编码：从该选项的下拉列表中可以选择网页的文字编码，在 Dreamweaver CC 中默认新建的文档编码是 Unicode（UTF-8），也可以选择"简体中文（gb2312）"。

🔽 "重新载入"按钮：如果在"编码"下拉列表中更改了页面的编码，可以单击该按钮，转换现有文档或者使用新编码重新打开该页面。

🔽 Unicode 标准化表单：只有用户选择 Unicode（UTF-8）作为页面编码时，该选项才可用。在该选项下拉列表中提供 4 种 Unicode 标准化表单，最重要的是 C（规范分解，后跟规范合成），因为它是用于万维网的字符模型的最常用范式。

🔽 包括 Unicode 签名（BOM）：选中该复选框，则在文档中包括一个字节顺序标记（BOM）。BOM 是位于文本文件开头的 2～4 个字节，可以将文件标识为 Unicode，如果是这样，还标识后面字节的字节顺序。由于 UTF-8 没有字节顺序，所以该选项可以不选，而对于 UTF-16 和 UTF-32，则必须添加 BOM。

> **提示**
>
> 标题经常被网页初学者忽略，因为它对网页的内容不产生任何的影响。在浏览网页时，会在浏览器的标题栏中看到网页的标题，在进行多个窗口切换时，它可以很清楚地提示当前网页信息。而且当收藏一个网页时，也会把网页的标题列在收藏夹内。

6.1.6 设置"跟踪图像"选项

在正式制作网页之前，会用绘图工具绘制一幅设计草图，相当于为设计网页打草稿。Dreamweaver CC 可以将这种设计草图设置成跟踪图像，放置在编辑的网页下面作为背景，用于引导网页的设计。

在"页面属性"对话框左侧的"分类"列表框中选择"跟踪图像"选项，可以切换到"跟踪图像"选项面板，在"跟踪图像"选项中可以设置跟踪图像的属性，如图 6-29 所示。

图 6-29 "跟踪图像"选项面板

跟踪图像：在该选项中可以为当前制作的网页添加跟踪图像。单击文本框后的"浏览"按钮，将弹出"选择图像源文件"对话框，可在此对话框中选择需要设置为跟踪图像的图像。

 透明度：拖动"透明度"滑块要以调整跟踪图像在网页编辑状态下的透明度。透明度越高，跟踪图像显示得越明显；透明度越低，跟踪图像显示得越不明显。

提示

跟踪图像是网页排版的一种辅助手段，主要是用来进行图像的对位，它只在网页编辑时有效，对 HTML 文档并不会产生任何的影响。

动手实践——设置"跟踪图像"选项

📄 最终文件：光盘 \ 最终文件 \ 第 6 章 \6-1-6.html

🎬 视频：光盘 \ 视频 \ 第 6 章 \6-1-6.swf

01 执行"文件 > 新建"命令，弹出"新建文档"对话框，设置如图 6-30 所示。单击"创建"按钮，新建一个空白页面，如图 6-31 所示。并将该页面保存为"光盘 \ 源文件 \ 第 6 章 \6-1-6.html"。

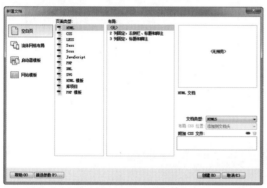

图 6-30 "新建文档"对话框

图 6-31 新建空白文档

02 单击"属性"面板上的"页面属性"按钮，弹出"页面属性"对话框，设置如图 6-32 所示。在"分类"列表中选择"跟踪图像"选项，设置如图 6-33 所示。

图 6-32 设置"外观（CSS）"选项

图 6-33 设置"跟踪图像"选项

03 单击"确定"按钮，完成"页面属性"对话框的设置，在 Dreamweaver CC 的设计视图中可以看到设置跟踪图像的效果，如图 6-34 所示。

图 6-34 设置跟踪图像的效果

提示

跟踪图像的文件格式必须为 JPEG、GIF 或 PNG。在 Dreamweaver CC 中跟踪图像是可见的，当在浏览器中浏览页面时，跟踪图像不被显示。当跟踪图像可见时，页面的实际背景图像和颜色在 Dreamweaver CC 的编辑窗口中不可见，但是，在浏览器中查看页面时，背景图像和颜色是可见的。

04 还可以更改跟踪图像的位置。执行"查看 > 跟踪图像 > 调整位置"命令，在弹出的"调整跟踪图像位置"对话框中的 X 和 Y 文本框中输入坐标值，如图 6-35 所示。再单击"确定"按钮，就可以调整跟踪图像的位置，如图 6-36 所示。

图 6-35 调整跟踪图像位置　　　　图 6-36 跟踪图像的效果

05 如果需要重新设置跟踪图像的位置，可以执行

"查看 > 跟踪图像 > 重设位置"命令，这样跟踪图像就会自动返回到 Dreamweaver CC 文档窗口的左上角。

技巧

如果要显示或隐藏跟踪图像，可以执行"查看 > 跟踪图像 > 显示"命令。在网页中选定一个页面元素，然后执行"查看 > 跟踪图像 > 对齐所选范围"命令，可以使跟踪图像的左上角与所选页面元素的左上角对齐。

6.2　使用辅助工具

使用过 Photoshop 的用户都应该用过该软件中的辅助线、图像放大或缩小等各种不同的功能。Dreamweaver CC 同样为用户提供了类似的多种辅助功能。例如标尺、网格和使用辅助线等多种辅助功能。

6.2.1　配置窗口大小

随着科技的发展，现在人们不仅仅可以在计算机上浏览网页，还可以通过手机或者平板计算机来浏览网页。在设计制作网页时，设计师需要充分考虑使用人群，如果是针对手机用户的，则设计制作页面时，就需要考虑手机屏幕尺寸的大小；如果是针对平板计算机的，则制作的网页要符合平板计算机的屏幕尺寸要求。

更多的用户还是通过计算机来浏览网页的，但目前计算机的屏幕分辨率并没有统一的标准，老式的 CRT 显示器屏幕分辨率多为 1024×768，而笔记本计算机的分辨率多为 1280×800 或者 1366×768。而网页通常是不能缩放的，制作的网页大小应该符合大众的需要。

单击状态栏上的"窗口大小"位置，可以打开窗口大小的选择菜单。该菜单中显示了不同的窗口大小，括号中的内容是指该尺寸适应的屏幕分辨率。

另外，可以自己添加窗口大小。用鼠标单击如图 6-37 所示的弹出菜单中的"编辑大小"命令，可以弹出"首选项"对话框，并自动切换到"窗口大小"选项面板，可以添加或编辑窗口大小选项，如图 6-38 所示。

图 6-37 窗口大小弹出菜单

图 6-38 "首选项"对话框

6.2.2　使用标尺

使用标尺，可以精确估计所编辑网页的宽度和高度，使网页能够更加符合浏览器的显示要求。

在 Dreamweaver CC 窗口中，执行"查看 > 标尺 > 显示"命令，标尺即显示在 Dreamweaver CC 窗口的设计视图上，如图 6-39 所示。

图 6-39 显示标尺

标尺原点的默认位置位于 Dreamweaver CC 窗口设计视图的左上角。可以将标尺原点图标拖动至页面的任意位置。如果要将原点重设到它的默认位置，只需要在 Dreamweaver CC 窗口中执行"查看 > 标尺 > 重设原点"命令即可。

标尺的度量单位可以是像素、英寸或厘米，默认值为像素。在 Dreamweaver CC 窗口中，在"查看 > 标尺"菜单的子菜单中选择像素、英寸或厘米，可以改变标尺的度量单位。

如果需要隐藏标尺，只需要在 Dreamweaver CC 窗口中再次执行"查看 > 标尺 > 显示"命令即可。

6.2.3　使用网格

网格是在 Dreamweaver CC 窗口的设计视图中对元素进行定位和大小调整的可视化向导。通过对网格的操作，可以使页面元素在被移动后自动靠齐到网格，并通过指定网格设置来更改网格或控制靠齐行为，只有绝对定位的 Div 才能靠齐到网格。

在 Dreamweaver CC 窗口中，执行"查看 > 网格设置 > 显示网格"命令后，网格即显示在 Dreamweaver CC 窗口的设计视图中，如图 6-40 所示。

图 6-40　显示网格

如果要使网页中绝对定位的 Div 能自动靠齐到网格，方便其定位，则需要在 Dreamweaver CC 中执行"查看 > 网格设置 > 靠齐到网格"命令。无论网格是否显示，都可以使用靠齐功能。

在 Dreamweaver CC 中执行"查看 > 网格设置 > 网格设置"命令，弹出"网格设置"对话框，如图 6-41所示。在该对话框中可以对网格进行设置。

图 6-41　"网格设置"对话框

▢ 颜色：该选项用于设置网格线的颜色，Dreamweaver CC 默认的网格线颜色为米黄色。

▢ 显示网格：选中该复选框，网格会显示在 Dreamweaver CC 窗口的设计视图中。

▢ 靠齐到网格：选中该复选框，网页中的绝对定位的 Div 就能自动靠齐到网格。

▢ 间隔："间隔"文本框用来控制网格线的间距，在紧跟其后的下拉列表中可以为间距选择度量单位，选项有像素、英寸和厘米。Dreamweaver CC 默认的网格间距为 50 像素。

▢ 显示："显示"选项可以选择为"线"或"点"，用于指定网格线是显示为线还是显示为点。

6.2.4　使用辅助线

使用 Dreamweaver CC 中的辅助线功能，可以对页面中的对象精确定位。在 Dreamweaver CC 中执行"查看 > 辅助线 > 显示辅助线"命令，然后从左侧或上侧的标尺上拖动鼠标，均可以拖曳出辅助线，如图 6-42 所示。辅助线旁边会及时显示所在的位置距左侧或上侧的尺寸。

图 6-42　拖曳辅助线

如果需要使网页中的绝对定位的 Div 能自动靠齐到辅助线，方便其定位，则需要在 Dreamweaver CC 中执行"查看 > 辅助线 > 靠齐辅助线"命令。无论辅助线是否显示，都可以使用靠齐功能。

在 Dreamweaver CC 窗口中，执行"查看 > 辅助线 > 编辑辅助线"命令，弹出"辅助线"对话框，如图 6-43 所示。在该对话框中可以对辅助线进行设置。

图 6-43　"辅助线"对话框

> ● "辅助线颜色"和"距离颜色"：可以用来设置辅助线和辅助线距离的颜色。
>
> ● 显示辅助线：选中该复选框，辅助线就会显示在 Dreamweaver CC 窗口的设计视图中。
>
> ● 靠齐辅助线：选中该复选框，网页中的绝对定位的 Div 就能自动靠齐到辅助线。
>
> ● 锁定辅助线：选中该复选框，网页中的辅助线将被锁定，不能被移动。
>
> ● 辅助线靠齐元素：选中该复选框，网页中的辅助线将自动靠齐到其他元素。
>
> ● 清除全部：单击该按钮，可以清除在设计视图中的辅助线。

6.2.5 使用"历史记录"面板

使用"历史记录"面板可以恢复上一步或上几步的操作，也可以创建需要频繁使用的命令组合，以便 Dreamweaver CC 自动完成。

1. "历史记录"面板

执行"窗口>历史记录"命令打开"历史记录"面板，如图 6-44 所示。当制作网页时，Dreamweaver CC 会跟踪制作者对当前活动文档的操作步骤，面板左侧的滑块指向刚进行完的步骤。要想恢复某一步的操作，只需要用鼠标向上拖动左侧的滑块，直到要恢复操作的那一步骤即可。

图 6-44 "历史记录"面板

如果想重复已进行完的步骤，只需要在选中对象后，选择重复的起始步骤，然后单击"历史记录"面板中的"重放"按钮。

2. 将历史保存为命令

如果想在以后仍能够重复进行完成的步骤，需要把这些步骤存储为命令。在"历史记录"面板中选中一连串的步骤（通过单击 Shift 键和鼠

标，可以重复连续选择；按住 Ctrl 键和鼠标，可以不连续选择）后，单击右下角的"将选定步骤保存为命令"按钮 ，弹出"保存为命令"对话框，如图 6-45 所示。在该对话框的"命令名称"文本框中输入命令名称并单击"确定"按钮，所保存的命令就会立刻显示在"命令"菜单中。

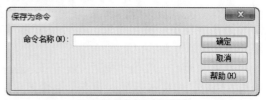

图 6-45 "保存为命令"对话框

> **提示**
>
> 如果以后有机会再次用到那些以往的操作步骤时，尤其是当下一次打开 Dreamweaver CC 时要用到这些步骤，那么将这些以往操作步骤创建和保存成一个命令是非常有帮助的。被保存的命令可以永久保留使用。

需要注意的是，一些鼠标事件，比如在文档窗口中单击或者拖动某个对象，不能作为要保存命令中的一个部分。当进行这样的动作时，有一条黑线会显示在"历史记录"面板中，为避免这种现象的发生，需要使用键盘而不是鼠标来移动对象。当拖动页面元素时，会看到在"历史记录"面板中的步骤上显示了一个红色的叉号。

3. 设置恢复的操作步骤数目

"历史记录"面板中显示的操作步骤的数目可以自由设置，方法是执行"编辑>首选项"命令，在弹出的"首选项"对话框左侧"分类"列表框中选择"常规"选项，可以设置"历史步骤最多次数"选项，如图 6-46 所示。

图 6-46 设置恢复的操作步骤数目

> **提示**
>
> 设置的数目越大，系统需要的内存就越大，因此对于配置一般的计算机，建议不要超过 50。

6.3　设置个人网站页面属性

在 Dreamweaver CC 中可以通过"页面属性"对话框，对页面的整体属性进行控制，如页面的背景颜色、背景图像、字体、字体大小、字体颜色以及页面边距等。下面通过一个小练习介绍如何通过页面属性的设置对页面整体外观效果进行控制，页面的最终效果如图 6-47 所示。

图 6-47　页面最终效果

动手实践——设置个人网站页面属性

最终文件：光盘 \ 最终文件 \ 第 6 章 \6-3.html

视频：光盘 \ 视频 \ 第 6 章 \6-3.swf

01 执行"文件 > 打开"命令，打开页面"光盘 \ 源文件 \ 第 6 章 \6-3.html"，页面效果如图 6-48 所示。在浏览器中预览该页面的效果如图 6-49 所示。

图 6-48　打开的页面效果

图 6-49　在浏览器中预览页面效果

02 返回 Dreamweaver CC 设计视图中，单击"属性"面板上的"页面属性"按钮，弹出"页面属性"对话框，对"外观（CSS）"的相关选项进行设置，如图 6-50 所示。选择"链接（CSS）"选项，设置如图 6-51 所示。

图 6-50　设置"外观（CSS）"选项

图 6-51　设置"链接（CSS）"选项

03 在"页面属性"对话框中选择"标题/编码"选项，设置如图 6-52 所示。单击"确定"按钮，完成"页面属性"对话框的设置，效果如图 6-53 所示。

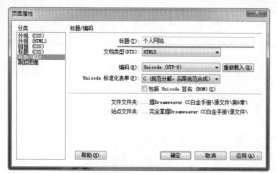

图 6-52 设置"标题 / 编码"选项

图 6-53 页面效果

最终效果如图 6-54 所示。

图 6-54 在浏览器中预览页面

提示

通过在"页面属性"对话框中对相关选项进行设置，可以生成相应的 CSS 样式代码并添加到页面头部。在下一章中将向用户讲解 CSS 样式的相关内容，可以通过 CSS 样式直接对页面的整体属性进行设置，与通过"页面属性"对话框中进行设置的效果是一样的，但是直接使用 CSS 样式，可以设置更多的属性。

04 完成该网站页面整体属性的设置，执行"文件 > 保存"命令，保存页面，在浏览器中预览页面，

6.4 本章小结

本章介绍了页面属性的设置方法，除了设置常规的背景颜色、背景图像等属性外，Dreamweaver CC 中还有如辅助线、标尺和网格等常用且必备的功能。掌握好这些基本工具的使用，将有助于用户更好地制作网站页面。

第 7 章　精通 CSS 样式

CSS 是对 HTML 语言的有效补充，通过使用 CSS 样式，能够节省许多重复性的格式设置，如网页文字的大小、颜色等。通过 CSS 样式可以轻松设置网页元素的显示位置和格式，还可以使用 CSS 滤镜，实现图像淡化、网页淡入淡出等效果，大大提升网页的美观性。

7.1　什么是 CSS 样式

CSS 是 Cascading Style Sheets（层叠样式表）的缩写，它是一种对 Web 文档添加样式的简单机制，是一种表现 HTML 或 XML 等文件外观样式的计算机语言，它是由 W3C 来定义的。CSS 用来作为网页的排版与布局设计，在网页设计制作中无疑是非常重要的一环。CSS 是以已有的基础来弥补 HTML 中的不足，也让网页设计更为灵活。

7.1.1　了解 CSS 样式的发展历程

在 HTML 中，虽然有 <b>、<u>、<i>、<p> 等标签可以控制文本或图像等内容的显示效果，但这些标签的功能非常有限，而且对有些特定的网站需求，用这些标签是不能完成的，所以需要引入 CSS 样式。

CSS 样式称为层叠样式表，即多重样式定义被层叠在一起成为一个整体，在网页设置中是标准的布局语言，用来控制元素的尺寸、颜色和排版。CSS 是由 W3C 发布的，用来取代表格布局和框架布局等非标准的表现方法。

引用 CSS 样式的目的是将"网页结构代码"和"网页格式风格代码"分离开，从而使网页设计者可以对网页的布局进行更多的控制。利用 CSS 样式，可以将站点上的所有网页都指向某个 CSS 文件，设计者只需要修改 CSS 样式中的代码，整个网页上对应的样式都会随之发生改变。

CSS 是一组格式设置规则，用于控制 Web 页面的外观。通过使用 CSS 样式设置页面的格式，可以将页面的内容与表现形式分离。页面内容存放在 HTML 文档中，而用于定义表现形式的 CSS 规则则存放在另一个文件中。将内容与表现形式分离，不仅可以使维护站点的外观更加容易，而且还可以使 HTML 文档代码更简练，缩短浏览器的加载时间。

随着 CSS 的广泛应用，CSS 技术也越来越成熟。CSS 现在有 3 个不同层次的标准，即 CSS 1、CSS 2 和 CSS 3。

CSS 1 是 CSS 的第一层次标准，它正式发布于 1996 年 12 月，在 1999 年 1 月进行了修改。该标准提供简单的 CSS 样式表机制，使得网页的编写者可以通过附属的样式对 HTML 文档的表现进行描述。

CSS 2 是 1998 年 5 月正式作为标准发布的，CSS 2 基于 CSS 1，包含了 CSS 1 的所有特点和功能，并在多个领域进行完善，将样式文档与文档内容相分离。CSS 2 支持多媒体样式表，使得网页设计者能够根据不同的输出设备给文档制定不同的表现形式。

CSS 3 遵循的是模块化开发，目前已经发布了部分新增的模块功能，例如圆角边框、文字阴影等，在高版本的浏览器中也能够得到良好的支持和应用。

CSS 1 主要定义了网页的基本属性，如字体、颜色、空白边等。CSS 2 在此基础上添加了一些高级功能，如浮动和定位，以及一些高级选择器，如子选择器、相邻选择器等。CSS 3 开始遵循模块化开发，这将有助于理清模块化规范之间的不同关系，减小完整文件的大小。以前的规范是一个完整的模块，太过于庞大，而且比较复杂，所以新的 CSS 3 规范将其分成了多个模块。

7.1.2 CSS 样式的优势

CSS 样式可以为网页上的元素精确定位和控制传统的格式属性（如字体、尺寸、对齐等），还可以设置如位置、特殊效果、鼠标滑过之类的 HTML 属性。如图 7-1 所示为未使用 CSS 样式时的页面效果；如图 7-2 所示为使用 CSS 样式后的页面效果。

图 7-1 使用 CSS 样式之前

图 7-2 使用 CSS 样式之后

1. 分离格式和结构

HTML 语言定义了网页的结构和各要素的功能，而 CSS 样式通过将定义结构的部分和定义格式的部分分离，使设计者能够对页面的布局施加更多的控制，同时 HTML 仍可以保持简单明了的初衷。CSS 代码独立出来从另一个角度控制页面的外观。

2. 更强的页面布局控制

HTML 语言对页面总体上的控制很有限。如精确定位、行间距或字间距等，这些都可以通过CSS 来完成。

3. 网页的体积更小、下载更快

CSS 样式只是简单的文本，就像 HTML 那样。它不需要图像，不需要执行程序，不需要插件。使用 CSS 样式可以减少表格标签及其他加大 HTML 体积的代码，减少图像用量，从而减小文件大小。

4. 更加便捷的网页更新

没有 CSS 样式时，如果想更新整个站点中所有主体文本的字体，必须一页一页修改网页。CSS 样式的主旨就是将格式和结构分离。使用 CSS 样式，可以将站点上所有的网页都指向单一的一个外部 CSS 样式文件，这样只要修改 CSS 样式文件中的某一个属性设置，整个站点的网页都会随之修改。

5. 更好的兼容性

CSS 样式的代码有很好的兼容性，也就是说，如果用户丢失了某个插件时不会发生中断，或者使用老版本的浏览器时，代码不会出现杂乱无章的情况。只要是可以识别 CSS 样式的浏览器，就可以应用它。

7.1.3 CSS 样式的不足

CSS 的功能虽然很强大，但是它也有某些局限性。CSS 样式表的主要不足是，它局限于主要对标签文件中的显示内容起作用。显示顺序在某种程度上可以改变，可以插入少量文本内容，但是在源 HTML（或 XML）中做较大改变，用户需要使用另外的方法，例如使用 XSL 转换（或 XSLT）。

同样，CSS 样式表的出现比 HTML 要晚，这就意味着一些最老的浏览器不能够识别用 CSS 所写的样式，并且 CSS 在简单文本浏览器中的用途也有限，例如为手机或移动设备编写的简单浏览器等。

CSS 样式表是可以实现向后兼容的，例如较老的浏览器虽然不能够显示出样式，但是却能够正常显示网页。相反，应该使用默认的 HTML 表达，如果设计者合理地设计了 CSS 和 HTML，即使样式不能显示，页面的内容也还是可用的。

7.1.4 CSS 样式的基本语法

CSS 语言由选择器和属性构成，样式表的基本语法如下。

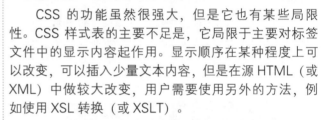

CSS选择器{属性1: 属性值1; 属性2: 属性值2; 属性3: 属性值3; ……}

下面是在 HTML 页面中直接引用 CSS 样式，这个方法必须把 CSS 样式信息包括在 <style> 和 </style> 标签中，为了使样式表在整个页面中产生作用，应把该组标签及内容放到 <head> 和 </head> 标签中去。

例如，需要设置 HTML 页面中所有 <h1> 标签中的文字都显示为红色，其代码如下。

```
<html>
<head>
```

```
<meta charset="utf-8">
<title>CSS基本语法</title>
<style type="text/css">
<!--
h1 {color: red;}
-->
</style>
</head>
<body>
```

```
<h1>这里是页面的正文内容</h1>
</body>
</html>
```

> **技巧**
>
> <style> 标签中包括了 type="text/css"，这是让浏览器知道是使用 CSS 样式规则。加入 <!—和 à 这一对注释标记是防止有些老式浏览器不认识 CSS 样式表规则，可以把该段代码忽略不计。

7.2　全新的 "CSS 设计器" 面板 🔍

在 Dreamweaver CC 中全面支持最新的 CSS 3 属性设计，重新规划了 "CSS 设计器" 面板，并且对 CSS 样式的创建方法和创建流程进行了改进，使得用户在 Dreamweaver 中创建 CSS 样式更加方便和快捷。

"CSS 设计器" 是 Dreamweaver CC 中非常重要的面板之一，CSS 样式的创建与管理全部集成在全新的 "CSS 设计器" 面板中。在该面板中支持可视化的创建与管理网页中的 CSS 样式，在该面板中包括"源"、"@ 媒体"、"选择器" 和 "属性" 4 个部分，每个部分针对 CSS 样式不同的管理与设置操作，如图 7-3 所示。

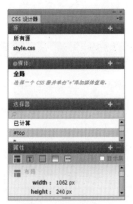

图 7-3 "CSS 设计器"面板

7.2.1 "源" 选项区 ▶

"CSS 设计器" 面板上的 "源" 选项区用于确定网页使用 CSS 样式的方式，可选择使用外部 CSS 样式表文件还是使用内部 CSS 样式，如图 7-4 所示。单击 "源" 选项区右上角的 "添加源" 按钮，在弹出的下拉菜单中提供了 3 种定义 CSS 样式的方式，如图 7-5 所示。

图 7-4 "源"选项区

创建新的 CSS 文件
附加现有的 CSS 文件
在页面中定义

图 7-5 3 种定义 CSS 样式方式

1.　创建新的 CSS 文件

选择 "创建新的 CSS 文件" 命令，弹出 "创建新的 CSS 文件" 对话框，如图 7-6 所示。单击 "文件 / URL(F)" 选项后的 "浏览" 按钮，弹出 "将样式表文件另存为" 对话框，浏览到需要保存外部 CSS 样式表文件的目录，在 "文件名" 选项后的文本框中输入外部 CSS 样式表名称，如图 7-7 所示。

图 7-6 "创建新的 CSS 文件"对话框

图 7-7 "将样式表文件另存为"对话框

单击"保存"按钮，即可在所选择的目录中创建外部 CSS 样式表文件，返回"创建新的 CSS 文件"对话框中，如图 7-8 所示。设置"添加为"选项为"链接"，单击"确定"按钮，即可创建并链接外部 CSS 样式表文件。在"源"选项区中可以看到刚刚创建的外部 CSS 样式表文件，如图 7-9 所示。

图 7-8 "创建新的 CSS 文件"对话框

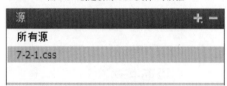

图 7-9 "源"选项区

2. 附加现有的 CSS 文件

选择"附加现有的 CSS 文件"命令，弹出"使用现有的 CSS 文件"对话框，如图 7-10 所示。单击"有条件使用（可选）"选项前的三角形按钮，可以在对话框中展开"有条件使用（可选）"的设置选项，如图 7-11 所示。

图 7-10 "使用现有的 CSS 文件"对话框

图 7-11 展开"有条件使用（可选）"选项

▣ 文件 /URL：该选项用于设置所链接的外部 CSS 样式表文件的路径，可以单击该选项文本框后的"浏览"按钮，在弹出的对话框中选择所需要链接的外部 CSS 样式表文件。

▣ 添加为：该选项用于设置使用外部 CSS 样式表文件的方式，在该选项后有两个选项，即使用外部 CSS 样式表文件的两种方式"链接"和"导入"，默认情况下，选中"链接"选项。

▣ 有条件使用：在该选项区中可以设置使用所链接的外部 CSS 样式表文件的条件，该部分的设置与"CSS 设计器"面板上的"@ 媒体"选项区的设置基本相同，将在 7.2.2 节中进行介绍，默认不进行设置。

▣ 代码：在该选项的文本框中显示的是所设置的条件代码，可以直接在文本框中对条件进行设置。

3. 在页面中定义

选择"在页面中定义"命令，实际上是创建内部 CSS 样式，在"源"选项区中会自动添加 <style> 标签，如图 7-12 所示。转换到网页代码视图中，可以在网页头部分的 <head> 与 </head> 标签之间看到放置内部 CSS 样式的 <style> 标签，如图 7-13 所示。在网页中所创建的所有内部 CSS 样式都会放置在 <style> 与 </style> 标签之间。

图 7-12 "源"选项区

```
<head>
<meta charset="utf-8">
<title>无标题文档</title>
<style type="text/css">
</style>
</head>
```

图 7-13 内部 CSS 样式标签

> **提示**
>
> 在网页中使用 CSS 样式，首先需要添加 CSS 源，也就是首先要确定 CSS 样式是创建在外部 CSS 样式表文件中还是创建在文件内部。完成 CSS 源的添加后，可以在"源"列表中选中不需要的 CSS 源，单击"源"选项区右上角的"删除 CSS 源"按钮 ▬，即可删除该 CSS 源。

7.2.2 "@ 媒体"选项区 ⊙

在"CSS 设计器"面板中新增了有关媒体查询的功能，在"@ 媒体"选项区中可以为不同的媒介类型设置不同的 CSS 样式。

在"CSS 设计器"面板中的"源"选项区中选中一个 CSS 源，"@ 媒体"选项区的效果如图 7-14 所示。单击"@ 媒体"选项区右上角的"添加媒体查询"按钮██，弹出"定义媒体查询"对话框，在该对话框中可以定义媒体查询的条件，如图 7-15 所示。

图 7-14 "@ 媒体"选项区

图 7-15 "定义媒体查询"对话框

在"媒体属性"下拉列表中可以选择需要设置的属性，如图 7-16 所示。选择不同的媒体属性，其属性设置方式也不相同。

图 7-16 媒体属性

> **提示**
>
> media 属性大多用在为不同媒介类型规定不同样式的 CSS 样式表。在 Dreamweaver CC 中新增了许多 media 属性，这些属性都是为了更好地将网页应用于各种不同类型的媒介。对于大多数网页设计师来说，只需要对 media 属性有所了解即可，因为大多数情况下所开发的网页都用到显示器或移动设备进行浏览。

7.2.3　"选择器"选项区

"CSS 设计器"面板中的"选择器"选项区用于在网页中创建 CSS 样式，如图 7-17 所示。网页中所创建的所有类型的 CSS 样式都会显示在该选项区的列表中，单击"选择器"选项区右上角的"添加选择器"按钮██，即可在"选择器"选项区中出现一个文本框，用于输入所要创建的 CSS 样式的名称，如图 7-18 所示。

图 7-17 "选择器"选项区

图 7-18 创建 CSS 选择器

> ⬇ "添加选择器按钮"按钮██：单击该按钮，可以在所选择的 CSS 源中新建一个 CSS 样式，可以在显示的文本框中输入 CSS 选择器的名称。
>
> ⬇ "删除选择器"按钮██：在选择器列表中选中某个不需要的 CSS 选择器名称，单击该按钮，可以将该 CSS 样式删除。
>
> ⬇ 选择器搜索：如果创建了多个 CSS 样式，要想在很多的 CSS 样式中查找相应的 CSS 样式非常麻烦，而通过在选择器搜索框中输入 CSS 选择器的名称进行搜索则非常方便快捷。
>
> ⬇ 选择器列表：在该部分列出了当前所选择的 CSS 源中定义的所有 CSS 样式名称，单击选中某一个 CSS 样式名称，即可在下方的"属性"选项区中对该 CSS 样式属性进行设置或编辑。

> **提示**
>
> 在"选择器"选项区中可以创建任意类型的 CSS 选择器，包括通配符选择器、标签选择器、ID 选择器、类选择器、伪类选择器、复合选择器等，这就要求用户需要了解 CSS 样式中各种类型 CSS 选择器的要求与规定。关于 CSS 选择器将在 7.3 节中进行详细介绍。

7.2.4　"属性"选项区 ⟩

"CSS 设计器"面板中的"属性"选项区主要用于对 CSS 样式的属性进行设置和编辑，在该选项区中将 CSS 样式属性分为 5 种类型，分别是"布局"、"文本"、"边框"、"背景"和"其他"，如图 7-19 所示。单击不同的按钮，可以快速切换到该类别属性的设置。

图 7-19 "属性"选项区

⬇ "布局"按钮▦：单击该按钮，可以在"属性"选项区中显示布局相关的 CSS 样式属性。

⬇ "文本"按钮Ｔ：单击该按钮，可以在"属性"选项区中显示文本设置相关的 CSS 样式属性。

⬇ "边框"按钮▢：单击该按钮，可以在"属性"选项区中显示边框设置相关的 CSS 样式属性。

⬇ "背景"按钮▢：单击该按钮，可以在"属性"选项区中显示背景设置相关的 CSS 样式属性。

⬇ "其他"按钮▥：单击该按钮，可以在"属性"选项区中显示除了以上几种类型以外的 CSS 属性。

⬇ 显示集：选中该复选框，可以显示当前在"选择器"中所选中的 CSS 样式所设置的属性，如图 7-20 所示。

图 7-20 选中"显示集"复选框

提示

　　CSS 样式中包括众多的属性，CSS 样式属性也是 CSS 样式非常重要的内容，熟练地掌握各种不同类型的 CSS 样式属性，才能够在网页设计制作过程中灵活地运用。关于 CSS 样式各种类型属性的设置将在 7.5 节中进行详细的讲解。

7.3　CSS 选择器类型 🔍

　　在 CSS 样式中提供了多种类型的 CSS 选择器，在创建 CSS 样式时，首先需要了解各种类型选择器的作用，以便选择合适的选择器创建 CSS 样式。本节将向用户介绍 CSS 样式中的各种选择器类型，以及不同 CSS 选择器的使用方法。

7.3.1　通配符选择器 ⊙

　　在进行网页设计时，可以利用通配符选择器设置网页中所有的 HTML 标签使用同一种样式，它对所有的 HTML 元素起作用。通配符选择器的基本语法如下。

　　* {属性:属性值; }

　　* 表示页面中的所有 HTML 标签，属性表示 CSS 样式属性名称，属性值表示 CSS 样式属性值。

动手实践——通配符选择器控制网页边界 🖱

📃 最终文件：光盘 \ 最终文件 \ 第 7 章 \7-3-1.html

🎬 视频：光盘 \ 视频 \ 第 7 章 \7-3-1.swf

▶01 执行"文件 > 打开"命令，打开页面"光盘 \ 源文件 \ 第 7 章 \7-3-1.html"，可以看到页面效果，如图 7-21 所示。在浏览器中预览该页面，可以看到预览效果，如图 7-22 所示。

图 7-21 页面效果

图 7-22 在浏览器中预览页面

提示

　　通过在页面的设计视图和在浏览器中预览，可以看出页面内容并没有顶到浏览器的四边边界，这是因为网页中许多元素默认的边界和填充属性值并不为 0，包括 <body> 标签，所在页面内容并没有沿着浏览器窗口的四边边界显示。

　　02 打开"CSS 设计器"面板，可以看到页面中已经定义的 CSS 样式，如图 7-23 所示。单击"CSS 设计器"面板中"选择器"选项区右上角的"添加选择器"按钮，在文本框中输入"*"，如图 7-24 所示，创建通配符 CSS 样式。

图 7-23 "CSS 设计器"面板　　图 7-24 创建通配符 CSS 样式

　　03 在"属性"选项区中单击"布局"按钮，对相关 CSS 属性进行设置，如图 7-25 所示。在"属性"选项区中单击"边框"按钮，对文本相关的 CSS 属性进行设置，如图 7-26 所示。

图 7-25 设置布局 CSS 属性　　图 7-26 设置边框 CSS 属性

　　04 切换到外部的 CSS 样式表文件中，可以看到通配符 CSS 样式代码，如图 7-27 所示。保存页面，在浏览器中预览页面，可以看到页面的效果，如图 7-28 所示。

```
* {
    margin-top: 0px;
    margin-right: 0px;
    margin-bottom: 0px;
    margin-left: 0px;
    padding-top: 0px;
    padding-right: 0px;
    padding-bottom: 0px;
    padding-left: 0px;
    border-width: 0px;
}
```

图 7-27 CSS 样式代码

图 7-28 在浏览器中预览页面效果

技巧

　　在 HTML 页面中许多 HTML 标签的边界和填充值默认并不为 0，例如 <body> 标签的默认边界值并不为 0，<ul> 标签的默认边界值也不为 0，这就导致在网页制作过程中并不太好控制，通配符 * 表示 HTML 页面中的所有标签，通过通配符 CSS 样式的设置，将网页中所有标签中的默认边界、填充和边框都设置为 0。在制作的过程中，如果某些元素需要设置边界、填充和边框，再单独进行设置，这样便于控制。

7.3.2　标签选择器

　　HTML 文档是由多个不同标签组成的，标签选择器可以用来控制标签的应用样式。例如，P 选择器可以用来控制页面中所有 <p> 标签的样式风格。标签选择器的基本语法如下。

标签名称 {属性:属性值;}

　　标签名称表示 HTML 标签名称，如 <p>、<h1>、<body> 等 HTML 标签。

动手实践——标签选择器控制网页整体属性

　　最终文件：光盘\最终文件\第 7 章\7-3-2.html
　　视频：光盘\视频\第 7 章\7-3-2.swf

　　01 执行"文件 > 打开"命令，打开页面"光盘\源文件\第 7 章\7-3-2.html"，页面效果如图 7-29 所示。在浏览器中预览该页面，可以看到预览效果，如图 7-30 所示。

图 7-29 打开页面

图 7-30 在浏览器中预览页面

> **提示**
>
> 在该网页中因为没有定义 body 标签的 CSS 样式，所以页面的背景显示为默认的白色背景，页面中的字体和字体大小也都显示为默认的效果。

02 打开 "CSS 设计器" 面板，可以看到页面中已经定义的 CSS 样式，如图 7-31 所示。单击 "CSS 设计器" 面板中 "选择器" 选项区右上角的 "添加选择器" 按钮 ，在文本框中输入 body，如图 7-32 所示，创建 body 标签的 CSS 样式。

图 7-31 "CSS 设计器" 面板 　　图 7-32 创建 body 标签 CSS 样式

03 在 "属性" 选项区中单击 "文本" 按钮，对文本相关的 CSS 属性进行设置，如图 7-33 所示。在 "属性" 选项区中单击 "背景" 按钮，对背景相关的 CSS 属性进行设置，如图 7-34 所示。

图 7-33 设置文本 CSS 属性 　　图 7-34 设置背景 CSS 属性

04 切换到外部的 CSS 样式表文件中，可以看到 body 标签 CSS 样式代码，如图 7-35 所示。保存页面，在浏览器中预览页面，可以看到页面的效果，如图 7-36 所示。

```
body {
    font-size: 12px;
    color: #4F351C;
    line-height: 25px;
    background-color: #F4ECDF;
    background-image: url(../images/7201.gif);
    background-repeat: repeat-x;
}
```

图 7-35 CSS 样式代码

图 7-36 在浏览器中预览页面效果

7.3.3 类选择器

在网页中通过使用标签选择器可以控制网页所有该标签显示的样式。但是，根据网页设计过程中的实际需要，标签选择器对设置个别标签的样式还是不够好。因此，就需要使用类（class）选择器，来达到特殊效果的设置。

类选择器用来为一系列的标签定义相同的显示样式，其基本语法如下。

    .类名称 {属性:属性值;}

类名称表示类选择符的名称，其具体名称由 CSS 定义者自己命名。在定义类选择器时，需要在类名称前面加一个英文句点（.）。

    .font01 { color: black;}
    .font02 { font-size: 12px;}

以上定义了两个类选择器，分别是 font01 和 font02。类的名称可以是任意英文字符串，也可以是以英文字母开头与数字组合的名称。通常情况下，这些名称都是其效果与功能的简要缩写。

可以使用 HTML 标签的 class 属性来引用类选择器。

<p class="font01">class 属性是被用来引用类选择器的属性 </p>。

以上所定义的类选择器被应用于指定的 HTML 标签中（如 <p> 标签），同时它还可以应用于不同的 HTML 标签中，使其显示出相同的样式。

    <p class="font01">段落样式</p>
    <h1 class="font01">标题样式</h1>

动手实践——使用类选择器控制文字效果

最终文件：光盘\最终文件\第 7 章\7-3-3.html

视频：光盘\视频\第 7 章\7-3-3.swf

01 执行"文件 > 打开"命令，打开页面"光盘\源文件\第 7 章\7-3-3.html"，页面效果如图 7-37 所示。单击"CSS 设计器"面板中"选择器"选项区右上角的"添加选择器"按钮，在文本框中输入 .font01，如图 7-38 所示，创建名称为 font01 的类 CSS 样式。

提示

在新建类 CSS 样式时，默认的在类 CSS 样式名称前有一个"."。这个"."说明了此 CSS 样式是一个类 CSS 样式（class），根据 CSS 规则，类 CSS 样式（class）可以在一个 HTML 元素中被多次调用。

03 返回页面设计视图中，选中需要应用该类 CSS 样式的文字，在"属性"面板上的"类"下拉列表中选择刚刚定义的 .font01 样式，如图 7-41 所示。可以看到用了该类 CSS 样式的文字效果，如图 7-42 所示。

图 7-37 打开页面

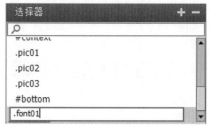

图 7-38 创建类 CSS 样式

02 在"属性"选项区中单击"文本"按钮，对相关 CSS 属性进行设置，如图 7-39 所示。切换到外部的 CSS 样式表文件中，可以看到名称为 font01 的类 CSS 样式代码，如图 7-40 所示。

图 7-41 应用类 CSS 样式

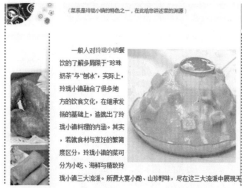

图 7-42 文字效果

04 使用相同的方法，可以为网页中其他相应的文字应用名为 font01 的类 CSS 样式，如图 7-43 所示。保存页面，在浏览器中预览页面，可以看到页面的效果，如图 7-44 所示。

图 7-39 设置文本 CSS 属性

```
.font01 {
    color: #F60;
    font-family: 微软雅黑;
    font-weight: bold;
}
```

图 7-40 CSS 样式代码

图 7-43 页面效果

图 7-44 在浏览器中预览页面效果

7.3.4 ID 选择器

ID 选择器定义的是 HTML 页面中某一个特定的元素，即一个网页中只能有一个元素使用某一个 ID 的属性值。ID 选择器的基本语法如下。

#ID名称 { 属性:属性值; }

ID 名称表示 ID 选择器的名称，其具体名称由 CSS 定义者自己命名。

动手实践——使用 ID 选择器控制指定元素

📄 最终文件：光盘 \ 最终文件 \ 第 7 章 \7-3-4.html

📁 视频：光盘 \ 视频 \ 第 7 章 \7-3-4.swf

01 执行"文件 > 打开"命令，打开页面"光盘 \ 源文件 \ 第 7 章 \7-3-4.html"，页面效果如图 7-45 所示。单击"插入"面板上的 Div 按钮，弹出"插入 Div"对话框，如图 7-46 所示。

图 7-45 打开页面

图 7-46 "插入 Div"对话框

02 在页面中名为 box 的 Div 之后插入名为 bottom 的 Div，设置如图 7-47 所示。单击"确定"按钮，在页面中相应的位置插入名为 bottom 的 Div，

如图 7-48 所示。

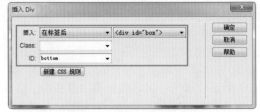

图 7-47 设置"插入 Div"对话框

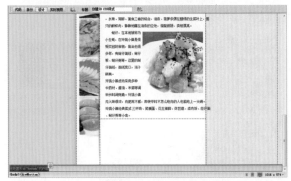

图 7-48 页面效果

03 单击"CSS 设计器"面板中"选择器"选项区右上角的"添加选择器"按钮，在文本框中输入 #bottom，如图 7-49 所示。单击"属性"选项区的"布局"按钮，设置相关 CSS 样式属性，如图 7-50 所示。

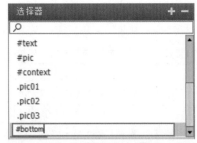

图 7-49 创建 ID CSS 样式

图 7-50 设置布局样式

> **提示**
>
> ID 样式的命名必须以"#"开头，并且可以包含任何字母和数字组合。

04 单击"属性"选项区的"文本"按钮，设置相关属性，如图 7-51 所示。单击"属性"选项区的"背景"按钮，设置相关属性，如图 7-52 所示。

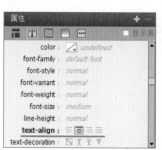

图 7-51 设置文本样式

图 7-52 设置背景样式

05 切换到外部的 CSS 样式表文件中，可以看到刚刚创建的 CSS 样式的代码，如图 7-53 所示。返回设计视图中，可以看到页面中名为 bottom 的 Div 的效果，如图 7-54 所示。

```
#bottom {
    width: 998px;
    height: 78px;
    padding-top: 35px;
    text-align: center;
    background-image: url(../images/7219.gif);
    background-position: 240px top;
    background-repeat: no-repeat;
}
```

图 7-53 CSS 样式代码

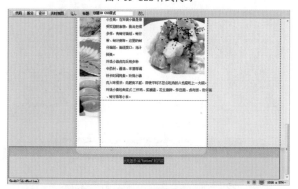

图 7-54 页面效果

06 返回设计视图中，将光标移至名为 bottom 的 Div 中，然后将多余的文字删除，并输入相应的文字，如图 7-55 所示。保存页面，在浏览器中预览该页面，效果如图 7-56 所示。

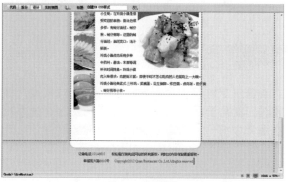

图 7-55 页面效果

图 7-56 在浏览器中预览页面效果

7.3.5　伪类及伪对象选择器

伪类也属于选择器的一种，包括 :first-child、:link、:visited、:hover、:active、:focus、:lang 等，但是由于不同的浏览器支持不同类型的伪类，因而没有一个统一的标准，很多的伪类并不常用到，其中，有一组伪类是浏览器都支持的，即超链接伪类，包括 :link、:visited、:hover 和 :active。

利用伪类定义的 CSS 样式并不是作用在标签上，而是作用在标签的状态上。其最常应用在 <a> 标签上，表示链接 4 种不同的状态，即 link（未访问链接）、hover（鼠标停留在链接上）、active（激活链接）和 visited（已访问链接）。但是，<a> 标签可以只具有一种状态，也可以同时具有两种或者 3 种状态。可以根据具体的网页设计需要而设置。

例如，如下的伪类选择器 CSS 样式设置。

> a : link { color:#00FF00; text-decoration : none; }
> a : visited { color:#0000FF; text-decoration:underline; }
> a : hover { color:#FF00FF; text-decoration:none; }
> a : active { color:#FF0000; text-decoration:underline; }

动手实践——伪类选择器设置超链接样式

📄 最终文件：光盘 \ 最终文件 \ 第 7 章 \7-3-5.html

📹 视频：光盘 \ 视频 \ 第 7 章 \7-3-5.swf

01 执行"文件 > 打开"命令，打开页面"光盘 \ 源文件 \ 第 7 章 \7-3-5.html"，可以看到页面效果，如图 7-57 所示。在浏览器中预览该页面，可以看到网页中默认的超链接文字的效果，如图 7-58 所示。

图 7-57 页面效果

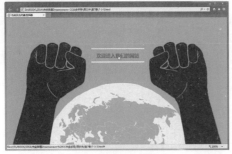

图 7-58 在浏览器中预览效果

[02] 单击"CSS 设计器"面板中"选择器"选项区右上角的"添加选择器"按钮███，在文本框中输入 a:link，如图 7-59 所示，创建 a 标签 link 伪类 CSS 样式。单击"属性"选项区的"文本"按钮，设置相关样式属性，如图 7-60 所示。

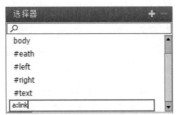

图 7-59 创建 a 标签 link 伪类 CSS 样式

图 7-60 设置文本样式属性

[03] 创建 a 标签 hover 伪类 CSS 样式，在"属性"选项区中设置相关样式属性如图 7-61 所示。创建 a 标签 active 伪类 CSS 样式，在"属性"选项区中设置相关样式属性如图 7-62 所示。创建 a 标签 visited 伪类 CSS 样式，在"属性"选项区中设置相关样式属性如图 7-63 所示。

图 7-61 设置 hover 伪类 CSS 样式　　图 7-62 设置 active 伪类 CSS 样式

图 7-63 设置 visited 伪类 CSS 样式

提示

通过对超链接 <a> 标签的 4 种伪类 CSS 样式进行设置，可以控制网页中所有的超链接文字的样式。如果需要在网页中实现不同的超链接样式，则可以定义类 CSS 样式的 4 种伪类或 ID CSS 样式的 4 种伪类来实现。

[04] 完成超链接伪类 CSS 样式的设置，可以看到网页中超链接文字的效果，如图 7-64 所示。保存页面，在浏览器中预览该页面，效果如图 7-65 所示。

图 7-64 超链接文字效果

图 7-65 在浏览器中预览页面效果

7.3.6 复合选择器 ⊙

当仅仅想对某一个对象中的"子"对象进行样式设置时，就需要用到复合选择器了。复合选择器指选择器组合中前一个对象包含后一个对象，对象之间使用空格作为分隔符。例如，如下的 CSS 样式代码。

```
h1 span {
font-weight: bold;
}
```

对 <h1> 标签下的 <span> 标签进行 CSS 样式设置，最后应用到 HTML 是如下格式。

```
<h1>这是一段文本<span>这是span内的文本
</span></h1>
<h1>单独的h1</h1>
<span>单独的span</span>
<h2>被h2标签套用的文本<span>这是h2下的span
</span></h2>
```

<h1> 标签下的 <span> 标签将被应用 font-weight: bold 的样式设置。注意，仅仅对有此结构的标签有效，对于单独存在的 <h1> 或是单独存在的 <span> 及其他非 <h1> 标签下属的 <span> 均不会应用此 CSS 样式。

动手实践——创建复合选择器

📄 最终文件：光盘 \ 最终文件 \ 第 7 章 \7-3-6.html

📀 视频：光盘 \ 视频 \ 第 7 章 \7-3-6.swf

01 执行"文件 > 打开"命令，打开页面"光盘 \ 源文件 \ 第 7 章 \7-3-6.html"，页面效果如图 7-66 所示。将光标移至页面中的正文部分，在标签选择器中单击最右侧的标签，选中正文所在的 Div，如图 7-67 所示。

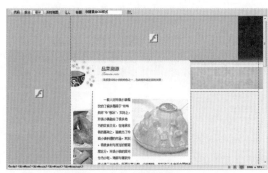

图 7-66 打开页面

图 7-67 选中 Div

02 通过观察可以发现，在 ID 名为 context 的 Div 中包括了文字和图像这两种元素，所以我们可以定义一个复合 CSS 样式对 ID 名为 context 的 Div 中的图像起作用。

03 单击"CSS 设计器"面板中"选择器"选项

区右上角的"添加选择器"按钮▓▓，在文本框中输入 #context img，如图 7-68 所示。单击"属性"选项区的"边框"按钮，设置相关样式属性，如图 7-69 所示。

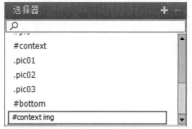

图 7-68 创建复合 CSS 样式

图 7-69 设置边框样式

> **提示**
>
> 此处所创建的复合 CSS 样式 #context img，仅仅只针对 ID 名为 context 的 Div 中的 img 标签起作用，而不会对页面中其他位置的 img 标签起作用。

04 切换到外部的 CSS 样式表文件中，可以看到刚刚创建的 CSS 样式的代码，如图 7-70 所示。返回设计视图中，可以看到 ID 名为 context 的 Div 中图像的效果，如图 7-71 所示。

```css
#context img {
    border: 4px solid #ffba00;
}
```

图 7-70 CSS 样式代码

图 7-71 页面效果

7.3.7 群选择器

如果能够对单个 HTML 对象进行样式指定，同样也可以对一组选择器进行相同的 CSS 样式设置。

```
h1,h2,h3,p,span {
    font-size: 12px;
    font-family: 宋体;
}
```

使用逗号对选择器进行分隔，使得页面中所有的 <h1>、<h2>、<h3>、<p> 和 <span> 标签都将具有相同的样式定义，这样做的好处是对于页面中需要使用相同样式的地方只需要书写一次 CSS 样式即可实现，减少代码量，改善 CSS 代码的结构。

动手实践——同时设置页面中多个元素

📄 最终文件：光盘 \ 最终文件 \ 第 7 章 \7-3-7.html

📀 视频：光盘 \ 视频 \ 第 7 章 \7-3-7.swf

01 执行"文件 > 打开"命令，打开页面"光盘 \ 源文件 \ 第 7 章 \7-3-7.html"，可以看到页面效果，如图 7-72 所示。在浏览器中预览该页面，可以看到网页的效果，如图 7-73 所示。

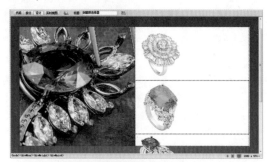

图 7-72 页面效果

图 7-73 在浏览器中预览效果

02 转换到代码视图中，可以看到该网页的 HTML 代码，如图 7-74 所示。打开"CSS 设计器"面板，可以看到定义的 CSS 样式，并没有定义 ID 名为 pic1~pic4 的 CSS 样式，如图 7-75 所示。

```
<body>
<div id="box">
  <div id="left"><img src="images/73782.jpg" width="500" height="500" alt=""/></div>
  <div id="right">
    <div id="pic1"><img src="images/73783.png" width="225" height="225" alt=""/></div>
    <div id="pic2"><img src="images/73784.png" width="225" height="225" alt=""/></div>
    <div id="pic3"><img src="images/73785.png" width="225" height="225" alt=""/></div>
    <div id="pic4"><img src="images/73786.png" width="225" height="225" alt=""/></div>
  </div>
</div>
</body>
```

图 7-74 HTML 代码

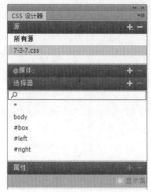

图 7-75 "CSS 设计器"面板

03 单击"CSS 设计器"面板中"选择器"选项区右上角的"添加选择器"按钮 ▓，在文本框中输入 #pic1,#pic2,#pic3,#pic4，如图 7-76 所示。单击"属性"选项区的"布局"按钮，设置相关样式属性，如图 7-77 所示。

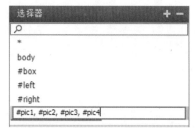

图 7-76 创建群选择器

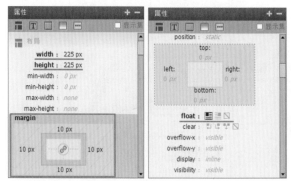

图 7-77 设置布局属性

04 单击"属性"选项区的"边框"按钮，设置相关样式属性，如图 7-78 所示。完成 CSS 样式的设置，可以看到页面的效果，如图 7-79 所示。

图 7-78 设置边框属性

图 7-79 页面效果

图 7-80 在浏览器中预览页面效果

05 保存页面，在浏览器中预览该页面，效果如图 7-80 所示。

7.4 在网页中应用 CSS 样式的方法

CSS 样式能够很好地控制页面的显示，以分离网页内容和样式代码。在网页中应用的 CSS 样式表有 4 种方式，分别为内联 CSS 样式、嵌入 CSS 样式、外部 CSS 样式和导入 CSS 样式。在实际操作中，可根据设计的具体要求来进行选择。

7.4.1 内联 CSS 样式

内联 CSS 样式是所有 CSS 样式中比较简单、直观的方法，就是直接把 CSS 样式代码添加到 HTML 的标签中，即作为 HTML 标签的属性存在。通过这种方法，可以很简单地对某个元素单独定义样式。使用内联 CSS 样式方法是直接在 HTML 标签中使用 style 属性，该属性的内容就是 CSS 的属性和值，其格式如下。

```
<span style="font-size:12px; color:#CCCCCC;"> 内 联 CSS
样式 </span>
```

动手实践——使用内联 CSS 样式

📄 最终文件：光盘 \ 最终文件 \ 第 7 章 \7-4-1.html

🎬 视频：光盘 \ 视频 \ 第 7 章 \7-4-1.swf

01 执行"文件 > 打开"命令，打开页面"光盘 \ 源文件 \ 第 7 章 \7-4-1.html"，页面效果如图 7-81 所示。转换到代码视图中，可以看到页面的代码，如图 7-82 所示。

图 7-81 打开页面

```
<body>
<div id="box">
  <div id="text">
    <p>很久很久以前，有一个充满神秘色彩的童话王国。
那是一个糖果的世界，糖果铺的街道，糖果做的路灯，糖果
盖的房子，糖果建的宫殿。人们把这个传说中的世界称之为
：糖果城堡...</p>
    <P>据说糖果城堡里的居民世代以酿糖为乐，能酿制出
最甜蜜、最有趣、最可爱的糖果，就可以获得无上的荣耀。
在千百种糖果中，糖是公认的极品。QQ糖很像一个充满清水
的钻石球，会闪耀无比美丽的七彩光环，让人目眩神迷。</P>
    <P>其实糖的神奇之处还不在此。表面看上去美丽异
常的糖，实际上却是非常不稳定的，在外界的刺激下会发生
剧烈的爆炸。</p><img src="images/7302.jpg" width="205"
 height="30" />
  </div>
</div>
</body>
```

图 7-82 页面 HTML 代码

02 在 <p> 标签中添加 style 属性设置，添加相应的内联 CSS 样式代码，如图 7-83 所示。

```
<div id="text">
  <p style="font-size:12px; color:#162F47; line-height:22px; text-indent:24px;">
很久很久以前，有一个充满神秘色彩的童话王国。那是一个糖果的世界，糖果铺的街道，糖果
做的路灯，糖果盖的房子，糖果建的宫殿。人们把这个传说中的世界称之为：糖果城堡...</p>
  <P style="font-size:12px; color:#162F47; line-height:22px; text-indent:24px;">
据说糖果城堡里的居民世代以酿糖为乐，能酿制出最甜蜜、最有趣、最可爱的糖果，就可以获
得无上的荣耀。在千百种糖果中，糖是公认的极品。QQ糖很像一个充满清水的钻石球，会闪耀
无比美丽的七彩光环，让人目眩神迷。</P>
  <P style="font-size:12px; color:#162F47; line-height:22px; text-indent:24px;">
其实糖的神奇之处还不在此。表面看上去美丽异常的糖，实际上却是非常不稳定的，在外界
的刺激下会发生剧烈的爆炸。</p><img src="images/7302.jpg" width="205" height="30" />
  </div>
```

图 7-83 添加内联 CSS 样式代码

03 执行"文件 > 保存"命令，保存页面，在浏览器中预览该页面，效果如图 7-84 所示。

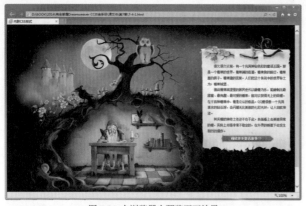

图 7-84 在浏览器中预览页面效果

提示

内联 CSS 样式仅仅是 HTML 标签对于 style 属性的支持所产生的一种 CSS 样式表编写方式，并不符合表现与内容分离的设计模式，使用内联 CSS 样式与表格布局从代码结构上来说完全相同，仅仅利用了 CSS 对于元素的精确控制优势，并没有很好地实现表现与内容的分离，所以这种书写方式应当尽量少用。

7.4.2 内部 CSS 样式

内部 CSS 样式就是将 CSS 样式代码添加到 <head> 与 </head> 标签之间，并且用 <style> 与 </style> 标签进行声明。这种写法虽然没有完全实现页面内容与 CSS 样式表现的完全分离，但可以将内容与 HTML 代码分离在两个部分进行统一的管理。

动手实践——使用内部 CSS 样式

📄 最终文件：光盘 \ 最终文件 \ 第 7 章 \7-4-2.html

📀 视频：光盘 \ 视频 \ 第 7 章 \7-4-2.swf

01 执行"文件 > 打开"命令，打开页面"光盘 \ 源文件 \ 第 7 章 \7-4-2.html"，页面效果如图 7-85 所示。转换到代码视图中，在页面头部的 <head> 与 </head> 标签之间可以看到该页面的内部 CSS 样式，如图 7-86 所示。

图 7-85 打开页面

图 7-86 页面头部的内部 CSS 样式

02 打开"CSS 设计器"面板，在"源"选项区中选中 <style> 标签，单击"选择器"选项区右上角的"添加选择器"按钮，在文本框中输入 .font01，如图 7-87 所示，创建名为 .font01 的类 CSS 样式。单击"属性"选项区的"文本"按钮，设置相关样式属性，如图 7-88 所示。

图 7-87 创建类 CSS 样式　　图 7-88 设置文本 CSS 属性

03 转换到代码视图中在内部的 CSS 样式代码可以看到刚创建的名为 .font01 的类 CSS 样式，如图 7-89 所示。选中页面中相应的文字，在"属性"面板上的"类"下拉列表中选择刚定义的 CSS 样式 font01 应用，如图 7-90 所示。

```
.font01 {
    color: #162F47;
    font-size: 12px;
    line-height: 22px;
    text-indent: 24px;
}
```

图 7-89 定义内部 CSS 样式

图 7-90 应用 CSS 样式

04 转换到代码视图中，可以看到在 `<p>` 标签中添加的相应代码，这是应用类 CSS 样式的方式，如图 7-91 所示。执行"文件 > 保存"命令，保存页面，在浏览器中预览该页面，效果如图 7-92 所示。

```
<div id="text">
    <p class="font01">很久很久以前，有一个充满神秘色
彩的童话王国。那是一个糖果的世界，糖果铺的街道，糖果
做的路灯，糖果盖的房子，糖果建的宫殿。人们把这个传说
中的世界称之为：糖果城堡...</p>
    <P class="font01">据说糖果城堡里的居民世代心酿糖
为乐，能酿制出最甜蜜、最有趣、最可爱的糖果，就可以获
得无上的荣耀。在千百种糖果中，糖是公认的极品。QQ糖很
像一个充满清水的钻石球，会闪耀无比美丽的七彩光环，让
人目眩神迷。</P>
    <P class="font01">其实糖的神奇之处还不在于此。表
面看上去美丽异常的糖，实际上却是非常不稳定的，在外界
的刺激下会发生剧烈的爆炸。</p><img src="images/7302.jpg"
width="205" height="30" />
    </div>
```

图 7-91 应用类 CSS 样式方式

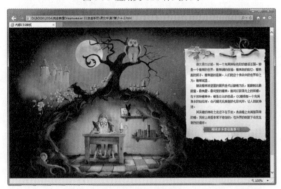

图 7-92 应用 CSS 样式

> **提示**
>
> 内部 CSS 样式，所有的 CSS 代码都编写在 `<style>` 与 `</style>` 标签之间，方便了后期对页面的维护，页面相对于内联 CSS 样式大大减少了。但是如果一个网站拥有很多页面，对于不同页面中的 `<p>` 标签都希望采用同样的 CSS 样式设置时，内部 CSS 样式的方法都显得有点麻烦了。该方法只适合于单一页面设置单独的 CSS 样式。

7.4.3　外部 CSS 样式

外部 CSS 样式是 CSS 样式中较为理想的一种形式。将 CSS 样式代码单独编写在一个独立文件之中，由网页进行调用，多个网页可以调用同一个外部 CSS 样式文件，因此能够实现代码的最大化使用及网站文件的最优化配置。

链接外部 CSS 样式是指在外部定义 CSS 样式并形成以 css 为扩展名的文件，然后在页面中通过 `<link>` 标签将外部的 CSS 样式文件链接到页面中，而且该语句必须放在页面的 `<head>` 与 `</head>` 标签之间，其格式如下。

```
<link rel="stylesheet" type="text/css" href="style/7-4-3.
css">
```

> **提示**
>
> rel 属性指定链接到 CSS 样式，其值为 stylesheet。type 属性指定链接的文件类型为 CSS 样式表。href 指定所链接的外部 CSS 样式文件的路径。

在这里使用的是相对路径，如果 HTML 文档与 CSS 样式文件没有在同一路径下，则需要指定 CSS 样式的相对位置或者是绝对位置。

动手实践——使用外部 CSS 样式

> 📄 最终文件：光盘 \ 最终文件 \ 第 7 章 \7-4-3.html
>
> 🎬 视频：光盘 \ 视频 \ 第 7 章 \7-4-3.swf

01 执行"文件 > 打开"命令，打开页面"光盘 \ 源文件 \ 第 7 章 \7-4-3.html"，页面效果如图 7-93 所示。转换到代码视图中，在页面头部的 `<head>` 与 `</head>` 标签之间可以看到该页面的内部 CSS 样式，如图 7-94 所示。

图 7-93 打开页面

图 7-94 页面头部的内部 CSS 样式

02 执行"文件 > 新建"命令，弹出"新建文档"对话框，在"页面类型"列表框中选择 CSS 选项，如图 7-95 所示。单击"确定"按钮，创建一个外部 CSS 样式文件，如图 7-96 所示。将该文件保存为"光盘 \ 源文件 \ 第 7 章 \style\7-4-3.css"。

图 7-95 新建 CSS 样式文件

图 7-96 CSS 样式文件效果

03 返回"7-4-3.html"页面中，将 <head> 与 </head> 标签之间的 CSS 样式代码复制到刚创建的外部 CSS 样式文件中，如图 7-97 所示。返回"7-4-3.html"页面中，将 <style> 与 </style> 标签删除，如图 7-98 所示。

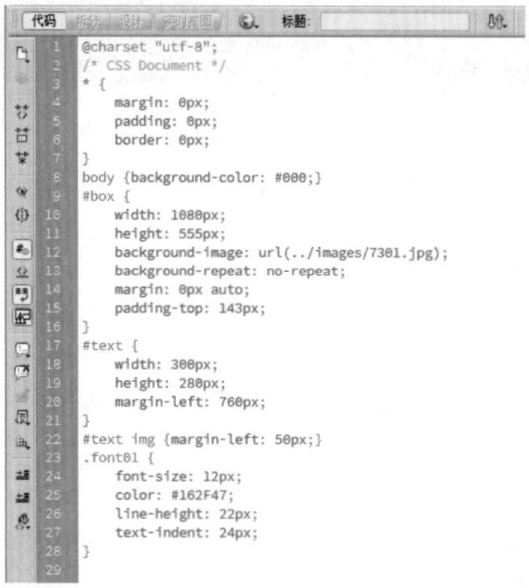

```
@charset "utf-8";
/* CSS Document */
* {
    margin: 0px;
    padding: 0px;
    border: 0px;
}
body {background-color: #000;}
#box {
    width: 1080px;
    height: 555px;
    background-image: url(../images/7301.jpg);
    background-repeat: no-repeat;
    margin: 0px auto;
    padding-top: 143px;
}
#text {
    width: 300px;
    height: 280px;
    margin-left: 760px;
}
#text img {margin-left: 50px;}
.font01 {
    font-size: 12px;
    color: #162F47;
    line-height: 22px;
    text-indent: 24px;
}
```

图 7-97 CSS 样式文件

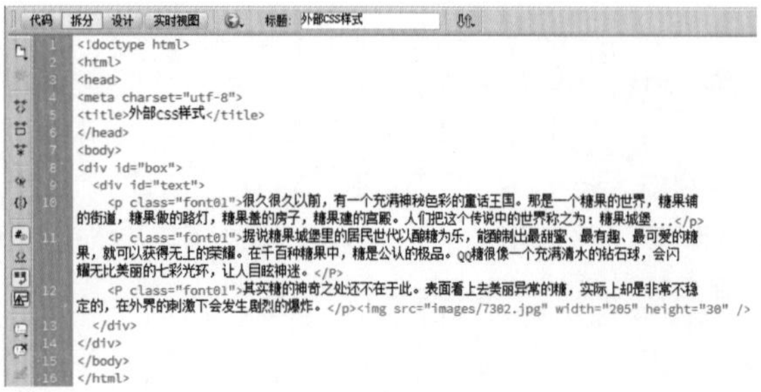

```
<!doctype html>
<html>
<head>
<meta charset="utf-8">
<title>外部css样式</title>
</head>
<body>
<div id="box">
    <div id="text">
        <p class="font01">很久很久以前，有一个充满神秘色彩的童话王国。那是一个糖果铺的街道，糖果像的路灯，糖果建的房子，糖果建的高墙。人们记这个传说中的世界称之为：糖果城堡……</p>
        <p class="font01">据说糖果城堡里的居民世代以糖糖为乐，积糖制出最甜蜜、最有趣、最可爱的糖果，致可以获得无上的荣耀。在千百种糖果中，糖是公认的极品。QQ糖像像一个充满清水的钻石球，会闪耀着比美丽的七彩水珠，让人目瞪口呆……</p>
        <p class="font01">其实糖的奇奇之处还不在此。表面看上去类丽异常的糖，实际上却是非常不稳定的，在外界的刺激下会发生剧烈的爆作。</p><img src="images/7302.jpg" width="285" height="30" />
    </div>
</div>
</body>
</html>
```

图 7-98 HTML 文件

提示

在这里需要注意，如果外部的 CSS 样式文件与 HTML 页面在同一目录下，则不需要修改 CSS 样式代码中所引用的背景图像的位置，如果 CSS 样式文件与 HTML 文件不在同一目录下，则需要修改 CSS 样式代码中所引用的背景图像的位置。

04 单击"CSS 设计器"面板中"源"选项区右上角的"添加 CSS 源"按钮，在弹出的下拉菜单中选择"附加的现有的 CSS 文件"命令，如图 7-99 所示。弹出"使用现有的 CSS 文件"对话框，单击"浏览"按钮，选择需要链接的外部 CSS 样式文件，如图 7-100 所示。

图 7-99 选择"附加现有的 CSS 文件"选项

图 7-100 "使用现有的 CSS 文件"对话框

05 单击"确定"按钮，即可链接指定的外部 CSS 样式文件，在"CSS 设计器"面板中显示所链接的外部 CSS 样式文件中的 CSS 样式表，如图 7-101 所示。转换到代码视图中，在 <head> 与 </head> 标签之间可以看到链接外部 CSS 样式文件的代码，如图 7-102 所示。

图 7-101 "CSS 设计器"面板

```
<head>
<meta charset="utf-8">
<title>外部css样式</title>
<link href="style/7-4-3.css" rel="stylesheet" type="text/css">
</head>
```

图 7-102 链接外部 CSS 样式文件的代码

提示

　　CSS 样式在页面中的应用主要目的在于实现良好的网站文件管理及样式管理，分离式的结构有助于合理分配表现与内容。推荐使用外部 CSS 样式，优点如下：（1）独立于 HTML 文件，便于修改；（2）多个文件可以引用同一个 CSS 样式表文件；（3）CSS 样式文件只需要下载一次，就可以在其他链接了该文件的页面内使用；（4）浏览器会先显示 HTML 内容，然后再根据 CSS 样式文件进行渲染，从而使访问者可以更快地看到内容。

7.4.4　导入 CSS 样式

　　导入样式与链接样式基本相同，都是创建一个单独的 CSS 样式文件，然后再引入到 HTML 文件中，只不过语法和运作方式上有区别。采用导入的 CSS 样式，在 HTML 文件初始化时，会被导入到 HTML 文件内，作为文件的一部分，类似于内嵌样式。而链接样式是在 HTML 标签需要 CSS 样式风格时才以链接方式引入。导入外部样式是指在嵌入样式的 `<style>` 与 `</style>` 标签中，使用 @import 导入一个外部 CSS 样式。

动手实践——使用导入 CSS 样式

国 最终文件：光盘 \ 最终文件 \ 第 7 章 \7-4-4.html

吕 视频：光盘 \ 视频 \ 第 7 章 \7-4-4.swf

01 执行"文件 > 打开"命令，打开页面"光盘 \ 源文件 \ 第 7 章 \7-4-4.html"，页面效果如图 7-103 所示。转换到代码视图中，可以看到页面中并没有链接外部 CSS 样式，也没有内部的 CSS 样式，如图 7-104 所示。

图 7-103　打开页面

图 7-104　页面的 HTML 代码

02 返回设计视图中，单击"CSS 设计器"面板上的"源"选项区右上角的"添加 CSS 源"按钮，在弹出的下拉菜单中选择"附加的现有的 CSS 文件"命令，弹出"使用现有的 CSS 文件"对话框，单击"浏览"按钮，选择需要导入的外部 CSS 样式文件，如图 7-105 所示。单击"确定"按钮，设置"添加为"选项为"导入"，如图 7-106 所示。

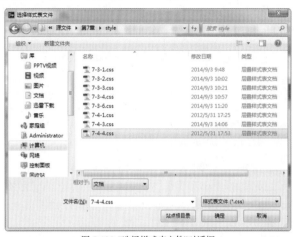

图 7-105　"选择样式表文件"对话框

图 7-106　"使用现有的 CSS 文件"对话框

03 单击"确定"按钮，导入相应的 CSS 样式，页面的效果如图 7-107 所示。转换到代码视图中，在页面头部的 `<head>` 与 `</head>` 标签之间可以看到自动添加的导入 CSS 样式文件的代码，如图 7-108 所示。

图 7-107　页面效果

```
<head>
<meta charset="utf-8">
<title>导入CSS样式</title>
<style type="text/css">
@import url("style/7-4-4.css");
</style>
</head>
```

图 7-108 导入 CSS 样式代码

> **提示**
>
> 　　导入外部 CSS 样式表相当于将 CSS 样式表导入到内部 CSS 样式中，其方式更有优势。导入外部样式表必须在内部样式表的开始部分，即其他内部 CSS 样式代码之前。导入样式与链接样式相比较，最大的优点就是可以一次导入多个 CSS 文件。

7.5 CSS 样式设置选项详解

　　通过 CSS 样式可以定义页面中元素的几乎所有外观效果，包括文本、背景、边框、位置、效果等。在 Dreamweaver CC 中为了方便初学者的可视化操作，提供了集成的"CSS 设计器"面板，在该面板中设置几乎所有的 CSS 样式属性，完成 CSS 样式属性的设置后，Dreamweaver 会自动生成相应的 CSS 样式代码。

7.5.1 布局样式设置

　　布局样式主要用来定义页面中各元素的位置和属性，如元素的大小和定位方式等，通过 padding(填充) 和 margin(边界) 属性还可以设置各元素（如图像）水平和垂直方向上的空白区域。

　　在"CSS 设计器"面板上的"属性"选项区中的单击"布局"按钮，在"属性"选项区中可以对布局相关 CSS 属性进行设置，如图 7-109 所示。

图 7-109 布局相关 CSS 属性

> ▶ **width**：该属性用于设置元素的宽度，默认为 auto。

> ▶ **height**：该属性用于设置元素的高度，默认为 auto。

> ▶ **min-width 和 min-height**：这两个属性是 CSS 3 新增属性，分别用于设置元素的最小宽度和最小高度。

> ▶ **max-width 和 max-height**：这两个属性是 CSS 3 新增属性，分别用于设置元素的最大宽度和最大高度。

> ▶ **margin**：该属性用于设置元素的边界，如果对象设置了边框，margin 是边框外侧的空白区域。可以在下面对应的 top、right、bottom 和 left 各选项中设置具体的数值和单位。如果单击该属性下方的"单击更改特定属性"按钮，可以分别对 top、right、bottom 和 left 选项设置不同的值。

> ▶ **padding**：该属性用于设置元素的填充，如果对象设置了边框，则 padding 指的是边框和其中内容之间的空白区域。用法与 margin 属性的用法相同。

> ▶ **position**：该属性用于设置元素的定位方式，包括 static（静态）、absolute（绝对）、fixed（固定）和 relative（相对）4 个选项，如图 7-110 所示。

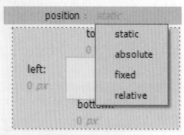

图 7-110 position 属性值

> ▶ **static**：表示元素定位的默认方式，无特殊定位。

> ▶ **absolute**：表示绝对定位，此时父元素的左上角的顶点为元素定位时的原点。在 position 选项下的 top、right、bottom 和 left 选项中进行设置，可以控制元素相对于原点的位置。

> ▶ **fixed**：表示固定定位，当用户滚动页面时，该元素将在所设置的位置保持不变。

◢ relative：表示相对定位，在 position 选项下的 top、right、bottom 和 left 选项中进行设置，都是相对于元素原来在网页中的位置进行的设置。

◢ float：该属性用于设置元素的浮动定位，float 实际上是指文字等对象的环绕效果，有 left ▣、right ▣ 和 none ▣ 3 个选项。单击 left 按钮▣，设置 float 属性值为 left，对象居左，文字等内容从另一侧环绕；单击 right 按钮▣，设置 float 属性值为 right，对象居右，文字等内容从另一侧环绕对象；单击 none 按钮▣，设置 float 属性值为 none，取消环绕效果。

◢ clear：该属性用于设置元素清除浮动，在该选项后有 left ▣、right ▣、both ▣ 和 none ▣ 4 个选项。单击 left 按钮▣，则清除左浮动，元素的左侧不允许有浮动元素；单击 right 按钮▣，则清除右浮动，元素的右侧不允许有浮动元素；单击 both 按钮▣，则清除左和右浮动，元素的左和右侧均不允许有浮动元素；单击 none 按钮▣，则不清除浮动。

◢ overflow-x 和 overflow-y：这两个属性分别用于设置元素内容溢出在水平方向和在垂直方向上的处理方式，可以在选项后的属性值列表中选择相应的属性值，如图 7-111 所示。

图 7-111 overflow-x 属性值

◢ display：该属性用于设置是否显示以及如何显示元素。

◢ visibility：该属性用于设置元素的可见性，在属性值列表中包括 inherit（继承）、visible（可见）和 hidden（隐藏）3 个选项。如果不指定可见性属性，则默认情况下将继承父级元素的属性设置。

　　inherit 属性值主要针对嵌套元素的设置。嵌套元素是插入在其他元素中的子元素，分为嵌套的元素（子元素）和被嵌套的元素（父元素）。visibility 属性设置为 inherit，子元素会继承父元素的可见性。父元素可见，子元素也可见；父元素不可见，子元素也不可见。

　　设置 visibility 属性为 visible，则无论在任何情况下，元素都将是可见的。

　　设置 visibility 属性为 hidden，无论任何情况，元素都是隐藏的。

◢ z-index：该属性用于设置元素的先后顺序和覆盖关系。

◢ opacity：该属性是 CSS 3 新增属性，用于设置元素的不透明度。

动手实践——布局样式设置

📋 最终文件：光盘 \ 最终文件 \ 第 7 章 \7-5-1.html

📹 视频：光盘 \ 视频 \ 第 7 章 \7-5-1.swf

01 执行"文件 > 打开"命令，打开页面"光盘 \ 源文件 \ 第 7 章 \7-5-1.html"，页面效果如图 7-112 所示。通过观察可以发现，导航菜单项图片都靠在一起，转换到代码视图中，可以看到该部分的代码，如图 7-113 所示。

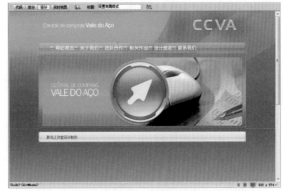

图 7-112 打开页面

```
<body>
<div id="top"><img src="images/7420.gif" width="234" height="52" /></div>
<div id="menu"><img src="images/7422.gif" width="86" height="35" /><img
src="images/7423.gif" width="86" height="35" /><img src="images/7424.gif"
 width="86" height="35" /><img src="images/7425.gif" width="86" height=
"35" /><img src="images/7426.gif" width="86" height="35" /><img src=
"images/7427.gif" width="86" height="35" /></div>
<div id="banner"><img src="images/7428.jpg" width="727" height="255" /></
div>
<div id="bg">
  <div id="bottom">胖鸟工作室设计制作.</div>
</div>
</body>
```

图 7-113 页面代码

02 单击"CSS 设计器"面板中"选择器"选项区右上角的"添加选择器"按钮，创建名称为 #menu img 的复合 CSS 样式，如图 7-114 所示。单击"CSS 设计器"面板上的"属性"选项区中的"布局"按钮，对布局样式属性进行设置，如图 7-115 所示。

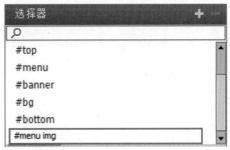

图 7-114 创建复合 CSS 样式

图 7-115 设置布局样式

03 完成 CSS 样式的设置，可以看到页面中导航菜单项的效果，如图 7-116 所示。保存页面，在浏览器中预览页面，效果如图 7-117 所示。

图 7-116 页面效果

图 7-117 在浏览器中预览页面效果

7.5.2 文本样式设置

文本是网页中最基本的重要元素之一，文本的 CSS 样式设置是经常使用的，也是在网页制作过程中使用频率最高的。在"CSS 设计器"面板上的"属性"选项区中单击"文本"按钮，在"属性"选项区中将显示文本相关的 CSS 属性，如图 7-118 所示。

图 7-118 文本相关 CSS 属性

➡ color：该属性用于设置文字颜色。单击"设置颜色"按钮 ☑ 可以为字体设置颜色，也可以直接在文本框中输入颜色值。

➡ font-family：该属性用户设置字体，可以选择默认预设的字体组合，也可以在该选项后的文本框中输入相应的字体名称。

➡ font-style：该属性用于设置字体样式。在该下拉列表中可以选择文字的样式，如图 7-119 所示。其中 normal 正常表示浏览器显示一个标准的字体样式；italic 表示显示一个斜体的字体样式；oblique 表示显示一个倾斜的字体样式。

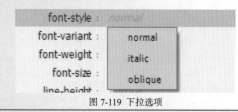

图 7-119 下拉选项

➡ font-variant：该下拉列表中主要是针对英文字体的设置。normal 表示浏览器显示一个标准的字体；small-caps 表示浏览器会显示小型大写字母的字体。

➡ font-weight：在该下拉列表中可以设置字体的粗细，也可以设置具体的数值。

➡ font-size：在该属性上单击可以首先选择字体的单位，随后输入字体的大小值。通常将正文文字大小设置为 12px 或 9pt，因为该字号的文字和软件界面上的文字字号是一样大小，也是目前使用最普遍的字号大小。在设置字体大小时，还有其他的单位，如 in、cm、mm 等，但都没有 px 和 pt 常用。

➡ line-height：该属性用于设置文本行的高度。在设置行高时，需要注意，所设置行高的单位应该和设置字体大小的单位相一致。行高的数值是把字体大小选项中的数值包括在内的。例如，字体大小设置为 12px，如果要创建一倍行距，则行高应该为 24px。

➡ text-align：该属性用于设置文本的对齐方式，有 left（左对齐）■、center（居中对齐）■、right（右对齐）■ 和 justify（两端对齐）■ 4 个选项。

➡ text-decoration：该属性用于设置文字修饰，提供了 4 种修饰效果供选择。单击 none（无）按钮 ■，则文字不发生任何修饰。单击 underline（下划线）按钮 ■，可以为文字添加下划线；单击 overline（上划线）按钮 ■，可以为文字添加上划线；单击 line-through（删除线）按钮 ■，可以为文字添加删除线。

➡ text-indent：该属性用于设置段落文本的首行缩进。

➡ text-shadow：该属性是 CSS 3 中的新增属性，用于设置文本阴影效果。h-shadow 主要是设置文本阴影在水平方向的位置，允许使用负值；

v-shadow 主要是设置文本阴影在垂直方向的位置，允许使用负值；blur 主要是设置文本阴影的模糊距离；color 主要是设置文本阴影的颜色。

↳ text-transform：该属性用于设置英文字体大小写，提供了 4 种样式可供选择，none 按钮▣是默认样式定义标准样式；capitalize 按钮▣是将文本中的每个单词都以大写字母开头；uppercase 按钮▣是将文本中字母全部大写；lowercase 按钮▣是将文本中的字母全部小写。

↳ letter-spacing：该属性可以设置英文字母之间的距离，也可以设置数值和单位相结合的形式。使用正值来增加字母间距，使用负值来减少字母间距。

↳ word-spacing：该属性可以设置英文单词之间的距离，还可以设置数值和单位相结合的形式。使用正值来增加单词间距，使用负值来减少单词间距。

↳ white-space：该属性可以对源代码文字空格进行控制，有 5 种选项，如图 7-120 所示。

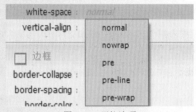

图 7-120　下拉选项

选择 normal（正常）选项，将忽略源代码文字之间的所有空格；选择 nowrap（不换行）选项，可以设置文字不自动换行；选择 pre（保留）选项，将保留源代码中所有的空格形式，包括空格键、Tab 键和 Enter 键的空格。如果写了一首诗，使用普通的方法很难保留所有的空格形式；选择 pre-line（保留换行）选项可以忽略空格，保留源代码中的换行；选择 pre-wrap（保留空格）选项可以保留源代码中的空格，正常地进行换行。

↳ vertical-align：该属性下拉列表中的选项用于设置对象的垂直对齐方式，包括 baseline（基线）、sub（下标）、super（上标）、top（顶部）、text-top（文本顶对齐）、middle（中线对齐）、bottom（底部）、text-bottom（文本底对齐）以及自定义的数值和单位相结合的形式。

动手实践——文本样式设置

📄 最终文件：光盘 \ 最终文件 \ 第 7 章 \7-5-2.html

🎬 视频：光盘 \ 视频 \ 第 7 章 \7-5-2.swf

01 执行"文件 > 打开"命令，打开页面"光盘 \ 源文件 \ 第 7 章 \7-5-2.html"，页面效果如图 7-121 所示。打开"CSS 设计器"面板，如图 7-122 所示。

图 7-121　打开页面

图 7-122　"CSS 设计器"面板

02 单击"CSS 设计器"面板中"选择器"选项区右上角的"添加选择器"按钮▦，创建名称为 .font01 的类 CSS 样式，如图 7-123 所示。单击"CSS 设计器"面板上的"属性"选项区中的"文本"按钮，对文本样式属性进行设置，如图 7-124 所示。

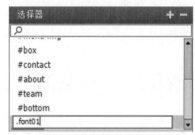

图 7-123　创建类 CSS 样式

图 7-124　设置文本样式

03 拖动鼠标选中页面中需要应用 CSS 样式的文字内容，在"属性"面板上的"类"下拉列表中选择刚刚定义的 CSS 样式 font01 应用，如图 7-125 所示。

使用相同的方法，为其他相应的文字应用名为 font01 的类 CSS 样式，如图 7-126 所示。

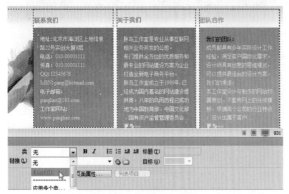

图 7-125 应用类 CSS 样式

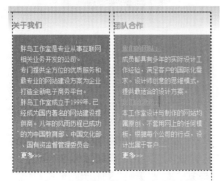

图 7-126 页面效果

04 单击"CSS 设计器"面板中"选择器"选项区右上角的"添加选择器"按钮 ，创建名称为 .font02 的类 CSS 样式，如图 7-127 所示。单击"CSS 设计器"面板上的"属性"选项区中的"文本"按钮，对文本属性样式进行设置，如图 7-128 所示。

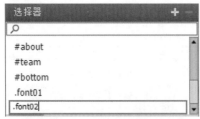

图 7-127 创建类 CSS 样式

图 7-128 设置文本样式

05 选中段落文字，在"属性"面板上的"类"下拉列表中选择刚定义类 CSS 样式 .font02 应用，如图 7-129 所示。使用相同的方法，为页面中的其他段落文字应用该类 CSS 样式，保存页面，在浏览器中预览页面，效果如图 7-130 所示。

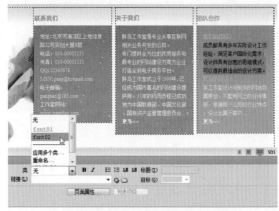

图 7-129 为段落文字应用类 CSS 样式

图 7-130 在浏览器中预览页面效果

7.5.3　边框样式设置

通过为网页元素设置边框 CSS 样式，可以对网页元素的边框颜色、粗细和样式进行设置。在"CSS 设计器"面板中的"属性"选项区中单击"边框"按钮，在"属性"选项区中将显示边框相关的 CSS 属性，如图 7-131 所示。

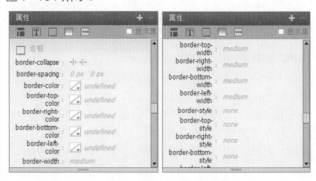

图 7-131 边框相关的 CSS 属性

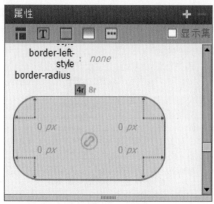

图 7-131 边框相关的 CSS 属性（续）

● border-collapse：该属性用于设置边框是否合成单一的边框。collapse 按钮 ▦ 是合并单一的边框；separate 按钮 ▦ 是分开边框，默认为分开。

● border-spacing：该属性用于设置相邻边框之间的距离，前提是"border-collapse:separate;"，第一个选项值表示垂直间距，第二个选项值表示水平间距。

● border-color：该属性用于设置上、右、下和左四边边框的颜色，也可以通过 border-top-color、border-right-color、border-bottom-color 和 border-left-color 分别设置四边的边框为不同的颜色。

● border-width：该属性用于设置上、右、下和左四边边框的宽度，也可以通过 border-top-width、border-right-width、border-bottom-width 和 border-left-width 分别设置四边的边框为不同的宽度。

● border-style：该属性用于设置上、右、下和左四边边框的样式。在该属性下拉列表中提供了 9 个选项值可供选择，如图 7-132 所示。

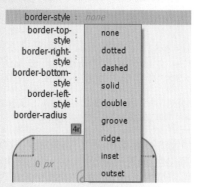

图 7-132 边框样式

该属性样式分别有 none（无）、dotted（点划线）、dashed（虚线）、solid（实线）、double（双线）、groove（槽状）、ridge（脊状）、inset（凹陷）和 outset（凸出）。也可以通过 border-top-style、border-right-style、border-bottom-style 和 border-left-style 分别设置四边边框为不同的样式。

● border-radius：该属性是 CSS 3 中的新增属性，用于设置圆角边框效果。

动手实践——边框样式设置

📋 最终文件：光盘 \ 最终文件 \ 第 7 章 \7-5-3.html
📼 视频：光盘 \ 视频 \ 第 7 章 \7-5-3.swf

01 执行"文件 > 打开"命令，打开页面"光盘 \ 源 文 件 \ 第 7 章 \7-5-3.html"，页 面 效 果 如图 7-133 所示。单击"CSS 设计器"面板中"选择器"选项区右上角的"添加选择器"按钮 ▦，创建名称为 .border01 的类 CSS 样式，如图 7-134 所示。

图 7-133 打开页面

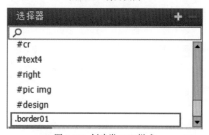

图 7-134 创建类 CSS 样式

02 单击"CSS 设计器"面板的"属性"选项区中的"边框"按钮，对边框样式属性进行设置，如图 7-135 所示。选中相应的图像，在"属性"面板上的 Class 下拉列表中选择刚定义的类 CSS 样式 .border01 应用，如图 7-136 所示。

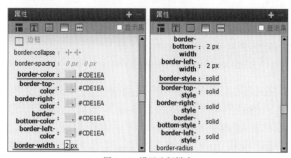

图 7-135 设置边框样式

图 7-136 为图像应用类 CSS 样式

03 使用相同的方法，可以为页面中的其他图像应用该类 CSS 样式，效果如图 7-137 所示。保存页面，在浏览器中预览页面，效果如图 7-138 所示。

图 7-137 页面效果

图 7-138 在浏览器中预览页面效果

7.5.4 背景样式设置

在使用 HTML 编写的页面中，背景只能使用单一的色彩或利用背景图像水平垂直方向平铺，而通过 CSS 样式可以更加灵活地对背景进行设置。在 "CSS 设计器" 面板上的 "属性" 选项区中单击 "背景" 按钮，在 "属性" 选项区中显示背景相关的 CSS 属性，如图 7-139 所示。

图 7-139 边框相关的 CSS 属性

- **background-color**：该属性用于设置页面元素的背景颜色值。

- **background-image**：该属性用于设置元素的背景图像。在 url 的文本框后可以直接输入背景图像的路径，也可以单击 "浏览" 按钮，浏览到需要的背景图像。

- **gradient**：该属性是 CSS 3 中的新增属性，主要用于填充 HTML 5 中绘图的渐变色。

- **background-position**：该属性用于设置背景图像在页面水平和垂直方向上的位置。水平方向上可以是 left（左对齐）、right（右对齐）和 center（居中对齐），垂直方向上可以是 top（上对齐）、bottom（底对齐）和 center（居中对齐），还可以设置数值与单位相结合表示背景图像的位置。

- **background-size**：该属性是 CSS 3 中的新增属性，用于设置背景图像的尺寸。

- **background-clip**：该属性是 CSS 3 中的新增属性，用于设置背景图像的定位区域。

- **background-repeat**：该属性用于设置背景图像的平铺方式。该属性提供了 4 种重复方式，分别为 repeat，设置背景图像可以在水平和垂直方向平铺；repeat-x，设置背景图像只在水平方向平铺；repeat-y，设置背景图像只在垂直方向平铺；no-repeat，设置背景图像不平铺，只显示一次。

- **background-origin**：该属性是 CSS 3 中的新增属性，用于设置背景图像的绘制区域。

- **background-attachment**：如果以图像作为背景，可以设置背景图像是否随着页面一同滚动。在该下拉列表中可以选择 fixed（固定）或 scroll（滚动），默认为背景图像随着页面一同滚动。

- **box-shadow**：该属性是 CSS 3 中的新增属性，为元素添加阴影。h-shadow 属性设置水平阴影的位置；v-shadow 设置垂直阴影的位置；blur 设置阴影的模糊距离；spread 设置阴影的尺寸；color 设置阴影的颜色；inset 将外部投影设置为内部投影。

最终文件：光盘 \ 最终文件 \ 第 7 章 \7-5-4.html

视频：光盘 \ 视频 \ 第 7 章 \7-5-4.swf

01 执行"文件 > 打开"命令，打开页面"光盘 \ 源文件 \ 第 7 章 \7-5-4.html"，页面效果如图 7-140 所示。单击"CSS 设计器"面板中"选择器"选项区右上角的"添加选择器"按钮，创建名称为 body 的标签 CSS 样式，如图 7-141 所示。

图 7-140 打开页面

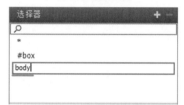

图 7-141 创建标签 CSS 样式

02 单击"CSS 设计器"面板上的"属性"选项区中的"背景"按钮，对背景样式属性进行设置，如图 7-142 所示。完成 CSS 样式的设置，可以看到页面背景的效果，如图 7-143 所示。

图 7-142 设置背景样式

图 7-143 页面效果

03 保存页面，在浏览器中预览页面，效果如图 7-144 所示。

图 7-144 在浏览器中预览页面效果

7.5.5 其他样式设置

通过 CSS 样式对列表进行设置，可以设置出非常丰富的列表效果。在"CSS 设计器"面板的"属性"选项区中单击"其他"按钮，在"属性"选项区中显示列表控制相关的 CSS 属性，如图 7-145 所示。

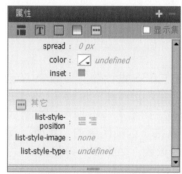

图 7-145 列表相关 CSS 属性

🔽 list-style-position：该属性用于设置列表项目缩进的程度。单击 inside（内）按钮，则列表缩进；单击 outside（外）按钮，则列表贴近左侧边框。

🔽 list-style-image：该属性可以选择图像作为项目的引导符号，单击"浏览"按钮，选择图像文件即可。

🔽 list-style-type：在该下拉列表中可以设置引导列表项目的符号类型。可以选择 disc（圆点）、circle（圆圈）、square（方块）、decimal（数字）、lower-roman（小写罗马数字）、upper-roman（大写罗马数字）、lower-alpha（小写字母）、upper-alpha（大写字母）和 none（无）多个常用选项。

最终文件：光盘 \ 最终文件 \ 第 7 章 \7-5-5.html

视频：光盘 \ 视频 \ 第 7 章 \7-5-5.swf

01 执行"文件 > 打开"命令，打开页面"光盘 \

源文件 \ 第 7 章\7-5-5.html"，页面效果如图 7-146 所示。单击文档工具栏上的"实时视图"按钮，可以看到页面中的项目列表效果，如图 7-147 所示。

类 list01 应用，如图 7-150 所示。保存页面，在实时视图中可以看到该部分项目列表的效果，如图 7-151 所示。

图 7-146 打开页面

图 7-150 应用 CSS 样式

图 7-147 项目列表效果

图 7-151 应用列表样式的效果

02 单击"CSS 设计器"面板中"选择器"选项区右上角的"添加选择器"按钮，创建名称为 .list01 的类 CSS 样式，如图 7-148 所示。单击"CSS 设计器"面板上的"属性"选项区中的"其他"按钮，对列表样式属性进行设置，如图 7-149 所示。

04 还可以使用任意图片作为项目列表样式，单击"CSS 设计器"面板中"选择器"选项区右上角的"添加选择器"按钮，创建名称为 .list02 的 CSS 样式，如图 7-152 所示。单击"CSS 设计器"面板上的"属性"选项区中的"其他"按钮，对列表样式属性进行设置，如图 7-153 所示。

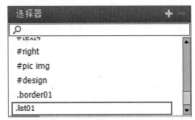

图 7-148 创建类 CSS 样式

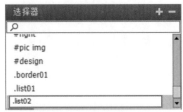

图 7-152 创建类 CSS 样式

图 7-149 设置其他样式属性

图 7-153 设置其他样式属性

03 选中需要应用列表样式的列表文字，在"属性"面板上的"类"下拉列表中选择刚定义的 CSS 样式

05 选中页面中的列表文字，在"属性"面板上的"类"下拉列表中选择刚定义的 list02 类 CSS 样式应用，

效果如图7-154所示。保存页面，在浏览器中预览页面，效果如图7-155所示。

图7-154　页面效果

图7-155　在浏览器中预览效果

当一个CSS样式创建完毕后，在网站升级维护工作中只需要修改CSS样式即可。本节主要介绍CSS样式的编辑和删除。

在"CSS设计器"面板上的"选择器"选项区中，选中需要重新编辑的CSS样式，如图7-156所示。展开"属性"选项区，在该选项区中可以对所选中的CSS样式进行重新设置和修改，如图7-157所示。

图7-156　"选择器"选项区

图7-157　"属性"选项区

如果希望删除CSS样式，可以打开"CSS设计器"面板，在"选择器"选项区中选中需要删除的CSS样式，单击"删除选择器"按钮■，即可将选中的CSS样式删除。

7.6　CSS过渡效果

CSS过渡效果是通过CSS 3新增的属性所实现的一种网页动态过渡效果。在Dreamweaver CC中可以通过"CSS过渡效果"面板进行设置。通过在网页中使用CSS过渡效果，可以增强网页的交互效果和动态。

动手实践——使用CSS过渡实现网页特效

目 最终文件：光盘＼最终文件＼第7章＼7-6.html
视频：光盘＼视频＼第7章＼7-6.swf

01 执行"文件 > 打开"命令，打开页面"光盘＼源文件＼第7章＼7-6.html"，页面效果如图7-158所示。将光标移至名为pic的Div中，将多余文字删除，插入图像"光盘＼源文件＼第7章＼images\7503.jpg"，如图7-159所示。

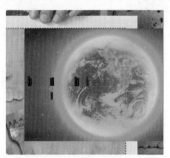

图7-159　插入图像

02 选中刚插入的图像，在"属性"面板中设置其"宽"和"高"，如图7-160所示。页面效果如图7-161所示。

图7-158　打开页面

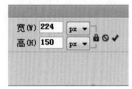

图7-160　设置属性

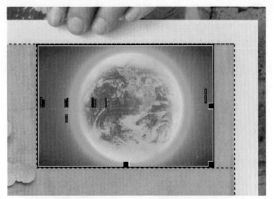

图 7-161 图像效果

技巧

单击"宽"和"高"选项后的"切换尺寸约束"按钮🔒，在"属性"面板上的"宽"或"高"任意一个文本框中修改时，图像会等比例进行缩放。

03 使用相同的方法，在刚插入的图像后插入其他图像，并分别进行相同的设置，效果如图 7-162 所示。单击"CSS 设计器"面板中"选择器"选项区右上角的"添加选择器"按钮，创建名称为 #pic img 的复合 CSS 样式，如图 7-163 所示。

图 7-162 页面效果

图 7-163 创建复合 CSS 样式

04 单击"CSS 设计器"面板上"属性"选项区中的"布局"按钮，对布局样式属性进行设置，如图 7-164 所示。在"属性"选项区中单击"边框"按钮，对边框样式属性进行设置，如图 7-165 所示。

图 7-164 设置布局样式

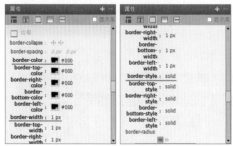

图 7-165 设置边框样式

05 在"属性"选项区中单击"背景"按钮，对背景样式属性进行设置，如图 7-166 所示。完成 CSS 样式的设置，可以看到刚插入图像的效果如图 7-167 所示。

图 7-166 设置背景样式

图 7-167 页面效果

06 转换到该文件所链接的外部 CSS 样式文件中，创建名称为 .rotateright 的类 CSS 样式，手动编写 CSS 样式属性设置代码，如图 7-168 所示。使用相同的方法，再创建一个名称为 .rotateleft 的类 CSS 样式，如图 7-169 所示。

```
.rotateright {
    -moz-transform: rotate(6deg);
    -ms-transform: rotate(6deg);
    -o-transform: rotate(6deg);
    -webkit-transform: rotate(6deg);
    transform: rotate(6deg);
    -moz-transform-origin: right top;
    -ms-transform-origin: right top;
    -o-transform-origin: right top;
    -webkit-transform-origin: right top;
    transform-origin: right top;
    margin-top: 20px;
}
```

图 7-168 CSS 样式代码

```
.rotateleft {
    -moz-transform: rotate(-6deg);
    -ms-transform: rotate(-6deg);
    -o-transform: rotate(-6deg);
    -webkit-transform: rotate(-6deg);
    transform: rotate(-6deg);
    -moz-transform-origin: right bottom;
    -ms-transform-origin: right bottom;
    -o-transform-origin: right bottom;
    -webkit-transform-origin: right bottom;
    transform-origin: right bottom;
    margin-top: -40px;
}
```

图 7-169 CSS 样式代码

> **提示**
>
> 　　transform 属性是 CSS 3 中新增的属性，在"CSS 设计器"面板中目前还不支持该属性的设置，所以在这里，直接通过编写 CSS 样式属性设置代码的方式来创建 CSS 样式。

07 返回设计视图中，选择第 1 张图像，在"属性"面板上的 Class 下拉列表中选择名为 .rotateright 的类 CSS 样式应用，如图 7-170 所示。使用相同的方法，为其他两个图像分别应用 .rotateleft 和 .rotateright 样式，保存页面，在浏览器中预览页面，可以看到图像产生了变换的效果，如图 7-171 所示。

图 7-170 应用 CSS 样式

图 7-171 在浏览器中预览页面效果

08 执行"窗口 >CSS 过渡效果"命令，打开"CSS 过渡效果"面板，如图 7-172 所示。单击"新建过渡效果"按钮，弹出"新建过渡效果"对话框，如图 7-173 所示。

图 7-172 "CSS 过渡效果"面板

图 7-173 "新建过渡效果"对话框

09 在"新建过渡效果"对话框中对相关选项进行设置，如图 7-174 所示。单击"添加属性"按钮，添加 z-index 属性，设置如图 7-175 所示。

图 7-174 设置"新建过渡效果"对话框

图 7-175 设置"新建过渡效果"对话框

10 单击"创建过渡效果"按钮，即可创建 CSS 过渡效果，"CSS 过渡效果"面板如图 7-176 所示。转换到该文件所链接的外部 CSS 样式文件中，可以看到所生成的 CSS 样式，如图 7-177 所示。

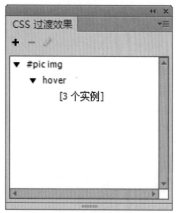

图 7-176 "CSS 过渡效果"面板

```
#pic img:hover {
    -webkit-transform: rotate(0deg) scale(1.33);
    -moz-transform: rotate(0deg) scale(1.33);
    -ms-transform: rotate(0deg) scale(1.33);
    -o-transform: rotate(0deg) scale(1.33);
    transform: rotate(0deg) scale(1.33);
    z-index: 10;
}
```

图 7-177 CSS 样式代码

11 完成 CSS 过渡效果的创建，保存页面，在浏览器中预览页面，效果如图 7-178 所示。当鼠标移至图像上时，会出现平滑的动画过渡效果，如图 7-179 所示。

图 7-178 在浏览器中预览页面

图 7-179 平滑的过渡动画效果

7.7　CSS 类选区

　　CSS 类选区的作用是可以将多个类 CSS 样式应用于页面中的同一个元素，操作起来非常方便。下面通过一个小练习向用户介绍如何在页面中同一个元素上应用多个类 CSS 样式。

动手实践——为元素应用多个类 CSS 样式

最终文件：光盘 \ 最终文件 \ 第 7 章 \7-6.html
视频：光盘 \ 视频 \ 第 7 章 \7-7.swf

01 执行"文件 > 打开"命令，打开页面"光盘 \ 源文件 \ 第 7 章 \7-7.html"，页面效果如图 7-180 所示。转换到该文件所链接的外部 CSS 样式文件"7-7.css"中，定义两个类 CSS 样式，如图 7-181 所示。

图 7-180 打开页面

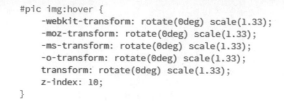

```
.font01 {
    color: #036;
    text-decoration: underline;
}
.font02 {
    color: #F60;
}
```

图 7-181 CSS 样式代码

02 在网页中选中需要应用类 CSS 样式的文字，如图 7-182 所示。在"属性"面板上的"类"下拉列表中选择"应用多个类"选项，如图 7-183 所示。

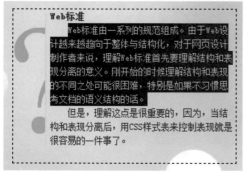

图 7-182 选中文字

图 7-183 选择"应用多个类"选项

03 弹出"多类选区"对话框，选中需要为选中的文字所应用的多个类 CSS 样式，如图 7-184 所示。单击"确定"按钮，即可将选中的多个类 CSS 样式应用于所选中的文字，如图 7-185 所示。

图 7-184 "多类选区"对话框

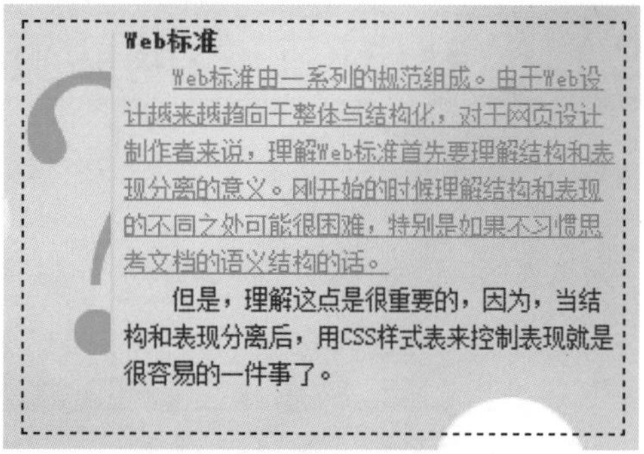

图 7-185 应用多个类 CSS 样式效果

提示

在"多类选区"对话框中将显示当前页面的 CSS 样式中所有的类 CSS 样式，而 ID 样式、标签样式、复合样式等其他的 CSS 样式并不会显示在该对话框的列表中，从列表中选择需要为选中元素应用的多个类 CSS 样式即可。

04 转换到代码视图中，可以看到为刚选中的文字应用多个类 CSS 样式的代码效果，如图 7-186 所示。保存页面，在浏览器中预览页面，效果如图 7-187 所示。

```
<div id="text1"><strong>Web标准</strong>
    <p class="font01 font02">Web标准由一系列的规
范组成。由于Web设计越来越趋向于整体与结构化，对于网
页设计制作者来说，理解Web标准首先要理解结构和表现分
离的意义。刚开始的时候理解结构和表现的不同之处可能
很困难，s特别是如果不习惯思考文档的语义结构的话。</p>
    <p>但是，理解这点是很重要的，因为，当结构和表
现分离后，用css样式表来控制表现就是很容易的一件事了。</p>
</div>
```

图 7-186 应用多个类 CSS 样式

图 7-187 在浏览器中预览页面效果

提示

在名为 .font02 的类 CSS 样式中与名为 .font01 的类 CSS 样式定义中，都定义了 color 属性，并且两个 color 属性的值并不相同。这样，同时应用这两个类 CSS 样式时，color 属性就会发生冲突，应用类 CSS 样式有一个靠近原则，即当两个 CSS 样式中的属性发生冲突时，将应用靠近元素的 CSS 样式中的属性，则在这里就会应用 .font02 的类 CSS 样式中定义的 color 属性。

7.8 制作设计类网站页面

网页制作离不开 CSS 样式，采用 CSS 样式可以有效地对页面的布局、字体、颜色、背景和其他效果实现更加精确的控制。下面通过一个设计类网站页面的制作，巩固如何通过 CSS 样式对网站页面进行控制和美化。该页面的最终效果如图 7–188 所示。

图 7-188 页面最终效果

动手实践——制作设计类网站页面

📄 最终文件：光盘 \ 最终文件 \ 第 7 章 \7-8.html

📁 视频：光盘 \ 视频 \ 第 7 章 \7-8.swf

01 执行"文件 > 新建"命令，弹出"新建文档"对话框，新建一个 HTML 页面，将页面保存为"光盘 \ 源文件 \ 第 7 章 \7–8.html"。执行"文件 > 新建"命令，弹出"新建文档"对话框，在"页面类型"列表框中选择 CSS 选项，如图 7–189 所示。单击"创建"按钮，新建一个空白的 CSS 文件。执行"文件 > 保存"命令，将其保存为"光盘 \ 源文件 \ 第 7 章 \style\7–8.css"。

图 7-189 "新建文档"对话框

02 返回"7–8.html"页面中，单击"CSS 设计器"面板中"源"选项区右上角的"添加 CSS 源"按钮，在弹出的下拉菜单中选择"附加的现有的 CSS 文件"命令，弹出"使用现有的 CSS 文件"对话框，单击"浏览"按钮，浏览到外部样式表文件"光盘 \ 源文件 \ 第 7 章 \ style\7–8.css"，如图 7–190 所示。单击"确定"按钮，链接外部样式表文件。

图 7-190 "使用现有的 CSS 文件"对话框

03 转换到该文件所链接的外部 CSS 样式文件中，创建名称为"*"的通配符 CSS 样式，如图 7–191 所示。创建 body 标签的 CSS 样式，如图 7–192 所示。

```css
* {
    margin: 0px;
    padding: 0px;
    border: 0px;
}
```

图 7-191 CSS 样式代码

```css
body {
    font-size: 12px;
    color: #FFF;
    line-height: 16px;
    background-color: #292936;
    background-image: url(../images/7801.gif);
    background-repeat: repeat-x;
}
```

图 7-192 CSS 样式代码

技巧

"*"为特殊的 CSS 样式，"*"表示通配符，即对网页中的所有标签及元素起作用。通常在制作网页时，首先需要定义通配符的 CSS 样式，因为网页中很多元素的边界、填充等默认情况下并不为 0，通过通配符 CSS 样式可将所有元素的边界、填充、边框都设置为 0。

提示

初学者可以通过"CSS 设计器"面板对 CSS 样式进行设置，但需要慢慢熟记 CSS 样式中的各种属性，以及各种属性的定义方法，从而实现手写 CSS 样式代码，这样才能够更加灵活、方便地创建各种 CSS 样式。

04 返回设计视图中，可以看到页面背景的效果，如图 7-193 所示。单击"插入"面板上的"常用"选项卡中的 Div 按钮，弹出"插入 Div"对话框，设置如图 7-194 所示。

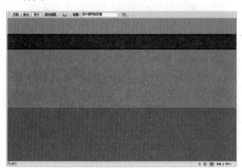

图 7-193 页面效果

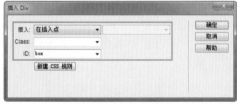

图 7-194 "插入 Div"对话框

05 单击"确定"按钮，在页面中插入一个 ID 名为 box 的 Div，如图 7-195 所示。转换到外部 CSS 样式文件中，创建名为 #box 的 CSS 样式，如图 7-196 所示。

图 7-195 插入 Div

```
#box {
    width: 975px;
    height: 100%;
    overflow: hidden;
    margin: 0px auto;
}
```

图 7-196 CSS 样式代码

提示

Div 标签只是一个标识，其作用是把内容标示为一个区域，并不负责其他事情。Div 只是 CSS 布局工作的第一步，需要通过 Div 将页面中的内容元素标示出来，而为内容添加样式则由 CSS 来完成。

06 返回设计视图中，可以看到 ID 名称为 box 的 Div 的效果，如图 7-197 所示。

图 7-197 Div 的效果

07 将光标移至名为 box 的 Div 中，将多余文字删除。单击"插入"面板上的 Div 按钮，弹出"插入 Div"对话框，设置如图 7-198 所示。单击"确定"按钮，在名为 box 的 Div 中插入名为 top 的 Div，转换到外部 CSS 样式文件中，创建名为 #top 的 CSS 样式，如图 7-199 所示。

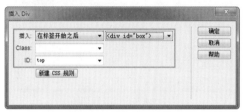

图 7-198 "插入 Div"对话框

```
#top {
    width: 100%;
    height: 86px;
}
```

图 7-199 CSS 样式代码

08 返回设计视图中，可以看到名称 top 的 Div 的效果，如图 7-200 所示。单击"插入"面板上的 Div 按钮，弹出"插入 Div"对话框，设置如图 7-201 所示。

图 7-200 页面效果

图 7-201 "插入 Div"对话框

09 单击"确定"按钮，在名为 top 的 Div 中插入名为 logo 的 Div，转换到外部 CSS 样式文件中，创建名为 #logo 的 CSS 样式，如图 7-202 所示。将光标移至名为 logo 的 Div 中，将多余文字删除，插入图像"光盘\源文件\第7章\images\7802.jpg"，如图 7-203 所示。

```
#logo {
    width: 514px;
    height: 86px;
    float: left;
}
```
图 7-202 CSS 样式代码

图 7-203 插入图像

10 单击"插入"面板上的 Div 按钮，弹出"插入 Div"对话框，设置如图 7-204 所示。单击"确定"按钮，在名为 logo 的 Div 之后插入名为 top-link 的 Div，转换到外部 CSS 样式文件中，创建名为 #top-link 的 CSS 样式，如图 7-205 所示。

图 7-204 "插入 Div"对话框

```
#top-link {
    width: 235px;
    height: 27px;
    background-image: url(../images/7803.gif);
    background-repeat: no-repeat;
    margin-left: 190px;
    padding-left: 10px;
    padding-right: 10px;
    text-align: center;
    line-height: 25px;
    float: left;
}
```
图 7-205 CSS 样式代码

11 返回设计视图中，可以看到名称为 top-link 的 Div 的效果，如图 7-206 所示。将光标移至名为 top-link 的 Div 中，将多余文字删除，输入相应的文字，如图 7-207 所示。

图 7-206 页面效果

图 7-207 输入文字

12 转换到代码视图中，在刚输入的文字中添加相应的 <span> 标签，如图 7-208 所示。转换到外部

CSS 样式文件中，创建名为 #top-link span 的 CSS 样式，如图 7-209 所示。

```
<div id="top">
    <div id="logo"><img src="images/7802.jpg" width="514" height="86" /></div>
    <div id="top-link">网站首页<span>|</span>站点地图<span>|</span>联系我们</div>
</div>
```
图 7-208 添加 <span> 标签

```
#top-link span {
    margin-left: 12px;
    margin-right: 12px;
}
```
图 7-209 CSS 样式代码

13 返回设计视图中，页面效果如图 7-210 所示。单击"插入"面板上的 Div 按钮，弹出"插入 Div"对话框，设置如图 7-211 所示。

图 7-210 页面效果

图 7-211 "插入 Div"对话框

14 单击"确定"按钮，在名为 top 的 Div 之后插入名为 menu 的 Div，转换到外部 CSS 样式文件中，创建名为 #menu 的 CSS 样式，如图 7-212 所示。返回设计视图中，可以看到名为 menu 的 Div 的效果，如图 7-213 所示。

```
#menu {
    height: 35px;
    text-align: right;
    padding-right: 16px;
    margin-bottom: 4px;
}
```
图 7-212 CSS 样式代码

图 7-213 页面效果

15 将光标移至名为 menu 的 Div 中，将多余文字删除，依次插入相应的图像，如图 7-214 所示。单击"插入"面板上的 Div 按钮，弹出"插入 Div"对话框，设置如图 7-215 所示。

图 7-214 页面效果

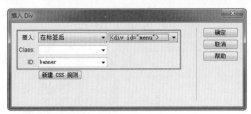

图 7-215 "插入 Div"对话框

16 单击"确定"按钮，在名为 menu 的 Div 之后插入名为 banner 的 Div，转换到外部 CSS 样式文件中，创建名为 #banner 的 CSS 样式，如图 7-216 所示。返回设计视图，将名为 banner 的 Div 中多余的文字删除，并在该 Div 中插入相应的图像，如图 7-217 所示。

```
#banner {
    width: 975px;
    height: 235px;
}
```

图 7-216 CSS 样式代码

图 7-217 页面效果

17 单击"插入"面板上的 Div 按钮，弹出"插入 Div"对话框，设置如图 7-218 所示。单击"确定"按钮，在名为 banner 的 Div 之后插入名为 main 的 Div，转换到外部 CSS 样式文件中，创建名为 #main 的 CSS 样式，如图 7-219 所示。

图 7-218 "插入 Div"对话框

```
#main {
    width: 951px;
    height: 315px;
    background-color: #4A4A5D;
    margin: 0px auto;
    padding-top: 15px;
}
```

图 7-219 CSS 样式代码

18 返回设计视图中，页面效果如图 7-220 所示。将光标移至名为 main 的 Div 中，将多余文字删除，单击"插入"面板上的 Div 按钮，弹出"插入 Div"对话框，设置如图 7-221 所示。

图 7-220 页面效果

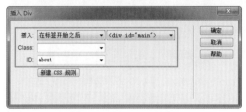

图 7-221 "插入 Div"对话框

19 单击"确定"按钮，在名为 main 的 Div 中插入名为 about 的 Div，转换到外部 CSS 样式文件中，创建名为 #about 的 CSS 样式，如图 7-222 所示。返回设计视图中，页面效果如图 7-223 所示。

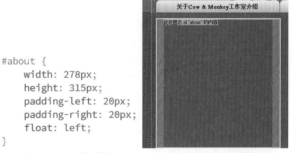

```
#about {
    width: 278px;
    height: 315px;
    padding-left: 20px;
    padding-right: 20px;
    float: left;
}
```

图 7-222 CSS 样式代码　　　图 7-223 页面效果

20 将光标移至名为 about 的 Div 中，将多余文字删除，输入相应的文字，如图 7-224 所示。转换到外部 CSS 样式文件中，创建名为 .font01 的 CSS 样式，如图 7-225 所示。

```
.font01 {
    color: #23232F;
    font-weight: bold;
}
```

图 7-224 输入文字　　　图 7-225 CSS 样式代码

21 返回设计视图中，选中相应的文字，在"属性"面板上的"类"下拉列表中选择刚定义的名为 font01 的类 CSS 样式应用，如图 7-226 所示。单击"插入"

面板上的 Div 按钮，弹出"插入 Div"对话框，设置如图 7-227 所示。

图 7-226 页面效果

图 7-227 "插入 Div"对话框

22 单击"确定"按钮，在名为 about 的 Div 之后插入名为 work 的 Div，转换到外部 CSS 样式文件中，创建名为 #work 的 CSS 样式，如图 7-228 所示。返回设计视图中，页面效果如图 7-229 所示。

```
#work {
    width: 277px;
    height: 315px;
    padding-left: 20px;
    padding-right: 20px;
    float: left;
}
```

图 7-228 CSS 样式代码

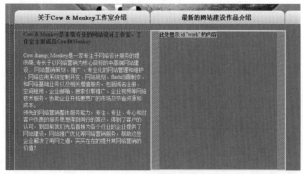

图 7-229 页面效果

23 将光标移至名为 work 的 Div 中，将多余文字删除，输入相应的文字，并插入相应的图像，如图 7-230 所示。转换到外部 CSS 样式文件中，创建名为 .pic01 的 CSS 样式，如图 7-231 所示。

图 7-230 页面效果

```
.pic01 {
    margin-top: 30px;
    border: 6px solid #313140;
    float: left;
}
```

图 7-231 CSS 样式代码

24 返回设计视图中，选中相应的文字，在"类"下拉列表中选择 font01 的类 CSS 样式应用，选中图像，在 Class 下拉列表中选择 pic01 的类 CSS 样式应用，如图 7-232 所示。单击"插入"面板上的 Div 按钮，弹出"插入 Div"对话框，设置如图 7-233 所示。

图 7-232 页面效果

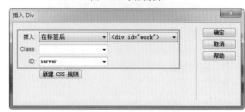

图 7-233 "插入 Div"对话框

25 单击"确定"按钮，在名为 work 的 Div 之后插入名为 server 的 Div，转换到外部 CSS 样式文件中，创建名为 #server 的 CSS 样式，如图 7-234 所示。返回设计视图中，页面效果如图 7-235 所示。

```
#server {
    width: 276px;
    height: 315px;
    padding-left: 20px;
    padding-right: 20px;
    line-height: 25px;
    float: left;
}
```

图 7-234 CSS 样式代码

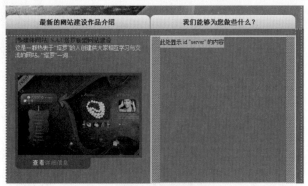

图 7-235　页面效果

26　将光标移至名为 server 的 Div 中，将多余的文字删除，输入相应的文字，如图 7-236 所示。转换到代码视图中，为该部分文字添加相应的项目列表标签，如图 7-237 所示。

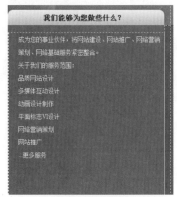

图 7-236　页面效果

```
<div id="server">成为您的事业伙伴，将网站建设、网
站推广、网络营销策划、网络基础服务紧密整合。<br />
关于我们的服务范围：<br />
<ul>
    <li>品质网站设计</li>
    <li>多媒体互动设计</li>
    <li>动画设计制作</li>
    <li>平面标志VI设计</li>
    <li>网络营销策划</li>
    <li>网站推广</li>
</ul>
...更多服务
</div>
```

图 7-237　添加相应的代码

27　转换到外部 CSS 样式文件中，创建名为 #server li 的 CSS 样式，如图 7-238 所示。返回设计视图中，页面效果如图 7-239 所示。

```
#server li {
    list-style-type: none;
    background-image: url(../images/7812.gif);
    background-repeat: no-repeat;
    background-position: left center;
    line-height: 30px;
    font-weight: bold;
    padding-left: 30px;
}
```

图 7-238　CSS 样式代码

图 7-239　页面效果

28　单击"插入"面板上的 Div 按钮，弹出"插入 Div"对话框，设置如图 7-240 所示。转换到外部 CSS 样式文件中，创建名为 #bottom 的 CSS 样式，如图 7-241 所示。

图 7-240　"插入 Div"对话框

```
#bottom {
    width: 931px;
    height: 110px;
    padding-top: 30px;
    padding-left: 20px;
    margin: 0px auto;
    line-height: 20px;
    background-image: url(../images/7814.gif);
    background-repeat: repeat-x;
}
```

图 7-241　CSS 样式代码

29　返回设计视图中，页面效果如图 7-242 所示。将光标移至名为 bottom 的 Div 中，将多余文字删除，插入相应的图像并输入文字，如图 7-243 所示。

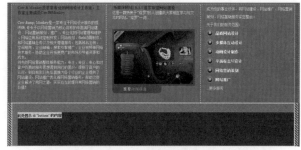

图 7-242　页面效果

图 7-243　页面效果

30 完成该网站页面的制作，执行"文件 > 保存"命令，保存页面，在浏览器中预览页面，效果如图 7-244 所示。

图 7-244 在浏览器中预览页面效果

7.9 本章小结

本章重点介绍了在 Dreamweaver CC 中 CSS 样式的使用方法，它在网页制作中是一项非常重要的技术，现在已经得到了广泛应用。在只有 HTML 的时代，只能实现简单的网页效果。当有了 CSS 样式，网页排版可以说是有了很大的变化，过去只有在印刷中才能实现的一些排版效果，现在使用网页文件也可以实现了。

第 8 章 认识并应用 CSS 3 属性

CSS 样式在网页布局和排版中的功能强大，可以说 CSS 是网页设计的利器。不但如此，CSS 样式在原有的基础上还在不断完善，CSS 3 新增了许多实用的属性，例如圆角边框、元素阴影和透明度等，实现了以前无法实现或难以实现的功能，并且最新的 Dreamweaver CC 全面支持 CSS 3 属性设置。

8.1 CSS 3 新增选择器类型

在 CSS 3 中新增了 3 种选择器类型，分别是属性选择器、结构伪类选择器和 UI 元素状态伪类选择器。本节将详细介绍这 3 种新增的选择器。

8.1.1 属性选择器

属性选择器是指直接使用属性控制 HTML 标记样式，它可以根据某个属性是否存在或者通过属性值来查找元素，具有很强大的效果。与使用 CSS 样式对 HTML 标签进行修饰有很大的不同，它避免了通过使用 HTML 标签名称或自定义名称指向具体的 HTML 元素，来达到控制 HTML 标签样式的目的。因此，具有很大的方便性。

常见的属性选择器有如下几种。

1. E[foo]

选择匹配 E 的元素，且该元素定义了 foo 属性。注意，E 选择器可以省略，表示选择定义了 foo 属性的任意类型元素。

2. E[foo="bar"]

选择匹配 E 的元素，且该元素将 foo 属性值定义为 bar。注意，E 选择器可以省略，用法与上一个选择器类似。

3. E[foo~="bar"]

选择匹配 E 的元素，且该元素定义了 foo 属性，foo 属性值是一个以空格符分割的列表，其中一个列表的值为 bar。注意，E 选择符可以省略，表示可以匹配任意类型的元素。

例如，a[title~="b1"] 匹配 <a title="b1 b2 b3"></a>，而不匹配 <a title="b2 b3 b5"></a>。

4. E[foo|="en"]

选择匹配 E 的元素，且该元素定义了 foo 属性，foo 属性值是一个用连字符（-）分割的列表，值开头的字符为 en。

注意，E 选择符可以省略，表示可以匹配任意类型的元素。例如，[lang|="en"] 匹配 <body lang="en-us"></body>，而不是匹配 <body lang="f-ag"></body>。

5. E[foo^="bar"]

选择匹配 E 的元素，且该元素定义了 foo 属性，foo 属性值包含了前缀为 bar 的子字串符。注意，E 选择符可以省略，表示可以匹配任意类型的元素。例如，body[lang^="en"] 匹配 <body lang="en-us"></body>，而不匹配 <body lang="f-ag"></body>。

6. E[foo¥="bar"]

选择匹配 E 的元素，且该元素定义了 foo 属性，foo 属性值包含后缀为 bar 的子字符串。注意，E 选择符可以省略，表示可以匹配任意类型的元素。例如，img[src¥="jpg"] 匹配 <img src="banner.jpg"/>，而不匹配 <img src="banner.gif"/>。

7. E[foo*="bar"]

选择匹配 E 的元素，且该元素定义了 foo 属性，foo 属性值包含 bar 的子字符串。注意，E 选择器可以省略，表示可以匹配任意类型的元素。例如，img[src¥="jpg"] 匹配 <img src="banner.jpg"/>，而不匹配 <img src="banner.gif"/>。

8.1.2 结构伪类选择器

结构伪类选择器是指运用文档结构树来实现元素过滤。简单来说，就是利用文档结构之间的相互关系来匹配指定的元素，用来减少文档内对 class 属性以及 ID 属性的定义，从而可以使整个文档更加简练。

常见的结构伪类选择器有如下几种。

1. E:root

匹配文档的根元素，对于 HTML 文档，就是 HTML 元素。

2. E:nth-child(n)

匹配其父元素的第 n 个子元素，第一个编号为 1。

3. E:nth-of-type(n)

与 ":nth-child()" 作用类似，但是仅匹配使用同种标签的元素。

4. E:nth-last-of-type(n)

与 ":nth-last-child" 作用类似，但是仅匹配使用同种标签的元素。

5. E:last-child

匹配父元素的最后一个子元素，等同于 ":nth-last-child(1)"。

6. E:first-of-type

匹配父元素下使用同种标签的第一个子元素，等同于 ":nth-of-type(1)"。

7. E:last-of-type

匹配父元素下使用同种标签的最后一个子元素，

等同于 ":nth-last-of-type(1)"。

8. E:only-child

匹配父元素下仅有的一个子元素，等同于 :first-child:ast-child" 或 ":nth-child(1):nth-last-child(1)"。

9. E:only-of-type

匹配父元素下使用同种标签的唯——个元素，等同于 ":first-of-type:last-of-type" 或 ":nth-of-type(1):nth-last-of-type(1)"。

10. E:empty

匹配一个不包含任何子元素的元素，注意文本节点也被看作子元素。

8.1.3 UI 元素状态伪类选择器

UI 元素状态包括可用、不可用、选中、未选中、获取焦点、失去焦点、锁定和待机等。常用的 UI 元素状态伪类选择器有以下几种。

> **提示**
>
> UI 是用户界面（User interface）的缩写，所谓的 UI 设计是指对软件的人机交互、操作逻辑和界面美观的综合设计。优秀的 UI 设计不仅可以使软件更加独特、有品位，而且还给用户的使用带来简单、舒适和轻松的感觉。

1. E:enabled

选择匹配 E 的所有可用 UI 元素。注意，在网页中，UI 元素一般是指包含在 form 元素内的表单元素。例如 "input:enabled" 匹配 <form><input type="text"><input type="button"disabled="disabled"></form> 代码中的文本框，而不匹配代码中的按钮。

2. E:disabled

选择匹配 E 的所有不可用元素。注意，在网页中，UI 元素一般是指包含在 form 元素内的表单元素。例如 "input:disabled" 匹配 <form><input type="text"><input type="button""disabled="disabled"></form> 代码中的按钮，而不匹配代码中的文本框。

3. E:checked

选择匹配 E 的所有可用 UI 元素。注意，在网页中，UI 元素一般是指包含在 from 元素内的表单元素。例如 "input:checked" 匹配

`<form><input type="checkbox"><input type="radio"checked="checked"></form>` 代码中的单选按钮，但不匹配该代码中的复选框。

8.2 CSS 3 新增布局属性

在 CSS 3 中有 3 种布局相关的属性，分别为 overflow 属性、opacity 属性和 column 属性。在 Dreamweaver CC 的"CSS 设计器"面板中提供了 overflow 和 opacity 两种 CSS 3 属性的设计，column 属性则只能通过手动编写的方式进行设置。

8.2.1 overflow 属性

当对象的内容超过其指定的高度及宽度时应该如何进行处理？在 CSS 3 中新增了 overflow 属性，通过该属性可以设置当内容溢出时的处理方法。

overflow 属性的语法格式如下。

`overflow: visible | auto | hidden | scroll;`

- visible：不剪切内容也不添加滚动条。如果显示声明该默认值，对象将被剪切为包含对象的 window 或 frame 的大小，并且 clip 属性设置将失效。

- auto：该属性值为 body 对象和 textarea 的默认值，在需要时剪切内容并添加滚动条。

- hidden：不显示超过对象尺寸的内容。

- scroll：总是显示滚动条。

overflow 属性还有两个相关属性 overflow-x 和 overflow-y，分别用于设置水平方向溢出处理方式和垂直方向上的溢出处理方式。

8.2.2 opacity 属性

opacity 属性用来设置一个元素的透明度，opacity 取值为 1 时是完全不透明的；反之，取值为 0 时是完全透明的。1 和 0 之间的任何值都表示该元素的透明度。

opacity 属性的语法格式如下。

`opacity:<length>|inherit;`

- length：由浮点数字和单位标识符组成的长度值，不可以为负值，默认值为 1。

- inherit：默认继承，继承父级元素的 opacity 属性设置。

动手实践——实现网页元素半透明效果

📋 最终文件：光盘 \ 最终文件 \ 第 8 章 \8-2-2.html

🎬 视频：光盘 \ 视频 \ 第 8 章 \8-2-2.swf

 执行"文件 > 打开"命令，打开页面"光盘 \

源文件 \ 第 8 章 \8-2-2.html"，页面效果如图 8-1 所示。转换到该文件所链接的外部 CSS 样式文件中，在名为 #box 的 CSS 样式中添加圆角边框的 CSS 样式设置，如图 8-2 所示。

图 8-1 打开页面

```
#box {
    width: 470px;
    height: 100%;
    overflow: hidden;
    background-color: #FFF;
    margin-left: 150px;
    margin-top: 100px;
    padding: 15px;
    border-radius: 15px;
}
```

图 8-2 CSS 样式代码

02 保存外部 CSS 样式文件，在浏览器中预览页面，效果如图 8-3 所示。返回到外部的 CSS 样式文件中，在名为 #box 的 CSS 样式中添加半透明的设置代码，如图 8-4 所示。

图 8-3 在浏览器中预览效果

```
#box {
    width: 470px;
    height: 100%;
    overflow: hidden;
    background-color: #FFF;
    margin-left: 150px;
    margin-top: 100px;
    padding: 15px;
    border-radius: 15px;
    opacity: 0.7;
}
```

图 8-4 CSS 样式代码

03 保存外部CSS样式文件,在浏览器中预览页面,效果如图 8-5 所示。

图 8-5 在浏览器中预览效果

8.2.3 column 属性

网页设计者如果要设计多列布局,不外乎两种方法,一种是浮动布局,另一种是定位布局。浮动布局比较灵活,但容易发生错位,需要添加大量的附加代码或无用的换行符,增加了不必要的工作量。定位布局可以精确地确定位置,不会发生错位,但无法满足模块的适应能力。在 CSS 3 中新增了 column 属性,通过该属性可以轻松实现多列布局。

column 属性的语法格式如下。

```
column-width: [<length> | auto];
column-count: <integer> | auto;
column-gap: <length> | normal;
column-rule:<length>|<style>|<color>;
```

⚫ column-width:该属性用于定义列宽度,length 由浮点数和单位标识符组成的长度值。

⚫ column-count:该属性用于定义列数,integer 用于定义栏目的列数,取值为大于 0 的整数,不可为负值。

⚫ column-gap:该属性用于定义列间距,length 由浮点数和单位标识符组成的长度值。

⚫ column-rule:该属性用于定义列边框,length 由浮点数和单位标识符组成的长度值;style 用于设置边框样式;color 用于设置边框的颜色。

动手实践——实现网页内容分栏显示

📄 最终文件:光盘 \ 最终文件 \ 第 8 章 \8-2-3.html

🎬 视频:光盘 \ 视频 \ 第 8 章 \8-2-3.swf

01 执行"文件 > 打开"命令,打开页面"光盘 \ 源文件 \ 第 8 章 \8-2-3.html",效果如图 8-6 所示。在浏览器中预览该页面的效果如图 8-7 所示。

图 8-6 打开页面

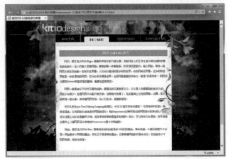

图 8-7 在浏览器中预览效果

02 转换到该文件所链接的外部CSS样式文件中,找到名为 #main 的 CSS 样式设置,添加列数设置的 CSS 样式代码,如图 8-8 所示。保存外部 CSS 样式文件,在浏览器中预览页面,可以看到名为 main 的 Div 被分成了 3 列布局,如图 8-9 所示。

```
#main {
    width:527px;
    height:570px;
    float:left;
    padding:20px;
    text-indent: 24px;
    column-count: 3;
}
```

图 8-8 CSS 样式代码

图 8-9 在浏览器中预览效果

03 返回到外部的 CSS 样式文件中，在名为 #main 的 CSS 样式中添加列间距的设置代码，如图 8-10 所示。保存外部 CSS 样式文件，在浏览器中预览页面，效果如图 8-11 所示。

```
#main {
    width:527px;
    height:570px;
    float:left;
    padding:20px;
    text-indent: 24px;
    column-count: 3;
    column-gap: 30px;
}
```

图 8-10 CSS 样式代码

图 8-11 在浏览器中预览效果

04 返回到外部的 CSS 样式文件中，在名为 #main 的 CSS 样式中添加列边框的设置代码，如图 8-12 所示。保存外部 CSS 样式文件，在浏览器中预览页面，效果如图 8-13 所示。

```
#main {
    width:527px;
    height:570px;
    float:left;
    padding:20px;
    text-indent: 24px;
    column-count: 3;
    column-gap: 30px;
    column-rule: dashed 1px #333;
}
```

图 8-12 CSS 样式代码

图 8-13 在浏览器中预览效果

8.3　CSS 3 新增文本属性

　　文本属性是 CSS 样式中常用的设置属性，在 CSS 3 中新增了 word-wrap 属性、text-overflow 属性和 text-shadow 属性。在本节中将向用户介绍这 3 种 CSS 3 中新增的文本相关的属性。

8.3.1　word-wrap 属性

　　word-wrap 属性用于设置如果当前文本行超过指定容器的边界时是否断开转行，word-wrap 属性的语法格式如下。

word-wrap: normal | break-word

　　◯ normal：控制连续文本换行。

　　◯ break-word：内容将在边界内换行。如果需要，词内换行也会发生。

> **提示**
>
> 　　word-wrap 属性主要是针对英文或阿拉伯数字进行强制换行，而中文内容本身具有遇到容器边界后自动换行的功能，所以将该属性应用于中文起不到什么效果。

8.3.2　text-overflow 属性

　　在网页中显示信息时，如果指定显示信息过长超过了显示区域的宽度，其结果就是信息溢出指定的信息区域，从而破坏了整个网页布局。如果设置的信息显示区域过长，就会影响整体页面的效果。以前遇到这种情况，需要使用 JavaScript 将超出的信息进行省略。现在，只需要使用 CSS 3 中新增的 text-overflow 属性，就可以解决这个问题。

　　text-overflow 属性的语法格式如下。

text-overflow: clip | ellipsis

　　◯ clip：不显示省略标记（…），而是简单的裁切。

　　◯ ellipsis：当对象内文本溢出时显示省略标记（…）。

提示

需要特殊说明的是，text-overflow 属性非常特殊，当设置的属性值不同时，其浏览器对 text-overflow 属性支持也不相同。当 text-overflow 属性值为 clip 时，主流的浏览器都能够支持；如果 text-overflow 属性值为 ellipsis 时，除了 Firefox 浏览器不支持，其他主流的浏览器都能够支持。

8.3.3 text-shadow 属性

在显示文字时，有时根据需求，需要为文字添加阴影效果从而增强文字的瞩目性。通过 CSS 3 中新增的 text-shadow 属性就可以轻松实现为文字添加阴影的效果。

text-shadow 属性的语法格式如下。

```
text-shadow: none | <length> none | [<shadow>,]*
<opacity>或none | <color> [,<color>]*
```

🔽 length：由浮点数字和单位标识符组成的长度值，可以为负值，用于设置阴影的水平延伸距离。

🔽 color：用于设置阴影的颜色。

🔽 opacity：用于指定模糊效果的作用距离。

动手实践——在网页中实现文字阴影

📄 最终文件：光盘 \ 最终文件 \ 第 8 章 \8-3-3.html

📁 视频：光盘 \ 视频 \ 第 8 章 \8-3-3.swf

01 执行"文件 > 打开"命令，打开页面"光盘 \ 源文件 \ 第 8 章 \8-3-3.html"，可以看到页面效果，如图 8-14 所示。转换到该网页所链接的外部 CSS 样式表文件中，创建名为 .font01 的 CSS 类样式，如图 8-15 所示。

图 8-14 页面效果

```
.font01 {
    text-shadow: 5px 2px 6px #036;
}
```

图 8-15 CSS 样式代码

02 返回设计视图中，为相应的文字应用刚刚定义的 font01 样式，如图 8-16 所示。保存页面，并保存外部 CSS 样式表文件，在浏览器中预览页面，可以看到文字阴影的效果，如图 8-17 所示。

图 8-16 应用 CSS 样式

图 8-17 在浏览器中预览页面效果

技巧

text-shadow 属性中的 opacity 参数表示文字阴影的模糊效果距离，由浮点数字和单位标识符组成的长度值，不可以为负值。如果仅仅需要模糊效果，将前两个 length 属性全部设置为 0。

8.4 CSS 3 新增边框属性 🔍

在 CSS 3 中新增了 3 种有关边框设置的属性，分别是 border-colors 属性、border-image 属性和 border-radius 属性，通过这 3 种新增的 CSS 属性，可以在网页中实现许多特殊的元素边框效果。

8.4.1　border-colors 属性

border-color 属性可以用来设置对象边框的颜色，在 CSS 3 中增强了该属性的功能。如果设置了 border 的宽度为 Npx，那么就可以在这个 border 上使用 N 种颜色，每种颜色显示 1px 的宽度。如果所设置的 border 的宽度为 10 像素，但只声明了 5 种或 6 种颜色，那么最后一个颜色将被添加到剩下的宽度。

border-colors 属性的语法格式如下。

border-colors: <color> <color> <color>…

border-colors 属性以分开进行设置，分别为 4 个边设置多种颜色，分别为 border-top-colors（定义顶部的边框颜色）、border-right-colors（定义右侧的边框颜色）、border-bottom-colors（定义底部的边框颜色）和 border-left-colors（定义左侧的边框颜色）。

8.4.2　border-image 属性

为了增强边框效果，CSS 3 中新增了 border-image 属性，用来设置实现使用图像作为对象的边框效果，注意，如果 <table> 标签设置了 "border-collapse: collapse"，则 border-image 属性设置将会无效。

border-image 属性的语法格式如下。

border-image: none | <image> [<number> | <percentage>]{1,4}[/ <border-width>{1,4}]? [stretch | repeat | round] {0,2}

- none：none 为默认值，表示无图像。
- image：用于设置边框图像，可以使用绝对地址或相对地址。
- number：边框宽度或者边框图像的大小，使用固定像素值表示。
- percentage：用于设置边框图像的大小，即边框宽度，用百分比表示。
- stretch | repeat | round：拉伸 | 重复 | 平铺（其中 stretch 是默认值）。

为了能够更加方便灵活地定义边框图像，CSS 3 允许从 border-image 属性派生出众多的子属性，包括 border-top-image（定义上边框图像）、border-right-image（定义右边框图像）、border-bottom-image（定义下边框图像）、border-left-image（定义左边框图像）、border-top-left-image（定义边框左上角图像）、border-top-right-image（定义边框右上角图像）、border-bottom-left-image（定义边框左下角图像）、border-bottom-right-image（定义边框右下角图像）、border-image-source（定义边框图像源，即图像的地址）、border-image-slice（定义如何裁切边框图像）、border-image-repeat（定义边框图像重复属性）、border-image-width（定义边框图像的大小）和 border-image-outset（定义边框图像的偏移位置）。

8.4.3　border-radius 属性

在 CSS 3 之前，如果需要在网页中实现圆角边框的效果，通常都是使用图像来实现，而在 CSS 3 中新增了圆角边框的定义属性 border-radius，通过该属性，可以轻松地在网页中实现圆角边框效果。

border-radius 属性的语法格式如下。

border-radius: none | <length>{1,4} [/ <length>{1,4}]?

- none：none 为默认值，表示不设置圆角效果。
- length：用于设置圆角度数值，由浮点数字和单位标识符组成，不可以设置为负值。

border-radius 属性可以分开，分别为 4 个角设置相应的圆角值，如 border-top-right-radius（右上角）、border-bottom-right-radius（右下角）、border-bottom-left-radius（左下角）、border-top-left-radius（左上角）。

动手实践——实现网页中圆角边框效果

📄 最终文件：光盘 \ 最终文件 \ 第 8 章 \8-4-3.html

📹 视频：光盘 \ 视频 \ 第 8 章 \8-4-3.swf

01 执行"文件 > 打开"命令，打开页面"光盘 \ 源文件 \ 第 8 章 \8-4-3.html"，如图 8-18 所示。转换到所链接的外部 CSS 样式表文件"8-4-3.css"中，找到名为 #box 和名为 #title 的 CSS 样式，如图 8-19 所示。

图 8-18　页面效果

```
#box {                          #title {
    width: 500px;                   height: 30px;
    height: 100%;                   font-weight: bold;
    overflow: hidden;               color: #827C29;
    background-color: #FFF;         line-height: 30px;
    border: solid 1px #C8C8C8;      background-color: #EEECC4;
    padding: 10px;                  border: solid 1px #b8b47c;
    margin: 20px auto;              padding-left: 20px;
}                               }
```

图 8-19　CSS 样式代码

02 在这两个 CSS 样式代码中添加圆角边框的 CSS 样式设置，如图 8-20 所示。执行"文件 > 保存"命令，保存外部样式表文件，在浏览器中预览页面，可以看到所实现的圆角边框效果，如图 8-21 所示。

```
#box {
    width: 500px;
    height: 100%;
    overflow: hidden;
    background-color: #FFF;
    border: solid 1px #C8C8C8;
    padding: 10px;
    margin: 20px auto;
    border-radius: 10px;
}
```

```
#title {
    height: 30px;
    font-weight: bold;
    color: #827C29;
    line-height: 30px;
    background-color: #EEECC4;
    border: solid 1px #b8b47c;
    padding-left: 20px;
    border-radius: 10px;
}
```

图 8-20 CSS 样式代码

图 8-21 在浏览器中预览效果

03 返回到外部 CSS 样式表文件中，修改名为 #title 的 CSS 样式中圆角边框的 CSS 样式定义，如图 8-22 所示。执行"文件 > 保存"命令，保存外部样式表文件，在浏览器中预览页面，可以看到所实现

的圆角边框效果，如图 8-23 所示。

```
#title {
    height: 30px;
    font-weight: bold;
    color: #827C29;
    line-height: 30px;
    background-color: #EEECC4;
    border: solid 1px #b8b47c;
    padding-left: 20px;
    border-radius: 10px 0px 10px 0px;
}
```

图 8-22 CSS 样式代码

图 8-23 在浏览器中预览效果

技巧

第一个值是水平半径值。如果第二个值省略，则它等于第一个值，这时这个角就是一个 1/4 圆角。如要任意一个值为 0，则这个角是矩形，不会是圆的。所设置的角不允许为负值。

8.5 CSS 3 新增背景属性

在 CSS 3 中新增了 3 种颜色设置方法和 3 种背景图像控制属性，从而使用户通过 CSS 样式可以更加灵活地控制网页元素的背景图像。本节将向用户介绍 CSS 3 中新增的颜色设置方法和背景控制属性。

8.5.1 HSL 和 HSLA 颜色设置方法

CSS 3 中新增了 HSL 颜色表现方式。HSL 色彩模式是工业界的一种颜色标准，这个标准几乎包括了人类视力可以感知的所有颜色，是目前运用最为广泛的颜色系统之一。

HSLA 是 HSL 颜色定义方法的扩展，在色相、饱和度及亮度 3 个要素的基础上增加了透明度的设置，使用 HSLA 颜色定义方法，能够灵活地设置各种不同的透明效果。

HSLA 色彩定义的语法格式如下。

hsla(<length>,<percentage>,<percentage>,<opacity>);

🔹 length：表示 Hue（色调），0（或 360）表示红色，120 表示绿色，240 表示蓝色，当然也可以用其他

的数值来确定其他颜色。

🔹 percentage：表示 Saturation（饱和度），取值范围为 0~100%。

🔹 percentage：表示 Lightness（亮度），取值范围为 0~100%。

🔹 opacity：表示不透明度，取值范围为 0~1。

8.5.2 RGBA 颜色设置方法

RGBA 是在 RGB 的基础上多了控制 Alpha 透明度的参数。

RGBA 色彩定义的语法格式如下。

rgba(r,g,b<opacity>);

其中 r、g、b 分别表示红色、绿色和蓝色 3 种原色所占的比重。第 4 个属性 <opacity> 表示不透明度，取值范围为 0~1。

动手实践——实现半透明背景颜色

国 最终文件：光盘 \ 最终文件 \ 第 8 章 \8-5-2.html

视频：光盘 \ 视频 \ 第 8 章 \8-5-2.swf

01 执行"文件 > 打开"命令，打开页面"光盘 \ 源文件 \ 第 8 章 \8-5-2.html"，可以看到页面效果，如图 8-24 所示。转换到该网页所链接的外部 CSS 样式表文件中，找到名为 #bg 的 CSS 样式，如图 8-25 所示。

图 8-24 页面效果

```
#bg {
    width: 100%;
    height: 100px;
    background-color: #FFF;
    font-size: 30px;
    font-weight: bold;
    color: #036;
    line-height: 100px;
    text-align: center;
    margin-top: 80px;
}
```

图 8-25 CSS 样式代码

02 在名为 #bg 的 CSS 样式代码中修改背景颜色的设置方式，使用 RGBA 颜色设置方法，如图 8-26 所示。保存页面，并保存外部 CSS 样式文件，在浏览器中预览，可以看到元素半透明背景色效果，如图 8-27 所示。

```
#bg {
    width: 100%;
    height: 100px;
    background-color: rgba(255,255,255,0.5);
    font-size: 30px;
    font-weight: bold;
    color: #036;
    line-height: 100px;
    text-align: center;
    margin-top: 80px;
}
```

图 8-26 CSS 样式代码

图 8-27 预览页面效果

> **提示**
>
> R、G、B 3 个参数，正整数值的取值范围为 0~255，百分比数值的取值范围为 0~100%，超出范围的数值将被截至其最接近的取值极限。注意，并不是所有的浏览器都支持使用百分比数值。A 参数的取值范围为 0~1，不可以为负值。

8.5.3　background-origin 属性

在 CSS 3 中新增了 background-origin 属性，通过该属性可以大大改善背景图像的定位方式，能够更加灵活地对背景图像进行定位。默认情况下，background-position 属性总是以元素左上角原点作为背景图像定位，使用新增的 background-origin 属性可以改变这种背景图像定位方式。

background-origin 属性的语法格式如下。

background-origin: border | padding | content

> 🔽 border：从 border 区域开始显示背景图像。

> 🔽 padding：从 padding 区域开始显示背景图像。

> 🔽 content：从盒子内容区域开始显示背景图像。

8.5.4　background-clip 属性

在 CSS 3 中新增了 background-clip 属性，通过该属性可以定义背景图像的裁剪区域。background-clip 属性与 background-origin 属性有一些相似，background-clip 属性用来判断背景图像是否包含边框区域，而 background-origin 属性用来决定 background-position 属性定位的参考位置。

background-clip 属性的语法格式如下。

background-clip: border-box | padding-box | content-box | no-clip

> 🔽 border-box：从 border 区域向外裁剪背景图像。

> ⟲ padding-box：从 padding 区域向外裁剪背景图像。

> ⟲ content-box：从盒模型内容区域向外裁剪背景图像。

> ⟲ no-clip：与 border-box 属性值相同，从 border 区域向外裁剪背景图像。

8.5.5 background-size 属性

　　以前在网页设计中背景图像的大小是无法控制的，如果想让背景图像填充整个页面背景，则需要事先设计一个较大的背景图像，只能让背景图像以平铺的方式来填充页面元素。在 CSS 3 中新增了 background-size 属性，通过该属性可以控制背景图像的大小。

　　background-size 属性的语法格式如下。

> background-size: [<length> | <percentage> | auto]{1,2} | cover | contain

> ⟲ length：由浮点数字和单位标识符组成的长度值，不可以为负值。

> ⟲ percentage：取值范围为 0 ~ 100%，不可以为负值。

> ⟲ cover：保持背景图像本身的宽高比，将背景图像缩放到正好完全覆盖所定义的背景区域。

> ⟲ contain：保持背景图像本身的宽高比，将图片缩放到宽度和高度正好适应所定义的背景区域。

动手实践——控制网页中背景图像的大小

📋 最终文件：光盘 \ 最终文件 \ 第 8 章 \8-5-5.html

📁 视频：光盘 \ 视频 \ 第 8 章 \8-5-5.swf

　　01 执行"文件 > 打开"命令，打开页面"光盘 \ 源文件 \ 第 8 章 \8-5-5.html"，可以看到页面效果，如图 8-28 所示。转换到该网页所链接的外部 CSS 样式表文件中，可以看到名为 #box 的 CSS 样式设置，如图 8-29 所示。

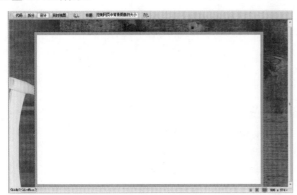

图 8-28 页面效果

```
#box {
    width: 800px;
    height: 512px;
    margin: 50px auto 0px auto;
    border: solid 10px #F90;
    background-color: #FFF;
}
```

图 8-29 CSS 样式代码

　　02 在名为 #box 的 CSS 样式中添加背景图像的 CSS 样式设置，如图 8-30 所示。保存外部 CSS 样式文件，在浏览器中预览页面，可以看到网页元素背景图像效果，如图 8-31 所示。

```
#box {
    width: 800px;
    height: 512px;
    margin: 50px auto 0px auto;
    border: solid 10px #F90;
    background-color: #FFF;
    background-image: url(../images/85502.jpg);
    background-repeat: no-repeat;
}
```

图 8-30 CSS 样式代码

图 8-31 页面效果

　　03 返回外部 CSS 样式表文件中，在名为 #box 的 CSS 样式中添加背景图像大小的属性设置，如图 8-32 所示。保存外部 CSS 样式文件，在浏览器中预览页面，可以看到控制背景图像大小的效果，如图 8-33 所示。

```
#box {
    width: 800px;
    height: 512px;
    margin: 50px auto 0px auto;
    border: solid 10px #F90;
    background-color: #FFF;
    background-image: url(../images/85502.jpg);
    background-repeat: no-repeat;
    background-size: 90% 450px;
}
```

图 8-32 CSS 样式代码

图 8-33 页面效果

8.5.6　box-shadow 属性

在 CSS 3 中新增了为元素添加阴影的新属性 box-shadow，通过该属性可以轻松实现网页中元素的阴影效果。

box-shadow 属性的语法格式如下。

> box-shadow: <length> <length> <length> || <color>;

> ⬤ length：第 1 个 length 值表示阴影水平偏移值（可以取正负值）；第 2 个 length 值表示阴影垂直偏移值（可以取正负值）；第 3 个 length 值表示阴影模糊值。

> ⬤ color：该属性值用于设置阴影的颜色。

动手实践——实现网页元素阴影效果

🗐 最终文件：光盘 \ 最终文件 \ 第 8 章 \8-5-6.html
🖳 视频：光盘 \ 视频 \ 第 8 章 \8-5-6.swf

〔01〕执行"文件 > 打开"命令，打开页面"光盘 \ 源文件 \ 第 8 章 \8-5-6.html"，页面效果如图 8-34 所示。转换到该文件所链接的外部 CSS 样式文件中，可以看到名为 #box 的 CSS 样式设置，如图 8-35 所示。

图 8-34　打开页面

```
#box {
    width: 470px;
    height: 100%;
    overflow: hidden;
    background-color: #6FA0CF;
    margin-left: 150px;
    margin-top: 100px;
    padding: 15px;
    border-radius: 15px;
}
```

图 8-35　CSS 样式代码

〔02〕将该 CSS 样式中背景颜色属性的设置修改为 CSS 3 新增的 RGBA 的颜色设置方法，如图 8-36 所示。保存外部 CSS 样式文件，在浏览器中预览页面，效果

如图 8-37 所示。

```
#box {
    width: 470px;
    height: 100%;
    overflow: hidden;
    background-color: rgba(111,160,207,0.6);
    margin-left: 150px;
    margin-top: 100px;
    padding: 15px;
    border-radius: 15px;
}
```

图 8-36　CSS 样式代码

图 8-37　在浏览器中预览效果

〔03〕返回外部的 CSS 样式文件中，在名为 #box 的 CSS 样式中添加阴影的设置代码，如图 8-38 所示。保存外部 CSS 样式文件，在浏览器中预览页面，效果如图 8-39 所示。

```
#box {
    width: 470px;
    height: 100%;
    overflow: hidden;
    background-color: rgba(111,160,207,0.6);
    margin-left: 150px;
    margin-top: 100px;
    padding: 15px;
    border-radius: 15px;
    box-shadow: 8px 8px 10px #666;
}
```

图 8-38　CSS 样式代码

图 8-39　在浏览器中预览效果

8.6　CSS 3 新增其他属性

除了前面所介绍的 CSS 3 新增属性外，CSS 3 中还新增了许多其他的属性，通过这些属性的设置在网页中能够实现许多特殊的效果。在本节中将向用户介绍 CSS 3 中新增的 outline 属性、resize 属性和 content 属性。

8.6.1 outline 属性

outline 属性用于为元素周围绘制轮廓外边框，通过设置一个数值使边框边缘的外围偏移，可以起到突出元素的作用。

outline 属性的语法格式如下。

> outline: [outline-color] || [outline-style] || [outline-width] || [outline-offset] | inherit;

- outline-color：该属性值用于指定轮廓边框的颜色。

- outline-style：该属性值用于指定轮廓边框的样式。

- outline-width：该属性值用于指定轮廓边框的宽度。

- outline-offset：该属性值用于指定轮廓边框偏移位置的数值。

- inherit：默认继承。

outline 属性还有 4 个相关子属性，即 outline-style、outline-width、outline-color 和 outline-offset，用于对外边框的相关属性分别进行设置。

8.6.2 resize 属性

在 CSS 3 中新增了区域缩放调节的功能设置，通过新增的 resize 属性，就可以实现页面中元素的区域缩放操作，调节元素的尺寸大小。

resize 属性的语法格式如下。

> resize: none | both | horizontal | vertical | inherit;

- none：不提供元素尺寸调整机制，用户不能操纵调节元素的尺寸。

- both：提供元素尺寸的双向调整机制，让用户可以调节元素的宽度和高度。

- horizontal：提供元素尺寸的单向水平方向调整机制，让用户可以调节元素的宽度。

- vertical：提供元素尺寸的单向垂直方向调整机制，让用户可以调节元素的高度。

- inherit：默认继承。

8.6.3 content 属性

content 属性用于在网页中插入生成内容。content 属性与":before"及":after"伪元素配合使用，可以将生成的内容放在一个元素内容的前面或者后面。

content 属性的语法格式如下。

> content:normal|string|attr()|url()|counter();

- normal：默认值，表示不赋予内容。

- string：赋予文本内容。

- attr()：赋予元素的属性值。

- url()：赋予一个外部资源（图像、声音、视频或浏览器支持的其他任何资源）。

- counter()：计数器，用于插入赋予标识。

8.7 使用 CSS 3 实现鼠标滑过图像动态效果

使用 CSS 3 中的 transition 属性和 transform 属性，可以实现许多鼠标滑过图像时的动画效果。下面的一个小练习将通过使有 CSS 3 中的新增属性实现鼠标经过图像的动态效果。

动手实践——实现鼠标滑过图像动态效果

📄 最终文件：光盘 \ 最终文件 \ 第 8 章 \8-7.html

🎬 视频：光盘 \ 视频 \ 第 8 章 \8-7.swf

01 执行"文件 > 打开"命令，打开页面"光盘 \ 源文件 \ 第 8 章 \8-7.html"，效果如图 8-40 所示。转换到代码视图中，在 id 名为 pic2 的 Div 中的图像后添加相应的代码，如图 8-41 所示。

图 8-40 打开页面

```
<div id="main">
    <div id="pic1"><img src="images/7711.jpg" width="375"
height="250" /></div>
    <div id="pic2"><img src="images/7712.jpg" width="375"
height="250" />
        <div class="picbg">
         <h1>合成的广告作品</h1>
         <p>一个电视机的合成广告，表现夏日清凉、畅快的感觉！</p>
        </div>
    </div>
    <div id="pic3"><img src="images/7713.jpg" width="375"
height="250" /></div>
    <div id="pic4"><img src="images/7714.jpg" width="375"
height="250" /></div>
</div>
```

图 8-41 添加相应的代码

02 转换到该文件所链接的外部 CSS 样式文件中，创建名为 .picbg 的类 CSS 样式和名为 h1 的标签 CSS 样式，如图 8-42 所示。返回代码视图中，分别在 id 名为 pic3 和 id 名为 pic4 的 Div 中添加相应的代码，如图 8-43 所示。

```
.picbg {
    width: 375px;
    height: 250px;
    background-color: #000;
    color: #FFF;
    text-align: center;
}
h1 {
    font-family: 微软雅黑;
    font-size: 18px;
    line-height: 48px;
    margin-top: 30px;
}
```

图 8-42 CSS 样式代码

```
<div id="main">
    <div id="pic1"><img src="images/7711.jpg" width="375"
height="250" /></div>
    <div id="pic2"><img src="images/7712.jpg" width="375"
height="250" />
        <div class="picbg">
         <h1>合成的广告作品</h1>
         <p>一个电视机的合成广告，表现夏日清凉、畅快的感觉！</p>
        </div>
    </div>
    <div id="pic3"><img src="images/7713.jpg" width="375"
height="250" />
        <div class="picbg">
         <h1>火焰花朵特效</h1>
         <p>一个火焰花朵的特效处理，给你不一样的视觉效果~~</p>
        </div>
    </div>
    <div id="pic4"><img src="images/7714.jpg" width="375"
height="250" />
        <div class="picbg">
         <h1>时尚的海报作品</h1>
         <p>绚丽多彩的颜色，打造出时尚的感觉！</p>
        </div>
    </div>
</div>
```

图 8-43 添加相应的代码

03 转换到该文件所链接的外部 CSS 样式文件中，创建名为 #pic1 img 和 #pic1 img:hover 的 CSS 样式，如图 8-44 所示。保存页面，在浏览器中预览页面，将鼠标移至第 1 张图像上，图像会出现慢慢变为半透明的动画效果，如图 8-45 所示。

```
#pic1 img {
    opacity: 1;
    transition: opacity;
    transition-timing-function: ease-out;
    transition-duration: 500ms;
}
#pic1 img:hover {
    opacity: 0.5;
    transition: opacity;
    transition-timing-function: ease-out;
    transition-duration: 500ms;
    cursor: pointer;
}
```

图 8-44 CSS 样式代码

图 8-45 在浏览器中预览页面

04 返回外部的 CSS 样式文件中，创建名为 #pic2、#pic2 img、#pic2 .picbg 和 #pic2 .picbg:hover 的 CSS 样式，如图 8-46 所示。保存页面，在浏览器中预览页面，当鼠标移至第 2 张图像上时，会出现半透明黑色慢慢覆盖在图像上的动画效果，如图 8-47 所示。

```
#pic2 {
    position: relative;
}
#pic2 img {
    opacity: 1;
    transition: opacity;
    transition-timing-function: ease-out;
    transition-duration: 500ms;
}
#pic2 .picbg {
    position: absolute;
    top: 5px;
    left: 5px;
    opacity: 0;
    transition: opacity;
    transition-timing-function: ease-out;
    transition-duration: 500ms;
}
#pic2 .picbg:hover {
    opacity: 0.9;
    transition: opacity;
    transition-timing-function: ease-out;
    transition-duration: 500ms;
    cursor: pointer;
}
```

图 8-46 CSS 样式代码

图 8-47 在浏览器中预览页面

05 返回外部的 CSS 样式文件中，创建名为 #pic3、#pic3 img、#pic3 .picbg 和 #pic3:hover .picbg 的 CSS 样式，如图 8-48 所示。保存页面，在浏览器中预览页面，当鼠标移至第 3 张图像上时，会出现半透明黑色由小到大覆盖图像的动画效果，如图 8-49 所示。

```css
#pic3 {
    position: relative;
}
#pic3 img {
    position: absolute;
    top: 5px;
    left: 5px;
    z-index: 0;
}
#pic3 .picbg {
    opacity: 0.9;
    position: absolute;
    z-index: 999;
    transform: scale(0);
    transition-timing-function: ease-out;
    transition-duration: 500ms;
}
#pic3:hover .picbg {
    transform: scale(1);
    transition-timing-function: ease-out;
    transition-duration: 500ms;
    cursor: pointer;
}
```

图 8-48 CSS 样式代码

图 8-49 在浏览器中预览页面

06 返回外部的 CSS 样式文件中，创建名为 #pic4、#pic4 .picbg 和 #pic4:hover .picbg 的 CSS 样式，如图 8-50 所示。保存页面，在浏览器中预览页面，当鼠标移至第 4 张图像上时，会出现半透明黑色从左至右移动覆盖图像的动画效果，如图 8-51 所示。

```css
#pic4 {
    position: relative;
}
#pic4 .picbg {
    opacity: 0.9;
    position: absolute;
    top: 5px;
    left: 5px;
    margin-left: -380px;
    transition: margin-left;
    transition-timing-function: ease-in;
    transition-duration: 500ms;
}
#pic4:hover .picbg {
    margin-left: 0px;
    cursor: pointer;
}
```

图 8-50 CSS 样式代码

图 8-51 在浏览器中预览页面

8.8　本章小结　🔍

　　本章主要介绍 CSS 3 新增属性及其使用方法。通过本章的学习，希望用户能够掌握 CSS 3 常用属性的设置和使用方法。虽然 CSS 3 新增属性能够实现许多特殊的效果，但是在许多低版本浏览器中并不支持 CSS 3 新增属性，在使用时需要注意。

第 9 章　使用 DIV+CSS 灵活布局网页

基于 Web 标准的网站设计的核心在于如何使用众多 Web 标准中的各项技术来达到表现与内容的分离，即网站的结构、表现、行为三者的分离。只有真正实现了结构分离的网页设计，才是真正意义上符合 Web 标准的网页设计。使用 HTML 以更严谨的语言编写结构，并使用 CSS 来完成网页的布局表现，因此掌握基于 DIV+CSS 的网页布局方式，是实现 Web 的基础环节。

9.1　什么是网站标准

在学习使用 DIV+CSS 对网页进行设计制作之前，还需要清楚什么是网站标准，网站标准也称为 Web 标准。网站标准不是某一个标准，而是标准的集合。网页主要由 3 部分组成：结构（Structure）、表现（Presentation）和行为（Behavior）。对应的标准也分 3 个方面：结构化标准语言主要包括 HTML 和 XML，表现标准语言主要包括 CSS，行为标准主要包括对象模型，比如 W3C DOM、ECMAScript 等。标准大部分是由 W3C 起草和发布，也有一些是其他标准组织制定的，比如 ECMA 的 ECMAScript 标准，下面简单介绍一下这些标准。

1. 结构化标准语言

XML 的英文全称是 The Extensible Markup Language。目前推荐遵循的是 W3C 于 2000 年 10 月 6 日发布的 XML1.0。和 HTML 一样，XML 同样来源于 SGML，但 XML 是一种能定义其他语言的语言。XML 最初的设计目的是弥补 HTML 的不足，以强大的扩展性满足网络信息发布的需要，后来逐渐用于网络数据的转换和描述。

HTML 是网页的基本描述语言，设计 HTML 语言的目的是为了能把存放在一台计算机中的文本或图形与另一台计算机中的文本或图形方便地联系起来，形成有机的整体，不用考虑具体信息是在当前计算机上还是在网络的其他计算机上。HTML 文本是由 HTML 命令组成的描述性文本，HTML 命令可以说明文字、图形、动画、声音、表格、链接等。HTML 的结构包括头部（head）和主体（body）两大部分。头部描述浏览器所需的信息，主体网页所要说明的具体内容。

2. 表现标准语言

CSS 称为层叠样式表，英文是 Cascading Style Sheets。目前遵循的是 W3C 于 1998 年 5 月 12 日

发布的 CSS 2。W3C 创建 CSS 目的是以 CSS 取代 HTML 表格式布局和其他表现的语言。纯 CSS 布局与结构化的 XHTML 相结合能够帮助设计师分离结构和外观，使站点的访问和维护更加容易。

随着发展，网页的表现方式更加多样化，需要新的 CSS 规则来适应网页的发展，所以在最近几年 W3C 已经开始着手 CSS 3 标准的制定，目前 Dreamweaver CC 已经全面支持 CSS 3 属性的设置，而且高版本的浏览器也全面支持 CSS 3 效果的表现。

3. 行为标准

DOM 称为文档对象模型，英文全称是 Document Object Model，是一种 W3C 颁布的标准，用于对结构化文档建立对象模型，从而使得用户可以通过程序语言（包括脚本）来控制其内部结构。DOM 解决了 Netscape 的 JavaScript 和 Microsoft 的 JavaScript 之间的冲突，给网页设计师和网页开发人员一个标准的方法，来访问站点中的数据、脚本和表现层对象。

ECMAScript 是 Ecma 制定的标准脚本语言（JavaScript），目前遵循的是 ECMAScript-262 标准。

9.2 关于表格布局

传统表格布局方式实际上是利用了 HTML 中的表格元素（table）具有的无边框特性，由于表格元素可以在显示时使单元格的边框和间距设置为 0，所以可以将网页中的各个元素按版式划分放入表格的各单元格中，从而实现复杂的排版组合。

9.2.1 表格布局的特点

目前仍有一部分网站在使用表格布局，表格布局使用简单，制作者只要将内容按照行和列拆分，用表格组装起来即可实现设计版面布局。

由于对网站外观"美化"要求的不断提高，设计者开始用各种图片来装饰网页。由于大的图片下载速度缓慢，一般制作者会将大图片切分成若干个小图片，这样浏览器会同时下载这些小图片，就可以在浏览器上尽快将大图片打开。因此表格成了把这些小图片组装成一张完整图片的有力工具。如图 9-1 所示为使用表格布局的页面；该表格布局的源代码如图 9-2 所示。

图 9-1 表格布局页面

图 9-2 表格布局源代码

9.2.2 冗余的嵌套表格和混乱的结构

采用表格布局的页面内，为了实现设计的布局，制作者往往在单元格标签 <td> 内设置高度、宽度和对齐等属性，有时还要加入装饰性的图片，图片和内容混杂在一起，使代码视图显得非常多。

因此当页面布局需要调整时，往往都要重新制作表格。尤其当有很多页面需要修改时，工作量将变得非常大。

表格在版面布局上很容易掌控，通过表格的嵌套可以很轻易实现各种版式布局，但是即使是一个 1 行 1 列的表格，也需要 <table>、<tr> 和 <td> 这 3 个标签，最简单的表格代码如下。

```
<table>
<tr>
<td>这里是内容</td>
</tr>
</table>
```

如果需要完成一个比较复杂的页面时，HTML 文档内将充满了 <tr> 和 <td> 标签。同时，由于浏览器需要把整个表格下载完成后才会显示，因此如果一个表格过长、内容过多，那么访问者往往要等很长时间才能看到页面中的内容。

同时，由于浏览器对于 HTML 的兼容，因此就算嵌套错误甚至不完整的标签都能显示出来。有时仅仅为了实现一条细线而插入一个表格，表格充斥着文档，使得 HTML 文档的字节数直线上升。对于使用宽带或专线来浏览页面的访问者来说，这些字节也许不算什么，但是当访问者使用手持设备（如手机）浏览网页时，这些代码往往会占据很多的流量和等待时间。

如此多的冗余代码，对于服务器端也是一个不小的压力，也许一个只有几个页面、每天只有十几个人访问的个人站点对流量不会太在意，但是对于一个每天都有几千人甚至上万人在线的大型网站来说，服务器的流量就是一个必须关注的问题了。

一方面，浏览器各自开发属于自己的标签和标准，使得制作者常常要针对不同的浏览器而开发不同的版本，这无疑就增加了开发的难度和成本。

另一方面，在不支持图片的浏览设备上（如屏幕阅读机），这种表格布局的页面将变得一团糟。正是由于上述的种种弊病，使得制作者们开始关注 Web 标准。

9.3　关于 DIV+CSS 布局

复杂的表格使得设计极为困难，修改更加烦琐，最后生成的网页代码除了表格本身的代码，还有许多没有意义的图像占位符及其他元素，文件量庞大，最终导致浏览器下载解析速度变慢。而使用 CSS 布局则可以从根本上改变这种情况。CSS 布局的重点不再放在表格元素的设计中，取而代之的是 HTML 中的另一个元素——Div，Div 可以理解为"图层"或是一个"块"，Div 是一种比表格简单的元素，语法上只有从 <Div> 开始和 </Div> 结束，Div 的功能仅仅是将一段信息标记出来用于后期的样式定义。

9.3.1　什么是 Web 标准

Web 标准，即网站标准。目前通常所说的 Web 标准一般指进行网站建设所采用的基于 HTML 语言的网站设计语言。Web 标准中典型的应用模式是 DIV+CSS。实际上，Web 标准并不是某一个标准，而是一系列标准的集合。

Web 标准由一系列的规范组成。由于 Web 设计越来越趋向于整体与结构化，对于网页设计制作者来说，理解 Web 标准首先要理解结构和表现分离的意义。刚开始的时候理解结构和表现的不同之处可能很困难，特别是如果不习惯思考文档的语义结构。但是理解这点是很重要的，因为当结构和表现分离后，用 CSS 样式来控制表现就是很容易的一件事了。

9.3.2　DIV+CSS 的优势

CSS 样式表是控制页面布局样式的基础，并真正能够做到网页表现与内容分离的一种样式设计语言。相对传统 HTML 的简单样式控制而言，CSS 能够对网页中的对象的位置排版进行像素级的精确控制，支持几乎所有的字体字号样式，以及拥有对网页对象盒型样式的控制能力，并能够进行初步页面交互设计，是目前基于文本展示的最优秀的表现设计语言。归纳起来有以下优势。

1.　浏览器支持完善

目前 CSS 2 样式是众多浏览器支持最完善的版本，最新的浏览器均以 CSS 2 为 CSS 支持原型设计，使用 CSS 样式设计的网页在众多平台及浏览器下样式表最为接近。

2.　表现与结构分离

CSS 真正意义上实现了设计代码与内容分离，而在 CSS 的设计代码中通过 CSS 的内容导入特性，又可以使设计代码根据设计需要进行二次分离。如为字体、为版式等设计一套专门的样式表，根据页面显示的需要重新组织，使得设计代码本身也便于维护与修改。

3.　样式设计控制功能强大

对网页对象的位置排版能够进行像素级的精确控制，支持所有字体字号样式，具有优秀的盒模型控制能力和简单的交互设计能力。

4.　继承性能优越

CSS 的语言在浏览器的解析顺序上具有类似面向对象的基本功能，浏览器能够根据 CSS 的级别先后应用多个样式定义，良好的 CSS 代码设计可以使得代码之间产生继承及重载关系，能够达到最大限度的代码重用，降低代码量及维护成本。

Div 在使用时不需要像表格一样通过其内部的单元格来组织版式，通过 CSS 强大的样式定义功能可以比表格更加简单自由地控制页面版式及样式。如图 9-3 所示为使用 DIV+CSS 布局的页面；该 DIV+CSS 布局的页面源代码如图 9-4 所示。

图 9-3　DIV+CSS 布局页面

图 9-4　DIV+CSS 布局源代码

9.4 块元素和行内元素

　　HTML 中的元素分为块元素和行内元素，通过 CSS 样式可以改变 HTML 元素原本具有的显示属性，也就是说，通过 CSS 样式的设置可以将块元素与行内元素相互转换。

9.4.1 块元素

　　在 HTML 代码中，常见的块元素包括 <Div>、<p>、<table> 等，块元素具有以下特点。

　　（1）总是在新行上开始显示。

　　（2）行高以及顶和底边距都可以控制。

　　（3）如果不设置宽度，则会默认为整个容器的 100%；而如果设置了其宽度值，就会应用所设置的宽度。

　　在 CSS 样式中，可以通过 display 属性控制元素显示，即元素的显示方式。

　　display 属性的语法格式如下。

```
display: block | none | inline | compact | marker | inline-
table-list-item | run-in | table | table-caption | table-cell
|table-column | table-column-group | table-footer-group
|table-header-group | table-row | table-row-group
```

　　display 属性值及其含义如下。

- block：以块元素方式显示。

- none：元素隐藏。

- inline：以行内元素方式显示。

- compact：分配对象为块对象或基于内容之上的行内对象。

- marker：指定内容在容器对象之前或之后。如果要使用该参数，对象必须和 ":after" 以及 ":before" 伪元素一起使用。

- inline-table：将表格显示为无前后换行的行内对象或行内容器。

- list-item：将块对象指定为列表项目，并可以添加可选项目标志。

- run-in：分配对象为块对象或基于内容之上的行内对象。

- table：将对象作为块元素级的表格显示。

- table-caption：将对象作为表格标题显示。

- table-cell：将对象作为表格单元格显示。

- table-column：将对象作为表格列显示。

- table-column-group：将对象作为表格列组显示。

- table-footer-group：将对象作为表格脚注组显示。

- table-header-group：将对象作为表格标题组显示。

- table-row：将对象作为表格行显示。

- table-row-group：将对象作为表格行组显示。

　　display 属性的默认值为 block，即元素的默认方式是以块元素方式显示。

9.4.2 行内元素

　　当 display 属性的值被设置为 inline 时，可以把元素设置为行内元素，块元素具有以下特点。

　　（1）和其他元素显示在一行上。

　　（2）行高以及顶边距和底边距不可以改变。

　　（3）高度就是它的文字或图片的宽度，不可改变。

　　在常用的一些元素中，<span>、<a>、<img>、<b>、<font>、<input> 等默认都是行内元素。

9.5 在网页中插入 Div

　　Div 与其他 HTML 标签一样，是一个 HTML 所支持的标签。例如当使用一个表格时，应用 <table></table> 这样的结构一样，Div 在使用时也是同样以 <div></div> 的形式出现。使用 Div 进行网页排版布局是现在网页设计制作的趋势，通过 CSS 样式可以轻松控制 Div 的位置，从而实现许多不同的布局方式。

9.5.1 Div 是什么

　　Div 是一个容器。在 HTML 页面中的每个标签对象几乎都可以称得上是一个容器，例如使用 P 段落标签对象。

```
<p>文档内容</p>
```

P 作为一个容器，其中放入了内容。同样，Div 也是一个容器，能够放置内容。

<div>文档内容</div>

Div 是 HTML 中指定的，专门用于布局设计的容器对象。在传统的表格式的布局中之所以能进行页面的排版布局设计，完全依赖于表格对象 table。在页面中绘制一个由多个单元格组成的表格，在相应的表格中放置内容，通过表格单元格的位置控制，达到实现布局的目的，这是表格式布局的核心对象。而在当下，我们所要接触的是一种全新的布局方式——CSS 布局，而 Div 是这种布局方式的核心对象，使用 CSS 布局的页面排版不需要依赖表格，仅从 Div 的使用上说，做一个简单的布局只需要依赖 Div 与 CSS，因此也可以称为 DIV+CSS 布局。

9.5.2 如何在网页中插入 Div

如果需要在网页中插入 Div，可以像插入其他的 HTML 元素一样，只需在代码中应用 <div></div> 这样的标签形式，将内容放置其中，便可以应用 Div 标签。

还可以通过 Dreamweaver CC 的设计视图，在网页中插入 Div。单击"插入"面板上的 Div 按钮，如图 9-5 所示。弹出"插入 Div"对话框，如图 9-6 所示。

图 9-5 单击 Div 按钮

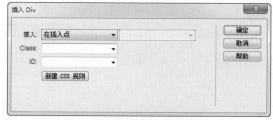

图 9-6 "插入 Div"对话框

在"插入"下拉列表中选择"在插入点"选项，在 ID 下拉列表框中输入需要插入的 Div 的 ID 名称，如图 9-7 所示。单击"确定"按钮，即可在网页中插入一个 Div，如图 9-8 所示。

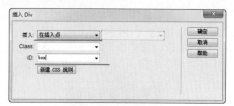

图 9-7 "插入 Div"对话框

图 9-8 在网页中插入 Div

转换到页面的代码视图中，可以看到刚插入的 ID 名称为 box 的 Div 的代码，如图 9-9 所示。

```
<body>
<div id="box">此处显示  id "box" 的内容</div>
</body>
```

图 9-9 Div 的代码

> **提示**
>
> <div> 标签只是一个标识，作用是把内容标识一个区域，并不负责其他事情，Div 只是 CSS 布局工作的第一步，需要通过 Div 将页面中的内容元素标识出来，而为内容添加样式则由 CSS 来完成。

Div 对象在使用时，同其他 HTML 对象一样，可以加入其他属性，如 id、class、align、style 等，而在 DIV+CSS 布局方面，为了实现内容与表现分离，不应当将 align（对齐）属性与 style（行间样式表）属性编写在 HTML 页面的 <div> 标签中，因此，Div 代码只可能拥有以下两种形式。

<div id="id名称">内容</Div>
<div class="class名称">内容</Div>

使用 id 属性，可以将当前这个 Div 指定一个 id 名称，在 CSS 中使用 id 选择器进行 CSS 样式编写。同样可以使用 class 属性，在 CSS 中使用类选择器进行 CSS 样式编写。

9.5.3 Div 的嵌套

Div 对象除了可以直接放入文本和其他标签，还可以多个 Div 标签进行嵌套使用，最终的目的是合理地标识出页面的区域。

单击"插入"面板上的 Div 按钮，弹出"插入 Div"对话框，如图 9-10 所示。

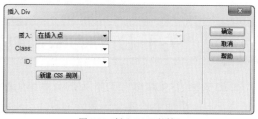

图 9-10 "插入 Div"对话框

插入：在该选项的下拉列表中可以选择所要在网页中插入的 Div 位置，包含"在插入点"、"在标签之前"、"在开始标签之后"、"在结束标签之前"和"在标签之后"5 个选项，如图 9-11 所示。

图 9-11 "插入"下拉列表

当选择除"在插入点"选项之外的任意一个选项后，可以激活第 2 个下拉列表，可以在该下拉列表中选择相对于某个页面已存在的标签进行操作，如图 9-12 所示。

图 9-12 "插入 Div"对话框

在插入点：选择该选项，即在当前光标所在位置插入相应的 Div。

在标签之前：选择该选项后，在第 2 个下拉列表中选择标签，可以在所选择的标签之前插入相应的 Div。

在开始标签之后：选择该选项后，在第 2 个下拉列表中选择标签，可以在所选择的标签的开始标签之后插入相应的 Div。

在结束标签之前：选择该选项后，在第 2 个下拉列表中选择标签，可以在所选择的标签的结束标签之前插入相应的 Div。

在标签之后：选择该选项后，在第 2 个下拉列表中选择标签，可以在所选择的标签之后插入相应的 Div。

选择不同的选项所插入的 Div 的位置如图 9-13 所示。

图 9-13 不同选项插入 Div 的位置

Class：在该选项的下拉列表中可以选择为所插入的 Div 应用的类 CSS 样式。

ID：在该选项的下拉列表中可以选择为所插入的 Div 应用的 ID CSS 样式。

"新建 CSS 规则"按钮：单击该按钮，将弹出"新建 CSS 规则"对话框，可以新建应用于所插入的 Div 的 CSS 样式。

如果需要在 ID 名为 box 的 Div 中插入一个 ID 名为 top 的 Div，则设置"插入 Div"对话框如图 9-14 所示。单击"确定"按钮，即可在名为 box 的 Div 中插入名为 top 的 Div，如图 9-15 所示。

图 9-14 设置"插入 Div"对话框

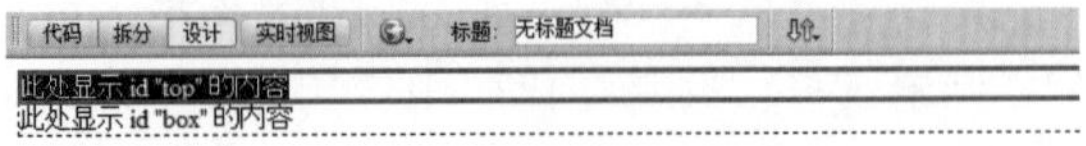

图 9-15 在网页中插入 Div

转换到页面的代码视图中，可以看到刚插入的 ID 名称为 top 的 Div 的代码，如图 9-16 所示。

```
<div id="box">
   <div id="top">此处显示  id "top" 的内容</div>
此处显示  id "box" 的内容</div>
</body>
```

图 9-16 Div 的代码

从页面的效果中发现，网页中除了文字之外，没有任何其他效果，两个 Div 之间的关系，只是前后关系，并没有出现类似表格的田字形的组织形式。因此可以说 Div 本身与样式没有任何关系，样式需要编写 CSS 来实现。因此 Div 对象应该说从本质上实现了与样式分离。

因此，在 CSS 布局之中所需要的工作可以简单归集为两个步骤，首先使用 Div 将内容标记出来，然后为这个 Div 编写需要的 CSS 样式。

> **提示**
>
> 同一名称的 id 值在当前 HTML 页面中只允许使用一次，不管是应用到 Div 还是其他对象的 id 中。而 class 名称则可以重复使用。

9.6 关于 DIV+CSS 盒模型

盒模型是 CSS 控制页面时一个很重要的概念。只有很好地掌握了盒模型以及其中每个元素的用法，才能真正控制页面中的各个元素的位置。

9.6.1　盒模型的概念

在 CSS 中，所有的页面元素都包含在一个矩形框内，这个矩形框就称为盒模型。盒模型描述了元素及其属性在页面布局中所占的空间大小，因此盒模型可以影响其他元素的位置及大小。一般来说，这些被占据的空间往往都比单纯的内容要大。换句话说，可以通过整个盒子的边框和距离等参数，来调节盒子的位置。

盒模型是由 margin（边界）、border（边框）、padding（填充）和 content（内容）4 部分组成的。此外，在盒模型中，还具备高度和宽度两个辅助属性。盒模型如图 9-17 所示。

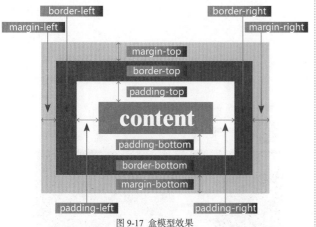

图 9-17　盒模型效果

从图中可以看出，盒模型包含 4 个部分的内容。

- ❏ margin：边界（或称为外边距），用来设置内容与内容之间的距离。

- ❏ border：边框，内容边框线，可以设置边框的粗细、颜色、样式等。

- ❏ padding：填充（或称为内边距），用来设置内容与边框之间的距离。

- ❏ content：内容，是盒模型中必需的一部分，可以放置文字、图像等内容。

一个盒子的实际高度或宽度是由 content+padding+border+margin 组成的。在 CSS 中，可以通过设置 width 或 height 属性来控制 content 部分的大小，并且对于任何一个盒子，都可以分别设置 4 边的 border、margin 和 padding。

技巧

关于盒模型还有以下几点需要注意：（1）边框默认的样式（border-style）可设置为不显示（none）。（2）填充值（padding）不可为负。（3）内联元素，例如 <a>，定义上下边界不会影响到行高。（4）如果盒中没有内容，则即使定义了宽度和高度都为 100%，实际上只占 0%，因此不会被显示。此处在使用 DIV+CSS 布局时需要特别注意。

9.6.2　margin（边界）

margin（边界）用来设置页面中元素和元素之间的距离，即定义元素周围的空间范围，是页面排版中一个比较重要的概念。

margin 属性包含 4 个子属性，分别是 margin-top、margin-right、margin-bottom 和 margin-left，分别用于控制元素四周的边距。

在给 margin 设置值时，如果提供 4 个参数值，将按顺时针的顺序作用于上、右、下、左四边；如果只提供 1 个参数值，则将作用于四边；如果提供 2 个参数值，则第 1 个参数值作用于上、下两边，第 2 个参数值作用于左、右两边；如果提供 3 个参数值，第 1 个参数值作用于上边，第 2 个参数值作用于左、右两边，第 3 个参数值作用于下边。

动手实践——定位网页元素位置

📋 最终文件：光盘 \ 最终文件 \ 第 9 章 \9-6-2.html

📀 视频：光盘 \ 视频 \ 第 9 章 \9-6-2.swf

01 执行"文件 > 打开"命令，打开页面"光盘 \ 源文件 \ 第 9 章 \9-6-2.html"，效果如图 9-18 所示。将光标移至页面中名为 box 的 Div 中，然后将多余文字删除，插入图像"光盘 \ 源文件 \ 第 9 章 \images\86202.jpg"，如图 9-19 所示。

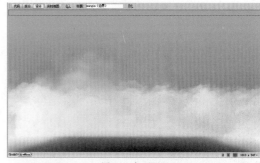

图 9-18　打开页面

图 9-19　插入图像

02 转换到该文件链接的外部 CSS 样式文件中，定义 id 名为 box 的 Div 的 CSS 样式，如图 9-20 所示。返回设计视图中，选中 id 名为 box 的 Div，可以看到所设置的上边界效果，如图 9-21 所示。

```
#box{
    width:1020px;
    margin-top:165px;
    margin-left:auto;
    margin-right:auto;
}
```

图 9-20 CSS 样式代码

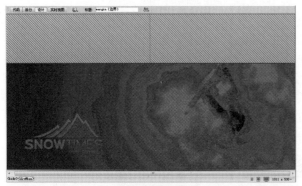

图 9-21 页面效果

> **技巧**
>
> 　　设置 margin-left 和 margin-right 两个属性值为 auto，即设置元素的左右边界为自动，这是一种使元素水平居中对齐的方法。在本章的后面内容中将会向用户介绍页面居中布局的方法。

03 执行"文件 > 保存"命令，保存页面和外部 CSS 样式文件，在浏览器中预览页面，效果如图 9-22 所示。

图 9-22 在浏览器中预览页面效果

9.6.3 border（边框）

　　border（边框）是内边距和外边距的分界线，可以分离不同的 HTML 元素，border 属性设置的是元素的最外围。在网页设计中，如果计算元素的宽和高，则需要把 border 计算在内。border 属性有 3 个子属性，分别是边框样式（border-style）、边框宽度（border-width）和边框颜色（border-color）。

动手实践——为网页元素添加边框

📄 最终文件：光盘 \ 最终文件 \ 第 9 章 \9-6-3.html

📹 视频：光盘 \ 视频 \ 第 9 章 \9-6-3.swf

01 执行"文件 > 打开"命令，打开页面"光盘 \ 源文件 \ 第 9 章 \9-6-3.html"，效果如图 9-23 所示。将光标移至页面中名为 banner 的 Div 中，然后将多余文字删除，插入相应的图像，如图 9-24 所示。

图 9-23 打开页面

图 9-24 插入图像

02 转换到该文件链接的外部 CSS 样式文件中，定义名为 .pic01 的类 CSS 样式，如图 9-25 所示。返回设计视图中，选中刚插入的图像，在"属性"面板上的"类"下拉列表中选择应用刚定义的类 CSS 样式 pic01 应用，如图 9-26 所示。

```
.pic01{
    border:dashed 10px #999;
}
```

图 9-25 CSS 样式代码

图 9-26 为图像应用 CSS 样式

03 执行"文件 > 保存"命令,保存页面和外部
CSS 样式文件,在浏览器中预览页面,如图 9-27 所示。

图 9-27 在浏览器中预览页面效果

9.6.4　padding (填充)

在 CSS 中,可以通过设置 padding 属性定义内容
与边框之间的距离,即内边距。padding 属性值可以是
一个具体的长度,也可以是一个相对于上级元素的百
分比,但不可以使用负值。padding 属性可以为盒子定
义上、右、下、左各边填充的值,分别是 padding-top(上
填充)、padding-right(右填充)、padding-bottom(下
填充)和 padding-left(左填充)。

在给 padding 设置值时,如果提供 4 个参数值,
将按顺时针的顺序作用于上、右、下、左四边;如果
只提供 1 个参数值,则将作用于四边;如果提供 2 个
参数值,则第 1 个参数值作用于上、下两边,第 2 个
参数值作用于左、右两边;如果提供 3 个参数值,第 1
个参数值作用于上边,第 2 个参数值作用于左、右两边,
第 3 个参数值作用于下边。

动手实践——控制 Div 中内容的位置

📋 最终文件:光盘 \ 最终文件 \ 第 9 章 \9-6-4.html

🎬 视频:光盘 \ 视频 \ 第 9 章 \9-6-4.swf

01 执行"文件 > 打开"命令,打开页面"光盘 \
源文件 \ 第 9 章 \9-6-4.html",效果如图 9-28 所示。
选中页面中名为 box 的 Div,可以看到该 Div 的效果,
如图 9-29 所示。

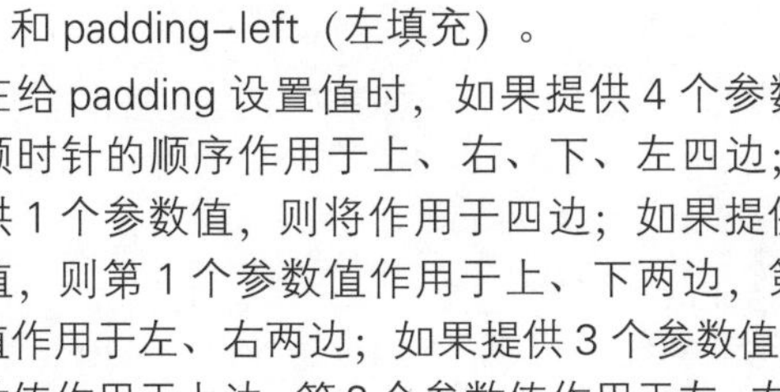

图 9-28 打开页面

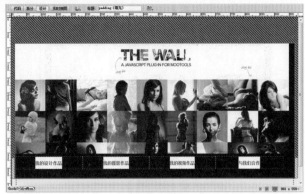

图 9-29 选中 Div

02 转换到该文件链接的外部 CSS 样式文件中,
找到名为 #box 的 CSS 样式,如图 9-30 所示。在该
CSS 样式代码中添加 padding 的设置,如图 9-31 所示。

```
#box {
    width: 960px;
    height: 450px;
    margin: 85px auto 0px auto;
    background-color: #000;
}
```

图 9-30 CSS 样式代码

```
#box {
    width: 940px;
    height: 430px;
    margin: 85px auto 0px auto;
    background-color: #000;
    padding:10px;
}
```

图 9-31 CSS 样式代码

> **提示**
>
> 在 CSS 样式代码中,width 和 height 属性分别定义的是 Div 的
> 内容区域的宽度和高度,并不包括 margin、border 和 padding。此
> 处在 CSS 样式中添加了 padding 为 10 像素,即四边的填充均为
> 10 像素,则需要在高度值上减去 20 像素,需要在宽度值上减去
> 20 像素,这样才能够保证 Div 的整体宽度和高度不变。

03 返回设计视图中,选中 id 名为 box 的 Div,可
以看到填充区域的效果,如图 9-32 所示。执行"文
件 > 保存"命令,保存页面和外部 CSS 样式表文件,
在浏览器中预览页面,效果如图 9-33 所示。

图 9-32 页面效果

图 9-33 在浏览器中预览页面效果

9.6.5 content（内容）

从盒模型中可以看出中间部分是 content（内容），它主要用来显示内容，这部分也是整个盒模型的主要部分，其他如 margin、border、padding 所做的操作都是对 content 部分所做的修饰。对于内容部分的操作，也就是对文本、图像等页面元素的操作。

9.7 DIV+CSS 布局定位

DIV+CSS 布局是一种比较新的网页布局理念，完全有别于传统的布局方式。它将页面首先在整体上进行 <div> 标签的分块，然后对各个块进行 CSS 定位，最后再在各个块中添加相应的内容。

9.7.1 元素定位的 CSS 属性

在网页设计制作中，定位就是精确地定义 HTML 元素在页面中的位置，可以是页面中的绝对位置，也可以是相对于父级元素或另一个元素的相对位置。在使用 DIV+CSS 布局制作页面的过程中，都是通过 CSS 的定位属性对元素完成位置和大小的控制。

CSS 中的定位属性如下。

> 🔽 position：定义位置。
>
> 🔽 top：设置元素垂直与顶部的距离。
>
> 🔽 right：设置元素水平与右部的距离。
>
> 🔽 bottom：设置元素垂直与底部的距离。
>
> 🔽 left：设置元素水平与左部的距离。
>
> 🔽 z-index：设置元素的层叠顺序。
>
> 🔽 width：设置元素的宽度。
>
> 🔽 height：设置元素的高度。
>
> 🔽 overflow：设置元素内容溢出的处理方法。
>
> 🔽 clip：设置元素剪切。

上面介绍的前 6 个属性是实际的元素定位属性，后面的 4 个有关属性是用来对元素内容进行控制的属性。其中，position 属性是最主要的定位属性，它既可以定义元素的绝对位置，又可以定义元素的相对位置，而 top、right、bottom 和 left 只有在 position 属性中使用才会起到作用。

position 属性的语法格式如下。

position: static | absolute | fixed | relative;

position 属性值及其含义说明如下。

> 🔵 static：无特殊定位，元素定位的默认值，对象遵循 HTML 元素定位样式，不能通过 z-index 属性进行层次分级。
>
> 🔵 relative：相对定位，对象不可以重叠，可以通过 top、right、bottom、left 等属性在页面中偏移位置，可以通过 z-index 属性进行层次分级。
>
> 🔵 absolute：绝对定位，相对于其父级元素进行定位，元素的位置可以通过 top、right、bottom、left 等属性进行设置。
>
> 🔵 fixed：固定定位，相对于浏览器窗口进行的定位，元素的位置可以通过 top、right、bottom、left 等属性进行设置。

9.7.2 relative（相对定位）

相对定位的 CSS 样式设置如下。

position: relative;

如果对一个元素进行相对定位，首先将出现在它所在的位置上，然后通过设置垂直或水平位置，让这个元素相对于它的原始起点进行移动。另外，相对定位时，无论是否进行移动，元素仍然占据原来的空间。因此，移动元素会导致它覆盖其他元素。

动手实践——实现网页元素相对定位

📋 最终文件：光盘 \ 最终文件 \ 第 9 章 \9-7-2.html

🎬 视频：光盘 \ 视频 \ 第 9 章 \9-7-2.swf

> 🔢 **01** 执行"文件 > 打开"命令，打开页面"光盘\

源文件\第 9 章\9-7-2.html",效果如图 9-34 所示。转换到代码视图中,可以看到页面的代码,如图 9-35 所示。

图 9-34 打开页面

```
<body>
<div id="box">
  <div id="main">
      <div id="pic1"><img src="images/87203.jpg" width="283" height="154" />
  </div>
      <div id="pic2"><img src="images/87204.jpg" width="283" height="154" />
  </div>
    </div>
  </div>
</body>
```

图 9-35 页面代码

02 转换到该文件链接的外部 CSS 样式文件中,找到名为 #pic1 和 #pic2 的 CSS 样式,如图 9-36 所示。在名为 #pic2 的 CSS 样式代码中添加相应的相对定位代码,如图 9-37 所示。

```
#pic1 {
    width: 283px;
    height: 154px;
    background-color: #3F3F3F;
    padding: 4px;
}
#pic2 {
    width: 283px;
    height: 154px;
    background-color: #3F3F3F;
    padding: 4px;
}
```

图 9-36 CSS 样式代码

```
#pic1 {
    width: 283px;
    height: 154px;
    background-color: #3F3F3F;
    padding: 4px;
}
#pic2 {
    position:relative;
    top:20px;
    left:180px;
    width: 283px;
    height: 154px;
    background-color: #3F3F3F;
    padding: 4px;
}
```

图 9-37 添加相对定位代码

03 返回设计视图中,可以看到 id 名为 pic2 的 Div 相对于原来的位置,向右移动了 180 像素,向下移

动了 20 像素,如图 9-38 所示。执行"文件 > 保存"命令,保存页面和外部 CSS 样式文件,在浏览器中预览页面,效果如图 9-39 所示。

图 9-38 页面效果

图 9-39 在浏览器中预览页面

> **提示**
>
> 在使用相对定位时,无论是否进行移动,元素仍然占据原来的空间。因此,移动元素会导致它覆盖其他框。

9.7.3 absolute(绝对定位)

绝对定位的 CSS 样式设置如下。

position: absolute;

绝对定位是参照浏览器的左上角,配合 top、right、bottom 和 left 进行定位的,如果没有设置上述的 4 个值,则默认的依据父级元素的坐标原点为原始点。绝对定位可以通过 top、right、bottom 和 left 来设置元素,使其处在任何一个位置。

在父级元素的 position 属性为默认值时,top、right、bottom 和 left 的坐标原点以 body 的坐标原点为起始位置。

绝对定位与相对定位的区别在于:绝对定位的坐标原点为上级元素的原点,与上级元素有关;相对定位的坐标原点为本身偏移前的点,与上级元素无关。

动手实践——实现网页元素绝对定位

📄 最终文件：光盘 \ 最终文件 \ 第 9 章 \9-7-3.html
📹 视频：光盘 \ 视频 \ 第 9 章 \9-7-3.swf

01 执行"文件 > 打开"命令，打开页面"光盘 \ 源文件 \ 第 9 章 \9-7-3.html"，效果如图 9-40 所示。转换到该文件链接的外部 CSS 样式文件中，找到名为 #pic1 和 #pic2 的 CSS 样式，如图 9-41 所示。

图 9-40 打开页面

```
#pic1 {
    width: 283px;
    height: 154px;
    background-color: #3F3F3F;
    padding: 4px;
}
#pic2 {
    width: 283px;
    height: 154px;
    background-color: #3F3F3F;
    padding: 4px;
}
```

图 9-41 CSS 样式代码

02 在名为 #pic1 的 CSS 样式代码中添加相应的绝对定位代码，如图 9-42 所示。返回设计视图中，可以看到 id 名为 pic1 的 Div 脱离了文档流，相对于整个页面的左上角坐标原点向下移动了 220 像素，向右移动了 300 像素，如图 9-43 所示。

```
#pic1 {
    position:absolute;
    top:220px;
    left:300px;
    width: 283px;
    height: 154px;
    background-color: #3F3F3F;
    padding: 4px;
}
#pic2 {
    width: 283px;
    height: 154px;
    background-color: #3F3F3F;
    padding: 4px;
}
```

图 9-42 添加绝对定位代码

图 9-43 页面效果

03 执行"文件 > 保存"命令，保存页面和外部 CSS 样式文件，在浏览器中预览页面，效果如图 9-44 所示。

图 9-44 在浏览器中预览页面

提示

对于定位的主要问题是要记住每种定位的意义。相对定位是相对于元素在文档流中的初始位置，而绝对定位是相对于最近的已定位的父元素，如果不存在已定位的父元素，那就相对于最初的包含框。因为绝对定位的框与文档流无关，所以它们可以覆盖页面上的其他元素。可以通过设置 z-index 属性来控制这些框的堆放次序。z-index 属性的值越大，框在堆中的位置就越高。

9.7.4 fixed（固定定位）

固定定位的 CSS 样式设置如下。

position: fixed;

固定定位和绝对定位比较相似，它是绝对定位的一种特殊形式，固定定位的容器不会随着滚动条的拖动而变化位置。在视线中，固定定位的容器位置是不会改变的。固定定位可以把一些特殊效果固定在浏览器的视线位置。

固定定位的参照位置不是上级元素块而是浏览器窗口。所以可以使用固定定位来设定类似传统框架样式布局，以及广告框架或导航框架等。使用固定定位

的元素可以脱离页面，无论页面如何滚动，始终处在
页面的同一位置上。

动手实践——实现网页元素固定定位

📋 最终文件：光盘 \ 最终文件 \ 第 9 章 \9-7-4.html

📹 视频：光盘 \ 视频 \ 第 9 章 \9-7-4.swf

01 执行"文件 > 打开"命令，打开页面"光盘 \
源文件 \ 第 9 章 \9-7-4.html"，效果如图 9-45 所示。
在浏览器中预览页面，发现页面顶部部分会跟着滚动
条一起滚动，如图 9-46 所示。

图 9-45　打开页面

图 9-46　在浏览器中预览效果

02 转换到该文件链接的外部 CSS 样式文件中，找
到名为 #top 的 CSS 样式，如图 9-47 所示。在该 CSS
样式代码中添加相应的固定定位代码，如图 9-48 所示。

```
#top {
    width: 100%;
    height: 150px;
    background-image: url(../images/87401.jpg);
    background-repeat: no-repeat;
    background-position: center top;
}
```

图 9-47　CSS 样式代码

```
#top {
    position:fixed;
    width: 100%;
    height: 150px;
    background-image: url(../images/87401.jpg);
    background-repeat: no-repeat;
    background-position: center top;
}
```

图 9-48　添加固定定位代码

03 执行"文件 > 保存"命令，保存页面和外部
CSS 样式文件，在浏览器中预览页面，效果如图 9-49
所示。拖动浏览器滚动条，发现顶部部分始终固定在
浏览器顶部不动，效果如图 9-50 所示。

图 9-49　在浏览器中预览效果

图 9-50　顶部部分固定在浏览器顶部不动

9.7.5　float（浮动定位）

浮动定位的 CSS 样式设置如下。

`float: none | left | right;`

除了使用 position 进行定位外，还可以使用 float
定位。float 定位只能在水平方向上定位，而不能在垂
直方向上定位。float 属性表示浮动属性，它用来改变
元素块的显示方式。

浮动定位是 CSS 排版中非常重要的手段。浮动的
框可以左右移动，直到它外边缘碰到包含框或另一个
浮动框的边缘。

动手实践——实现网页元素浮动定位

📋 最终文件：光盘 \ 最终文件 \ 第 9 章 \9-7-5.html

📹 视频：光盘 \ 视频 \ 第 9 章 \9-7-5.swf

01 执行"文件 > 打开"命令，打开页面"光盘 \
源文件 \ 第 9 章 \9-7-5.html"，效果如图 9-51 所示。
转换到代码视图中，可以看到页面代码，如图 9-52 所示。

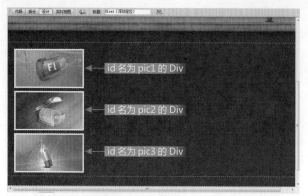

图 9-51 打开页面

```
<body>
<div id="box">
  <div id="top"></div>
  <div id="main">
    <div id="pic1"><img src="images/87503.jpg" width="214" height="114" /
></div>
    <div id="pic2"><img src="images/87504.jpg" width="214" height="114" /
></div>
    <div id="pic3"><img src="images/87505.jpg" width="214" height="114" /
></div>
  </div>
</div>
</body>
```

图 9-52 页面代码

02 转换到该文件链接的外部 CSS 样式文件中，可以看到 #pic1、#pic2 和 #pic3 的 CSS 样式，如图 9-53 所示。将 id 名为 pic1 的 Div 向右浮动，在名为 #pic1 的 CSS 样式代码中添加右浮动代码，如图 9-54 所示。id 名为 pic1 的 Div 脱离文档流并向右浮动，直到它的边缘碰到包含框 main 的右边框，如图 9-55 所示。

```
#pic1 {
    width: 214px;
    height: 114px;
    background-color: #FFF;
    padding: 4px;
    margin: 10px;
}
#pic2 {
    width: 214px;
    height: 114px;
    background-color: #FFF;
    padding: 4px;
    margin: 10px;
}
#pic3 {
    width: 214px;
    height: 114px;
    background-color: #FFF;
    padding: 4px;
    margin: 10px;
}
```

图 9-53 CSS 样式代码

```
#pic1 {
    float:right;
    width: 214px;
    height: 114px;
    background-color: #FFF;
    padding: 4px;
    margin: 10px;
}
#pic2 {
    width: 214px;
    height: 114px;
    background-color: #FFF;
    padding: 4px;
    margin: 10px;
}
#pic3 {
    width: 214px;
    height: 114px;
    background-color: #FFF;
    padding: 4px;
    margin: 10px;
}
```

图 9-54 CSS 样式代码

图 9-55 页面效果

03 转换到外部 CSS 样式文件，将 id 名为 pic1 的 Div 向左浮动，在名为 #pic1 的 CSS 样式代码中添加左浮动代码，如图 9-56 所示。返回设计视图中，效果如图 9-57 所示。

```
#pic1 {
    float: left;
    width: 214px;
    height: 114px;
    background-color: #FFF;
    padding: 4px;
    margin: 10px;
}
#pic2 {
    width: 214px;
    height: 114px;
    background-color: #FFF;
    padding: 4px;
    margin: 10px;
}
#pic3 {
    width: 214px;
    height: 114px;
    background-color: #FFF;
    padding: 4px;
    margin: 10px;
}
```

图 9-56 CSS 样式代码

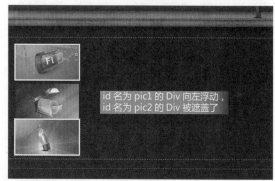

图 9-57 页面效果

提示

当 id 名为 pic1 的 Div 脱离文档流并向左浮动时，直到它的边缘碰到包含框 main 的左边缘。因为它不再处于文档流中，所以它不占据空间，实际上覆盖住了 id 名为 pic2 的 Div，使 pic2 的 Div 从视图中消失，但是该 Div 中的内容还占据着原来的空间。

04 转换到外部 CSS 样式表文件，分别在 #pic1、#pic2 和 #pic3 的 CSS 样式中添加向左浮动代码，将这 3 个 Div 都向左浮动，如图 9-58 所示。返回设计视图中，效果如图 9-59 所示。

```
#pic1 {
    float:left;
    width: 214px;
    height: 114px;
    background-color: #FFF;
    padding: 4px;
    margin: 10px;
}
#pic2 {
    float:left;
    width: 214px;
    height: 114px;
    background-color: #FFF;
    padding: 4px;
    margin: 10px;
}
#pic3 {
    float:left;
    width: 214px;
    height: 114px;
    background-color: #FFF;
    padding: 4px;
    margin: 10px;
}
```

图 9-58 CSS 样式代码

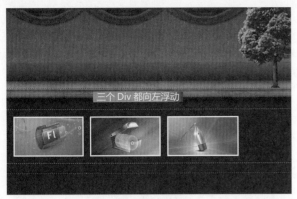

图 9-59 页面效果

> **提示**
>
> 将 3 个 Div 都向左浮动，那么 id 名为 pic1 的 Div 向左浮动直到碰到包含框 main 的左边缘，另两个 Div 向左浮动直到碰到前一个浮动 Div。

05 返回页面中，在 id 名为 pic3 的 Div 之后添加一个 id 名为 pic4 的 Div，页面效果如图 9-60 所示。代码视图如图 9-61 所示。

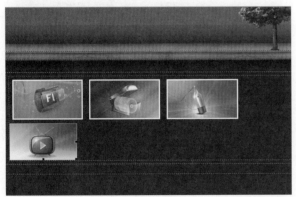

图 9-60 页面效果

```
<div id="top"></div>
<div id="main">
  <div id="pic1"><img src="images/87503.jpg" width="214" height="114" /></div>
  <div id="pic2"><img src="images/87504.jpg" width="214" height="114" /></div>
  <div id="pic3"><img src="images/87505.jpg" width="214" height="114" /></div>
  <div id="pic4"><img src="images/87506.jpg" width="214" height="114"  alt=""/></div>
</div>
```

图 9-61 页面代码

06 转换到外部 CSS 样式表文件，定义名为 #pic4 的 CSS 样式，该 CSS 样式的定义与 #pic1、#pic2 和 #pic3 的 CSS 样式定义相同，如图 9-62 所示。返回设计视图中，页面效果如图 9-63 所示。

```
#pic4{
    float:left;
    width:214px;
    height:114px;
    background-color:#FFF;
    padding:4px;
    margin:10px;
}
```

图 9-62 CSS 样式代码

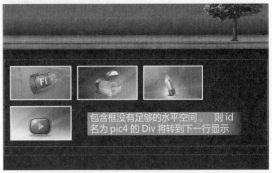

图 9-63 页面效果

> **提示**
>
> 如果包含框太窄，无法容纳水平排列的多个浮动元素，那么其他浮动元素将向下移动，直到有足够空间的地方。

07 转换到外部 CSS 样式表文件，修改名为 #pic1 的 Div 的高度设置，如图 9-64 所示。返回设计视图中，页面效果如图 9-65 所示。

```
#pic1 {
    float:left;
    width: 214px;
    height: 150px;
    background-color: #FFF;
    padding: 4px;
    margin: 10px;
}
```

图 9-64 CSS 样式代码

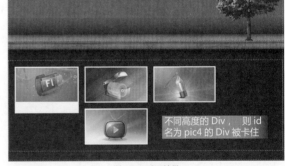

图 9-65 页面效果

> **提示**
>
> 如果浮动元素的高度不同，那么当它们向下移动时，可能会被其他浮动元素卡住。

9.7.6 空白边叠加

空白边叠加是一个比较简单的概念，当两个垂直空白边相遇时，它们将形成一个空白边。这个空白边的高度是两个发生叠加的空白边中的高度的较大者。

当一个元素出现在另一个元素上面时，第 1 个元素的底空白边与第 2 个元素的顶空白边发生叠加。

动手实践——空白边叠加在网页中的应用

📄 最终文件：光盘 \ 最终文件 \ 第 9 章 \9-7-6.html

🎬 视频：光盘 \ 视频 \ 第 9 章 \9-7-6.swf

01 执行"文件 > 打开"命令，打开页面"光盘 \ 源文件 \ 第 9 章 \9-7-6.html"，效果如图 9-66 所示。转换到该文件链接的外部 CSS 样式文件中，可以看到 #pic1 和 #pic2 的 CSS 样式，如图 9-67 所示。

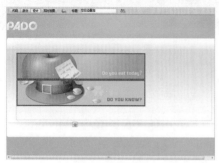

图 9-66 打开页面

```
#pic1 {
    width: 535px;
    height: 100px;
    background-color: #3F3F3F;
    padding: 4px;
}
#pic2 {
    width: 535px;
    height: 100px;
    background-color: #3F3F3F;
    padding: 4px;
}
```

图 9-67 CSS 样式代码

02 在名为 #pic1 的 CSS 样式代码中添加下边界的设置，如图 9-68 所示。在名为 #pic2 的 CSS 样式代码中添加上边界的设置，如图 9-69 所示。

```
#pic1 {
    width: 535px;
    height: 100px;
    background-color: #3F3F3F;
    padding: 4px;
    margin-bottom: 40px;
}
#pic2 {
    width: 535px;
    height: 100px;
    background-color: #3F3F3F;
    padding: 4px;
}
```

图 9-68 CSS 样式代码

```
#pic1 {
    width: 535px;
    height: 100px;
    background-color: #3F3F3F;
    padding: 4px;
    margin-bottom: 40px;
}
#pic2 {
    width: 535px;
    height: 100px;
    background-color: #3F3F3F;
    padding: 4px;
    margin-top: 20px;
}
```

图 9-69 CSS 样式代码

03 返回设计视图中，选中 id 名为 pic1 的 Div，可以看到所设置的下边界效果，如图 9-70 所示。选中 id 名为 pic2 的 Div，可以看到所设置的上边界效果，如图 9-71 所示。

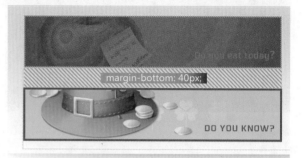

图 9-70 下边界效果

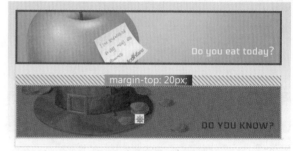

图 9-71 上边界效果

> **提示**
>
> 空白边的高度是两个发生叠加的空白边中的高度的较大者。当一个元素包含另一元素中时（假设没有填充或边框将空白边隔开），它们的顶和底空白边也会发生叠加。

04 执行"文件 > 保存"命令，保存页面和外部 CSS 样式表文件，在浏览器中预览页面，效果如图 9-72 所示。

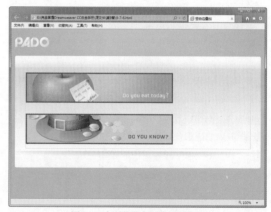

图 9-72 在浏览器中预览页面效果

> **提示**
>
> 只有普通文档流中块框的垂直空白边才会发生空白边叠加。行内框、浮动框或者是定位框之间的空白边是不会叠加的。

9.8 常用 DIV+CSS 布局方式

在网页制作的过程中，首先需要对网页进行布局，网页布局的形式多种多样，例如居中的网页布局、居右的网页布局、两列的网页布局、3 列的网页布局等，通过 CSS 样式的设置能够轻松实现各种不同效果的网页布局。

9.8.1 Div 高度自适应

高度值可以使用百分比进行设置，不同的是直接使用 height:100%; 不会显示效果，这与浏览器的解析方式有一定关系。如图 9-73 所示为实现高度自适应的 CSS 代码，在浏览器中预览该页面，可以看到 Div 高度自适应的效果，如图 9-74 所示。

```css
*{
    margin: 0px;
    padding: 0px;
    border: 0px;
}
html,body{ height:100%;}
#box{
    width:500px;
    height:100%;
    background-color:#F90;
    float:left;
}
```

图 9-73 CSS 样式代码

图 9-74 Div 高度自适应

对 id 名为 box 的 Div 设置 height:100% 的同时，也设置了 HTML 与 body 的 height:100%，一个对象高度是否可以使用百分比显示，取决于对象的父级对象，box 在页面中直接放置在 body 中，因此它的父级就是 body，而浏览器默认状态下，没有给 body 一个高度属性，因此直接设置 box 的 height:100% 时，不会产生任何效果，而当给 body 设置了 100% 之后，它的子级对象 box 的 height:100% 便起了作用，这便是浏览器解析样式引发的高度自适应问题。

9.8.2 网页内容居中布局

居中的网页设计目前在网页布局的应用中非常广泛，所以如何在 CSS 中让设计居中显示是大多数开发人员首先要学习的重点之一。

1. 网页内容水平居中

假设一个布局，希望其中的容器 Div 在屏幕上水平居中，其 HTML 代码如图 9-75 所示。只需定义 Div 的宽度，然后将水平空白边设置为 auto 即可，CSS 样式如图 9-76 所示。

```html
<body>
<div id="box"></div>
</body>
```

```css
#box{
    width:800px;
    height:100%;
    background-color:#F90;
    margin:0 auto;
}
```

图 9-75 HTML 代码 　　　　图 9-76 CSS 样式代码

则 id 名为 box 的 Div 在页面中是居中显示的，在浏览器中预览效果如图 9-77 所示。

图 9-77 网页内容居中布局

2. 网页内容垂直居中

首先定义容器的高度，然后将容器的 position 属性设置为 relative，将 top 属性设置为 50%，就会把容器的上边缘定位在页面的中间，CSS 样式代码如图 9-78 所示。

如果不希望让容器的上边缘垂直居中，而是让容器的中间垂直居中，只要对容器的上边应用一个负值的空白边，高度等于容器高度的一半。这样就会把容器向上移动，从而让它在屏幕上垂直居中，CSS 样式代码如图 9-79 所示。

```
*{
    margin: 0px;
    padding: 0px;
    border: 0px;
}
html,body{ height:100%;}
#box{
    width:800px;
    height:300px;
    background-color:#F90;
    margin:auto;
    position:relative;
    top:50%;
}
```

```
#box{
    width:800px;
    height:300px;
    background-color:#F90;
    margin:auto;
    position:relative;
    top:50%;
    margin-top:-150px;
}
```

图 9-78 CSS 样式代码　　　　图 9-79 CSS 样式代码

则 id 名为 box 的 Div 在页面中是垂直居中显示的，在浏览器中预览效果如图 9-80 所示。

图 9-80 网页内容垂直居中布局

9.8.3 网页元素浮动布局

在 DIV+CSS 布局中，浮动布局是使用最多，也是常见的布局方式，浮动的布局又可以分为多种形式，下面分别向用户进行介绍。

1. 两列固定宽度布局

两列固定宽度布局非常简单，HTML 代码如图 9-81 所示。为 id 名的 left 与 right 的 Div 设置 CSS 样式，让两个 Div 在行中并排显示，从而形成二列式布局，CSS 代码如图 9-82 所示。

```
#left {
    width:400px;
    height:100%;
    background-color:#F90;
    float:left;
}
#right {
    width:400px;
    height:100%;
    background-color: #06F;
    float:left;
}
```

```
<body>
<div id="left">左列</div>
<div id="right">右列</div>
</body>
```

图 9-81 HTML 代码　　　　图 9-82 CSS 样式代码

为了实现二列式布局，使用了 float 属性，这样二列固定宽度的布局就能够完整地显示出来，预览效果如图 9-83 所示。

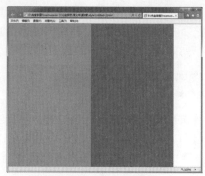

图 9-83 二列固定宽度布局

2. 两列百分比宽度布局

设置自适应主要通过宽度的百分比值设置。因此，在二列宽度自适应布局中也同样是对百分比宽度值进行设定，CSS 代码如图 9-84 所示。左栏宽度设置为 30%，右栏宽度设置为 70%，预览效果如图 9-85 所示。

```
#left {
    width:30%;
    height:100%;
    background-color:#F90;
    float:left;
}
#right {
    width:70%;
    height:100%;
    background-color:#06F;
    float:left;
}
```

图 9-84 CSS 样式代码

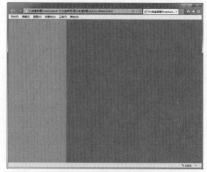

图 9-85 二列宽度自适应

3. 两列右列宽度自适应布局

在实际应用中，有时候需要左栏固定宽度，右栏根据浏览器窗口的大小自动调整。在 CSS 中只需要设置左栏宽度，右栏不设置任何宽度值，并且右栏不浮动，CSS 代码如图 9-86 所示。

左栏将呈现 400px 的宽度，而右栏将根据浏览器窗口大小自动调整，预览效果如图 9-87 所示。二列右列宽度自适应经常在网站中用到，不仅右列，左列也可以自适应，设置方法是一样的。

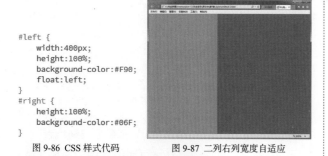

```
#left {
    width:400px;
    height:100%;
    background-color:#F90;
    float:left;
}
#right {
    height:100%;
    background-color:#06F;
}
```

图 9-86 CSS 样式代码　　　　图 9-87 二列右列宽度自适应

4. 两列固定宽度居中布局

两列固定宽度居中布局可以使用 Div 的嵌套方式来完成，用一个居中的 Div 作为容器，将二列分栏的两个 Div 放置在容器中，从而实现二列的居中显示。HTML 代码结构如图 9-88 所示。CSS 代码如图 9-89 所示。

```
#box {
    width:800px;
    height:100%;
    margin:0px auto;
}
#left {
    width:400px;
    height:100%;
    background-color:#F90;
    float:left;
}
#right {
    width:400px;
    height:100%;
    background-color:#06F;
    float:left;
}
```

```
<div id="box">
<div id="left">左列</div>
<div id="right">右列</div>
</div>
</body>
```

图 9-88 HTML 代码　　　　图 9-89 CSS 样式代码

box 有了居中属性，相对里面的内容也能做到居中，这样就实现了二列的居中显示，预览效果如图 9-90 所示。

图 9-90 二列固定宽度居中布局

5. 三列浮动中间列宽度自适应布局

三列浮动中间列宽度自适应布局，是左栏固定宽度居左显示，右栏固定宽度居右显示，而中间栏则需要在左栏和右栏的中间显示，根据左右栏的间距变化自动适应。单纯使用 float 属性与百分比属性不能实现，这就需要绝对定位来实现了。绝对定位后的对象，不需要考虑它在页面中的浮动关系，只需要设置对象的 top、right、bottom 和 left 4个方向即可。

HTML 代码结构如图 9-91 所示。使用绝对定位将左列与右列进行位置控制，而中列则用普通 CSS 样式，CSS 代码如图 9-92 所示。

```
#left {
    width:200px;
    height:100%;
    background-color:#06F;
    position:absolute;
    top:0px;
    left:0px;
}
#right {
    width:200px;
    height:100%;
    background-color:#06F;
    position:absolute;
    top:0px;
    right:0px;
}
#main {
    height:100%;
    background-color:#F90;
    margin:0px 200px 0px 200px;
}
```

```
<body>
    <div id="left">左列</div>
    <div id="main">中列</div>
    <div id="right">右列</div>
</body>
```

图 9-91 HTML 代码　　　　图 9-92 CSS 样式代码

对于 id 名为 main 的 Div 来说，不需要再设定浮动方式，只需要让它的左边和右边的边距永远保持 left 和 right 的宽度，便实现了两边各留出 200px 的自适应宽度，刚好让 main 在这个空间中，从而实现了布局的要求，预览效果如图 9-93 所示。

图 9-93 三列浮动中间列宽度自适应布局

9.8.4 流体网格布局

随着网络及移动设备的迅速发展，现在越来越多的人可以随时随地使用各种移动设备浏览网页，为了满足各种不同设备对网页的浏览，在 Dreamweaver CC 中新增了流体网格布局的功能，该功能主要是针对目前流行的智能手机、平板电脑和计算机 3 种设备。通过创建流体网格布局页面，可以使页面能够适应 3 种不同的设备，并且可以随时在 3 种不同的设备中查看页面的效果。

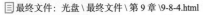

动手实践——制作商场网站 IPAD 页面布局

最终文件: 光盘 \ 最终文件 \ 第 9 章 \9-8-4.html

视频: 光盘 \ 视频 \ 第 9 章 \9-8-4.swf

01 执行"文件 > 新建"命令, 弹出"新建文档"对话框, 选择"流体网格布局"选项卡, 如图 9-94 所示。修改 3 种设备的流体宽度均为 100%, 如图 9-95 所示。

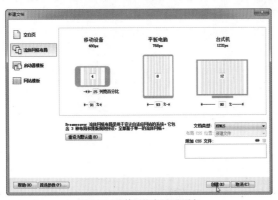

图 9-94 "流体网格布局"选项卡

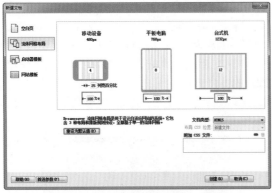

图 9-95 设置流体宽度均为 100%

02 单击"创建"按钮, 弹出"另存为"对话框, 浏览到需要保存外部样式表文件的位置, 并输入名称, 如图 9-96 所示。单击"保存"按钮, 保存外部样式表文件, 并新建流体网格布局页面, 如图 9-97 所示。

图 9-96 "另存为"对话框

图 9-97 新建流体网格布局页面

03 执行"文件 > 保存"命令, 弹出"另存为"对话框, 将该网页保存为"光盘 \ 源文件 \ 第 9 章 \9-8-4.html", 如图 9-98 所示。单击"保存"按钮, 弹出"复制相关文件"提示框, 如图 9-99 所示。

图 9-98 "另存为"提示框

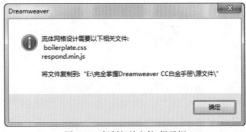

图 9-99 "复制相关文件"提示框

04 单击"复制"按钮, 即可将相关文件复制到指定的位置。转换到所链接的 CSS 样式文件 9-8-4.CSS 文件中, 创建 body 标签的 CSS 样式, 如图 9-100 所示。返回设计视图中, 可以看到页面的效果, 如图 9-101 所示。

```
body {
    font-size:12px;
    line-height:20px;
    color:#333;
    background-color:#ADDCED;
    background-image:url(../images/88401.jpg);
    background-repeat:repeat-x;
    padding-top:56px;
}
```

图 9-100 CSS 样式代码

图 9-101 页面效果

[05] 单击文档工具栏上的"切换到流体网格视图"按钮 ▣，这样可以更清楚地看清页面的布局效果，如图 9-102 所示。将光标移至页面中默认的名为 div1 的 Div 中，选中提示文字，如图 9-103 所示。

图 9-102 页面效果

图 9-103 选中文字

[06] 将多余的文字删除，插入图像"光盘\源文件\第 9 章\images\88402.jpg"，如图 9-104 所示。将光标移至名为 div1 的 Div 之后，单击"插入"面板上的 Div 按钮，如图 9-105 所示。

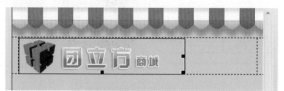

图 9-104 插入图像

图 9-105 单击 Div 按钮

[07] 弹出"插入 Div"对话框，设置需要插入的 Div 的 ID 为 menu，如图 9-106 所示。单击"确定"按钮，即可在光标所在位置插入名为 menu 的 Div，如图 9-107 所示。

图 9-106 "插入 Div"对话框

图 9-107 页面效果

> **提示**
>
> 在流体网格布局页面中插入流体网格布局 Div 标签，则会自动在其链接外部 CSS 样式表文件中创建相应的 ID CSS 样式，因为流体网格布局是针对智能手机、平板电脑和计算机 3 种设备的，所以在外部的 CSS 样式表文件中会针对相应的设备在不同的位置创建出 3 个 ID CSS 样式。

[08] 转换到 9-8-4.css 文件中，在名为 #menu 的 CSS 样式中添加相应的属性设置，因为流体网格布局是针对智能手机、平板电脑和计算机 3 种设备的，所以有 3 种名为 #menu 的 CSS 样式都需要设置，如图 9-108 所示。返回设计视图中，效果如图 9-109 所示。

```
#menu {
    clear: both;
    float: left;
    margin-left:0px;
    width: 100%;
    display: block;
    padding-top: 10px;
    padding-bottom: 10px;
}
```

图 9-108 CSS 样式代码

图 9-109 页面效果

[09] 将光标移至名为 menu 的 Div 中，然后将多余文字删除，输入相应的文字，如图 9-110 所示。转换到代码视图中，添加相应的项目列表标签，如图 9-111 所示。

图 9-110 输入文字

```
<ul>
<li>家用电器</li>
<li>手机数码</li>
<li>电脑办公</li>
<li>图书音像</li>
<li>礼品箱包</li>
</ul>
```

图 9-111 添加项目列表代码

10 转换到"9-8-4.css"文件中，创建名为 ul 的标签 CSS 样式和名为 #menu li 的 CSS 样式，如图 9-112 所示。返回设计视图中，页面效果如图 9-113 所示。

```
ul {
    margin: 0px;
    padding: 0px;
}
#menu li {
    list-style-type:none;
    width: 80px;
    height: 25px;
    line-height: 25px;
    font-weight: bold;
    text-align:center;
    display:block;
    float: left;
    margin-left: 10px;
    background-color: #FFF;
}
```

图 9-112 CSS 样式代码

图 9-113 页面效果

11 转换到"9-8-4.css"文件中，创建名为 #menu li:hover 的 CSS 样式，如图 9-114 所示。返回设计视图中，在实时视图中查看页面，当鼠标移至菜单项上时，可以看到菜单项的效果，如图 9-115 所示。

```
#menu li:hover {
    background-color:#DD5757;
    color:#FFF;
}
```

图 9-114 CSS 样式代码

图 9-115 实时视图效果

12 将光标移至名为 menu 的 Div 之后，单击"插入"面板上的 Div 按钮，弹出"插入 Div"对话框，设置如图 9-116 所示。单击"确定"按钮，即可在光标所在位置插入名为 pic1 的 Div，如图 9-117 所示。

图 9-116 "插入 Div"对话框

图 9-117 页面效果

13 转换到"9-8-4.css"文件中，在名为 #pic1 的 CSS 样式中添加相应的属性设置，注意 3 处名为 #pic1 的 CSS 样式都需要添加相应的属性设置，如图 9-118 所示。返回设计视图中，效果如图 9-119 所示。

```
#pic1 {
    clear: both;
    float: left;
    margin-left: 0px;
    width: 142px;
    display: block;
    margin: 0px 5px 10px 5px;
    background-color: #FFF;
    text-align: center;
}
```

图 9-118 CSS 样式代码

图 9-119 页面效果

14 将光标移至名为 pic1 的 Div 中，将多余文字删除，插入图像并输入文字，如图 9-120 所示。转换到"9-8-4.css"文件中，创建名为 .border01 的类 CSS 样式，如图 9-121 所示。

图 9-120 页面效果

```
.border01 {
    border: solid 1px #CCC;
}
```

图 9-121 CSS 样式代码

15 返回设计视图中，选中插入的图像，在"属性"面板上的 Class 下拉列表中选择名为 border01 的类 CSS 样式应用，如图 9-122 所示。转换到"9-8-4.css"文件中，创建名为 .font01 和名为 .font02 的类 CSS 样式，如图 9-123 所示。

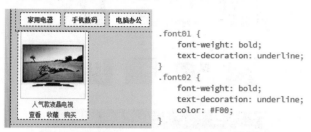

```
.font01 {
    font-weight: bold;
    text-decoration: underline;
}
.font02 {
    font-weight: bold;
    text-decoration: underline;
    color: #F00;
}
```

图 9-122 页面效果　　　　图 9-123 CSS 样式代码

16 返回设计视图中，选中相应的文字，为文字应用相应的类 CSS 样式，如图 9-124 所示。将光标移至名为 pic1 的 Div 之后，单击"插入"面板上的 Div 按钮，弹出"插入 Div"对话框，设置如图 9-125 所示。

图 9-124 页面效果　　　　图 9-125 "插入 Div"对话框

17 单击"确定"按钮，即可在光标所在位置插入名为 pic2 的 Div，如图 9-126 所示。转换到名为"9-8-4.css"文件中，在名为 #pic2 的 CSS 样式中添加相应的属性设置，注意 3 处名为 #pic2 的 CSS 样式都需要添加相应的属性设置，如图 9-127 所示。

图 9-126 页面效果

```
#pic2 {
    float: left;
    margin-left: 0px;
    width: 142px;
    display: block;
    margin: 0px 5px 10px 5px;
    background-color: #FFF;
    text-align: center;
}
```

图 9-127 CSS 样式代码

18 返回设计视图中，效果如图 9-128 所示。使用相同的制作方法，可以完成该 Div 中内容的制作，如图 9-129 所示。

图 9-128 页面效果

图 9-129 页面效果

19 使用相同的制作方法，可以完成该页面中内容的制作，效果如图 9-130 所示。单击状态栏中的"平板电脑大小"按钮，可以查看页面在平板电脑大小中显示的效果，如图 9-131 所示。

图 9-130 页面效果

图 9-131 平板电脑大小中显示效果

20 单击状态栏中的"桌面计算机大小"按钮，可以查看页面在显示屏大小中显示的效果，如图 9-132 所示。保存页面，保存外部的 CSS 样式文件，在浏览器中预览页面，效果如图 9-133 所示。

图 9-132 显示屏大小中显示效果

图 9-133 在浏览器中预览页面

9.9 插入 HTML 5 结构元素

一个典型的网页中通常都会包含头部、页脚、导航、主体内容、侧边内容等区域。针对这情况，HTML 5 中引入了与文档结构相关联的网页结构元素。在 Dreamweaver CC 中，为了使设计者能够轻松在网页中插入 HTML 5 结构元素，在"插入"面板中新增了"结构"选项卡，如图 9-134 所示。通过单击"结构"选项卡中的按钮，即可快速在网页中插入相应的 HTML 5 结构元素。

图 9-134 "结构"选项卡

图 9-135 单击"页眉"按钮

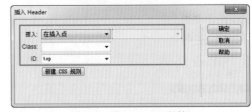

图 9-136 "插入 Header"对话框

9.9.1 页眉

页眉通常用于定义网页的介绍信息内容，在 HTML 5 中新增了 <header> 标签，使用该标签可以在网页中定义网页的页眉部分。

如果需要在网页中插入页眉，可以单击"插入"面板上的"结构"选项卡中的"页眉"按钮，如图 9-135 所示。弹出"插入 Header"对话框，对相关选项进行设置，如图 9-136 所示。

单击"确定"按钮，即可在网页中插入页眉，如图 9-137 所示。转换到代码视图中，可以看到页眉的 HTML 代码，如图 9-138 所示。

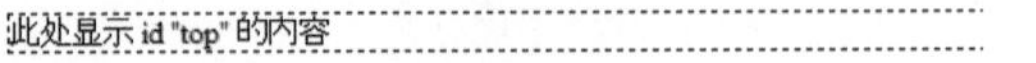

此处显示id "top" 的内容

图 9-137 插入页眉

```
<body>
<header id="top">此处显示  id "top" 的内容</header>
</body>
```

图 9-138 页眉标签代码

页中定义网页的导航部分。

提示

"插入 Header"对话框的设置方法与"插入 Div"对话框的设置方法相同，插入到网页中的页眉与 Div 的显示效果相同，可以通过 CSS 样式对插入到网页中的页眉效果进行设置。

9.9.2　页脚

页脚通常用于定义网页文档的版底信息，包括设计者信息、文档的创建日期以及联系方式等。在 HTML 5 中新增了 <footer> 标签，使用该标签可以在网页中定义网页的页脚部分。

如果需要在网页中插入页脚，可以单击"插入"面板上的"结构"选项卡中的"页脚"按钮，如图 9-139 所示。弹出"插入 Footer"对话框，对相关选项进行设置，如图 9-140 所示。

图 9-139　单击"页脚"按钮

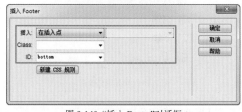

图 9-140　"插入 Footer"对话框

单击"确定"按钮，即可在网页中插入页脚，如图 9-141 所示。转换到代码视图中，可以看到页脚的 HTML 代码，如图 9-142 所示。

此处显示 id "bottom" 的内容

图 9-141　插入页脚

```
<body>
<footer id="bottom">此处显示  id "bottom" 的内容</footer>
</body>
```

图 9-142　页脚标签代码

9.9.3　Navigation

导航是每个网页中都包含的重要元素之一，通过网站导航可以在网站中各页面之间进行跳转。在 HTML 5 中新增了 <nav> 标签，使用该标签可以在网

如果需要在网页中插入导航结构元素，可以单击"插入"面板上的"结构"选项卡中的 Navigation 按钮，如图 9-143 所示。弹出"插入 Navigation"对话框，单击"确定"按钮，即可在网页中插入 <nav> 标签。转换到代码视图中，可以看到导航结构元素的 HTML 代码，如图 9-144 所示。

```
<body>
<nav>此处为新  nav  标签的内容</nav>
</body>
```

图 9-143　单击 Navigation 按钮　　图 9-144　导航结构元素代码

9.9.4　章节

在网页文档中常常需要定义章节等特定的区域。在 HTML 5 中新增了 <section> 标签，使用该标签可以在网页中定义章节、页眉、页脚或文档中的其他部分。

如果需要在网页中插入章节结构元素，可以单击"插入"面板上的"结构"选项卡中的"章节"按钮，如图 9-145 所示。弹出"插入 Section"对话框，单击"确定"按钮，即可在网页中插入 <section> 标签。转换到代码视图中，可以看到章节结构元素的 HTML 代码，如图 9-146 所示。

图 9-145　单击"章节"按钮

```
<body>
<section>此处为新  section  标签的内容</section>
</body>
```

图 9-146　章节结构元素代码

9.9.5　文章

网页中常常出现大段的文章内容，通过文章结构

元素可以将网页中大段的文章内容标识出来，使网页的代码结构更加整齐。在 HTML 5 中新增了 <article> 标签，使用该标签可以在网页中定义独立的内容，包括文章、博客和用户评论等内容。

如果需要在网页中插入文章结构元素，可以单击"插入"面板上"结构"选项卡中的"文章"按钮，如图 9-147 所示。弹出"插入 Article"对话框，单击"确定"按钮，即可在网页中插入 <article> 标签。转换到代码视图中，可以看到文章结构元素的 HTML 代码，如图 9-148 所示。

图 9-147 单击"文章"按钮

```
<body>
<article>此处为新 article 标签的内容</article>
</body>
```

图 9-148 文章结构元素代码

9.9.6 侧边

侧边结构元素可用于创建网页中文章内容的侧边栏内容。在 HTML 5 中新增了 <aside> 标签，<aside> 标签用于创建其所外内容之外的内容，<aside> 标签中的内容应该与其附近的内容相关。

如果需要在网页中插入侧边结构元素，可以单击"插入"面板上"结构"选项卡中的"侧边"按钮，如图 9-149 所示。弹出"插入 Aside"对话框，单击"确定"按钮，即可在网页中插入 <aside> 标签。转换到代码视图中，可以看到侧边结构元素的 HTML 代码，如图 9-150 所示。

图 9-149 单击"侧边"按钮

```
<body>
<aside>此处为新 aside 标签的内容</aside>
</body>
```

图 9-150 侧边结构元素代码

9.9.7 图

在网页中常常会引用一些插图，特别是在文章内容中引用插图。在 HTML 5 中新建了 <figure> 和 <figcaption> 标签，<figure> 标签主要用于规定独立的流内容，例如图像、图表、照片、代码等；<figcaption> 标签主要用于定义 <figure> 元素的标题，<figcaption> 标签应该用于 <figure> 标签内容第一个或最后一个子元素的位置。

如果需要在网页中插入图结构元素，可以单击"插入"面板上"结构"选项卡中的"图"按钮，如图 9-151 所示。弹出"插入 Figure"对话框，单击"确定"按钮，即可在网页中插入 <figure> 和 <figcaption> 标签。转换到代码视图中，可以看到图结构元素的 HTML 代码，如图 9-152 所示。

图 9-151 单击"图"按钮

```
<body>
<figure>这是布局标签的内容
    <figcaption>这是布局图标签的题注</figcaption>
</figure>
</body>
```

图 9-152 图结构元素代码

> **提示**
>
> 在 HTML 5 中新增的结构元素，仅仅是 HTML 5 中的一些网页结构元素标签，这些标签本身并没有任何的样式外观表现，与 Div 标签所实现的外观一样，还是需要通过 CSS 样式对这些结构元素标签进行设置。HTML 5 中新增的结构元素主要是用于在网页代码中可以更清晰地区分网页各部分的结构内容。

9.10 制作休闲游戏网站页面

本实例是运用 DIV+CSS 布局制作一个休闲游戏网站页面，帮助用户了解 DIV+CSS 在网页制作上的优势。在本实例的制作过程中，希望用户能够掌握使用 DIV+CSS 对网页进行布局的常用方法，能够使用 DIV+CSS 对网站页面进行布局制作。实例最终效果如图 9-153 所示。

图 9-153 页面最终效果

动手实践——制作休闲游戏网站页面

最终文件：光盘 \ 最终文件 \ 第 9 章 \9-10.html
视频：光盘 \ 视频 \ 第 9 章 \9-10.swf

01 执行"文件 > 新建"命令，新建一个空白的 HTML 页面，如图 9-154 所示，并将该页面保存为"光盘 \ 源文件 \ 第 9 章 \9-10.html"。新建一个外部 CSS 样式文件，将其保存为"光盘 \ 源文件 \ 第 9 章 \ style\9-10.css"。

图 9-154 "新建文档"对话框

02 单击"CSS 设计器"面板上的"源"选项区右

侧的"添加源"按钮，在弹出的下拉菜单中选择"附加现有的 CSS 文件"命令，弹出"使用现有的 CSS 文件"对话框，链接刚创建的外部样式文件，如图 9-155 所示。

图 9-155 "使用现有的 CSS 文件"对话框

03 转换到外部 CSS 样式文件中，创建名称为 body 的标签的 CSS 样式，如图 9-156 所示。再创建名称为 * 的通配符 CSS 样式，如图 9-157 所示。

```
body {
    font-size:12px;
    font-family:"宋体";
    color:#000;
    background:url(../images/8901.jpg);
    background-repeat: repeat-x;
}
```

图 9-156 CSS 样式代码

```
* {
    border:0px;
    margin:0px;
    padding:0px;
}
```

图 9-157 CSS 样式码

技巧

在 body 样式表中设置了水平平铺的背景图像，背景图像的设置可以简写为"background:url(../images/9901.jpg) repeat-x;"。

04 返回设计视图中，可以看到页面背景的效果，如图 9-158 所示。

图 9-158 页面效果

05 在页面中插入名为 box 的 Div，转换到外部 CSS 样式文件中，创建名称为 #box 的 CSS 样式，如图 9-159 所示。返回设计视图中，页面效果如图 9-160 所示。

```
#box {
    width:927px;
    height:983px;
    margin:auto;
}
```

图 9-159 CSS 样式代码

图 9-160 页面效果

06 将光标移至名为 box 的 Div 中，将多余的文本删除，在该 Div 中插入名为 top 的 Div。转换到外部 CSS 样式文件中，创建名称为 #top 的 CSS 样式，如图 9-161 所示。返回设计视图中，页面效果如图 9-162 所示。

```
#top {
    width:927px;
    height:100px;
    background:url(../images/8902.jpg);
    background-repeat: no-repeat;
}
```

图 9-161 CSS 样式代码

图 9-162 页面效果

07 将光标移至名为 top 的 Div 中，将多余的文本删除，单击"插入"面板上"媒体"选项卡中的 Flash SWF 按钮，插入 Flash 动画"光盘 \ 源文件 \ 第 9 章 \ images\logo.swf"，如图 9-163 所示。选中刚插入的 Flash 动画，设置"属性"面板上的 Wmode 属性为"透明"，如图 9-164 所示。

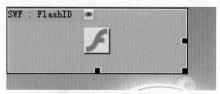

图 9-163 插入 Flash 动画

图 9-164 设置 Wmode 为透明

提示

在默认情况下，在页面编辑状态下的 Flash 动画是以图标的方式显示的，如果想在编辑状态下观看 Flash 效果，可以选中 Flash 后单击"属性"面板中的"播放"按钮，来预览 Flash 动画，还可以在"属性"面板中更改 Flash 动画的相应参数。

08 将光标移至刚插入的 Flash 动画后，插入 Flash 动画"光盘 \ 源文件 \ 第 9 章 \images\top.swf"，设置"属性"面板上的 Wmode 属性为"透明"，单击"文档"工具栏上的"实时视图"按钮，可以看到 Flash 动画的效果，如图 9-165 所示。

图 9-165 页面效果

09 在名为 top 的 Div 之后插入名为 main 的 Div，转换到外部 CSS 样式文件中，创建名为 #main 的 CSS 样式，如图 9-166 所示。返回设计视图中，页面效果如图 9-167 所示。

```
#main {
    width:927px;
    height:223px;
    background:url(../images/8903.jpg);
    background-repeat: no-repeat;
}
```

图 9-166 CSS 样式代码

图 9-167 页面效果

10 将光标移至名为 main 的 Div 中，将多余文本删除，在该Div中插入名为main1的Div。转换到外部CSS样式文件中，创建名称为#main1的CSS样式，如图9-168所示。返回设计视图中，页面效果如图9-169所示。

```
#main1 {
    width:235px;
    height:206px;
    position:relative;
    top:130px;
    left:42px;
    float:left;
}
```

图9-168 CSS样式代码

图9-169 页面效果

> **提示**
>
> position:relative;为相对定位，在使用相对定位时，无论是否进行移动，元素仍然占据原来的空间。

[11] 将光标移至名为main1的Div中，将多余文本删除，在该Div中插入Flash动画"光盘\源文件\第9章\images\left.swf"，设置"属性"面板上的Wmode属性为"透明"，单击文档工具栏上的"实时视图"按钮，可以看到Flash动画的效果，如图9-170所示。

图9-170 页面效果

[12] 将光标移至名为main的Div中，插入图像"光盘\源文件\第9章\images\8912.gif"，选中刚插入的图片，在"属性"面板上设置ID名称为pic。转换到外部CSS样式文件中，创建名称为#main #pic的CSS样式，如图9-171所示。返回设计视图中，页面效果如图9-172所示。

```
#main #pic {
    float:right;
    margin-top:40px;
}
```

图9-171 CSS样式代码

图9-172 页面效果

[13] 将光标移至刚插入的图像后，在光标所在位置插入名为main2的Div。转换到外部CSS样式文件中，创建名称为#main2的CSS样式，如图9-173所示。返回设计视图中，页面效果如图9-174所示。

```
#main2 {
    width:590px;
    height:31px;
    float:right;
    margin-top:24px;
    padding:5px 0px 0px 15px;
    color:#fa4c8b;
    background:url(../images/8908.gif);
    background-repeat: no-repeat;
}
```

图9-173 CSS样式代码

图9-174 页面效果

[14] 将光标移至名为main2的Div中，将多余文本删除，单击"插入"面板上"表单"选项卡中的"表单"按钮，在该Div中插入红色虚线的表单域。转换到外部CSS样式文件中，创建名称为#form1的CSS样式，如图9-175所示。返回设计视图中，如图9-176所示。

```
#form1 {
    width:590px;
    height:31px;
}
```

图9-175 CSS样式代码

图9-176 页面效果

> **提示**
>
> 插入的红色虚线表单区域，即<form></form>标签，所有表单元素都应该在红色虚线区域内，否则该表单将不会实现提交功能。在CSS样式中直接输入表单域的ID名称，定义相应CSS样式，可以直接控制该表单域的相应属性。

15 将光标移至表单域中，输入文本，单击"插入"面板上"表单"选项卡中的"文本"按钮，删除提示文字，如图 9-177 所示。选中插入的文本域，在"属性"面板中设置其 Name 属性为 name，如图 9-178 所示。

图 9-177 插入文本域

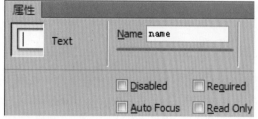

图 9-178 设置 Name 属性

16 将光标移至刚插入的文本域后，单击"插入"面板上"表单"选项卡中的"密码"按钮，插入密码域，将提示文字删除，选中刚插入的密码域，在"属性"面板上设置其 Name 属性为 pass，效果如图 9-179 所示。

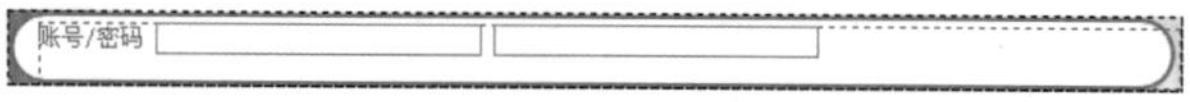

图 9-179 插入密码域

17 转换到外部 CSS 样式文件中，创建名称为 #name,#pass 的 CSS 样式，如图 9-180 所示。返回设计视图中，页面效果如图 9-181 所示。

```
#name,#pass {
    width:69px;
    height:18px;
    border:1px #fa4c8b solid;
    margin-bottom:3px;
}
```

图 9-180 CSS 样式代码

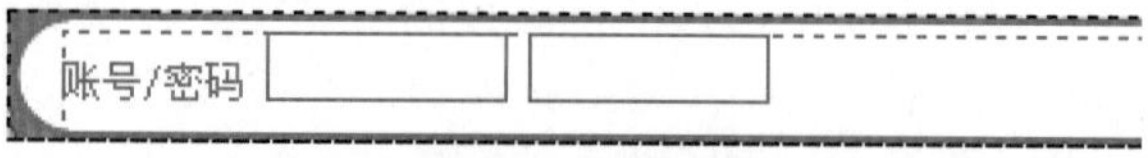

图 9-181 页面效果

技巧

在定义两个或多个样式相同的对象时，可以同时为两个或多个对象定义样式，在不同对象名称之间加","来分开，使得页面中所有群组中的选择器都将具有相同的样式定义。

18 将光标移至刚插入的密码域后，单击"插入"面板上"表单"选项卡中的"图像按钮"按钮，在弹出的"选择图像源文件"对话框中选择相应的图像，如图 9-182 所示。单击"确定"按钮，在页面中插入图像域，如图 9-183 所示。

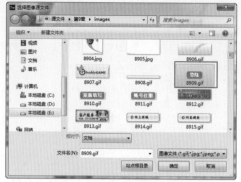

图 9-182 "选择图像源文件"对话框

图 9-183 插入图像域

19 将光标移至刚插入的图像域后，单击"插入"面板上的"表单"选项卡中的"复选框"按钮，如图 9-184 所示。插入复选框，删除提示文字，输入相应的文字内容，效果如图 9-185 所示。

图 9-184 "插入"面板

图 9-185 页面效果

20 转换到外部 CSS 样式文件中，创建名称为 .font1 的类 CSS 样式，如图 9-186 所示。返回设计视图中，将复选框右侧的文字全部选中，在"属性"面板上的"类"下拉列表中选择刚定义的类 CSS 样式 font01 应用，效果如图 9-187 所示。

```
.font01 {
    color:#a24d6e;
}
```

图 9-186 CSS 样式代码

图 9-187 页面效果

21 使用相同的制作方法，可以制作出该 Div 中的其他部分内容，效果如图 9-188 所示。

图 9-188 页面效果

22 在名为 main 的 Div 之后插入名为 left 的 Div。转换到外部 CSS 样式文件中，创建名为 #left 的 CSS 样式，如图 9-189 所示。返回设计视图中，页面效果如图 9-190 所示。

```
#left {
    width:350px;
    height:577px;
    background:url(../images/8904.jpg);
    background-repeat: no-repeat;
    float:left;
}
```

图 9-189 CSS 样式代码　　　图 9-190 页面效果

23 将光标移至名为 left 的 Div 中，将多余文本删除，在该 Div 中插入名为 left1 的 Div。转换到外部 CSS 样式文件中，创建名称为 #left1 的 CSS 样式，如图 9-191 所示。返回设计视图中，页面效果如图 9-192 所示。

```
#left1 {
    width:144px;
    height:269px;
    float:right;
    margin-top:113px;
}
```

图 9-191 CSS 样式代码　　　图 9-192 页面效果

24 将光标移至名为 left1 的 Div 中，将多余文本删除，在该 Div 中插入相应图像，如图 9-193 所示。转换到外部 CSS 样式文件中，创建名为 #left1 img 的 CSS 样式，如图 9-194 所示。返回设计视图中，页面效果如图 9-195 所示。

```
#left1 img {
    margin-top:3px;
}
```

图 9-193 插入图像　　图 9-194 CSS 样式代码　　图 9-195 页面效果

25 在名为 left 的 Div 之后插入名为 right 的 Div。转换到外部 CSS 样式文件中，创建名称为 #right 的 CSS 样式，如图 9-196 所示。返回设计视图中，页面效果如图 9-197 所示。

```
#right {
    width:570px;
    height:577px;
    float:left;
    background:url(../images/8905.jpg);
    background-repeat: no-repeat;
}
```

图 9-196 CSS 样式代码

图 9-197 页面效果

26 将光标移至名为 right 的 Div 中，将多余文本删除，在该 Div 中插入名为 right-1 的 Div。转换到外部 CSS 样式文件中，创建名为 #right-1 的 CSS 样式，如图 9-198 所示。返回设计视图中，页面效果如图 9-199 所示。

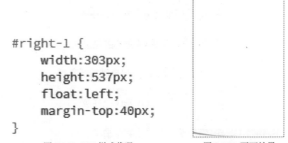

```
#right-1 {
    width:303px;
    height:537px;
    float:left;
    margin-top:40px;
}
```

图 9-198 CSS 样式代码　　　图 9-199 页面效果

27 将光标移至名为 right-1 的 Div 中，将多余文本删除，插入图像"光盘\源文件\第 9 章\images\8920.gif"，如图 9-200 所示。将光标移至刚插入的图像后，插入名为 right-1-1 的 Div。转换到外部 CSS 样式文件中，创建名为 #right-1-1 的 CSS 样式，如图 9-201 所示。返回设计视图中，页面效果如图 9-202 所示。

图 9-200 插入图像

171

```css
#right-1-1 {
    width:280px;
    height:190px;
    margin-left:20px;
}
```

图 9-201 CSS 样式代码　　　　图 9-202 页面效果

28 将光标移至名为 right-1-1 的 Div 中，将多余文本删除，输入相应文本，如图 9-203 所示。切换到代码视图中，加入相应的列表代码，如图 9-204 所示。

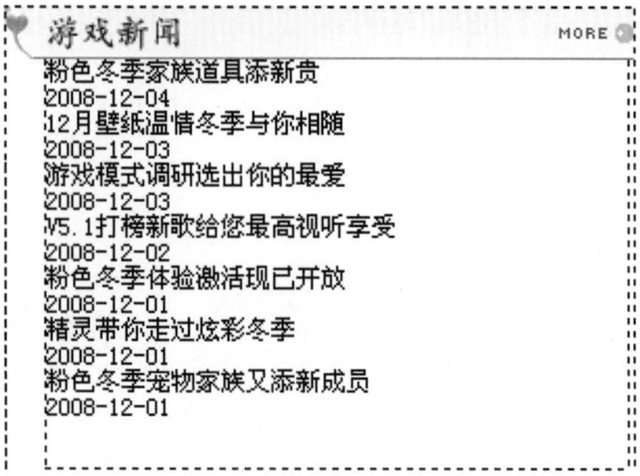

游戏新闻　　　　　　　　　　MORE
粉色冬季家族道具添新贵
2008-12-04
12月壁纸温情冬季与你相随
2008-12-03
游戏模式调研选出你的最爱
2008-12-03
V5.1打榜新歌给您最高视听享受
2008-12-02
粉色冬季体验激活现已开放
2008-12-01
精灵带你走过炫彩冬季
2008-12-01
粉色冬季宠物家族又添新成员
2008-12-01

图 9-203 输入文字

```html
<dl>
    <dt>粉色冬季家族道具添新贵</dt>
    <dd>2008-12-04 </dd>
    <dt>12月壁纸温情冬季与你相随</dt>
    <dd>2008-12-03 </dd>
    <dt>游戏模式调研选出你的最爱</dt>
    <dd>2008-12-03 </dd>
    <dt>V5.1打榜新歌给您最高视听享受</dt>
    <dd>2008-12-02 </dd>
    <dt>粉色冬季体验激活现已开放</dt>
    <dd>2008-12-01 </dd>
    <dt>精灵带你走过炫彩冬季</dt>
    <dd>2008-12-01 </dd>
    <dt>粉色冬季宠物家族又添新成员</dt>
    <dd>2008-12-01 </dd>
</dl>
```

图 9-204 添加相应的列表代码

提示

定义列表有两个核心组件组成，即定义术语 <dt> 和一个或多个定义描述 <dd>。定义列表可以对一系列相关元素进行结构性分组。

29 转换到外部 CSS 样式文件中，创建两个名称分别为 #right-1-1 dt 和 #right-1-1 dd 的 CSS 样式，如图 9-205 所示。返回设计视图中，页面效果如图 9-206 所示。

```css
#right-1-1 dt {
    width:210px;
    float:left;
    border-bottom:#CCC 1px dashed;
    margin-top:7px;
    line-height:18px;
}
#right-1-1 dd {
    width:70px;
    float:left;
    border-bottom:#CCC 1px dashed;
    margin-top:7px;
    line-height:18px;
}
```

图 9-205 CSS 样式代码

游戏新闻	MORE
粉色冬季家族道具添新贵	2008-12-04
12月壁纸温情冬季与你相随	2008-12-03
游戏模式调研选出你的最爱	2008-12-03
V5.1打榜新歌给您最高视听享受	2008-12-02
粉色冬季体验激活现已开放	2008-12-01
精灵带你走过炫彩冬季	2008-12-01
粉色冬季宠物家族又添新成员	2008-12-01

图 9-206 页面效果

30 将光标移至名为 right-1-1 的 Div 之后，按快捷键 Shift+Enter，插入换行符，插入图像"光盘\源文件\第 9 章\images\8921.gif"，如图 9-207 所示。将光标移至刚插入的图像后，插入名为 right-1-2 的 Div。转换到外部 CSS 样式文件中，创建名称为 #right-1-2 的 CSS 样式，如图 9-208 所示。返回设计视图中，页面效果如图 9-209 所示。

粉色冬季宠物家族又添新成员	2008-12-01
玩家论坛	MORE

图 9-207 插入图像

```css
#right-1-2 {
    width:280px;
    height:260px;
    margin-left:20px;
}
```

图 9-208 CSS 样式代码　　　　图 9-209 页面效果

31 将光标移至名为 right-1-2 的 Div 中，将多余文本删除，在名为 right-1-2 的 Div 中分别插入名为 right1-2-1、right1-2-2 和 right1-2-3 的 Div。转换到外部 CSS 样式文件中，创建名称为 # right1-2-1,#right1-2-2,#right1-2-3 的 CSS 样式，如图 9-210 所示。返回设计视图中，页面效果如图 9-211 所示。

```
#right1-2-1,#right1-2-2,#right1-2-3  {
    width:280px;
    height:60px;
    margin-top:10px;
    line-height:20px;
    float:left;
}
```

图 9-210　CSS 样式代码

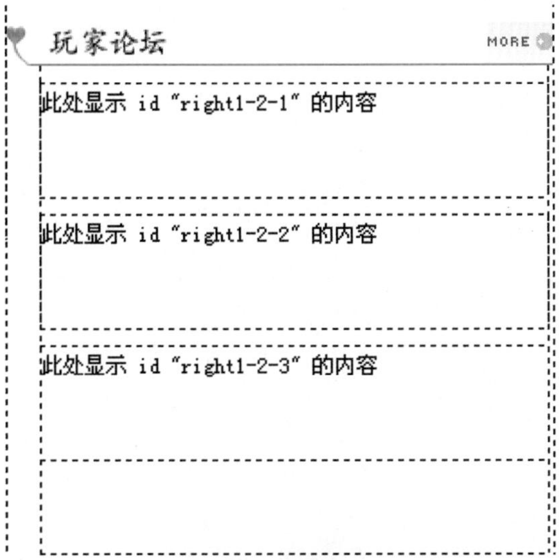

图 9-211　页面效果

技巧

为了能尽量减少书写代码，方便阅读，CSS 支持将多个属性集合到一行中编写。对于页面中不同的几个元素采用相同的 CSS 样式设置，可以采用群组选择器的方式，通过集中列出选择器，并用逗号将它们隔开，可以联合 CSS 样式表。可以用这种方法联合所有种类的选择器。

32 分别在 right1-2-1、right1-2-2 和 right1-2-3 的 Div 中插入相应图像，并输入相应文字，转换到外部 CSS 样式文件中，创建名称为 #right1-2-1 img,right1-2-2 img,right1-2-3 img 的 CSS 样式，如图 9-212 所示。返回设计视图中，页面效果如图 9-213 所示。

```
#right1-2-1 img,#right1-2-2 img,#right1-2-3 img  {
    float:left;
    border:#ffcbd3 solid 2px;
    margin:0px 5px 0px 0px;
}
```

图 9-212　CSS 样式代码

图 9-213　页面效果

33 使用相同的制作方法，可以制作出页面其他部分的内容，效果如图 9-214 所示。

图 9-214　页面效果

34 完成该休闲游戏网站页面的制作。执行"文件 > 保存"命令，保存页面，保存外部 CSS 样式文件，在浏览器中预览整个页面，效果如图 9-215 所示。

图 9-215　在浏览器中预览页面效果

9.11 本章小结

本章主要向用户介绍了 DIV+CSS 布局的相关知识，也是 DIV+CSS 布局的重点内容，包括什么是 CSS 盒模型、常用的定位方式、常用的布局方式等内容，并且还向用户介绍了 Dreamweaver CC 中流体网格布局功能。用户一定要仔细理解本章中的内容，这样才能在网页制作过程中熟练地应用。

第 10 章 在网页中输入文本

文本是网页中最基本的重要元素之一，也是最直观地向浏览者传达信息的方式。通过 Dreamweaver CC，可以轻松地在网页中添加文本内容，并且可以对文本进行格式化处理，使其更加美观，达到赏心悦目的效果。Dreamweaver CC 作为一款专业的网页编辑软件，不仅可以在网页中插入文本，还可以插入其他的一些特殊文本元素。

10.1 输入文本

在网页中，文本内容也可以说是最重要也是最基本的组部分，Dreamweaver CC 与普通文字处理程序一样，可以对网页中的文字和字符进行格式化处理。

10.1.1 在网页中输入文本

网页中需要输入大量的文本内容时，可以通过以下两种方式来输入文本内容。

第一种是在网页编辑窗口中直接用键盘输入文本，这可以算是最基本的输入方式了，和一些文本编辑软件的使用方法相同，如 Microsoft Word。

第二种是使用复制的方式。有些用户可能不喜欢在 Dreamweaver 中直接输入文字，而更习惯在专门文本编辑软件中快速打字，如 Microsoft Word 和 Windows 中的记事本，或者是文本的电子版本，那么就可以直接使用 Dreamweaver 的文本复制功能，将大段的文本内容复制到网页的编辑窗口来进行排版的工作，具体操作步骤如下。

动手实践——制作文本网页

📋 最终文件：光盘 \ 最终文件 \ 第 10 章 \10-1-1.html

🎬 视频：光盘 \ 视频 \ 第 10 章 \10-1-1.swf

01 执行"文件 > 打开"命令，打开页面"光盘 \ 源文件 \ 第 10 章 \10-1-1.html"，页面效果如图 10-1 所示。将光标移至名为 text 的 Div 中，将多余的文字删除，如图 10-2 所示。

图 10-1 页面效果

图 10-2 删除文字

02 打开准备好的文本文件"光盘 \ 源文件 \ 第 10 章 \images\ 素材文本 1.txt"，将文本全部选中，如图 10-3 所示。执行"编辑 > 复制"命令或按快捷键 Ctrl+C，之后切换到 Dreamweaver CC 中，将光标移至页面中需要输入文本内容的位置，执行"编辑 > 粘贴"命令或按快捷键 Ctrl+V，即可将大段的文本快速粘贴到网页中，页面效果如图 10-4 所示。

图 10-3 复制文本

图 10-4 粘贴文本

10.1.2 页面编码以及分行和分段

如果想得到最好的文本显示效果，在输入文本时，很多细节的地方就一定要注意，不能忽视。

1. 页面编码方式

在 Dreamweaver CC 中，首先要根据用户语言的不同，选择不同的文本编码方式，错误的文本编码方式将使中文字体显示为乱码。

如果需要更改页面的编码格式，可以单击"属性"面板上的"页面属性"按钮 **页面属性...** ，弹出"页面属性"对话框，在左侧的"分类"列表框中选择"标题 / 编码"选项，在"编码"下拉列表中可以选择页面的编码格式，如图 10-5 所示。

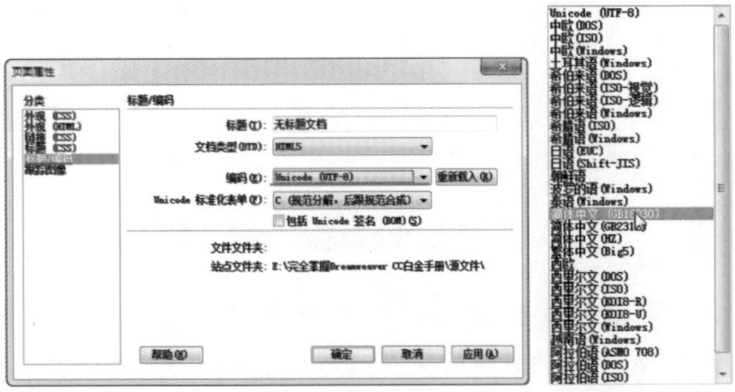

图 10-5 选择页面编码方式

默认情况下，在 Dreamweaver CC 中新建的 HTML 页面默认的页面编码格式为 UTF-8，UTF-8 编码为亚洲语言的通用编码形式，可以用于在同一页面中显示简体中文、繁体中文以及其他亚洲语言，如日文、韩文。

提示

默认情况下，在 Dreamweaver CC 中新建的 HTML 页面，默认的页面编码格式为 UTF-8，简体中文的页面还可以选择 GB2312 编码格式。

2. 分行与分段

遇到文本末尾的地方，Dreamweaver CC 会自动进行分行操作，然而在某些情况下，我们需要进行强制分行，将某些文本放到下一行去，此时在操作上用户可以有两种选择，一种是按 Enter 键（为段落标签），在"代码"视图中显示为 <P> 标签，如图 10-6 所示，可以将文本彻底划分到下一段落中去，两个段落之间将会留出一条空白行，页面效果如图 10-7 所示。

```
<div id="text">
        <p>      作为一家领先的游戏在线媒体及增值服务提供商，中文游戏第一门
户一直专注于向游戏用户及游戏企业提供全方位多元化的内容资讯、互动娱乐及增值服务。
</p>
        <p>      企业以其敏锐的新闻嗅觉，丰富的游戏资讯以及独到的行业见解潜
心服务多年，注册用户以及日均浏览量均处于领先地位，是最受推崇的游戏门户
网站。网站用户群覆盖面广，主要用户群集中在19-33岁之间这批中国网游的资
优用户——具有高在线率，高APRU值的特点，是一个具有超强黏着性的用户群体。</p>
        <p>      作为连接企业、玩家和渠道的不可或缺的重要纽带，本公司不仅在
内容上提供最新最全的游戏资讯，而且一直致力于营造有利于产业健康发展的舆
论氛围，成为影响社会道德的中坚力量。
        公司每年都会在业内举办各种行业性活动，这些行业活动凭借自身的实力，
通过平面、网络、电视三大平台的强力传播，在行业内形成了巨大、积极的影响力。</p>
</div>
```

图 10-6 代码视图

图 10-7 页面效果

另一种是按快捷键 Shift+Enter（换行符也被称为强迫分行），在"代码"视图中显示为
，如图 10-8 所示，可以使文本落到下一行去，在这种情况下被分行的文本仍然在同一段落中，中间也不会留出空白行，页面效果如图 10-9 所示。

```
<div id="text">
        <p>      作为一家领先的游戏在线媒体及增值服务提供商，中文游戏第一门
户一直专注于向游戏用户及游戏企业提供全方位多元化的内容资讯、互动娱乐及增值服务。
</p>
        <p>      企业以其敏锐的新闻嗅觉，丰富的游戏资讯以及独到的行业见解潜
心服务多年，注册用户以及日均浏览量均处于领先地位，是最受推崇的游戏门户
网站。网站用户群覆盖面广，主要用户群集中在19-33岁之间这批中国网游的资
优用户——具有高在线率，高APRU值的特点，是一个具有超强黏着性的用户群体。</p>
        <p>      作为连接企业、玩家和渠道的不可或缺的重要纽带，本公司不仅在
内容上提供最新最全的游戏资讯，而且一直致力于营造有利于产业健康发展的舆
论氛围，成为影响社会道德的中坚力量。<br>
        公司每年都会在业内举办各种行业性活动，这些行业活动凭借自身的实力，
通过平面、网络、电视三大平台的强力传播，在行业内形成了巨大、积极的影响力。</p>
</div>
```

图 10-8 代码视图

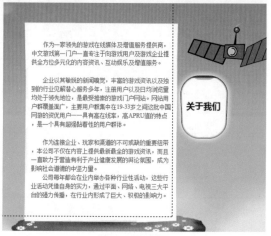

图 10-9 页面效果

图 10-10 "首选项"对话框

图 10-11 选中"不可见元素"选项

图 10-12 显示换行符标志

在插入换行符后，有时可能会不太明显，而 Dreamweaver CC 中提供了一种标记功能，可以执行"编辑 > 首选参数"命令，弹出"首选项"对话框，在左侧的"分类"列表框中选择"不可见元素"选项，切换到"不可见元素"窗口，选中"换行符"选项，如图 10-10 所示。并确认在"查看 > 可视化助理"子菜单中"不可见元素"选项为选中状态，如图 10-11 所示。在页面中便可以看见黄色的换行符标志，页面效果如图 10-12 所示。

提示

这两种操作看似很简单，不容易被重视，但实际情况恰恰相反，很多文本样式是应用在段落中的，如果之前没有把段落与行划分好，再修改起来便会很麻烦。上个段落会保持一种固定的样式，如果希望两段文本应用不同样式，则用段落标签新分一个段落；如果希望两段文本有相同样式，则直接使用换行符新分一行即可，它将仍在原段落中，保持原段落样式。

10.2 文本属性的设置

在 Dreamweaver CC 中可以设置文本颜色、大小、对齐方式等属性，合理地设置文本的属性，可以使浏览者阅读起来更加方便，将光标移至文本中时，在"属性"面板中便会出现相应的文本属性选项，"属性"面板如图 10-13 所示。

图 10-13 文本的"属性"面板

10.2.1 设置 HTML 选项面板

执行"文件 > 打开"命令，打开页面"光盘 \ 源文件 \ 第 10 章 \10-2-1.html"，效果如图 10-14 所示。拖动光标选中需要设置属性的文字，如图 10-15 所示。

图 10-14 页面效果

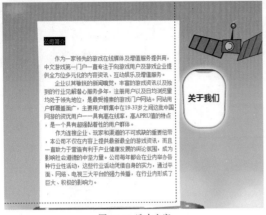

图 10-15 选中文字

在"属性"面板上单击 HTML 按钮，可以切换到文字 HTML 属性设置面板中，如图 10-16 所示。

图 10-16 "属性"面板

➋ 格式："格式"下拉列表中的"标题 1"～"标题 6"分别表示各级标题，应用于网页的标题部分。对应字体由大到小，同时文字全部加粗。在代码视图中，当使用"标题 1"时，文字两端应用 <h1></h1> 标签；当使用"标题 2"时，文字两端应用 <h2></h2> 标签，依次类推。手动删除这些标签，文字的样式随即消失。

例如，拖动鼠标选中需要设置标题的文本内容，在"格式"下拉列表中选择"标题 2"选项，效果如图 10-17 所示。

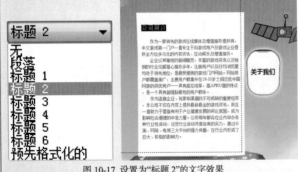

图 10-17 设置为"标题 2"的文字效果

➋ ID：在该选项的下拉列表中可以为选中的文字设置 ID 值。

➋ 类：在该选项的下拉列表中可以选择已经定义的 CSS 样式为选中的文字应用。

➋ "粗体"按钮 **B**：选中需要加粗显示的文本，单击该按钮，可以加粗显示文字，效果如图 10-18 所示。

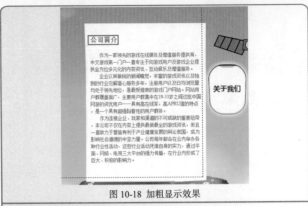

图 10-18 加粗显示效果

➋ "斜体"按钮 *I*：选中需要斜体显示的文本，单击该按钮，可以斜体显示文字，效果如图 10-19 所示。

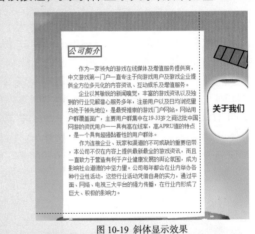

图 10-19 斜体显示效果

➋ 文本格式控制：选中文本段落，单击"属性"面板上的"项目列表"按钮，可以将文本段落转换为项目列表；单击"编号列表"按钮，可以将文本段落转换为编号列表。

有时需要区别段落，可以使用"属性"面板上的"删除内缩区块"按钮和"内缩区块"按钮，操作方法是选中文本段落，单击"属性"面板上的"删除内缩区块"按钮，即可向左侧凸出一级；如果单击"属性"面板上的"内缩区块"按钮，即可向右侧缩进一级。

10.2.2 设置 CSS 选项面板

在"属性"面板上单击 CSS 按钮，可以切换到文字 CSS 属性设置面板中，如图 10-20 所示。

图 10-20 "属性"面板

➋ 目标规则：该选项是从"CSS 设计器"面板中脱离出来的，加入到"属性"面板中，算是对定义好

的 CSS 样式应用的一种快捷操作。

在"目标规则"下拉列表中可以选择已经定义的 CSS 样式为选中的文字应用。

在"目标规则"下拉列表中选择"新内联样式"选项，在"属性"面板中设置相关的样式，为选中的文字应用内联样式。

在"目标规则"下拉列表中选择"应用多个类"选项，在弹出的对话框中可以为文字选择多个类 CSS 样式应用。

🔽 "编辑规则"按钮：单击"编辑规则"按钮，即可对所选择的 CSS 样式进行编辑设置。

🔽 "CSS 面板"按钮：单击"CSS 面板"按钮，可以在 Dreamweaver 工作界面中显示"CSS 设计器"面板。

🔽 字体：在"字体"下拉列表中可以给文本设置字体组合。Dreamweaver CC 默认的字体设置是"默认字体"，如果选择"默认字体"，则网页在浏览时，文字字体显示为浏览器默认的字体，Dreamweaver CC 预设的可供选择的字体组合有 10 种，如图 10-21 所示。

图 10-21 预设的字体组合

如果需要使用这 10 种字体组合外的字体，必须编辑新的字体组合。只需要在"字体"下拉列表中选择"管理字体"选项，弹出"管理字体"对话框，进行编辑即可。

在 Dreamweaver CC 字体中新添了 Adobe Edge Web Fonts，该对话框中的字体由全世界设计师通过 Adobe 免费提供，字体通过使用方式的不同进行分类，选中所需字体，单击"完成"按钮，即可对字体进行添加和使用，如图 10-22 所示。在"管理字体"对话框中切换到"本地 Web 字体"选项卡，可以添加本地计算机上的字体。所添加的字体将会出现在 Dreamweaver CC 中的所有字体列表中，如图 10-23 所示。

图 10-22 "管理字体"对话框

图 10-23 "本地 Web 字体"选项卡

单击"自定义字体堆栈"选项卡，切换到该选项卡中，在该选项卡中可以编辑现有字体列表中的字体组合，可以从"字体列表"列表中选择要编辑的字体组合项，如图 10-24 所示。

图 10-24 "自定义字体堆栈"选项卡

在"字体"选项后有 3 个下拉列表，第 2 个下拉列表用于设置字体的样式，如图 10-25 所示。第 3 个下拉列表用于设置字体的粗细，如图 10-26 所示。

图 10-25 第 2 个选项下拉列表　　图 10-26 第 3 个选项下拉列表

🔽 字体大小：在 Dreamweaver CC 中设置字体大小的方法也非常简单，只需要在"属性"面板中的"大小"下拉列表中设置字体的大小值即可。

在左侧的下拉列表中可以选择常用的字体大小，没有合适选项的话还可以在文本框中输入自己想要的字号，之后右侧的下拉列表变为可编辑状态，可以从中选择字号的单位，其中较为常用的是"像素（px）"和"磅数（pt）"。

🔽 字体颜色：文本颜色被用来美化版面与强调文章的重点，当在网页中输入文本时，它将显示默认的颜色，要改变文本的默认颜色，可以拖动光标选中需要修改颜色的文本内容，在"属性"面板上的"文本颜色"选项中直接设置即可，如图 10-27 所示。

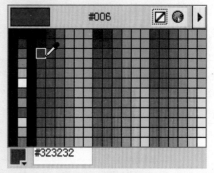

图 10-27 设置文本颜色

🔽 文本对齐方式：在"属性"面板上的 CSS 选项

中可以设置 4 种文本段落的对齐方式，从左至右分别为"左对齐"、"居中对齐"、"右对齐"和"两端对齐"，在 Dreamweaver CC 中默认的文本对齐方式为"左对齐"。

> **提示**
>
> 在简体中文的页面中，通常都是使用"宋体"作为默认字体，所以，用户可以在"管理字体"对话框中添加"宋体"。注意，不建议用户添加一些特殊的字体，为了保证页面的通用性，最好使用计算机中默认的字体作为页面中的文本字体。

10.3　检查拼写与查找替换

在 Dreamweaver CC 中，使用"命令"菜单中的"检查拼写"命令可以检查当前文档中的拼写错误。使用"编辑"菜单中的"查找和替换"命令，可以查找和替换选择的文本、当前文档、文件夹、站点中选定的文件或整个当前本地站点中的内容。

10.3.1　检查拼写

一个页面完成之后，难免会有单词拼写错误，Dreamweaver CC 对文档中的英文内容提供了简单的拼写检查功能。执行"命令 > 检查拼写"命令，即可对文档进行检查。如文档中有错误单词的话，会弹出"检查拼写"对话框，如图 10-28 所示。

图 10-28 "检查拼写"对话框

🔽 字典中找不到单词：在"字典中找不到单词"文本框中，显示当前文档中查找到的可能存在拼写错误的单词。

🔽 更改为：在"更改为"文本框中，显示 Dreamweaver CC 建议将该单词修改为某个单词，也可以通过在"建议"列表框中选择其他单词，或是自行在该文本框中输入修正的单词。

🔽 建议：在"建议"列表框中，显示可能正确的几种单词拼写。

🔽 忽略：单击该按钮，将对可能存在拼写错误的单词进行忽略，并不对其进行修正。

🔽 更改：单击该按钮，可以修正出现拼写错误的单词，当前的单词即被修改为"更改为"文本框中的单词。

🔽 忽略全部：单击该按钮，将不再对文档中所有单词进行检查拼写。

🔽 全部更改：单击该按钮，可以对文档中所有的单词都进行修改。

10.3.2　查找和替换

在设计视图中，执行"编辑 > 查找和替换"命令，弹出"查找和替换"对话框，如图 10-29 所示。

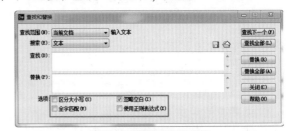

图 10-29 "查找和替换"对话框

🔽 查找范围：在该选项的下拉列表中可以设置查找的范围，主要包括"所选文字"、"当前文档"、"打开的文档"、"文件夹"、"站点中选定的文件"和"整个当前本地站点" 6 个选项。

　🔽 所选文字：选择该选项，则在选中的文本中进行查找和替换操作。

　🔽 当前文档：选择该选项，则在当前文档中进行查找和替换。

　🔽 打开的文档：选择该选项，则在当前打开的多个文档中进行查找和替换。

　🔽 文件夹：选择该选项，可以查找指定的文件夹。选择"文件夹"后，可以单击文件夹图标选择需要查找的文件目录。

　🔽 站点中选定的文件：选择该选项，可以查找站点窗口中选择的文件或文件夹。当站点窗口处于活动状态时，可以使用该选项。

　🔽 整个当前本地站点：选择该选项，可以查找当前站点中所有的 HTML 文档、库文件和文本文件。当选择该选项时，当前站点的名称将显示在下拉列表框之后。

🔽 **搜索**：该选项用于设置搜索的范围，在该选项的下拉列表中包括"源代码"、"文本"、"文本（高级）"和"指定标签"4 个选项。

　🔽 **源代码**：选择该选项，可以在 HTML 源代码中查找特定的文本字符。

　🔽 **文本**：选择该选项，可以在文档窗口中查找特定的文本字符。文本查找将忽略任何 HTML 标签中的字符。

　🔽 **文本（高级）**：选择该选项，只可以在 HTML 标签中或者只在标签外查找特定的文本字符。

　🔽 **指定标签**：选择该选项，可以查找指定的标签、属性和属性值。

🔽 **"查找"文本框**：可以在"查找"文本框中输入需要查找的内容。

🔽 **"替换"文本框**：如果需要替换查找到的内容，可以在"替换"文本框中输入替换后的内容。

🔽 **选项**：为了扩大和缩小查找范围，在"选项"中

可以选中以下复选框。

　🔽 **区分大小写**：选中该复选框，则查找时严格匹配大小写。例如，需要查找 Happy New Year，将找不到 happy new year。

　🔽 **忽略空白**：选中该复选框，则所有的空格被作为一个间隔来匹配。

　🔽 **全字匹配**：选中该复选框，则查找时按照整个单词来进行查找。需要查找 come 时，将只能找到 come 这个单词，而不会找到 welcome。

　🔽 **使用正则表达式**：选中该复选框，可使某些字符或较短字符串被认为是一些表达式操作符。

🔽 **查找下一个**：单击该按钮，查找下一个匹配的内容。

🔽 **查找全部**：单击该按钮，则查找所有匹配的内容。

🔽 **替换**：单击该按钮，可以替换当前查找到的内容。

🔽 **替换全部**：单击该按钮，则替换文档中所有与查找内容相匹配的内容。

10.4　在网页中插入其他文本对象

在网页中除了可以插入普通的文本内容外，还可以插入一些比较特殊的文字元素，如列表、时间、水平线等。本节就来向用户介绍如何在网页中插入特殊的文本对象。

10.4.1　无序列表和有序列表

列表分为有序列表和无序列表两种，操作方法非常简单，执行"文件 > 打开"命令，打开页面"光盘 \ 源文件 \ 第 10 章 \10-4-11.html"，页面效果如图 10-30 所示。

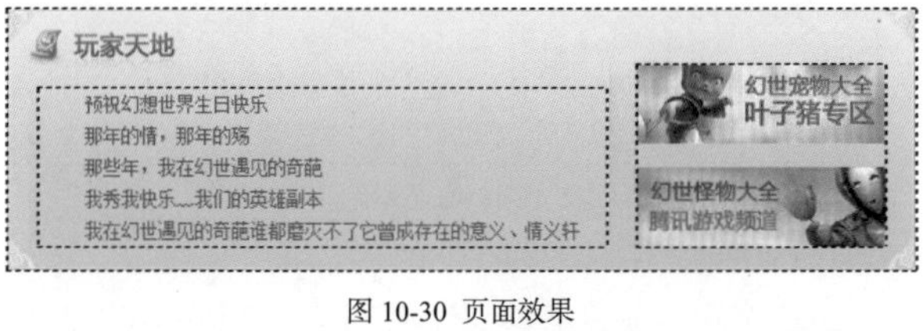

图 10-30　页面效果

选中段落文本后，单击"属性"面板中的"项目列表"按钮🔲，即可插入无序列表，页面效果如图 10-31 所示。

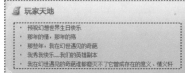

图 10-31　无序列表效果

选中段落文本后，单击"属性"面板中的"编号列表"按钮🔲，即可插入有序列表，页面效果如图 10-32 所示。

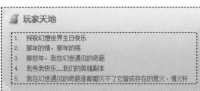

图 10-32　有序列表效果

> **提示**
>
> 想要通过单击"属性"面板上的"项目列表"或"编辑列表"按钮生成无序列表或有序列表，则所选中的文本必须是段落文本，Dreamweaver CC 会自动将每一个段落转换成一个列表项目。

在设计网页页面时，为了增强整个页面的美观性与整洁性，常常会为文本内容创建列表。接下来将通过一个小练习向用户讲解为文本创建列表。

动手实践——制作新闻列表

📄 最终文件：光盘 \ 最终文件 \ 第 10 章 \10-4-1.html

📀 视频：光盘 \ 视频 \ 第 10 章 \10-4-1.swf

01 执行"文件 > 打开"命令，打开页面"光盘\源文件\第10章\10-4-1.html"，效果如图 10-33 所示。将光标移至页面中名为 news 的 Div 中，然后将多余文字删除，如图 10-34 所示。

图 10-33 页面效果

图 10-34 删除多余文字

02 单击"插入"面板上"结构"选项卡中的"项目列表"按钮，如图 10-35 所示。在名为 news 的 Div 中插入一个项目列表，切换到代码视图中，可以看到自动生成的项目列表标签，如图 10-36 所示。

图 10-35 单击"项目列表"按钮

```
<div id="news">
  <Ul>
    <li></li>
  </Ul>
</div>
```

图 10-36 代码视图

03 返回设计视图中，将光标移至项目列表后输入相应的文字内容，如图 10-37 所示。切换到代码视图，可以看到所输入的内容位于项目列表的 <li> 与 </li> 标签之间，如图 10-38 所示。

图 10-37 输入文字

```
<div id="news">
  <Ul>
    <li>专访世界第一冰鸟选手</li>
  </Ul>
</div>
```

图 10-38 代码视图

04 返回设计视图中，将光标移至刚输入的项目列表文字之后，按 Enter 键，切换到代码视图，可以看到自动插入的列表项目标签，如图 10-39 所示。使用相同的方法，在第二项中输入相应的文字，如图 10-40 所示。

```
<div id="news">
  <Ul>
    <li>专访世界第一冰鸟选手</li>
    <li></li>
  </Ul>
</div>
```

图 10-39 代码视图

图 10-40 输入文字

05 使用相同的制作方法，可以完成新闻列表文字的输入，如图 10-41 所示。切换到该网页所链接的外部 CSS 样式表文件中，创建名为 #news ul 和 #news li 的 CSS 样式，如图 10-42 所示。

图 10-41 输入文字

```
#news ul {
    margin:0px;
    padding:0px;
}
#news li {
    list-style-type:none;
    background-image: url(../images/93101.png);
    background-repeat:no-repeat;
    background-position:left center;
    padding-left:15px;
    border-bottom:dashed 1px #999;
}
```

图 10-42 CSS 样式代码

06 返回设计视图中，可以看到新闻列表的效果，如图 10-43 所示。保存页面，并且保存外部 CSS 样式文件，在浏览器中预览页面，效果如图 10-44 所示。

图 10-43 页面效果

图 10-44 在浏览器中预览页面效果

10.4.2 设置列表属性

在设计视图中选中已有列表的其中一项，执行"格式 > 列表 > 属性"命令，弹出"列表属性"对话框，如图 10-45 所示。在该对话框中可以对列表进行更深入的设置。

图 10-45 "列表属性"对话框

🔵 列表类型：在该选项的下拉列表中提供了"项目列表"、"编号列表"、"目录列表"和"菜单列表"4 个选项，如图 10-46 所示，可以改变选中列表的列表类型。其中"目录列表"类型和"菜单列表"类型只在较低版本的浏览器中起作用，在目前使用的高版本浏览器中已失去效果，这里将不做介绍。

如果在"列表类型"下拉列表中选择"项目列表"选项，则列表类型被转换成无序列表。此时"列表属性"对话框上除"列表类型"下拉列表框外，只有"样式"下拉列表框和"新建样式"下拉列表框可用，如图 10-47 所示。

图 10-46 "列表类型"下拉列表

图 10-47 "列表属性"对话框

在"列表类型"下拉列表中选择"编号列表"选项，则列表类型被转换成有序列表。此时，对话框中的所有下拉列表框均可以使用。

🔵 样式：在该选项的下拉列表中可以选择列表的样式。如果在"列表类型"下拉列表中选择"项目列表"选项，则"样式"下拉列表框中共有 3 个选项，分别为"默认"、"项目符号"和"正方形"。它们用来设置项目列表中每行开头的列表标志。如图 10-48 所示的是以正方形作为项目列表。

图 10-48 正方形项目列表

默认的列表标志是项目符号，也就是圆点。在"样式"下拉列表中选择"默认"或"项目符号"选项都将设置列表标志为项目符号。

如果在"列表类型"下拉列表中选择"编号列表"选项，则"样式"下拉列表框中有 6 个选项，分别为"默认"、"数字"、"小写罗马字母"、"大写罗马字母"、"小写字母"和"大写字母"，如图 10-49 所示，用来设置编号列表中每行开头的编号符号。如图 10-50 所示的是以大写字母作为编号符号的有序列表。

图 10-49 "样式"下拉列表

图 10-50 大写字母编号列表

💡 开始计数：如果在"列表类型"下拉列表中选择"编号列表"选项，则该选项可用，可在"开始计数"文本框中输入一个数字，指定编号列表从几开始，如图 10-51 所示。完成"开始计数"设置后编号列表的效果如图 10-52 所示。

图 10-51 设置"开始计数"选项

图 10-52 设置后编号列表的效果

💡 新建样式：该下拉列表与"样式"下拉列表的选项相同，如果在该下拉列表中选择一个列表样式，则在该页面中创建列表时，将自动运用该样式，而不会运用默认列表样式。

💡 重设计数：该选项的使用与"开始计数"选项的使用方法相同，如果在该选项中设置一个值，则在该页面中的创建编号列表中将从设置的数开始有序排列列表。

10.4.3 插入水平线 ▶

水平线可以起到分隔文本的作用。在页面中，可以使用一条或多条水平线分隔文本或元素，使整个页面更加整洁、结构更加清晰。

🖱 动手实践——插入水平线

📄 最终文件：光盘 \ 最终文件 \ 第 10 章 \10-4-3.html

📹 视频：光盘 \ 视频 \ 第 10 章 \10-4-3.swf

01 执行"文件 > 打开"命令，打开页面"光盘 \ 源文件 \ 第 10 章 \10-4-3.html"，效果如图 10-53 所示。

图 10-53 页面效果

02 将光标移至需要插入水平线的位置，单击"插入"面板中的"水平线"按钮，如图 10-54 所示。便

可以在页面中插入水平线，页面效果如图 10-55 所示。

图 10-54 单击"水平线"按钮

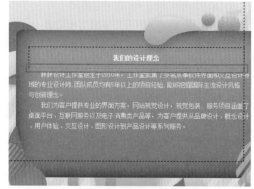

图 10-55 页面效果

10.4.4 设置水平线属性 ▶

在设计视图中将插入的水平线选中后，可以在"属性"面板中对该水平线的属性进行相应设置，"属性"面板如图 10-56 所示。

图 10-56 水平线的"属性"面板

💡 水平线：在"水平线"文字下方的文本框中可以设置该水平线的 ID 值。

💡 宽：可以设置该水平线的宽度，其右侧的下拉列表中可以选择宽度的单位，有"%"和"像素"两个选项。

💡 高：可以设置该水平线的高度，其单位为像素，没有其他选项。

💡 对齐：在该下拉列表中可以选择该水平线的对齐方式，有"默认"、"左对齐"、"居中对齐"和"右对齐"4 种选项。

💡 阴影：该选项默认为选中状态，可以为该水平线添加阴影效果，取消选中便不会有阴影效果。

💡 Class：在该选项的下拉列表中可以选择已经定

义的 CSS 样式为水平线应用。

10.4.5　插入日期

在对网页进行了更新后，一般都会加上更新日期。在 Dreamweaver CC 中只需单击"日期"按钮，选择日期显示的格式，即可向网页中加入当前的日期和时间。而且通过设置，可以使网页每次保存时都能自动更新日期。

动手实践——插入日期

目 最终文件：光盘＼最终文件＼第 10 章＼10-4-5.html
视频：光盘＼视频＼第 10 章＼10-4-5.swf

01 执行"文件＞打开"命令，打开页面"光盘＼源文件＼第 10 章＼10-4-5.html"，效果如图 10-57 所示。

图 10-57 页面效果

02 将光标移至需要插入日期的位置，单击"插入"面板中的"日期"按钮 ，如图 10-58 所示。弹出"插入日期"对话框，如图 10-59 所示。

图 10-58 单击"日期"按钮

图 10-59 "插入日期"对话框

03 单击"确定"按钮，完成"插入日期"对话框的设置，在页面中可以看到所插入的日期，如图 10-60 所示。

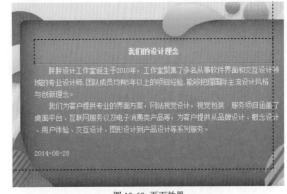

图 10-60 页面效果

10.4.6　"插入日期"对话框

将光标移至需要插入日期的位置，单击"插入"面板上的"日期"按钮，弹出"插入日期"对话框，如图 10-61 所示。

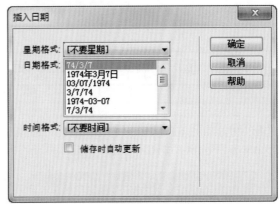

图 10-61 "插入日期"对话框

● 星期格式：该下拉列表用来设置星期的格式，有 7 个选项，如图 10-62 所示。选择其中的一个选项，则星期的格式会按照所选选项的格式插入到网页中，因为星期格式对中文的支持不是很好，所以一般情况下都选择"[不要星期]"选项，这样在插入的日期不显示当前是星期几。

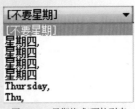

图 10-62 "星期格式"下拉列表

● 日期格式：该列表框用来设置日期的格式，共有 12 个选项，选择其中的一个选项，则日期的格式会按照所选选项的格式插入到网页中。

> ↘ **时间格式**：该下拉列表用来设置时间的格式，有 3 个选项，分别为"[不要时间]"、"10:18 PM"、"22:18"。如果选择"[不要时间]"选项，则插入到网页的日期中不包含时间。
>
> ↘ **储存时自动更新**：在向网页中插入日期时，如果选中"储存时自动更新"复选框，则插入的日期将在网页每次保存时自动更新为最新的日期。

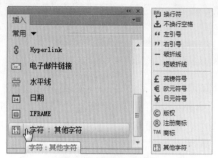

图 10-63 "字符"下拉菜单

10.4.7 插入特殊字符

特殊字符在 HTML 中是以名称或数字的形式表示的，它们被称为实体，其中包含注册商标、版权符号、商标符号等字符的实体名称。

首先将光标移至需要插入特殊字符的位置，单击"插入"面板上的"字符"按钮右侧的倒三角符号，在弹出的下拉菜单中可以选择需要插入的特殊字符，如图 10-63 所示。在下拉菜单中选择"其他字符"命令，弹出"插入其他字符"对话框，可以选择更多特殊字符，如图 10-64 所示。单击需要的字符按钮，或直接在"插入"文本框中输入特殊字符的编码，然后单击"确定"按钮，即可插入相应的特殊字符。

图 10-64 "插入其他字符"对话框

> **提示**
>
> 在网页的 HTML 编码中，特殊字符的编码是以"&"开头，以";"结尾的特定数字或英文字母组成。

10.5 网页中特殊文字效果的实现方法

在 Dreamweaver CC 中，可以实现特殊字体的效果。以往在网页设计中，文字在使用特殊字体时都要通过图片的方式去实现，不利于修改，通过使用 Dreamweaver CC 中的"本地 Web 字体"和 Adobe Edge Web Fonts 功能弥补了这一不足，从而在网页中实现特殊的文字效果。

10.5.1 Adobe Edge Web Fonts

Adobe Edge Web Fonts 功能是 Dreamweaver CC 新增的功能，该功能同样是为了解决网页中字体过于单一，不能使用特殊字体而添加的功能。在 Adobe Edge Web Fonts 中预置了多种不同的特殊字体效果，用户可以在制作网页的过程中通过提供的特殊字体在网页中实现特殊的字体效果。

图 10-65 页面效果

动手实践——使用 Adobe Edge Web Fonts

📄 最终文件：光盘 \ 最终文件 \ 第 10 章 \10-5-1.html

🎬 视频：光盘 \ 视频 \ 第 10 章 \10-5-1.swf

01 执行"文件 > 打开"命令，打开页面"光盘 \ 源文件 \ 第 10 章 \10-5-1.html"，效果如图 10-65 所示。执行"修改 > 管理字体"命令，弹出"管理字体"对话框，如图 10-66 所示。

图 10-66 "管理字体"对话框

02 在 Adobe Edge Web Fonts 选项卡中，单击"建议用于标题的字体列表"按钮 ，在字体列表中只显示相应的字体，如图 10-67 所示。单击选中 Miama 字体，如图 10-68 所示，单击"完成"按钮，完成对 Adobe Edge Web Fonts 中字体的添加。

图 10-67 显示相应的字体

图 10-68 选中需要使用的字体

03 单击"CSS 设计器"面板中的"选择器"选项区右上角的"添加选择器"按钮 ，新建名为 .font01 的类选择器，如图 10-69 所示。选中创建的选择器，单击"CSS 设计器"面板上的"属性"选项区中的"文本"按钮，设置其相应的 CSS 样式，如图 10-70 所示。

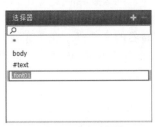

图 10-69 添加选择器

图 10-70 设置 CSS 样式

04 返回设计视图中，选中相应的文字，在"属性"面板上的"类"下拉列表中选择刚刚定义的名为 font01 的类 CSS 样式应用，如图 10-71 所示。切换

到代码视图中，可以看到添加 Adobe Edge Web Fonts 字体后，自动在网页头部添加的 JavaScript 脚本代码，如图 10-72 所示。

图 10-71 应用 CSS 样式

```
<!--The following script tag downloads a font
from the Adobe Edge Web Fonts server for use
within the web page. We recommend that you do
not modify it.--><script>var
__adobewebfontsappname__="dreamweaver"</script
><script src=
"http://use.edgefonts.net/miama:n4:default.js"
 type="text/javascript"></script>
```

图 10-72 脚本代码

05 保存页面，在浏览器中预览页面，可以看到文字效果，如图 10-73 所示。

图 10-73 页面效果

10.5.2 Web 字体

Web 字体是从 Dreamweaver CS6 开始加入的新功能，通过使用 Web 字体，用户可以在 Dreamweaver 中加载特殊的字体，并在网页中使用这种特殊字体，从而在网页中实现特殊文字的效果。

动手实践——实现特殊的字体效果

最终文件：光盘 \ 最终文件 \ 第 10 章 \10-5-2.html

视频：光盘 \ 视频 \ 第 10 章 \10-5-2.swf

01 执行"文件 > 打开"命令，打开页面"光盘 \ 源文件 \ 第 10 章 \10-5-2.html"，效果如图 10-74 所示。执行"修改 > 管理字体"命令，弹出"管理字体"对话框，如图 10-75 所示。

图 10-74 页面效果

图 10-75 "管理字体"对话框

02 单击"本地 Web 字体"选项卡，切换到"本地 Web 字体"选项设置面板，如图 10-76 所示。单击"TTF 字体"选项后的"浏览"按钮，弹出"打开"对话框，选择需要添加的字体，如图 10-77 所示。

图 10-76 "本地 Web 字体"选项卡

图 10-77 "打开"对话框

提示

在"本地 Web 字体"选项卡中，可以添加 4 种格式的字体文件，分别单击各字体格式选项后的"浏览"按钮，即可添加相应格式的字体。

03 单击"打开"按钮，添加该字体，选中相应的复选框，如图 10-78 所示。单击"添加"按钮，即可将所选字体添加到"本地 Web 字体的当前列表"中，如图 10-79 所示。单击"完成"按钮，完成对字体的管理。

图 10-78 "本地 Web 字体"选项卡

图 10-79 添加 Web 字体

04 单击"CSS 设计器"面板中的"选择器"选项区右上角的"添加选择器"按钮，添加名为 .font01 的类选择器，如图 10-80 所示。选中创建的选择器，单击"CSS 设计器"面板上的"属性"选项区中的"文本"按钮，设置相应的 CSS 样式，如图 10-81 所示。

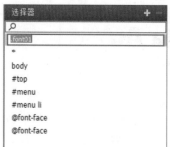

图 10-80 添加选择器

图 10-81 设置 CSS 样式

05 切换到外部 CSS 样式表文件中，可以看到所自动添加的代码，如图 10-82 所示。在 CSS 样式中定义字体为所添加的 Web 字体，则会在当前站点的根目录自动创建名为 webfonts 的文件夹，并在该文件夹中自动创建以 Web 字体名称命名的文件夹。在该文件夹中自动创建了所添加的 Web 字体文件和 CSS 样式表文件，如图 10-83 所示。

```
@charset "utf-8";
@import url("../../webfonts/FZJZJW/stylesheet.css");
.font01 {
    font-family: FZJZJW;
    font-size: 20px;
    line-height: 40px;
    color: #0F395F;
}
```

图 10-82 CSS 样式代码

图 10-83　自动创建的文件夹

06 返回设计视图中，选中相应的文字，在"属性"面板上的"类"下拉列表中选择刚刚定义的名为 .font01 的类 CSS 样式应用，如图 10-84 所示。保存页面，在 Chrome 浏览器中预览页面，可以看到文字效果，如图 10-85 所示。

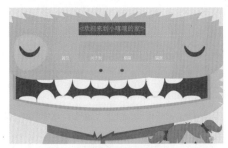

图 10-84　页面效果

图 10-85　预览 Web 字体的效果

07 使用相同的方法，在"本地 Web 字体"选项卡中添加另一种 Web 字体，如图 10-86 所示。创建相应的类 CSS 样式，并为页面中相应的文字应用该类 CSS 样式，在 Chrome 浏览器中预览页面，可以看到使用 Web 字体的效果，如图 10-87 所示。

图 10-86　添加 Web 字体

图 10-87　预览 Web 字体的效果

> **提示**
>
> 目前，对于 Web 字体的应用很多浏览器的支持方式并不完全相同，例如 IE11 就并不支持 Web 字体，所以目前在网页中还是要尽量少用 Web 字体。并且如果在网页中使用的 Web 字体过多，会导致网页下载时间过长。

10.6　在网页中实现文本滚动

在 Dreamweaver CC 中可以实现如字幕一般的滚动效果，它既可以应用在文字上，也可以应用在图像上，在页面中添加适当的滚动文字或图像可以使页面变得更加生动。在网页中实现文本滚动效果，可以使整个页面更具流动性，而且可以突出表现主题内容，对受众的视线具有一定的引导作用，以达到更好的视觉传达效果。

动手实践——在网页中实现文本滚动

📄 最终文件：光盘 \ 最终文件 \ 第 10 章 \10-6.html

📹 视频：光盘 \ 视频 \ 第 10 章 \10-6.swf

01 执行"文件 > 打开"命令，打开页面"光盘 \ 源文件 \ 第 10 章 \10-6.html"，效果如图 10-88 所示。

图 10-88　页面效果

02 将光标移至需要添加滚动文本代码的位置，如图 10-89 所示。将视图切换到代码视图中，确定光标位置，如图 10-90 所示。

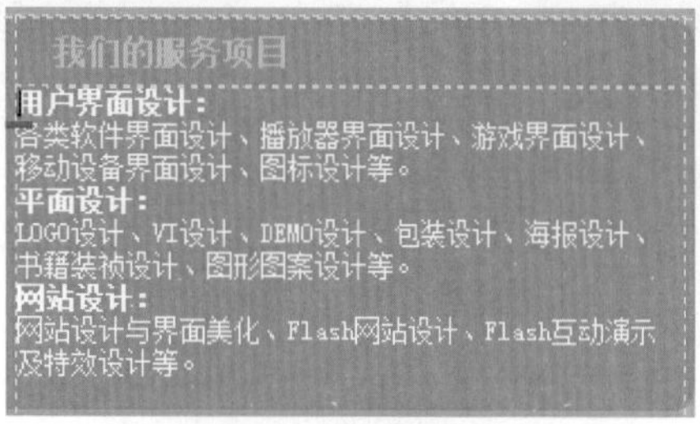

图 10-89 页面效果

```
<div id="text4">
    <span class="font2">用户界面设计: </span><br>
各类软件界面设计、播放器界面设计、游戏界面设计、移动
设备界面设计、图标设计等。<br>
    <span class="font2">平面设计: </span><br>
LOGO设计、VI设计、DEMO设计、包装设计、海报设计、书籍
装帧设计、图形图案设计等。<br>
    <span class="font2">网站设计: </span><br>
网站设计与界面美化、Flash网站设计、Flash互动演示及特
效设计等。
    </div>
```

图 10-90 代码视图

03 在代码视图中输入视图滚动文本的代码，如图 10-91 所示。返回设计视图中，单击文档工具栏中的"实时视图"按钮 实时视图，在页面中可以看到文字已经实现了左右滚动的效果，如图 10-92 所示。

```
<div id="text4">
    <marquee><span class="font2">用户界面设计: </span><br>
各类软件界面设计、播放器界面设计、游戏界面设计、移动
设备界面设计、图标设计等。<br>
    <span class="font2">平面设计: </span><br>
LOGO设计、VI设计、DEMO设计、包装设计、海报设计、书籍
装帧设计、图形图案设计等。<br>
    <span class="font2">网站设计: </span><br>
网站设计与界面美化、Flash网站设计、Flash互动演示及特
效设计等。</marquee>
    </div>
```

图 10-91 添加滚动文本代码

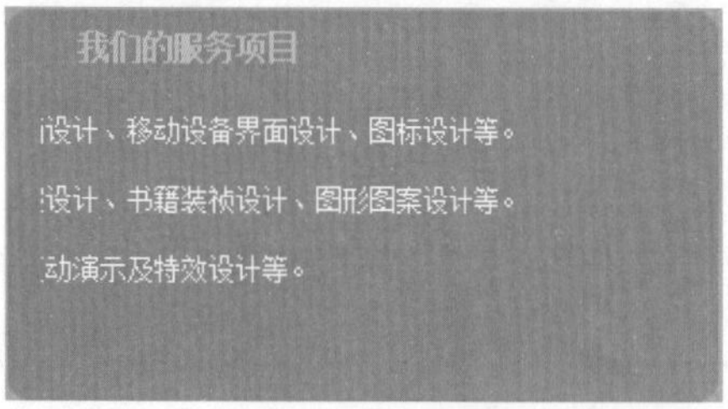

图 10-92 页面效果

04 转换到代码视图中，继续编辑代码，如图 10-93 所示。返回设计视图中，单击文档工具栏中的"实时视图"按钮，在页面中可以看到文字已经实现了上下滚动的效果，如图 10-94 所示。

```
<div id="text4">
    <marquee direction="up"><span class="font2">用户界面
设计: </span><br>
各类软件界面设计、播放器界面设计、游戏界面设计、移动
设备界面设计、图标设计等。<br>
    <span class="font2">平面设计: </span><br>
LOGO设计、VI设计、DEMO设计、包装设计、海报设计、书籍
装帧设计、图形图案设计等。<br>
    <span class="font2">网站设计: </span><br>
网站设计与界面美化、Flash网站设计、Flash互动演示及特
效设计等。</marquee>
    </div>
```

图 10-93 编辑代码

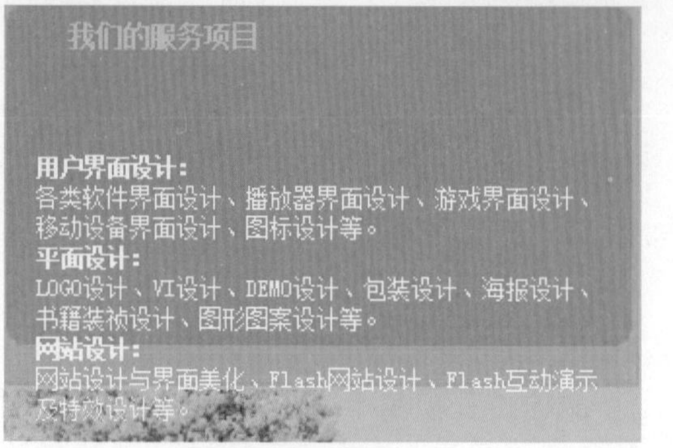

图 10-94 页面效果

05 在预览中可以发现文字滚动已经超出了边框的范围，并且文字滚动的速度也比较快。转换到代码视图中，继续编辑代码，如图 10-95 所示。返回设计视图中，单击文档工具栏中的"实时视图"按钮，在页面中可以看到文字滚动的效果，如图 10-96 所示。

```
<div id="text4">
    <marquee direction="up" width="280px" height="120px"
scrollamount="2"><span class="font2">用户界面设计: </span><br>
各类软件界面设计、播放器界面设计、游戏界面设计、移动
设备界面设计、图标设计等。<br>
    <span class="font2">平面设计: </span><br>
LOGO设计、VI设计、DEMO设计、包装设计、海报设计、书籍
装帧设计、图形图案设计等。<br>
    <span class="font2">网站设计: </span><br>
网站设计与界面美化、Flash网站设计、Flash互动演示及特
效设计等。</marquee>
    </div>
```

图 10-95 编辑代码

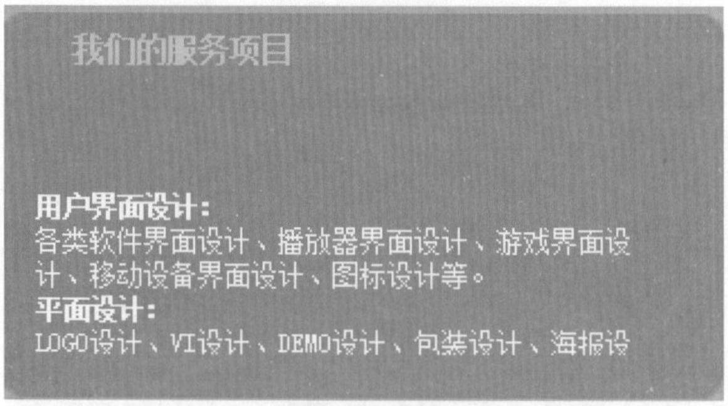

图 10-96 页面效果

06 为了使浏览者能够清楚地看到滚动的文字，还需要实现当鼠标指向滚动字幕后，字幕滚动停止；当鼠标离开字幕后，字幕继续滚动的效果。转换到代码视图中，添加相应的代码，如图 10-97 所示。

```
<div id="text4">
    <marquee direction="up" width="280px" height="120px"
scrollamount="2" onMouseOver="stop()" onMouseOut="start()">
<span class="font2">用户界面设计: </span><br>
各类软件界面设计、播放器界面设计、游戏界面设计、移动
设备界面设计、图标设计等。<br>
    <span class="font2">平面设计: </span><br>
LOGO设计、VI设计、DEMO设计、包装设计、海报设计、书籍
装帧设计、图形图案设计等。<br>
    <span class="font2">网站设计: </span><br>
网站设计与界面美化、Flash网站设计、Flash互动演示及特
效设计等。</marquee>
    </div>
```

图 10-97 编辑代码

提示

在滚动文本的标签属性中，direction 属性是指滚动的方向，direction=up 表示向上滚动，direction=down 表示向下滚动，direction=left 表示向左滚动，direction=right 表示向右滚动；scrollamount 属性是指滚动的速度，数值越小滚动越慢；scrolldelay 属性是指滚动速度延时，数值越大速度越慢；height 属性是指滚动文本区域的高度；width 是指滚动文本区域的宽度；onMouseOver 属性是指当鼠标移动到区域上时所执行的操作；onMouseOut 属性是指当鼠标移开区域上时所执行的操作。

图 10-98　页面效果

07　单击文档工具栏中的"实时视图"按钮，在页面中可以看到文字滚动的效果，如图 10-98 所示。保存页面，在浏览器中预览整个页面，可以看到网页中滚动文本的效果，如图 10-99 所示。

图 10-99　预览效果

10.7　制作企业网站页面

本章主要讲解了网页中文本的输入及设置，实际上在网页中许多栏目都会拥有较多的文本，例如新闻栏目、专题栏目、故事栏目等。下面就通过实例的制作来讲解文本页面，最终效果如图 10-100 所示。

图 10-100　页面最终效果

动手实践——制作企业网站页面

📄 最终文件：光盘 \ 最终文件 \ 第 10 章 \10-7.html

🎬 视频：光盘 \ 视频 \ 第 10 章 \10-7.swf

01　执行"文件 > 新建"命令，弹出"新建文档"对话框，新建一个 HTML 页面，如图 10-101 所示。将该页面保存为"光盘 \ 源文件 \ 第 10 章 \10-7.html"。新建一个外部 CSS 样式表文件，将其保存为"光盘 \ 源文件 \ 第 10 章 \style\ 外部 CSS 样式表文件"。返回 10-7.html 页面中，链接刚刚创建的外部 CSS 样式表文件，设置如图 10-102 所示。

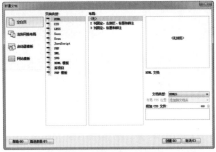

图 10-101 "新建文档"对话框

图 10-102 "使用现有的 CSS 文件"对话框

02 切换到外部 CSS 样式表文件中，创建名为 * 的通配符 CSS 样式，如图 10-103 所示。再创建名为 body 的标签 CSS 样式，如图 10-104 所示。

```
*{
    margin:0px;
    padding:0px;
    border:0px;
}
```

图 10-103 CSS 样式代码

```
body{
    font-family:"宋体";
    font-size: 12px;
    color: #666;
    background-image:url(../images/7701.gif);
    background-repeat:repeat-x;
}
```

图 10-104 CSS 样式代码

03 返回"10-7.html"页面中，可以看到页面的背景效果，如图 10-105 所示。

图 10-105 页面效果

04 在页面中插入名为 box 的 Div，切换到外部 CSS 样式表文件中，创建名为 #box 的 CSS 样式，如图 10-106 所示。返回设计视图中，页面效果如图 10-107 所示。

```
#box{
    width:880px;
    height:100%;
    overflow:hidden;
    margin:0px auto;
}
```

图 10-106 CSS 样式代码

图 10-107 页面效果

05 将光标移至名为 box 的 Div 中，将多余文字删除，在该 Div 中插入名为 top 的 Div，切换到外部 CSS 样式表文件中，创建名为 #top 的 CSS 样式，如图 10-108 所示。返回设计视图中，页面效果如图 10-109 所示。

```
#top{
    width:880px;
    height:81px;
}
```

图 10-108 CSS 样式代码

图 10-109 页面效果

06 将光标移至名为 top 的 Div 中，将多余文字删除，在该 Div 中插入名为 logo 的 Div，切换到外部 CSS 样式表文件中，创建名为 #logo 的 CSS 样式，如图 10-110 所示。返回设计视图中，页面效果如图 10-111 所示。

```
#logo{
    width:235px;
    height:81px;
    float:left;
}
```

图 10-110 CSS 样式代码

图 10-111 页面效果

07 将光标移至名为 logo 的 Div 中，将多余文字删除，在该 Div 中插入相应的图像，如图 10-112 所示。在名为 logo 的 Div 之后插入名为 menu 的 Div，切换到外部 CSS 样式表文件中，创建名为 #menu 的 CSS 样式，如图 10-113 所示。

```
#menu{
    width:605px;
    height:81px;
    float:left;
}
```

图 10-112 插入图像   图 10-113 CSS 样式代码

08 返回页面设计视图中，页面效果如图 10-114 所示。将光标移至名为 menu 的 Div 中，将多余文字删除，单击"插入"面板上的"鼠标经过图像"按钮，弹出"插入鼠标经过图像"对话框，设置如图 10-115 所示。

图 10-114 页面效果

图 10-115 "插入鼠标经过图像"对话框

09 单击"确定"按钮，插入鼠标经过图像，页面效果如图 10-116 所示。使用相同的制作方法，可以完成相似部分内容的制作，如图 10-117 所示。

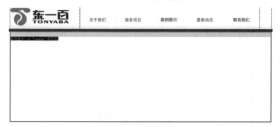

图 10-116 页面效果

关于我们　　服务项目　　案例展示　　最新动态　　联系我们

图 10-117 页面效果

10 在名为 top 的 Div 之后插入名为 banner 的 Div，切换到外部 CSS 样式表文件中，创建名为 #banner 的 CSS 样式，如图 10-118 所示。返回设计视图中，页面效果如图 10-119 所示。

```
#bannar{
    width:880px;
    height:277px;
    padding-top:17px;
    border-bottom:dashed #666 1px;
}
```

图 10-118 CSS 样式代码

图 10-119 页面效果

11 将光标移至名为 banner 的 Div 中，将多余文字删除，插入相应的图像，效果如图 10-120 所示。在名为 banner 的 Div 之后插入名为 left 的 Div，切换到外部 CSS 样式表文件中，创建名为 #left 的 CSS 样式，如图 10-121 所示。

图 10-120 插入图像

```
#left{
    width:581px;
    height:253px;
    float:left;
}
```

图 10-121 CSS 样式代码

12 返回设计视图中，页面效果如图 10-122 所示。将光标移至名为 left 的 Div 中，将多余文字删除，在该 Div 中插入名为 ourwork 的 Div，切换到外部 CSS 样式表文件中，创建名为 #ourwork 的 CSS 样式，如图 10-123 所示。

图 10-122 页面效果

```
#ourwork{
    width:581px;
    height:32px;
    padding-bottom:5px;
}
```

图 10-123 CSS 样式代码

13 返回设计视图中，页面效果如图 10-124 所示。将光标移至名为 ourwork 的 Div 中，将多余文字删除，插入相应图像，效果如图 10-125 所示。

图 10-124 页面效果

图 10-125 插入图像

14 将光标移至名为 ourwork 的 Div 之后，插入相应的图像，效果如图 10-126 所示。在名为 left 的 Div

之后插入名为 right 的 Div,切换到外部 CSS 样式表文件中,创建名为 #right 的 CSS 样式,如图 10-127 所示。

图 10-126 插入图像

```
#right{
    width:299px;
    height:253px;
    float:left;
}
```

图 10-127 CSS 样式代码

15 返回设计视图中,页面效果如图 10-128 所示。将光标移至名为 right 的 Div 中,将多余文字删除,插入相应的图像,如图 10-129 所示。

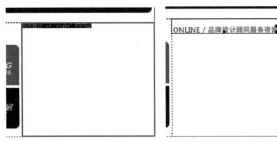

图 10-128 页面效果　　　　图 10-129 插入图像

16 将光标移至图像之后,插入名为 connect 的 Div,切换到外部 CSS 样式表文件中,创建名为 #connect 的 CSS 样式,如图 10-130 所示。返回设计视图中,页面效果如图 10-131 所示。

```
#connect{
    width:200px;
    height:80px;
    padding:10px 50px 10px 49px;
}
```

图 10-130 CSS 样式代码

图 10-131 页面效果

17 将光标移至名为 connect 的 Div 中,将多余文字删除,在该 Div 中插入名为 QQ 的 Div,切换到外部 CSS 样式表文件中,创建名为 #QQ 的 CSS 样式,如图 10-132 所示。返回设计视图中,页面效果如图 10-133 所示。

```
#QQ{
    width: 200px;
    height: 23px;
    font-weight: bold;
    padding-top: 11px;
    padding-bottom: 11px;
    color: #000;
}
```

图 10-132 CSS 样式代码

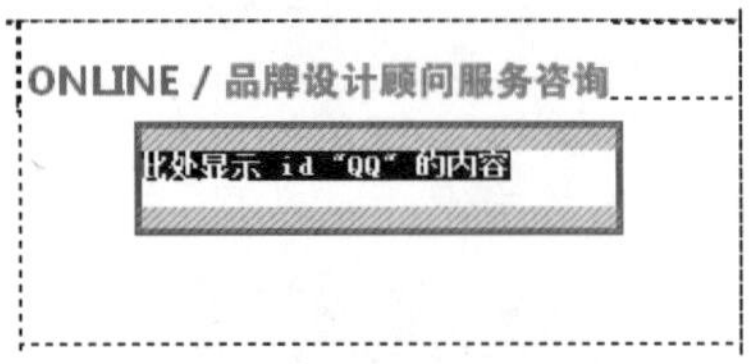

图 10-133 页面效果

18 将光标移至名为 QQ 的 Div 中,将多余文字删除,插入相应的图像并输入文字,效果如图 10-134 所示。切换到外部 CSS 样式表文件中,创建名为 #QQ img 的 CSS 样式,如图 10-135 所示。

图 10-134 页面效果

```
#QQ img{
    margin-right:25px;
    vertical-align: middle;
}
```

图 10-135 CSS 样式代码

19 返回设计视图中,页面效果如图 10-136 所示。使用相同的方法,可以完成相似部分内容的制作,效果如图 10-137 所示。

图 10-136 页面效果

ONLINE / 品牌设计顾问服务咨询
QQ留言
QQ在线咨询
MSN在线
MSN在线咨询

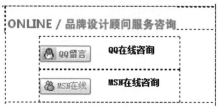

图 10-137 页面效果

20 在名为 connect 的 Div 之后插入名为 text1 的 Div，切换到外部 CSS 样式表文件中，创建名为 #text1 的 CSS 样式，如图 10-138 所示。返回设计视图中，页面效果如图 10-139 所示。

```
#text1{
    width: 299px;
    height: 81px;
    padding-top: 20px;
    padding-bottom: 20px;
    font-size: 12px;
    line-height: 20px;
}
```

图 10-138 CSS 样式代码

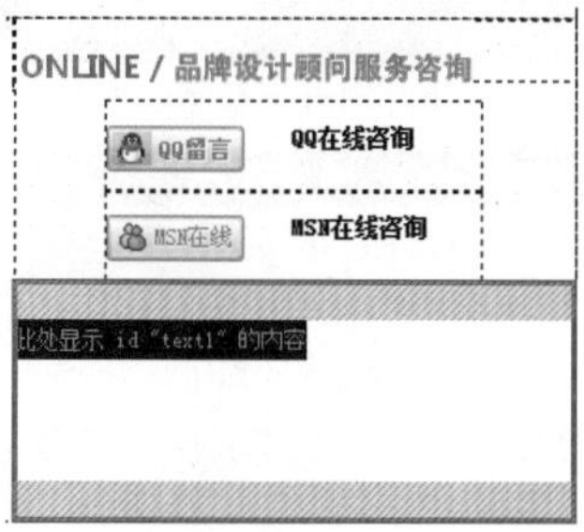
ONLINE / 品牌设计顾问服务咨询
QQ留言
QQ在线咨询
MSN在线
MSN在线咨询
此处显示 id "text1" 的内容

图 10-139 页面效果

21 将光标移至名为 text1 的 Div 中，将多余文字删除，并输入相应的文字内容，如图 10-140 所示。切换到外部 CSS 样式表文件中，创建名为 .font01 的 CSS 类样式，如图 10-141 所示。

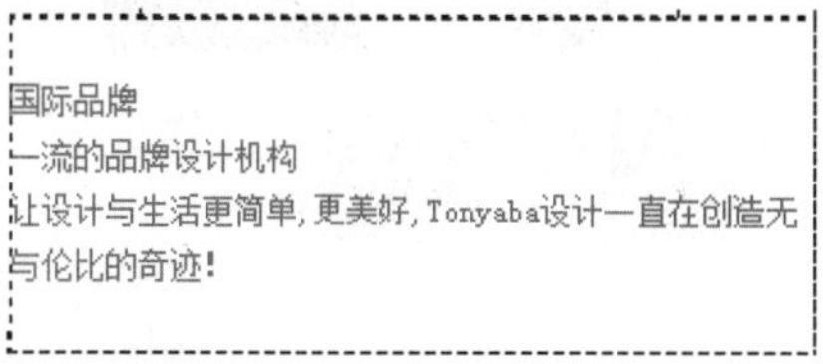
国际品牌
一流的品牌设计机构
让设计与生活更简单，更美好，Tonyaba设计一直在创造无与伦比的奇迹！

图 10-140 输入文字

```
.font01{
    font-size:14px;
    font-weight:bold;
}
```

图 10-141 CSS 样式代码

22 返回设计视图中，为相应的文字运用该 CSS 类样式，效果如图 10-142 所示。在名为 right 的 Div 之后插入名为 view 的 Div，切换到外部 CSS 样式表文件中，创建名为 #view 的 CSS 样式，如图 10-143 所示。

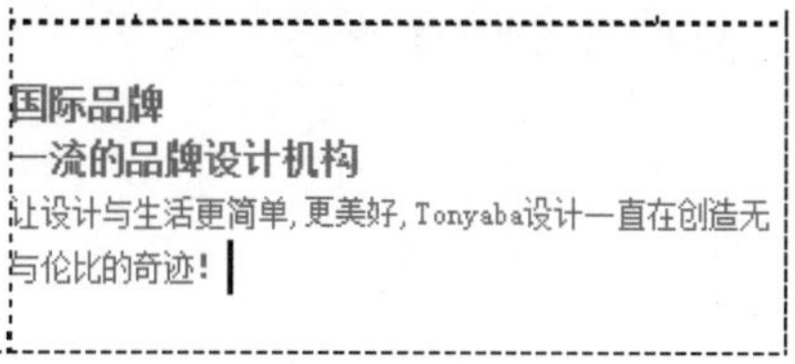
国际品牌
一流的品牌设计机构
让设计与生活更简单，更美好，Tonyaba设计一直在创造无与伦比的奇迹！

图 10-142 页面效果

```
#view{
    width:880px;
    height:380px;
    border-top:dashed #666 1px;
    float:left;
}
```

图 10-143 CSS 样式代码

23 返回设计视图中，页面效果如图 10-144 所示。将光标移至名为 view 的 Div 中，将多余文字删除，在该 Div 中插入名为 text2 的 Div，切换到外部 CSS 样式表文件中，创建名为 #text2 的 CSS 样式，如图 10-145 所示。

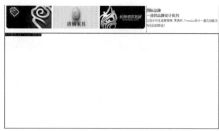

图 10-144 页面效果

```
#text2{
    width:703px;
    height:380px;
    float:left;
}
```

图 10-145 CSS 样式代码

24 返回设计视图中，页面效果如图 10-146 所示。将光标移至名为 text2 的 Div 中，将多余文字删除，插入相应的图像，效果如图 10-147 所示。

图 10-146 页面效果

GREATHINK / 我们的观点

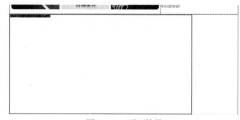

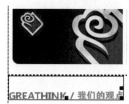

图 10-147 插入图像

25 将光标移至图像之后，插入名为 text3 的 Div，切换到外部 CSS 样式表文件中，创建名为 #text3 的 CSS 样式，如图 10-148 所示。返回设计视图中，页面效果如图 10-149 所示。

```
#text3{
    width:577px;
    height:265px;
    padding:35px 63px 40px 63px;
    text-indent:24px;
    line-height:18px;
```

图 10-148 CSS 样式代码

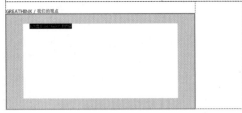

图 10-149 页面效果

26 将光标移至名为 text3 的 Div 中，将多余文字删除，输入相应文字，效果如图 10-150 所示。将光标移至名为 text2 的 Div 之后，插入相应的图像，效果如图 10-151 所示。

图 10-150 输入文字

图 10-151 插入图像

27 在名为 box 的 Div 之后插入名为 bottom1 的 Div，切换到外部 CSS 样式表文件中，创建名为 #bottom1 的 CSS 样式，如图 10-152 所示。返回设计视图中，页面效果如图 10-153 所示。

```
#bottom1{
    width:100%;
    height:18px;
    padding-top:6px;
    background-color:#333333;
    text-align:center;
    color:#FFF;
}
```

图 10-152 CSS 样式代码

图 10-153 页面效果

28 将光标移至名为 bottom1 的 Div 中，将多余文字删除，并输入相应的文字，如图 10-154 所示。使用相同的方法，可以完成其他部分内容的制作，效果如图 10-155 所示。

CopyRight © 2012 东一百设计中心版权所有

图 10-154 页面效果

CopyRight © 2012 东一百设计中心版权所有

地址:北京市海淀区上地信息路22号实创大厦8层
E-mail:webmaster@intojoy.com 客服电话:010-82780078转1234

图 10-155 页面效果

29 完成该页面的设计制作，保存页面，并且保存外部 CSS 样式文件，在浏览器中预览页面，效果如图 10-156 所示。

图 10-156 在浏览器中预览页面效果

10.8 本章小结

文本内容相对于网站本身一定要丰富、充实，丰富的文字内容才是浏览者光临该网站的主要原因。本章重点向用户介绍了如何在网页中输入文本，以及文本属性的设置，并且还介绍了在网页中插入其他的特殊文本对象的方法。通过本章的学习，相信用户应该能掌握网页中文本的操作。

第⑪章 在网页中插入图像

在网页中使用图像可以更好地将该网页中的内容展现在浏览者的眼前，通常充满激情或者富有内涵的图像更能够给浏览者过目不忘的效果。本章将带领大家从最基本的操作开始，通过对网页中图像的插入和设置的学习，掌握基本的图像网页的制作。

11.1 网页图像的基本知识

目前虽然有很多种图像格式，但是在网站页面中常用的只有 GIF、JPEG、PNG 这 3 种格式，其中 PNG 文件具有较大的灵活性且文件比较小，所以它对于目前任何类型的 Web 图形来说都是最适合的，但是只有较高版本的浏览器才支持这种图像格式，而且也不是对 PNG 文件的所有特性都能很好地支持。而 GIF 和 JPEG 图像格式的支持情况是最好的，大多数浏览器都可以支持。因此，在制作 Web 页面时，一般情况下使用 GIF 和 JPEG 格式的图像。

11.1.1 GIF 格式

GIF 是英文 Graphics Interchange Format（图形交换格式）的缩写，20 世纪 80 年代，美国一家著名的在线信息服务机构 ComquServe 针对当时网络传输带宽的限制，开发出了这种 GIF 图像格式，GIF 采用 LZW 无损压缩算法，而且最多使用 256 种颜色，最适合显示色调不连续或具有大面积单一颜色的图像，如图 11-1 所示。

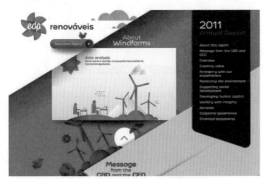

图 11-1 适合于使用 GIF 图像的网页

另外，GIF 图片支持动画。GIF 的动画效果是它广泛流行的重要原因。不可否认，在品质优良的矢量动画制作工具 Flash 推出之后，现在真正大型、复杂的网上动画几乎都是用 Flash 软件制作的，但是在某些方面

GIF 动画依然有着不可取代的地位。首先，GIF 动画的显示不需要特定的插件，而离开特定的插件，Flash 动画就不能播放；此外，在制作简单的、只有几帧图片（特别是位图）交替的动画时，GIF 动画也有着特定的优势。如图 11-2 所示的是 GIF 动画的效果。

图 11-2 GIF 动画效果

11.1.2 JPEG 格式

JPEG 是英文 Joint Photographic Experts Group（联合图像专家组）的缩写，该图像格式是用于摄影连续色调图像的高级格式，因为 JPEG 文件可以包含数百万种颜色。通常 JPEG 文件需要通过压缩图像品质和文件大小之间来达到良好的平衡，因为随着 JPEG

文件品质的提高，文件的大小和下载时间也会随之增加，如图 11-3 所示。

图 11-3 适合于使用 JPEG 图像的网页

11.1.3 PNG 格式

PNG 是英文 Portable Network Graphic（可移植网络图形）的缩写，该图像格式是一种替代 GIF 格式

的专利权限制的格式，它包括对索引色、灰度、真彩色图像以及 Alpha 通道透明的支持，如图 11-4 所示。PNG 是 Fireworks 固有的文件格式。PNG 文件可保留所有的原始图层、矢量、颜色和效果信息，并且在任何时候都可以完全编辑所有元素（文件必须具有 .png 扩展名才能被 Dreamweaver CC 识别为 PNG 文件）。

图 11-4 适合于使用 PNG 图像的网页

11.2 在网页中插入图像

在 Dreamweaver CC 中，可以直接插入图像，也可以将图像作为页面的背景。另外，还可以创建出图像交替的交互效果。如果想在制作网页的过程中直接修改图像，可以调出外部图像编辑器。

11.2.1 插入图像

在网页中插入图像可以有效地提高网页的观赏性，并且可以反映出网站的主题。下面将向用户介绍一下如何在网页中插入图像。

动手实践——插入图像

最终文件：光盘 \ 最终文件 \ 第 11 章 \11-2.html

视频：光盘 \ 视频 \ 第 11 章 \11-2.swf

01 执行"文件 > 打开"命令，打开页面"光盘 \ 源文件 \ 第 11 章 \11-2.html"，效果如图 11-5 所示。

图 11-5 页面效果

02 将光标移至名为 pic 的 Div 中，将多余文字删

除，如图 11-6 所示。单击"插入"面板上"常用"选项卡中的"图像"按钮，如图 11-7 所示。

图 11-6 光标位置

图 11-7 单击"图像"按钮

03 弹出"选择图像源文件"对话框，选择"光盘 \ 源文件 \ 第 11 章 \images\11202.jpg"图像文件，如图 11-8 所示。单击"确定"按钮，即可将选中的图像插入到页面中相应的位置，效果如图 11-9 所示。

图 11-8 "选择图像源文件"对话框

图 11-9 插入图像

04 将光标移至图像后，按快捷键 Shift+Enter 两次，插入两个换行符，光标的位置如图 11-10 所示。单击"插入"面板上的"图像"按钮，在光标位置插入图像"光盘 \ 源文件 \ 第 11 章 \images\11203.jpg"，如图 11-11 所示。

图 11-10 光标的位置　　　　图 11-11 插入图像

提示

在网页中插入图像时，如果所选择的图像文件不在本地站点的根目录下，就会弹出提示框，提示用户复制图像文件到本地站点的根目录中，单击"是"按钮后，会弹出"拷贝文件为"对话框，让用户选择图像文件的存放位置，可选择根目录或根目录下的任何文件夹。

05 使用相同的方法，可以在页面中其他相应的位置插入图像，页面效果如图 11-12 所示。执行"文件 > 保存"命令，保存该页面，在浏览器中预览该页面的效果，如图 11-13 所示。

图 11-12 页面效果

图 11-13 预览效果

11.2.2 设置图像属性

如果需要对图像进行属性设置，首先需要在 Dreamweaver CC 设计视图中选中需要设置属性的图像，可以看到该图像的属性出现在"属性"面板上，如图 11-14 所示。

图 11-14 "属性"面板

> 图像信息：在"属性"面板的左上角显示了所选图片的缩略图，并且在缩略图的右侧显示该对象的信息，如图 11-15 所示。在信息中可以看到该对象为图像文件，大小为 17K。

图 11-15 图像信息

> ID：信息内容的下面有一个 ID 文本框，可以在该文本框中定义图像的名称，主要是为了在脚本语言（如 JavaScript 或 VBScript）中便于引用图像而设置的。

Src：选中页面中的图像，在"属性"面板上的 Src 文本框中可以输入图像的源文件位置，如图 11-16 所示。

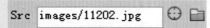

图 11-16 图像源文件路径

链接：选中页面中的图像，在"属性"面板上的"链接"文本框中可以输入图像的链接地址，如图 11-17 所示。

图 11-17 设置图像链接地址

目标：在"目标"下拉列表中可以设置图像链接文件显示的目标位置，如图 11-18 所示。该部分内容将在第 13 章中进行详细讲解。

图 11-18 "目标"下拉列表

Class：在 Class 下拉列表中可以选择应用已经定义好的类 CSS 样式，或者进行"重命名"和"附加样式表"的操作，如图 11-19 所示。

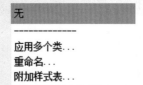

图 11-19 设置 CSS 样式

宽和高：在网页中插入图像时，Dreamweaver CC 会自动在"属性"面板上的"宽"和"高"文本框中显示图像的原始大小，如图 11-20 所示。默认情况下，单位为 px。

图 11-20 图像尺寸

如果需要调整图像的宽度和高度，可以直接在"宽"和"高"文本框中输入相应的数值，也可以通过在 Dreamweaver 设计视图中单击选中需要调整的图像，拖动图像的角点到合适的大小尺寸即可更改图像尺寸，改变图像尺寸后"属性"面板如图 11-21 所示。

图 11-21 调整后图像尺寸

"切换尺寸约束"按钮：单击该按钮，可以约束图像缩放的比例，当修改图像的宽度，则高度也会进行等比例的修改。

"重置为原始大小"按钮：单击该按钮，即可恢复图像原始的尺寸大小。

"提交图像大小"按钮：单击该按钮，即可弹出提示框，如图 11-22 所示，提示是否提交对图像尺寸的修改，单击"确定"按钮，即可确认对图像大小的修改。

图 11-22 提示框

替换：单击选中页面中的图像，在"属性"面板上的"替换"文本框中可以输入图像的替换说明文字，如图 11-23 所示。在浏览网页时，当该图像因丢失或者其他原因不能正确显示时，在其相应的区域就会显示设置的替换说明文字，如图 11-24 所示。

图 11-23 设置替换文本

图 11-24 替换文本的效果

标题：该选项用于设置图像的提示信息，如图 11-25 所示。在网页中将鼠标停在图片上时会有信息提示，如图 11-26 所示。

图 11-25 设置标题文本

图 11-26 标题文本的效果

⊙ 图像热点：在"属性"面板上的"地图"文本框中可以创建图像热点集，其下面则是创建热点区域的 3 种不同的形状工具，如图 11-27 所示。该部分的内容将在第 13 章中进行详细讲解。

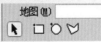

图 11-27 图像热点

⊙ 原始：该选项用于设置所选中图像的低分辨率图像。低分辨率图像在网页中显示速度比较快，可以在高分辨率图像还没有下载完成之前先显示低分辨图像。

⊙ 编辑：选中页面中相应的图像，可以在"编辑"属性后单击相应的按钮对图像进行编辑。

  ⊙ "编辑"按钮✐：单击该按钮，将启动外部图像编辑软件对所选中的图像进行编辑操作。

  ⊙ "编辑图像设置"按钮：单击该按钮，将弹出"图像优化"对话框，如图 10-28 所示。在该对话框中可以对图像进行优化设置，在"预置"选项下拉列表中可以选择 Dreamweaver CC 预设的图像优化选项，如图 11-29 所示。

图 11-28 "图像优化"对话框

图 11-29 "预置"下拉列表

⊙ "从源文件更新"按钮：单击该按钮，在更新智能对象时网页图像会根据原始文件的当前内容和原始优化设置以新的大小、无损方式重新呈现图像。

⊙ "裁剪"按钮：单击该按钮，图像上会出现虚线区域，拖动该虚线区域的 8 个角点至合适的位置，按 Enter 键即可完成图像裁剪操作，如图 11-30 所示。

调整裁剪区域 　　　　　　 裁剪图像

图 11-30 对图像进行裁剪操作

⊙ "重新取样"按钮：对已经插入到页面中的图像进行编辑操作后，可以单击该按钮，重新读取该图像文件的信息。

⊙ "亮度"和"对比度"按钮：选中图像，单击该按钮，弹出"亮度/对比度"对话框，可以通过拖动滑块或者在后面的文本框中输入数值来设置图像的亮度和对比度，如图 11-31 所示。选中"预览"复选框，可以在调节的同时在 Dreamweaver CC 的设计视图中看到图像调节的效果，如图 11-32 所示。

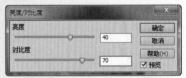

图 11-31 "亮度/对比度"对话框

图 11-32 调整图像的效果

⊙ "锐化"按钮：选中图像，在"属性"面板上单击"锐化"按钮，弹出"锐化"对话框，如图 11-33 所示。输入数值或拖动滑块调整锐化效果，如图 11-34 所示。

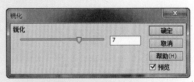

图 11-33 "锐化"对话框

图 11-34 调整图像的效果

提示

　　修改图像的尺寸，还可以通过在 Dreamweaver CC 设计视图中单击选中需要调整的图像，拖动图像的角点到合适的大小尺寸。如果在 Dreamweaver CC 中改变了图像默认的"宽"和"高"，则在"属性"面板上的"宽"和"高"文本框后面会出现"重置为原始大小按钮 ◎，单击该按钮即可将图像恢复到原始的大小尺寸。

提示

　　"属性"面板中的"编辑"按钮 ✎，可以根据图像格式的不同来应用相应的编辑软件。执行"编辑 > 首选项"命令，弹出"首选项"对话框，在"分类"列表框中选择"文件类型 / 编辑器"选项，在对话框右侧可以设置各图像格式需要应用的编辑软件，如图 11-35 所示。

图 11-35 设置编辑器

11.3　插入其他图像元素

　　Dreamweaver CC 中还提供了一些其他相关的图像元素，单击"插入"面板上"常用"选项卡中的"图像"按钮右侧的倒三角按钮，即可弹出下拉菜单，可以看到"鼠标经过图像"和 Fireworks HTML 两种图像元素。下面主要向用户介绍如何在页面中插入其他两种图像元素。

11.3.1　鼠标经过图像

　　鼠标经过图像是一种在浏览器中查看并使用鼠标指针经过它时发生变化的图像。鼠标经过图像实际上由两个图像组成，即主图像（当首次载入页面时显示的图像）和次图像（当鼠标指针经过主图像时显示的图像）。鼠标经过图像中的这两幅图像应该大小相等；如果这两幅图像大小不同，Dreamweaver CC 将自动调整第 2 幅图像的大小匹配第 1 幅图像的属性。下面向用户介绍一下插入鼠标经过图像的相关属性。

　　单击"插入"面板中的"图像"按钮右侧的倒三角按钮，在弹出的下拉菜单中选择"鼠标经过图像"命令，弹出"插入鼠标经过图像"对话框，如图 11-36 所示。

图 11-36 "插入鼠标经过图像"对话框

　　⊙ **图像名称**：在该文本框中默认会分配一个名称，也可以自己定义图像名称。

　　⊙ **原始图像**：在该文本框中可以填入页面被打开时显示的图像路径地址，或者单击该文本框后的"浏览"按钮，选择一个图像文件作为原始图像。

　　⊙ **鼠标经过图像**：在该文本框中可以填入鼠标经过

时显示的图像路径地址，或者单击该文本框后的"浏览"按钮，选择一个图像文件作为鼠标经过图像。

　　⊙ **替换文本**：在该文本框中可以输入鼠标经过图像的替换说明文字内容，同图像的"替换"功能相同。

　　⊙ **按下时，前往的 URL**：在该文本框中可以设置单击该鼠标经过图像时跳转到的链接地址。

　　在制作网页时，将网页的导航栏设置为具有动态效果往往会更具有吸引力，而鼠标经过图像就有这样的特性，下面将通过实例的制作来向用户进行详细讲述。

动手实践——制作交互导航菜单

　　📄 最终文件：光盘 \ 最终文件 \ 第 11 章 \11-3-1.html
　　📼 视频：光盘 \ 视频 \ 第 11 章 \11-3-1.swf

　　01 执行"文件 > 打开"命令，打开页面"光盘 \ 源文件 \ 第 11 章 \11-3-1.html"，效果如图 11-37 所示。

图 11-37 页面效果

　　02 将光标移至名为 menu 的 Div 中，将多余文字删除，单击"插入"面板中的"图像"按钮右侧的倒三角按钮，在弹出的下拉菜单中选择"鼠标经过图像"命令，弹出"插入鼠标经过图像"对话框，设置如图 11-38 所示。设置完成后，单击"确定"按钮，即可在光标所在位置插入鼠标经过图像，如图 11-39 所示。

图 11-38 "插入鼠标经过图像"对话框

图 11-39 页面效果

03 将光标移至刚插入的鼠标经过图像后，使用相同的制作方法，可以在页面中插入其他的鼠标经过图像，效果如图 11-40 所示。

图 11-40 页面效果

04 执行"文件 > 保存"命令，保存该页面，在浏览器中预览该页面的效果，当鼠标移至设置的鼠标经过图像上时，效果如图 11-41 所示。

图 11-41 预览效果

提示

鼠标经过图像中的两个图像的尺寸应该相等。若两个图像尺寸不同，Dreamweaver CC 会自动调整第 2 幅图像，使之与第 1 幅相匹配。鼠标经过图像通常被应用在链接的按钮上，根据按钮样子的变化，来使页面看起来更加生动，并且提示浏览者单击该按钮可以链接到另一个网页。

11.3.2　插入 Fireworks HTML

在 Dreamweaver CC 中整合了很多 Fireworks 的功能，这里讲到的也是其中之一，用户可以轻松插入 Fireworks 制作的 HTML 文档。

将光标置于页面中需要插入 Fireworks HTML 的位置，单击"插入"面板中的"图像"按钮右侧的倒三角按钮，在弹出的下拉菜单中选择 Fireworks HTML 命令，弹出"插入 Fireworks HTML"对话框，如图 11-42 所示。

图 11-42 "插入 Fireworks HTML"对话框

在"插入 Fireworks HTML"对话框上的"Fireworks HTML 文件"文本框中可以设置需要插入的 Fireworks HTML 文件的地址，或者单击右侧的"浏览"按钮，可以在弹出的"选择 Fireworks HTML 文件"对话框中选择需要插入的 Fireworks HTML 文档。如果选中"插入后删除文件"选项，可以在完成 Fireworks HTML 文档插入后删除原始的 Fireworks HTML 文档。单击"确定"按钮，完成"插入 Fireworks HTML"对话框的设置，即可在页面中光标所在的位置插入 Fireworks HTML 文档。

11.4　插入 HTML 5 画布

画布是 Dreamweaver CC 新增的基于 HTML 5 的全新功能，通过该功能可以在网页中自动绘制出一些常见的图形，如矩形、椭圆形等，并且能够添加一些图像。

11.4.1　插入画布

在网页中插入画布，像插入其他网页对象一样简单，然后利用 JavaScript 脚本调用绘图 API（接口函数），在网页中绘制出各种图形效果。画布具有多种绘制路径、矩形、圆形、字符和添加图像的方法，还能实现动画。

将光标置于网页中需要插入画布的位置，单击"插入"面板上的"常用"选项卡中的"画布"按钮，如图 11-43 所示。即可在网页中光标所在位置插入画布，所插入的画布以图标的形式显示，如图 11-44 所示。转换到代码视图中，可以看到所插入的画布的 HTML 代码，如图 11-45 所示。

图 11-43 单击"画布"按钮

图 11-44 画布图标

```
<body>
<canvas id="canvas"></canvas>
</body>
```

图 11-45 画布的 HTML 代码

11.4.2 设置画布属性

单击选中刚刚在网页中插入的画布图标，在"属性"面板中可以对画布的相关属性进行设置，如图 11-46 所示。

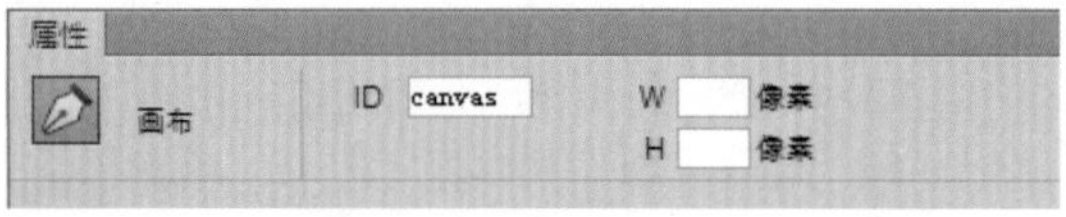

图 11-46 画布的"属性"面板

🔽 ID：该选项用于设置画布的 id 名称，默认插入到网页中的画布 id 名称为 canvas，用户可以在该选项的文本框中对 id 名称进行设置。

🔽 W 和 H：W 选项用于设置画布的宽度，H 选项用于设置画布的高度。

提示

HTML 5 中的画布功能本身并不能绘制图形，必须与 JavaScript 脚本相结合使用，才能够在网页中绘制出图形。

11.4.3 如何使用画布在网页中绘制图形

画布元素本身是没有绘图能力的，画布元素提供了一套绘图 API。在开始绘图之前，先要获取画布元素的对象，再获取一个绘图上下文，接下来就可以使用绘图 API 中丰富的功能了。

1. 获取画布对象

在绘图之前，首先需要从网页中获取画布对象。通常使用 document 对象的 getElementById() 方法获取。例如以下代码获取 id 名为 canvas 的画布对象。

```
var canvas = document.getElementById("canvas");
```

开发者还可以使用通过标签名称来获取对象的 getElementsByTagName 方法。

2. 创建二维绘图上下文对象

画布对象包含了不同类型的绘图 API，还需要使用 getContext() 方法来获取接下来要使用的绘图上下文对象。

```
var context = canvas.getContext("2d");
```

getContext 对象是内建的 HTML 5 对象，拥有多种绘制路径、矩形、圆形、字符以及添加图像的方法。参数为 2d，说明接下来绘制的是一个二维图形。

3. 在画布元素上绘制图形

设置绘制图形的大小、位置、颜色等信息。

```
//设置字体样式、颜色及对齐方式
context.arc(200,200,150,0,Math.PI*2,true);    //绘制一个正圆形
context.fillStyle="#036";   //设置图形的颜色
context.fill();
context.stroke();
```

11.4.4 使用 HTML 5 画布绘制矩形

使用 Dreamweaver CC 中的画布工具在网页中绘制矩形需要添加相应的脚本代码，矩形绘制的专用方法有 strokeRect() 和 fillRect() 两种，分别用于绘制矩形的边框和填充的矩形区域。

动手实践——使用 HTML 5 画布绘制矩形

📄 最终文件：光盘 \ 最终文件 \ 第 11 章 \11-4-4.html

📁 视频：光盘 \ 视频 \ 第 11 章 \11-4-4.swf

01 执行"文件 > 新建"命令，弹出"新建文档"对话框，新建 HTML 5 页面，如图 11-47 所示。将其保存为"光盘 \ 源文件 \ 第 11 章 \11-4-4.html"。单击"插入"面板上"常用"选项卡中的"画布"按钮，在设计视图中插入画布，如图 11-48 所示。

图 11-47 新建 HTML 5 文档

图 11-48 插入画布

02 选中插入的画布，在"属性"面板上设置相关

属性，如图 11-49 所示。完成画布属性的设置，可以在设计视图中看到其效果，如图 11-50 所示。

图 11-49 设置属性

图 11-50 画布效果

03 切换到代码视图中，在页面中添加相应的 JavaScript 脚本代码，如图 11-51 所示。保存页面，在浏览器中浏览，可以看到使用画布与 JavaScript 脚本相结合在网页中绘制的矩形，如图 11-52 所示。

```
<body>
<canvas id="canvas" width="800" height="400"></canvas>
<script type="text/javascript">
var canvas=document.getElementById("canvas");
var context=canvas.getContext("2d");
context.rect(50,50,720,320);
context.strokeStyle="#09F";
context.lineWidth=10;
context.fillStyle="#9CC";
context.fill();
context.stroke();
</script>
</body>
```

图 11-51 添加脚本代码

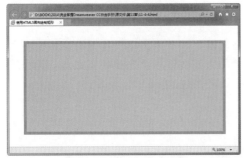

图 11-52 在浏览器中预览效果

提示

在 JavaScript 脚本中，getContext 是内置的 HTML 5 对象，拥有多种绘制路径、矩形、圆形、字符以及添加图像的方法。fillStyle 方法是控制绘制图形的填充颜色，strokeStyle 方法是控制绘制图形边的颜色。

11.4.5　使用 HTML 5 画布实现圆形图片

在使用画布绘图时，还有一种对路径的处理方法叫作剪裁方法 clip()，与图片的剪裁相似，在画布中分割一块区域来保留图片的一部分。

动手实践——使用 HTML 5 画布实现圆形图片

□ 最终文件：光盘 \ 最终文件 \ 第 11 章 \11-4-5.html

□ 视频：光盘 \ 视频 \ 第 11 章 \11-4-5.swf

01 执行"文件 > 打开"命令，打开页面"光盘 \ 源文件 \ 第 11 章 \11-4-5.html"，效果如图 11-53 所示。单击"插入"面板上的"常用"选项卡中的"画布"按钮，在设计视图中插入两个画布，如图 11-54 所示。

图 11-53 打开页面

图 11-54 插入画布

02 选中插入的画布，在"属性"面板上分别设置两个画布的属性，如图 11-55 所示。切换到外部 CSS 样式文件中，分别创建名为 #canvas 和 #canvas2 的 CSS 样式，如图 11-56 所示。

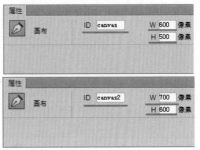

图 11-55 设置属性

```
#canvas{
    position: absolute;
    top: 100px;
    left: 332px;
    z-index:2;
    }
#canvas2{
    position:absolute;
    top:50px;
    left:332px;
    z-index:1;
}
```

图 11-56 创建样式

03 切换到 HTML 代码视图中，在页面中添加绘制圆形的 JavaScript 脚本代码，如图 11-57 所示。保存页面，在浏览器中预览页面，可以看到绘制的圆形效果，如图 11-58 所示。

```
<body>
<canvas id="canvas" width="600" height="500"></canvas>
<canvas id="canvas2" width="700" height="600"></canvas>
<script type="text/javascript">
var canvas=document.getElementById("canvas2");
var context=canvas.getContext("2d");
context.arc(300,200,160,0,Math.PI*2,true);
context.fillStyle="#fff";
context.fill();
</script>
</body>
```

图 11-57 添加脚本代码

图 11-58 在浏览器中预览效果

04 切换到 HTML 代码视图中，在页面中添加画布中裁切图形的 JavaScript 脚本代码，如图 11-59 所示。保存页面，在浏览器中预览页面，可以看到实现的裁剪图像的效果，如图 11-60 所示。

```
<body>
<canvas id="canvas" width="600" height="500"></canvas>
<canvas id="canvas2" width="700" height="600"></canvas>
<script type="text/javascript">
var canvas=document.getElementById("canvas2");
var context=canvas.getContext("2d");
context.arc(300,200,160,0,Math.PI*2,true);
context.fillStyle="#fff";
context.fill();
function Draw(){
    var canvas=document.getElementById("canvas");
    var context=canvas.getContext("2d");
    var newImg=new Image();
    newImg.src="images/114502.jpg";
    newImg.onload=function(){
        ArcClip(context);
        context.drawImage(newImg,0,0);
        }
}
function ArcClip(context){
    context.beginPath();
    context.arc(300,150,150,0,Math.PI*2,true);
    context.clip();
    }
window.addEventListener("load",Draw,true);
</script>
</body>
```

图 11-59 添加脚本代码

图 11-60 在浏览器中预览效果

11.5 制作旅游信息网站页面 🔍

图像可以使网页充满生命力和说服力，能够体现出网页及其网站独有的风格。在拥有了华丽视觉效果的同时，也一定要留意图像占用的空间大小，在页面效果和大小之间找到一个合适的交叉点。下面通过一个旅游信息网站页面的实例来讲解制作图像页面的方法，最终效果如图 11-61 所示。

图 11-61 页面最终效果

动手实践——制作旅游信息网站页面

最终文件：光盘＼最终文件＼第 11 章＼11-5.html

视频：光盘＼视频＼第 11 章＼11-5.swf

01　执行"文件＞新建"命令，弹出"新建文档"对话框，新建一个 HTML 页面，如图 11-62所示。将该页面保存为"光盘＼源文件＼第 11章＼11-5.html"。使用相同的方法，新建一个外部CSS 样式表文件，将其保存为"光盘＼源文件＼第 11 章＼style＼11-5.css"。返回"11-5.html"页面中，链接刚刚创建的外部 CSS 样式表文件，设置如图 11-63所示。

图 11-62　"新建文档"对话框

图 11-63　"使用现有的 CSS 文件"对话框

02　切换到"11-5.css"文件中，创建名为 * 的通配符 CSS 样式和名为 body 的标签 CSS 样式，如图 11-64 所示。返回"11-5.html"页面中，可以看到页面的背景效果，如图 11-65 所示。

```
*{
    margin:0px;
    padding:0px;
    border:0px;
    }
body{
    font-family: "宋体";
    font-size: 12px;
    color:#666666;
    background-image:url(../images/11501.jpg);
    background-repeat:repeat-x;
    }
```

图 11-64　CSS 样式代码

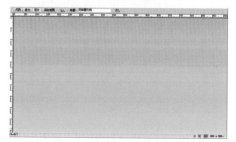

图 11-65　页面效果

03　将光标放置在页面中，插入名为 box 的 Div，切换到外部 CSS 样式表文件中，创建名为 #box 的CSS 样式，如图 11-66 所示。返回设计视图中，可以看到页面的效果，如图 11-67 所示。

```
#box{
    width: 100%;
    height: 100%;
    overflow:hidden;
    margin:0px auto;
}
```

图 11-66　CSS 样式代码

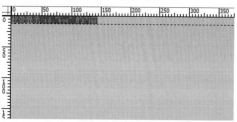

图 11-67　页面效果

04　将光标移至名为 box 的 Div 中，将多余文字删除，插入名为 top 的 Div，切换到外部 CSS 样式表文件中，创建名为 #top 的 CSS 样式，如图 11-68 所示。返回设计视图中，可以看到页面的效果，如图 11-69所示。

```
#top{
    width:100%;
    height:100%;
    background-image:url(../images/11502.jpg);
    background-repeat:no-repeat;
    background-position:center top;
    padding-top:83px;
}
```

图 11-68　CSS 样式代码

图 11-69　页面效果

05　将光标移至名为 top 的 Div 中，将多余文字删除，插入名为 flash 的 Div，切换到外部 CSS 样式表文件中，创建名为 #flash 的 CSS 样式，如图 11-70 所示。返回设计视图中，可以看到页面的效果，如图 11-71所示。

```
#flash{
    width:803px;
    height:430px;
    margin:0px auto;
}
```

图 11-70　CSS 样式代码

图 11-71 页面效果

06 将光标移至名为 top 的 Div 中，将多余文字删除，插入 Flash 动画"光盘\源文件\第 11 章\images\11503.swf"，效果如图 11-72 所示。选中刚插入的 flash 动画，在"属性"面板上设置其 Wmode 属性为"透明"，如图 11-73 所示。

图 11-72 插入 Flash 动画

图 11-73 设置"Wmode"属性

07 在名为 flash 的 Div 后插入名为 menu 的 Div，切换到外部 CSS 样式表文件中，创建名为 #menu 的 CSS 样式，如图 11-74 所示。返回到"11-5.html"页面中，可以看到页面的效果，如图 11-75 所示。

```
#menu{
    width:559px;
    height:26px;
    color:#FFF;
    line-height:26px;
    margin:0px auto;
    background-image:url(../images/11504.gif);
    background-repeat:no-repeat;
    padding-left:244px;
    margin-bottom:2px;
    }
```

图 11-74 CSS 样式代码

图 11-75 页面效果

08 将光标移至名为 menu 的 Div 中，将多余文字删除，输入相应的文字，如图 11-76 所示。切换到代码视图，为文字添加 <span></span> 标签，如图 11-77 所示。

图 11-76 输入文字

```
<div id="menu">旅游首页<span></span>旅游商机<span></span>酒店预订<span></span>旅游展会<span></span>风土人情<span></span>旅游视频
</div>
```

图 11-77 添加 <span></span> 标签

09 切换到外部 CSS 样式表文件中，创建名为 #menu span 的 CSS 样式，如图 11-78 所示。返回到"11-5.html"页面中，可以看到文字的效果，如图 11-79 所示。

```
#menu span{
    margin-left:22px;
    margin-right:22px;
}
```

图 11-78 CSS 样式代码

图 11-79 文字效果

10 在名为 menu 的 Div 之后插入名为 main 的 Div，切换到外部 CSS 样式表文件中，创建名为 #main 的 CSS 样式，如图 11-80 所示。返回到"11-5.html"页面中，可以看到页面的效果，如图 11-81 所示。

```
#main{
    width:802px;
    height:100%;
    overflow:hidden;
    margin:0px auto;
    background-image:url(../images/11505.png);
    background-repeat:no-repeat;
    padding-top:19px;
    padding-bottom:55px;
    }
```

图 11-80 CSS 样式代码

图 11-81 页面效果

11 将光标移至名为 main 的 Div 中，将多余文字删除，插入名为 left 的 Div，切换到外部 CSS 样式表文件中，创建名为 #left 的 CSS 样式，如图 11-82 所示。

返回设计视图中，可以看到页面的效果，如图 11-83 所示。

```
#left{
    float:left;
    width:185px;
    height:100%;
    padding-left:11px;
    padding-right:11px;
    border-right:solid 1px #e5e5e5;
}
```
图 11-82 CSS 样式代码

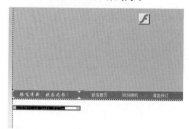

图 11-83 页面效果

12 将光标移至名为 left 的 Div 中，将多余文字删除，插入图像"光盘\源文件\第 11 章\images\11506.gif"，效果如图 11-84 所示。将光标移至刚插入的图像后，使用相同的方法，插入其他素材图像，如图 11-85 所示。

图 11-84 插入图像

图 11-85 页面效果

13 将光标移至图像后，插入名为 #left_text 的 Div，切换到外部 CSS 样式表文件中，创建名为 #left_text 的 CSS 样式，如图 11-86 所示。返回设计视图中，可以看到页面的效果，如图 11-87 所示。

```
#left_text{
    width:185px;
    height:40px;
    line-height:20px;
}
```
图 11-86 CSS 样式代码

图 11-87 页面效果

14 将光标移至名为 #left_text 的 Div 中，将多余文字删除，输入相应的文字，如图 11-88 所示。切换到代码视图，为文字添加项目列表标签，如图 11-89 所示。

图 11-88 输入文字

```
<div id="left_text">
<ul>
    <li>山地行走注意事项</li>
    <li>出行尽量避免热点地区</li>
</ul>
</div>
```
图 11-89 添加项目列表标签

15 切换到外部 CSS 样式表文件中，创建名为 #left_text li 的 CSS 样式，如图 11-90 所示。返回设计视图中，可以看到文字的效果，如图 11-91 所示。

```
#left_text li{
    background-image:url(../images/11508.gif);
    background-repeat:no-repeat;
    background-position:left center;
    margin-left:25px;
}
```
图 11-90 CSS 样式代码

图 11-91 文字效果

16 使用相同的方法，完成其他部分内容的制作，效果如图 11-92 所示。在名为 left 的 Div 之后插入名为 center 的 Div，切换到外部 CSS 样式表文件中，创建名为 #center 的 CSS 样式，如图 11-93 所示。

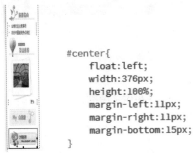

```
#center{
    float:left;
    width:376px;
    height:100%;
    margin-left:11px;
    margin-right:11px;
    margin-bottom:15px;
}
```

图 11-92 页面效果　　　图 11-93 CSS 样式代码

17 返回设计视图中，可以看到页面的效果，如图 11-94 所示。将光标移至名为 #center 的 Div 中，将多余文字删除，插入相应的素材图像，效果如图 11-95 所示。

图 11-94 页面效果

图 11-95 插入图像

18 将光标移至刚插入的图像后，插入名为 #news 的 Div，切换到外部 CSS 样式表文件中，创建名为 #news 的 CSS 样式，如图 11-96 所示。返回设计视图中，可以看到页面的效果，如图 11-97 所示。

```
#news{
    width:330px;
    height:66px;
    line-height:22px;
    margin-left:23px;
    margin-right:23px;
}
```

图 11-96 CSS 样式代码

图 11-97 页面效果

19 将光标移至名为 #news 的 Div 中，将多余文字删除，输入相应的文字，如图 11-98 所示。将光标移至该 Div 后，插入图像"光盘\源文件\第 11 章\images\11514.gif"，效果如图 11-99 所示。

图 11-98 输入文字

图 11-99 插入图像

20 将光标移至该图像后，插入名为 pic 的 Div，切换到外部 CSS 样式表文件中，创建名为 #pic 的 CSS 样式，如图 11-100 所示。返回设计视图中，可以看到页面的效果，如图 11-101 所示。

```
#pic{
    float:left;
    width:187px;
    height:198px;
    text-align:center;
}
```

图 11-100 CSS 样式代码　　　图 11-101 页面效果

21 将光标移至该 Div 中，将多余文字删除，单击"插入"面板中的"图像"按钮右侧的倒三角按钮，在弹出的下拉菜单中选择"鼠标经过图像"命令，弹出"插入鼠标经过图像"对话框，设置如图 11-102 所示。单击"确定"按钮，可以插入鼠标经过图像，如图 11-103 所示。

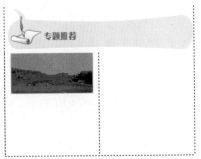

图 11-102 "插入鼠标经过图像"对话框

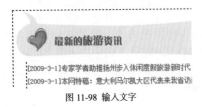

图 11-103 插入鼠标经过图像

22 将光标移至刚插入的鼠标经过图像后，插入相应的图像，如图 11-104 所示。使用相同的方法，完成其他部分内容的制作，效果如图 11-105 所示。

图 11-104 插入图像　　　图 11-105 页面效果

23　在名为 center 的 Div 之后插入名为 right 的 Div，切换到外部 CSS 样式表文件中，创建名为 #right 的 CSS 样式，如图 11-106 所示。返回设计视图中，可以看到页面的效果，如图 11-107 所示。

```
#right{
    float:left;
    width:172px;
    height:100%;
    border-left:1px solid #e5e5e5;
    padding-left:12px;
    padding-bottom:41px;
}
```

图 11-106 CSS 样式代码

图 11-107 页面效果

24　使用相同的方法，完成其他部分内容的制作，效果如图 11-108 所示。在名为 #right_news 的 Div 之后插入名为 #img 的 Div，切换到外部 CSS 样式表文件中，创建名为 #img 的 CSS 样式，如图 11-109 所示。

图 11-108 页面效果

```
#img{
    width:86px;
    height:56px;
    border:2px solid #e5e5e5;
    margin-top:5px;
    margin-bottom:5px;
    background-image:url(../images/11534.gif);
    background-repeat:no-repeat;
    background-position:2px 2px;
    padding-left:82px;
    padding-top:5px;
    line-height:18px;
}
```

图 11-109 CSS 样式代码

25　返回设计视图中，可以看到页面的效果，如图 11-110 所示。将光标移至名为 img 的 Div 中，将多余文字删除，输入相应的文字，如图 11-111 所示。

图 11-110 页面效果

图 11-111 输入文字

26　切换到外部 CSS 样式表文件中，创建名为 .font 的类 CSS 样式，如图 11-112 所示。返回设计视图中，为相应的文字应用该类 CSS 样式，效果如图 11-113 所示。

```
.font{
    color: #6c859f;
}
```

图 11-112 CSS 样式代码　　　图 11-113 文字效果

27　使用相同的方法，完成其他部分内容的制作，效果如图 11-114 所示。执行"文件 > 保存"命令，保存该页面，在浏览器中预览该页面，效果如图 11-115 所示。

图 11-114 页面效果

图 11-115 在浏览器中预览页面

11.6　本章小结

　　本章主要讲解了图像元素在网页中的应用，包括图像和鼠标经过图像的使用方法，并且还向用户介绍了 Dreamweaver CC 中新增的画布功能，通过使用该功能可以在网页中实现许多特殊的图像显示效果。如今，图像在网页中已是不可或缺的一部分，了解了网页中图像的这几种运用技巧，可以在以后的网页制作中发挥着很大的作用。

第①②章 在网页中插入多媒体元素 🔍

网页构成的要素有很多，我们除了可以使用文本和图像元素来表达网页页面信息之外，还可以在页面中插入 Flash 动画、声音、视频等多媒体内容，多种元素的合理运用，可以丰富页面的视觉效果和生动性。本章将向用户介绍如何使用 Dreamweaver CC 为网页添加 Flash 动画、声音、视频等多媒体内容。

12.1 插入 Edge Animate 作品 🔍

随着 HTML 5 的发展和推广，HTML 5 在网页中的应用也越来越多，而且通过使用 HTML 5 可以实现许多特效。Adobe 公司顺应网页发展的趋势，推出了 HTML 5 动画可视化开发软件——Adobe Edge Animate，通过使用该软件，可以不需要编写烦琐的代码即可开发出基于 HTML 5 的动画。

Dreamweaver CC 为了适应 HTML 5 的发展趋势，在"插入"面板的"媒体"选项卡中新增了"插入 Edge Animate 作品"按钮，通过使用该功能可以轻松将使用 Adobe Edge Animate 软件开发的 HTML 5 动画插入到网页中。

动手实践——制作广告展示页面

📋 最终文件：光盘 \ 最终文件 \ 第 12 章 \12-1-1.html

📹 视频：光盘 \ 视频 \ 第 12 章 \12-1-1.swf

01 执行"文件 > 打开"命令，打开页面"光盘 \ 源文件 \ 第 12 章 \12-1-1.html"，效果如图 12-1 所示。将光标移至页面中名为 box 的 Div 中，将多余文字删除，如图 12-2 所示。

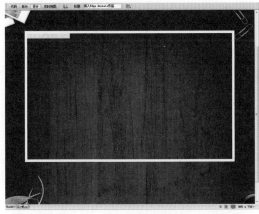

图 12-1 打开页面

图 12-2 页面效果

02 单击"插入"面板上的"媒体"选项卡中的"Edge Animate 作品"按钮，在弹出的对话框中选择需要插入的 Edge Animate 作品文件"光盘 \ 源文件 \ 第 12 章 \images\12-2-1.oam"，如图 12-3 所示。单击"确定"按钮，即可在该 Div 中插入 Edge Animate 作品，如图 12-4 所示。

图 12-3 选择 Edge Animate 作品文件

图 12-4 页面效果

图 12-7 "edgeanimate_assets"文件夹

03 单击选中刚插入的 Edge Animate 作品，在"属性"面板中可以设置其"宽"和"高"等属性，如图 12-5 所示。转换到代码视图中，可以看到相应的 HTML 代码，如图 12-6 所示。

图 12-5 "属性"面板

```
<div id="box">
  <object id="EdgeID" type="text/html" width="830" height="500"
data-dw-widget="Edge" data=
"../edgeanimate_assets/12-2-1/Assets/12-2-1.html">
  </object>
</div>
</body>
</html>
```

图 12-6 代码视图

04 在网页中插入 Edge Animate 作品后，在站点的根目录中将自动创建名为"edgeanimate_assets"的文件夹，并将所插入的 Edge Animate 作品中的相

关文件放置在该文件夹中，如图 12-7 所示。保存页面，在浏览器中预览该页面，可以看到在网页中插入的 Edge Animate 作品的效果，如图 12-8 所示。

图 12-8 预览 Edge Animate 作品的效果

> **提示**
>
> 在网页中所插入的 Edge Animate 作品的文件扩展名必须是 .oam，该文件是 Edge Animate 软件发布的 Edge Animate 作品包。

12.2　HTML 5 Video

以前在网页中插入视频都是通过插件的方式或者是插入 Flash Video，Flash Video 视频需要浏览器安装 Flash 播放插件才可以正常播放。在 HTML 5 中新增了 <video> 标签，通过使用 <video> 标签，可以直接在网页中嵌入视频文件不需要任何的插件。

12.2.1　HTML 5 所支持的视频文件格式

目前，HTML 5 新增的 HTML Video 元素所支持的视频格式主要是 MPEG4、WebM 和 Ogg，在各种主要浏览器中的支持情况如表 12-1 所示。

表 12-1 HTML 5 视频在浏览器中的支持情况

	IE11	Firefox 28.0	Opera 20.0	Chrome 34.0	Safari 5.34
MPEG4	√	√	×	√	√
WebM	×	√	√	√	×
Ogg	×	√	√	√	×

12.2.2　插入 HTML 5 Video

视频标签的出现无疑是 HTML 5 的一大亮点，但是旧的浏览器不支持 HTML 5 Video，并且涉及视频文件的格式问题，Firefox、Safari 和 Chrome 的支持方式并不相同，所以，在现阶段要想使用 HTML 5 的视频功能，浏览器兼容性是一个不得不考虑的问题。

将光标置于网页中需要插入 HTML 5 Video 的位

置，单击"插入"面板上的"媒体"选项卡中的 HTML 5 Video 按钮，如图 12-9 所示。即可在网页中光标所在位置插入 HTML 5 视频，所插入的 HTML 5 视频以图标的形式显示，如图 12-10 所示。转换到代码视图中，可以看到所插入的 HTML 5 视频的 HTML 代码，如图 12-11 所示。

图 12-9 单击 HTML 5 Video 按钮　图 12-10 HTML 5 Video 图标

```
<body>
<video controls></video>
</body>
```

图 12-11 HTML 代码

动手实践——制作 HTML 5 视频页面

最终文件：光盘 \ 最终文件 \ 第 12 章 \12-2-2.html

视频：光盘 \ 视频 \ 第 12 章 \12-2-2.swf

01 执行"文件 > 打开"命令，打开页面"光盘 \ 源文件 \ 第 12 章 \12-2-2.html"，效果如图 12-12 所示。将光标移至页面中名为 box 的 Div 中，然后将多余文字删除，单击"插入"面板上的"媒体"选项卡中的 HTML 5 Video 按钮，如图 12-13 所示。

图 12-12 打开页面

图 12-13 单击 HTML 5 Video 按钮

02 在该 Div 中插入 HTML 5 Video，显示为 HTML 5

Video 图标，如图 12-14 所示。选中视图中的 HTML 5 Video 图标，在"属性"面板上设置相关属性，如图 12-15 所示。

图 12-14 插入 HTML 5 Video

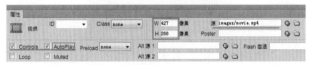

图 12-15 设置 HTML 5 Video 属性

03 转换到 HTML 代码中，可以看到 HTML 5 Video 的相关代码，如图 12-16 所示。保存页面，在浏览器中预览页面，可以看到使用 HTML 5 Video 所实现的视频播放效果，如图 12-17 所示。

```
<div id="box">
<video width="427" height="268" controls autoplay >
  <source src="images/movie.mp4" type="video/mp4">
</video>
</div>
```

图 12-16 HTML 5 Video 代码

图 12-17 在浏览器中预览视频播放效果

12.2.3 设置 HTML 5 Video 属性

单击选中在网页中插入的 HTML 5 Video 图标，在"属性"面板中可以对 HTML 5 Video 的相关属性进行设置，如图 12-18 所示。

图 12-18 HTML 5 Video 的"属性"面板

🔽 ID：该选项用于设置 HTML 5 Video 元素的 id 名称。

🔽 Class：在该选项的下拉列表中可以选择相应的

类 CSS 样式为其应用。

◪ W / H: W 属性用于设置 HTML 5 Video 的宽度。H 属性用于设置 HTML 5 Video 的高度。

◪ 源：该选项用于设置 HTML 5 Video 元素的源视频文件，可以单击该选项文本框后的"浏览"按钮，在弹出的对话框中选择所需要的视频文件。

◪ Poster：该选项用于设置在视频开始播放之前需要显示的图像，可以单击该选项文本框后的"浏览"按钮，选择相应的图像设置为视频播放之前所显示的图像。

◪ Title：该选项用于设置 HTML 5 Video 在浏览器中当鼠标移至该对象上时所显示的提示文字。

◪ 回退文本：该选项用于设置当浏览器不支持 HTML 5 Video 元素时所显示的文字内容。

◪ Controls：选中该复选框，可以在网页中显示视频播放控件。

◪ Loop：选中该复选框，可以设置视频循环播放。

◪ AutoPlay：选中该复选框，可以在打开网页的同时自动播放该视频。

◪ Muted：选中该复选框，可以设置视频在默认情况下静音。

◪ Preload：该属性用于设置是否在打开网页时自动加载视频，如果选中 Autoplay 复选框，则忽略该选项设置。在该选项的下拉列表中包含 3 个选项，分别是 none、auto 和 metadata，如图 12-19 所示。

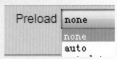

图 12-19 Preload 选项下拉列表

如果设置 Preload 选项为 none，则当页面加载后不载入视频；如果设置 Preload 选项为 auto，则当页面加载后载入整个视频；如果设置 Preload 选项为 metadata，则当页面加载后只需载入视频元数据。

◪ Alt 源 1：该选项用于设置第 2 个 HTML 5 Video 元素的源视频文件。

◪ Alt 源 2：该选项用于设置第 3 个 HTML 5 Video 元素的源视频文件。

◪ Flash 回退：该选项用于设置当 HTML 5 Video 无法播放时替代的 Flash 动画。

12.3 HTML 5 Audio

网络上有许多不同格式的音频文件，但 HTML 标签所支持的音乐格式并不是很多，并且不同的浏览器支持的格式也不相同。HTML 5 针对这种情况，新增了 <audio> 标签来统一网页音频格式，可以直接使用该标签在网页中添加相应格式的音乐。

12.3.1 HTML 5 所支持的音频文件格式

目前，HTML 5 新增的 HTML Audio 元素所支持的音频格式主要是 MP3、Wav 和 Ogg，在各种主要浏览器中的支持情况如表 12-2 所示。

表 12-2 HTML 5 音频在浏览器中的支持情况

	IE11	Firefox 28.0	Opera 20.0	Chrome 34.0	Safari 5.34
Wav	×	√	√	√	√
MP3	√	√	×	√	√
Ogg	×	√	√	√	×

12.3.2 插入 HTML 5 Audio

将光标置于网页中需要插入 HTML 5 Audio 的位置，单击"插入"面板上的"媒体"选项卡中的 HTML 5 Audio 按钮，如图 12-20 所示。即可在网页中光标所在位置插入 HTML 5 音频，所插入的 HTML 5 音频以图标的形式显示，如图 12-21 所示。转换到代码视图中，可以看到所插入的 HTML 5 音频的 HTML 代码，如图 12-22 所示。

图 12-20 单击 HTML 5 Audio 按钮　图 12-21 HTML 5 Audio 图标

```
<body>
<audio controls></audio>
</body>
```

图 12-22　HTML 代码

动手实践——制作 HTML 5 音频网页

📄 最终文件：光盘 \ 最终文件 \ 第 12 章 \12-3-2.html

💿 视频：光盘 \ 视频 \ 第 12 章 \12-3-2.swf

01 执行 "文件 > 打开" 命令，打开 "光盘 \ 源文件 \ 第 12 章 \12-3-2.html"，效果如图 12-23 所示。将光标移至页面中名为 music 的 Div 中，将多余文字删除，如图 12-24 所示。

图 12-23　打开页面

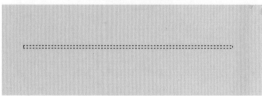

图 12-24　页面效果

02 单击 "插入" 面板上的 "媒体" 选项卡中的 HTML 5 Audio 按钮，在该 Div 中插入 HTML 5 Audio，如图 12-25 所示。选中视图中的 HTML 5 Audio 图标，在 "属性" 面板上设置相关属性，如图 12-26 所示。

图 12-25　插入 HTML 5 Audio

图 12-26　设置 HTML 5 Audio 属性

03 转换到 HTML 代码中，可以看到 HTML 5 Audio 的相关代码，如图 12-27 所示。保存页面，在

浏览器中预览页面，可以看到使用 HTML 5 Audio 所实现的音频播放效果，如图 12-28 所示。

```
<div id="music">
  <audio controls autoplay >
    <source src="images/music.wav" type="audio/wav">
  </audio>
</div>
```

图 12-27　HTML 5 Audio 代码

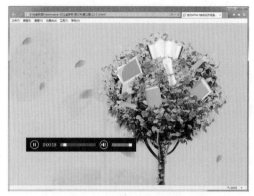

图 12-28　在浏览器中预览音频播放效果

12.3.3　设置 HTML 5 Audio 属性

单击选中在网页中插入的 HTML 5 Audio 图标，在 "属性" 面板中可以对 HTML 5 Audio 的相关属性进行设置，如图 12-29 所示。

图 12-29　HTML 5 Audio 的 "属性" 面板

> 🔵 ID：该选项用于设置 HTML 5 Audio 元素的 id 名称。

> 🔵 Class：在该选项的下拉列表中可以选择相应的类 CSS 样式为其应用。

> 🔵 源：该选项用于设置 HTML 5 Audio 元素的源音频文件，可以单击该选项文本框后的 "浏览" 按钮，在弹出的对话框中选择所需要的音频文件。

> 🔵 Title：该选项用于设置 HTML 5 Audio 在浏览器中当鼠标移至该对象上时所显示的提示文字。

> 🔵 回退文本：该选项用于设置当浏览器不支持 HTML 5 Audio 元素时所显示的文字内容。

> 🔵 Controls：选中该复选框，可以在网页中显示音频播放控件。

> 🔵 Loop：选中该复选框，可以设置音频重复播放。

> 🔵 AutoPlay：选中该复选框，可以在打开网页的同时自动播放音乐。

> 🔵 Muted：选中该复选框，可以设置音频在默认情况下静音。

> Preload：该属性用于设置是否在打开网页时自动加载音频，如果选中 AutoPlay 复选框，则忽略该选项设置。在该选项的下拉列表中包含 3 个选项，分别是 none、auto 和 metadata。各选项的功能与 HTML 5 Video 的"属性"面板中的 Preload 属性下拉列表中选项的功能相同。

> Alt 源 1：该选项用于设置第 2 个 HTML 5 Audio 元素的源音频文件。

> Alt 源 2：该选项用于设置第 3 个 HTML 5 Audio 元素的源音频文件。

12.4　在网页中插入 Flash 动画和 FLV 视频

Flash 是 Adobe 公司推出的网页动画软件，利用它可以制作出文件体积小、效果精美的矢量动画。目前，Flash 动画是网络上最流行、最实用的动画格式。在网页制作中会使用大量的 Flash 动画。

12.4.1　插入 Flash 动画

由于 Flash 动画能够增强网页的动态画面感，又能够实现交互的功能，所以 Flash 动画被广泛应用于网站页面中。下面就通过一个小练习向用户介绍如何在网页中插入 Flash 动画。

动手实践——制作 Flash 欢迎页面

📄 最终文件：光盘 \ 最终文件 \ 第 12 章 \12-4-1.html

📁 视频：光盘 \ 视频 \ 第 12 章 \12-4-1.swf

`01` 打开需要插入到网页中的 Flash 动画，可以看到该 Flash 动画的效果，如图 12-30 所示。执行"文件 > 打开"命令，打开页面"光盘 \ 源文件 \ 第 12 章 \12-4-1.html"，页面效果如图 12-31 所示。

图 12-30　Flash 动画效果

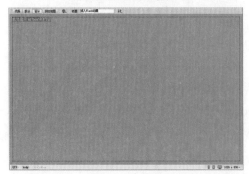

图 12-31　页面效果

`02` 将光标移至名为 box 的 Div 中，将多余的

文字删除，单击"插入"面板上的"媒体"选项卡中的 Flash SWF 按钮，如图 12-32 所示。弹出"选择 SWF"对话框，选择"光盘 \ 源文件 \ 第 12 章 \images\flash151101.swf"，如图 12-33 所示。

图 12-32　单击 Flash SWF 按钮

图 12-33　"选择 SWF"对话框

`03` 单击"确定"按钮，弹出"对象标签辅助功能属性"对话框，如图 12-34 所示。单击"取消"按钮，Flash 动画就插入到了页面中，如图 12-35 所示。

图 12-34　"对象标签辅助功能属性"对话框

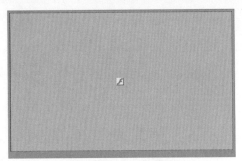

图 12-35　插入 Flash 动画

提示

"对象标签辅助功能属性"对话框，用于设置媒体对象辅助功能选项，屏幕阅读器会朗读该对象的标题。在"标题"文本框中输入媒体对象的标题。在"访问键"文本框中输入等效的键盘键（一个字母），用以在浏览器中选择该对象。例如输入 B 作为快捷键，则使用 Ctrl+B 在浏览器中选择该对象。在"Tab 键索引"文本框中输入一个数字以指定该对象的 Tab 键顺序。当页面上有其他链接和对象，并且需要用户用 Tab 键以特定顺序通过这些对象时，设置 Tab 键顺序就会非常有用。如果为一个对象设置 Tab 键顺序，则一定要为所有对象设置 Tab 键顺序。

04 执行"文件 > 保存"命令，保存页面，在浏览器中预览页面，效果如图 12-36 所示。

图 12-36　在浏览器中预览 Flash 动画效果

12.4.2　设置 Flash 动画属性

选中插入到页面中的 Flash 动画，在"属性"面板中可以对 Flash 的相关属性进行设置，如图 12-37 所示。

图 12-37　设置 Flash 动画的"属性"面板

- 循环：选中该选项时，Flash 动画将连续播放。如果没有选择该选项，则 Flash 动画在播放一次后即停止。

- 自动播放：设置 Flash 文件是否在页面加载时就播放。

- 垂直边距：用来设置 Flash 动画与其上方其他页面元素，以及 Flash 动画与其下方其他元素的距离。

- 水平边距：用来设置 Flash 动画左边与其左方其他页面元素，以及 Flash 动画右边与其右方其他元素的距离。

- 品质：在 Flash 动画播放期间控制抗失真。设置越高，Flash 动画的观看效果就越好，但这就要求更快的处理器，以使 Flash 动画在屏幕上正确显示。在该选项的下拉列表中包括"低品质"、"高品质"、"自动低品质"和"自动高品质"4 个选项。

  - 低品质：选择该选项，看重显示速度，而非显示效果。

  - 高品质：选择该选项，设置意味着看重显示效果，而非显示速度。

  - 自动低品质：选择该选项，意味着首先看重显示速度，如有可能则改善显示效果。

  - 自动高品质：选择该选项，意味着既看重显示速度又看重显示效果，但根据需要可能会因为显示速度而调整显示效果。

- 对齐：用来设置 Flash 动画的对齐方式，共有 10 个选项，分别为"默认"、"基线"、"顶端"、"居中"、"底部"、"文本上方"、"绝对居中"、"绝对底部"、"左对齐"和"右对齐"。

- 背景颜色：用来设置 Flash 动画的背景颜色。当 Flash 动画还没被显示时，其所在位置将显示此颜色。

- 编辑：单击"编辑"按钮，会自动打开 Flash 软件，可以重新编辑选中的 Flash 动画。

- 比例：在"比例"下拉列表中可以选择"默认"、"无边框"和"严格匹配"3 个选项。如果选择"默认"选项，则 Flash 动画将全部显示，能保证各部分的比例；如果选择"无边框"选项，则在必要时，会漏掉 Flash 动画左右两边的一些内容；如果选择"严格匹配"选项，则 Flash 动画将全部显示，但比例可能会有所变化。

- Wmode：该属性下拉列表中共有 3 个选项，分别为"窗口"、"透明"和"不透明"。为了能够使页面的背景在 Flash 动画下衬托出来，选中 Flash 动画，设置"属性"面板上的 Wmode 属性为"透明"，如图 12-38 所示。这样在任何背景下，Flash 动画都能实现透明显示背景的效果。

图 12-38　设置 Flash 透明属性

- 播放：在 Dreamweaver CC 中可以选择该 Flash 文件，单击"属性"面板上的"播放"按钮，在 Dreamweaver CC 的设计视图中预览 Flash 动画效果，如图 12-39 所示。

图 12-39 在 Dreamweaver CC 中预览 Flash 动画

🔽 参数：单击该按钮，可以弹出"参数"对话框，如图 12-40 所示。可以在该对话框中设置需要传递给 Flash 动画的附加参数。注意，Flash 动画必须设置好可以接收这些附加参数。

图 12-40 "参数"对话框

12.4.3 插入 Flash Video

FLV 是随着 Flash 系列产品推出的一种流媒体格式，使用 Dreamweaver CC 和 FLV 文件可以快速将视频内容放置在 Web 上，将 FLV 文件拖动到 Dreamweaver CC 中可以将视频快速融入网站的应用程序中。

动手实践——在网页中插入 FLV 视频

📄 最终文件：光盘 \ 最终文件 \ 第 12 章 \12-4-3.html

🎬 视频：光盘 \ 视频 \ 第 12 章 \12-4-3.swf

01 执行"文件 > 打开"命令，打开页面"光盘 \ 源文件 \ 第 12 章 \12-4-3.html"，效果如图 12-41 所示。将光标移至名为 flv 的 Div 中，将多余的文字删除，单击"插入"面板上的"媒体"选项卡中的 Flash Video 按钮，如图 12-42 所示。

图 12-41 页面效果

图 12-42 单击 Flash Video 按钮

02 弹出"插入 FLV"对话框，如图 12-43 所示。在 URL 文本框中输入 Flash Video 文件的地址，在"外观"下拉列表中选择一个外观，其他设置如图 12-44 所示。

图 12-43 "插入 FLV"对话框

图 12-44 设置"插入 FLV"对话框

03 单击"确定"按钮，Flash Video 文件即被插入到页面中，效果如图 12-45 所示。执行"文件 > 保存"命令，保存页面，在浏览器中预览页面，可以看到插入到网页中的 Flash Video 视频效果，如图 12-46 所示。

图 12-45 插入 Flash Video 视频

图 12-46 预览页面效果

12.4.4 "插入 FLV"对话框

单击"插入"面板上的"媒体"选项卡中的 Flash Video 按钮,弹出"插入 FLV"对话框,在该对话框中可以浏览到需要插入的 Flash Video 视频,并且可以对相关选项进行设置,如图 12-47 所示。

图 12-47 "插入 FLV"对话框

■ 视频类型:在该选项下拉列表中可以选择插入到网页中的 Flash Video 视频的类型,包括两个选项,分别是"累进式下载视频"和"流视频",如图 12-48 所示。默认情况下,选择"累进式下载视频"选项。

图 12-48 "视频类型"下拉列表

■ 累进式下载视频:将 Flash Video 视频文件下载到访问者的硬盘上,然后进行播放。但是与传统的"下载并播放"视频传送方法不同,累进式下载允许边下载边播放视频。

■ 流视频:对视频内容进行流式处理,并在一段可以确保流畅播放的很短的缓冲时间后在网页上播放该内容。

■ URL:该选项用于指定 Flash Video 文件的相对路径或绝对路径。如果要指定相对路径的 Flash Video 文件,可以单击"浏览"按钮,浏览到 Flash Video 文件并将其选定;如果要指定绝对路径,可以直接输入 Flash Video 文件的 URL 地址。

■ 外观:在该选项的下拉列表中可以选择视频组件的外观,在该选项的下拉列表中共包括 9 个选项,如图 12-49 所示。当选择某个选项后,则可以显示该外观效果。

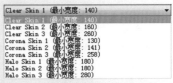

图 12-49 "外观"下拉列表

■ 宽度和高度:在"宽度"和"高度"文本框中允许用户以像素为单位指定 Flash Video 文件的宽度和高度。

■ 限制宽高比:选中该复选框,则在设置 Flash Video 视频时将保持视频的比例,进行等比例的放大或缩小。

■ 检测大小:单击该按钮,将会自动检测所插入的 Flash Video 视频文件的宽度和高度。

■ 自动播放:选中该复选框,则在浏览器中预览页面时,插入到页面中的 Flash Video 视频会自动播放。

■ 自动重新播放:选中该复选框,在视频播放完毕后,会返回到起始位置。

12.5 为网页添加背景音乐

为网页添加背景音乐,可以突出网页的主题氛围,但同时也会增加网页的容量,增加下载的时间。网页中支持的音乐格式有多种,并且添加背景音乐的方法也有多种。本节中将向用户介绍如何为网页添加背景音乐。

12.5.1 网页中常用的音频格式

网页中常用的音乐格式主要包括以下几种。

1. MIDI 或 MID

MIDI 是 Musical Instrument Digital Interface 的

简写,中文译为"乐器数字接口",是一种乐器的声音格式。它能够被大多数浏览器支持,并且不需要插件。尽管其声音品质非常好,但根据浏览者声卡的不同,声音效果也会不同。很小的 MIDI 文件也可以提供较长时间的声音剪辑。MIDI 文件不能被录制并且必须使用特殊硬件和软件在计算机上合成。

2. WAV

WAV 是 Waveform Extension 的简写，中文译为"WAV 扩展名"，这种格式的文件具有较好的声音质量，能够被大多数浏览器支持，不需要插件。用户可以使用 CD、磁带、麦克风来录制声音，但文件通常较大，限制了可以在网页上使用的声音剪辑长度。

3. AIF

AIF 是 Audio InterchangeFile Format 的简写，中文译为"音频交换文件格式"，这种格式也具有较高的声音质量，和 WAV 相似。

4. MP3

MP3 是 Motion Picture Experts Group Audio 或 MPEG-Audio Layer-3 的简写，中文译为"运动图像专家组音频"，这是一种压缩格式的声音，可以令声音文件相对于 WAV 格式明显缩小，其声音品质非常好。MP3 技术使用户可以对文件进行"流式处理"，以便浏览者不必等待整个文件下载完成就可以收听该文件。

5. RA 或 RAM、RPM 和 Real Audio

这种格式具有非常高的压缩程度，文件大小要小于 MP3。全部歌曲文件可以在合理的时间范围内下载。因为可以在普通的 Web 服务器上对这些文件进行"流式处理"，所以浏览者在文件没有下载完之前就可以听到声音，前提是浏览者必须下载并安装 RealPlayer 辅助应用程序。

12.5.2 使用 <bgsound> 标签添加背景音乐

在 HTML 语言中提供了 <bgsound> 标签，该标签就是为了实现网页的背景音乐而提供的，使用该标签可以非常方便地为网页添加背景音乐。

动手实践——为网页添加背景音乐

📋 最终文件：光盘 \ 最终文件 \ 第 12\12-5-2.html

🎬 视频：光盘 \ 视频 \ 第 12 章 \12-5-2.swf

01 执行"文件 > 打开"命令，打开页面"光盘 \ 源文件 \ 第 12 章 \12-5-2.html"，效果如图 12-50 所示。转换到代码视图中，将光标定位在 <body> 与 </body> 标签之间，如图 12-51 所示。

图 12-50 页面效果

```
    </div>
    <div id="bottom"><img src="images/153206.gif"
width="134" height="45" class="img3" />今日访问666次
, 总访问638506次<br >
        儿童歌曲网 | 士兵音乐网 | 佛教歌曲网 | 企业歌曲网
    </div>
    </div>
    <script type="text/javascript">
    swfobject.registerObject("FlashID");
    </script>

    </body>
    </html>
```

图 12-51 定位光标位置

02 在"光盘 \ 源文件 \ 第 12 章 \images"目录中提供了"153209.mp3"文件，在光标所处位置输入代码 <bgsound src="images/153209.mp3">，如图 12-52 所示。如果希望循环播放页面中的背景音乐，只需加入循环代码 loop="true"即可，如图 12-53 所示。

```
    </div>
    <div id="bottom"><img src="images/153206.gif"
width="134" height="45" class="img3" />今日访问666次
, 总访问638506次<br >
        儿童歌曲网 | 士兵音乐网 | 佛教歌曲网 | 企业歌曲网
    </div>
    </div>
    <script type="text/javascript">
    swfobject.registerObject("FlashID");
    </script>
    <bgsound src="images/153209.mp3">
    </body>
    </html>
```

图 12-52 添加代码

```
    </div>
    <div id="bottom"><img src="images/153206.gif"
width="134" height="45" class="img3" />今日访问666次
, 总访问638506次<br >
        儿童歌曲网 | 士兵音乐网 | 佛教歌曲网 | 企业歌曲网
    </div>
    </div>
    <script type="text/javascript">
    swfobject.registerObject("FlashID");
    </script>
    <bgsound src="images/153209.mp3"  loop="ture">
    </body>
    </html>
```

图 12-53 添加代码

 提示

链接的声音文件可以是相对地址的文件，也可以是绝对地址的文件，用户可以根据需要决定声音文件的路径地址，但是通常都是使用同一站点下的相对地址路径，这样可以防止页面上传到网络上出现错误。

03 执行"文件 > 保存"命令，保存页面，在浏览器中预览页面，可以听到页面中美妙的背景音乐，如图 12-54 所示。

图 12-54 预览页面效果

12.5.3 使用插件嵌入音频

在 Dreamweaver CC 中制作网页时，可以将音频嵌入到页面中，在页面中嵌入音频可以在页面上显示播放器的外观，包括播放、暂停、停止、音量及声音文件的开始和结束等控制按钮。

动手实践——在网页中嵌入音频

最终文件：光盘 \ 最终文件 \ 第 12 章 \12-5-3.html

视频：光盘 \ 视频 \ 第 12 章 \12-5-3.swf

01 执行"文件 > 打开"命令，打开页面"光盘 \ 源文件 \ 第 12 章 \12-5-3.html"，效果如图 12-55 所示。将光标移至页面中名为 music 的 Div 中，将多余文字删除，单击"插入"面板上的"媒体"选项卡中的"插件"按钮，如图 12-56 所示。

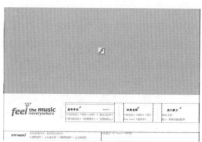

图 12-55 页面效果

图 12-56 单击"插件"按钮

02 弹出"选择文件"对话框，选择"光盘 \ 源文件 \ 第 12 章 \images\153210.mp3"，如图 12-57 所示。单击"确定"按钮，插入后的插件并不会在设计视图

中显示内容，而是显示插件的图标，如图 12-58 所示。

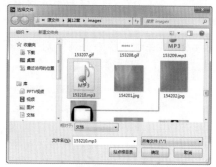

图 12-57 "选择文件"对话框

图 12-58 显示插件图标

03 选中刚插入的插件图标，在"属性"面板中修改插件的"宽"为 500，"高"为 45，效果如图 12-59 所示。单击"属性"面板上的"参数"按钮，弹出"参数"对话框，添加相应的参数设置，如图 12-60 所示。

图 12-59 页面效果

图 12-60 "参数"对话框

04 单击"确定"按钮，完成"参数"对话框的设置。执行"文件 > 保存"命令，保存页面，在浏览器中预览页面，可以听到页面中美妙的背景音乐，如图 12-61 所示。

图 12-61 预览页面效果

12.6 在网页中插入视频

在 Dreamweaver CC 中，制作网页时可以将视频直接插入到页面中，在页面中插入视频后可以在页面上显示播放器外观，包括播放、暂停、停止、音量及声音文件的开始点和结束点等控制按钮，如图 12-62 所示。

图 12-62 页面效果

12.6.1 网页中常用的视频格式

网页中常用的视频主要包括以下几种格式。

1. MPEG 或 MPG

MPEG 中文译为"运动图像专家组"，是一种压缩比率较大的活动图像和声音的视频压缩标准，它也是 VCD 光盘所使用的标准．

2. AVI

AVI 是一种 Microsoft Windows 操作系统使用的多媒体文件格式。

3. WMV

WMV 是一种 Windows 操作系统自带的媒体播放器 Windows Media Player 所使用的多媒体文件格式。

4. RM

RM 是 Real 公司推广的一种多媒体文件格式，具有非常好的压缩比率，是网络传播中应用最广泛的格式之一。

5. MOV

MOV 是 Apple 公司推广的一种多媒体文件格式。

12.6.2 插入视频

在网页中不仅可以添加背景音乐，还可以向网页中插入视频文件。前面已经介绍了在网页中插入 FLV 格式的视频文件，接下来将向用户介绍如何在网页中插入其他格式的视频文件。

动手实践——在网页中嵌入普通视频

📄 最终文件：光盘 \ 最终文件 \ 第 12 章 \12-6-2.html

📁 视频：光盘 \ 视频 \ 第 12 章 \12-6-2.swf

01 执行"文件 > 打开"命令，打开页面"光盘 \ 源文件 \ 第 12 章 \12-6-2.html"，效果如图 12-63 所示。将光标移至名为 left 的 Div 中，将多余文字删除，单击"插入"面板上的"媒体"选项卡中的"插件"按钮，如图 12-64 所示。

图 12-63 页面效果

图 12-64 单击"插件"按钮

单击"属性"面板上的"参数"按钮,弹出"参数"对话框,添加相应的参数设置,如图 12-68 所示。

图 12-67 页面效果

02 弹出"选择文件"对话框,选择"光盘\源文件\第 12 章\images\shipin.wmv",如图 12-65 所示。单击"确定"按钮,插入后的插件并不会在设计视图中显示内容,而是显示插件的图标,如图 12-66 所示。

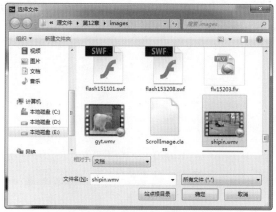

图 12-65 "选择文件"对话框

图 12-68 设置"参数"对话框

04 单击"确定"按钮,完成"参数"对话框的设置。执行"文件 > 保存"命令,保存页面,在浏览器中预览页面,可以看到视频播放的效果,如图 12-69 所示。

图 12-66 显示为插件图标

03 选中刚插入的插件图标,在"属性"面板中设置其"宽"为 319,"高"为 242,效果如图 12-67 所示。

图 12-69 预览页面效果

12.7 制作休闲旅游网站页面

通过本章的学习,用户应该了解在网页中如何插入视频、动画、音乐等内容。下面通过实例的详细制作,帮助用户巩固本章所学知识点,页面最终效果如图 12-70 所示。

图 12-70 页面最终效果

动手实践——制作休闲旅游网站页面

📋 最终文件: 光盘 \ 最终文件 \ 第 12 章 \12-7.html

📁 视频: 光盘 \ 视频 \ 第 12 章 \12-7.swf

01 执行"文件 > 新建"命令,新建一个 HTML 页面,如图 12-71 所示。将该页面保存为"光盘 \ 源文件 \ 第 12 章 \12-7.html"。新建一个外部 CSS 样式表文件,将其保存为"光盘 \ 源文件 \ 第 12 章 \style\12-7.css"。返回"12-7.html"页面中,链接刚创建的外部 CSS 样式表文件,如图 12-72 所示。

图 12-71 "新建文档"对话框

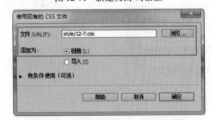

图 12-72 "使用现有的 CSS 文件"对话框

02 切换到"12-7.css"文件中,创建名为 * 的通配符 CSS 样式,如图 12-73 所示。再创建名为 body 的标签 CSS 样式,如图 12-74 所示。

```
*{
    padding:0px;
    margin:0px;
    border:0px;
}
```

图 12-73 CSS 样式代码

```
body{
    font-family:"宋体";
    font-size:12px;
}
```

图 12-74 CSS 样式代码

03 返回"12-7.html"页面中,在页面中插入名为 box 的 Div,切换到外部 CSS 样式表文件中,创建名为 #box 的 CSS 样式,如图 12-75 所示。返回设计视图中,页面效果如图 12-76 所示。

```
#box{
    width:1003px;
    height:100%;
    overflow:hidden;
    padding-left:138px;
    padding-right:139px;
    background-image:url(../images/15801.gif);
    background-repeat:no-repeat;
    margin:0px auto;
}
```

图 12-75 CSS 样式代码

图 12-76 页面效果

04 将光标移至名为 box 的 Div 中,将多余文字删除,在该 Div 中插入名为 top 的 Div,切换到外部 CSS 样式表文件中,创建名为 #top 的 CSS 样式,如图 12-77 所示。返回设计视图中,页面效果如图 12-78 所示。

```
#top{
    width:1003px;
    height:511px;
}
```

图 12-77 CSS 样式代码

图 12-78 页面效果

05 将光标移至名为 top 的 Div 中,将多余文字删除,在该 Div 中插入名为 menu1 的 Div,切换到外部 CSS 样式表文件中,创建名为 #menu1 的 CSS 样式,如图 12-79 所示。返回设计视图中,页面效果如图 12-80 所示。

```
#menu1{
    width:200px;
    height:29px;
    padding-left:803px;
    padding-top:14px;
}
```

图 12-79　CSS 样式代码

图 12-80　页面效果

06 将光标移至名为 menu1 的 Div 中，将多余文字删除，在该 Div 中插入相应的图像，如图 12-81 所示。在名为 menu1 的 Div 之后插入名为 menu2 的 Div，切换到外部 CSS 样式表文件中，创建名为 #menu2 的 CSS 样式，如图 12-82 所示。

图 12-81　页面效果

```
#menu2{
    width:1003px;
    height:46px;
    padding-top:1px;
    padding-bottom:40px;
}
```

图 12-82　CSS 样式代码

07 返回设计视图中，页面效果如图 12-83 所示。将光标移至名为 menu2 的 Div 中，将多余文字删除，在该 Div 中插入相应的图像，如图 12-84 所示。

图 12-83　页面效果

图 12-84　插入图像

08 切换到外部 CSS 样式表文件中，创建名为 #menu2 img 的 CSS 样式和名为 .img1 的类 CSS 样式，如图 12-85 所示。返回设计视图中，为相应的图像应用该类样式，页面效果如图 12-86 所示。

```
#menu2 img{
    margin-right:15px;
}
.img1{
    margin-bottom:7px;
}
```

图 12-85　CSS 样式代码

图 12-86　页面效果

09 将光标移至名为 menu2 的 Div 后，单击"插入"面板上的"媒体"选项卡中的 Flash SWF 按钮，插入 Flash 动画"光盘\源文件\第 12 章\images\15801.swf"，如

图 12-87 所示。执行"文件 > 保存"命令，保存页面，在浏览器中预览页面，可以看到 Flash 动画的效果，如图 12-88 所示。

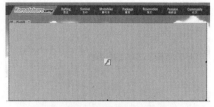

图 12-87　插入 Flash 动画

图 12-88　预览 Flash 动画

10 在名为 top 的 Div 之后插入名为 main 的 Div，切换到外部 CSS 样式表文件中，创建名为 #main 的 CSS 样式，如图 12-89 所示。返回设计视图中，页面效果如图 12-90 所示。

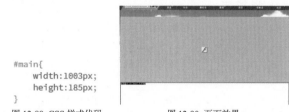

```
#main{
    width:1003px;
    height:185px;
}
```

图 12-89　CSS 样式代码　　　　图 12-90　页面效果

11 将光标移至名为 main 的 Div 中，删除多余文字，在该 Div 中插入名为 news 的 Div，切换到外部 CSS 样式表文件中，创建名为 #news 的 CSS 样式，如图 12-91 所示。返回设计视图中，页面效果如图 12-92 所示。

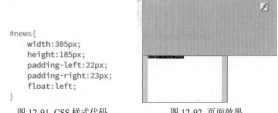

```
#news{
    width:305px;
    height:185px;
    padding-left:22px;
    padding-right:23px;
    float:left;
}
```

图 12-91　CSS 样式代码　　　　图 12-92　页面效果

12 将光标移至名为 news 的 Div 中，删除多余文字，在该 Div 中插入名为 news-title 的 Div，切换到外部 CSS 样式表文件中，创建名为 #news-title 的 CSS 样式，如图 12-93 所示。返回设计视图中，页面效果如图 12-94 所示。

```
#news-title{
    width:294px;
    height:21px;
    padding-top:7px;
    padding-right:11px;
}
```

图 12-93 CSS 样式代码

图 12-94 页面效果

13 将光标移至名为 news-title 的 Div 中，删除多余文字，并插入图像，效果如图 12-95 所示。切换到外部 CSS 样式表文件中，创建名为 .img2 的 CSS 类样式，如图 12-96 所示。

图 12-95 页面效果

```
.img2{
    margin-left:191px;
}
```

图 12-96 CSS 样式代码

14 返回设计视图中，为相应的图像应用 img2 的类 CSS 样式，效果如图 12-97 所示。在名为 news-title 的 Div 之后插入名为 text1 的 Div，切换到外部 CSS 样式表文件中，创建名为 #text1 的 CSS 样式，如图 12-98 所示。

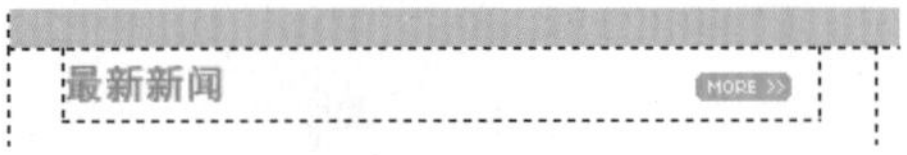

图 12-97 页面效果

```
#text1{
    width:305px;
    height:127px;
    padding-top:15px;
    padding-bottom:15px;
}
```

图 12-98 CSS 样式代码

15 返回设计视图中，页面效果如图 12-99 所示。将光标移至名为 text1 的 Div 中，删除多余文字，输入相应的段落文本，并将段落文本创建为项目列表，如图 12-100 所示。

图 12-99 页面效果

图 12-100 创建项目列表

16 转换到代码视图中，可以看到项目列表的相关代码，如图 12-101 所示。切换到外部 CSS 样式表文件中，创建名为 #text1 li 的 CSS 样式，如图 12-102 所示。

```
<div id="text1">
    <ul>
        <li>武汉、庐山、黄山、周庄、华东五市十四日游</li>
        <li>华东五市+乌镇送木渎双卧七日、必游:乌镇、灵山大佛</li>
        <li>天子山、黄石寨、金鞭溪、黄龙洞 双卧五日游</li>
        <li>昆明大理丽江版纳野象谷四飞一卧八天</li>
        <li>仁川/水原/春川/汉城豪华游轮七日游</li>
        <li>欧洲十一国十五天（荷比卢奥意瑞列德法梵圣）</li>
    </ul>
</div>
```

图 12-101 项目列表代码

```
#text1 li{
    list-style-type:none;
    background-image:url(../images/15816.gif);
    background-repeat:no-repeat;
    background-position:3px 8px;
    padding-left:18px;
    line-height:23px;
    color:#666666;
}
```

图 12-102 CSS 样式代码

17 返回设计视图中，页面效果如图 12-103 所示。在名为 news 的 Div 之后插入名为 movie 的 Div，切换到外部 CSS 样式表文件中，创建名为 #movie 的 CSS 样式，如图 12-104 所示。

```
#movie{
    width:209px;
    height:170px;
    padding-left:11px;
    padding-right:12px;
    padding-bottom:15px;
    float:left;
}
```

图 12-103 页面效果　　图 12-104 CSS 样式代码

18 返回设计视图中，页面效果如图 12-105 所示。将光标移至名为 movie 的 Div 中，删除多余文字，并在该 Div 中插入名为 movie-title 的 Div，切换到外部 CSS 样式表文件中，创建名为 #movie-title 的 CSS 样式，如图 12-106 所示。

图 12-105 页面效果

```
#movie-title{
    width:198px;
    height:20px;
    padding-top:8px;
    padding-right:11px;
}
```

图 12-106 CSS 样式代码

19 返回设计视图中，页面效果如图 12-107 所示。使用相同的方法，可以完成相似部分内容的制作，页面效果如图 12-108 所示。

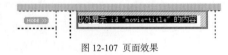

图 12-107 页面效果

图 12-108 页面效果

20 在名为 movie-title 的 Div 之后插入名为 mv 的 Div，切换到外部 CSS 样式表文件中，创建名为 #mv 的 CSS 样式，如图 12-109 所示。返回设计视图中，页面效果如图 12-110 所示。

```
#mv{
    width:201px;
    height:134px;
    padding:4px;
    background-image: url(../images/15818.jpg);
    background-repeat:no-repeat;
}
```

图 12-109 CSS 样式代码

图 12-110 页面效果

21 将光标移至名为 mv 的 Div 中，将多余文字删除，单击"插入"面板上的"媒体"选项卡中的"插件"按钮，选择需要插入的视频"光盘\源文件\第 12 章\images\gyt.wmv"，显示插件图标，如图 12-111 所示。选中插件图标，在"属性"面板上设置"宽"为 201，"高"为 135，效果如图 12-112 所示。

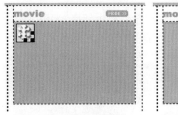

图 12-111 显示插件图标

图 12-112 页面效果

22 在名为 movie 的 Div 之后插入名为 room 的 Div，切换到外部 CSS 样式表文件中，创建名为 #room 的 CSS 样式，如图 12-113 所示。返回设计视图中，页面效果如图 12-114 所示。

```
#room{
    width:420px;
    height:185px;
    float:left;
}
```

图 12-113 CSS 样式代码

图 12-114 页面效果

23 将光标移至名为 room 的 Div 中，删除多余文字，在该 Div 中插入名为 room-title 的 Div，切换到外部 CSS 样式表文件中，创建名为 #room-title 的 CSS 样式，如图 12-115 所示。返回设计视图中，页面效果如图 12-116 所示。

```
#room-title{
    width:409px;
    height:22px;
    padding-top:6px;
    padding-right:11px;
}
```

图 12-115 CSS 样式代码

图 12-116 页面效果

24 使用相同的方法，可以完成相似部分内容的制作，如图 12-117 所示。在名为 room-title 的 Div 之后插入名为 pic 的 Div，切换到外部 CSS 样式表文件中，创建名为 #pic 的 CSS 样式，如图 12-118 所示。

图 12-117 页面效果

```
#pic{
    width:270px;
    height:76px;
    padding-top:6px;
    padding-bottom:6px;
    background-image:url(../images/15820.gif);
    background-repeat:no-repeat;
    color:#666666;
    float:left;
}
```

图 12-118 CSS 样式代码

25 返回设计视图中，页面效果如图 12-119 所示。将光标移至名为 pic 的 Div 中，将多余文字删除，插入图像并输入相应的文字，效果如图 12-120 所示。

图 12-119 页面效果

图 12-120 页面效果

26 切换到外部 CSS 样式表文件中，分别创建名为 .img5 和 .font1 的类 CSS 样式，如图 12-121 所示。返回设计视图中，为相应的图像和文字应用所定义的类 CSS 样式，页面效果如图 12-122 所示。

```
.img5{
    float:left;
    margin-left:7px;
    margin-right:7px;
}
.font1{
    color:#FF3300;
    font-weight: bold;
    line-height:25px;
}
```

图 12-121 CSS 样式代码

图 12-122 页面效果

27 在名为 pic 的 Div 之后插入名为 room1 的 Div，切换到外部 CSS 样式表文件中，创建名为 #room1 的 CSS 样式，如图 12-123 所示。返回设计视图中，页面效果如图 12-124 所示。

```
#room1{
    width:134px;
    height:88px;
    padding-left:8px;
    padding-right:8px;
    color:#666666;
    float:left;
}
```

图 12-123 CSS 样式代码

图 12-124 页面效果

28 将光标移至名为 room1 的 Div 中，将多余文字删除，输入相应的文字并插入图像，页面效果如图 12-125 所示。选中所输入的文字及插入的图片，并为其创建项目列表，转换到代码视图中，可以看到项目列表的相关代码，如图 12-126 所示。

图 12-125 页面效果

```
<div id="room1">
    <ul>
        <li>亲海家庭公寓</li>
        <li><img src="images/15823.gif" width="15" height="9" /></li>
        <li>人大碧螺湖宾馆</li>
        <li><img src="images/15823.gif" width="15" height="9" /></li>
        <li>北戴河名人别墅</li>
        <li><img src="images/15823.gif" width="15" height="9" /></li>
        <li>秦皇度假村</li>
        <li><img src="images/15823.gif" width="15" height="9" /></li>
    </ul>
</div>
```

图 12-126 项目列表的代码

29 在代码视图中，为相应的内容添加相关的列表标签，如图 12-127 所示。切换到外部 CSS 样式表文件中，创建名为 #room1 dt、#room1 dd 和 room1 dd img 的 CSS 样式，如图 12-128 所示。

```
<div id="room1">
    <dl>
        <dt>亲海家庭公寓</dt>
        <dd><img src="images/15823.gif" width="15" height="9" /></dd>
        <dt>人大碧螺湖宾馆</dt>
        <dd><img src="images/15823.gif" width="15" height="9" /></dd>
        <dt>北戴河名人别墅</dt>
        <dd><img src="images/15823.gif" width="15" height="9" /></dd>
        <dt>秦皇度假村</dt>
        <dd><img src="images/15823.gif" width="15" height="9" /></dd>
    </dl>
</div>
```

图 12-127 添加代码

```
    list-style-type:none;
    background-image:url(../images/15822.g
    background-repeat:no-repeat;
    background-position:2px 8px;
    padding-left:10px;
    line-height:21px;
    border-bottom: 1px solid #cccccc;
    float:left;
}
#room1 dd{
    width:20px;
    height:21px;
    border-bottom: 1px solid #cccccc;
    float:left;
}
#room1 dd img{
    margin-top:6px;
    margin-left:3px;
}
```

图 12-128 CSS 样式代码

30 返回设计视图中，页面效果如图 12-129 所示。将光标移至名为 room1 的 Div 之后插入相应的图像，页面效果如图 12-130 所示。

图 12-129 页面效果

图 12-130 页面效果

31 使用相同的方法，可以完成页面底部内容的制作，页面效果如图 12-131 所示。

图 12-131 页面效果

32 完成该休闲度假网站页面的制作，执行"文件 > 保存"命令，保存页面，并保存外部样式表文件，在浏览器中预览页面，效果如图 12-132 所示。

图 12-132 预览页面效果

12.8 本章小结 🔍

本章主要向用户介绍了如何在网页中插入各种多媒体元素，以及对多媒体元素属性的设置，希望用户能够熟练运用所学知识。通过 Dreamweaver CC，可以在网页中插入和编辑多媒体文件和对象，如在页面中插入 HTML 5 视频和音频、Flash 动画、视频等多媒体，丰富页面的内容，更直观地传达页面信息。

第❶❸章 网页中链接的设置

链接是 Internet 的核心与灵魂，它将 HTML 网页文件和其他资源连接成一个无边无际的网络。在 Dreamweaver CC 中对链接的设置是十分简单、方便的，选中要插入链接的文字或图像后，可以直接在"属性"面板上的"链接"文本框中输入或是使用浏览方式选择链接的文件和网址。

 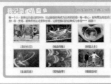   

13.1 链接与路径的关系

使用 Dreamweaver 创建链接既简单又方便，只要选中要设置为链接的文字或图像，然后在"属性"面板上的"链接"文本框中添加相应的 URL 地址即可，也可以拖动指向文件的指针图标指向链接的文件，同时可以使用"浏览"按钮在当地和局域网上选择链接的文件。

每一个文件都有自己的存放位置和路径，理解一个文件到要链接的另一个文件之间的路径关系是创建链接的根本。在 Dreamweaver CC 中，可以很容易地选择文件链接的类型并设置路径。

链接路径主要可以分为相对路径、绝对路径和根路径 3 种。

13.1.1 相对路径

相对路径最适合网站的内部链接。只要是属于同一网站，即使不在同一个目录中，相对路径也非常适合。

如果链接到同一目录中，则只需输入要链接文档的名称；如果要链接到下一级目录中的文件，只需先输入目录名，然后加"/"，再输入文件名；如果要链接到上一级目录中的文件，则先输入"../"，再输入目录名、文件名。

例如，通常在 Dreamweaver CC 中制作网页时使用的大多数路径都属于相对路径，在网页中插入的图像以及在 CSS 样式中设置的背景图像等，如图 13-1 所示。

图 13-1 网页中使用的相对路径

13.1.2 创建内部链接

本节中所设置的链接都属于内部链接，简单地说，内部链接就是链接站点内部的文件。在"链接"文本框中用户需要输入文档的相对路径，一般使用"指向文件"和"浏览文件"的方式来创建。

动手实践——创建内部链接

最终文件：光盘 \ 最终文件 \ 第 13 章 \13-1-2.html

视频：光盘 \ 视频 \ 第 13 章 \13-1-2.swf

01 执行"文件 > 打开"命令，打开页面"光盘 \ 源文件 \ 第 13 章 \13-1-2.html"，效果如图 13-2 所示。

图 13-2 页面效果

02 选中页面中需要创建内部链接的图片，如图 13-3 所示。在"属性"面板上的"链接"文本框中输入链接页面的地址"13-2-1.html"，如图 13-4 所示。则链接到站点中与当前页面同一文件夹下的"13-2-1.html"文件。

图 13-3 选中图片

图 13-4 设置内部链接

> **提示**
>
> 创建内部链接，还可以单击"属性"面板上的"链接"文本框后的"浏览文件"按钮，在弹出的"选择文件"对话框中选择需要链接到的文件。还可以在"属性"面板上拖动"链接"文本框后的"指向文件"按钮到"文件"面板上的相应网页文件，则链接将指向这个文件。

03 在"属性"面板上的"目标"下拉列表中选择一个链接的打开方式，在这里设置打开方式为"_blank"，如图 13-5 所示。完成内部链接的创建，执行"文件 > 保存"命令，保存页面，在浏览器中预览页面效果，如图 13-6 所示。单击页面中设置了内部链接的图片，将会在新的浏览器窗口中打开链接页面。

图 13-5 设置链接打开方式

图 13-6 预览页面效果

> **提示**
>
> 当使用相对路径时，如果在 Dreamweaver CC 中改变了某个文件的存放位置，不需要手工修改链接路径，Dreamweaver CC 会自动更改链接。

13.1.3 绝对路径

绝对路径为文件提供完整的路径，包括使用的协议（如 http、ftp、rtsp 等）。一般常见的绝对路径如"http://www.sina.com.cn"、"ftp://202.113.234.1/"等，如图 13-7 所示。

图 13-7 绝对路径

尽管本地链接也可以使用绝对路径，但不建议采用这种方式，因为一旦将该站点移动到其他服务器，则所有本地绝对路径链接都将断开。采用绝对路径的好处是，它同链接的源端点无关。只要网站的地址不变，无论文件在站点中如何移动，都可以正常实现跳转。另外，如果希望链接其他站点上的内容，就必须使用绝对路径，如图 13-8 所示。

图 13-8 绝对路径

绝对路径也会出现在尚未保存的网页上，如果在没有保存的网页上插入图像或添加链接，Dreamweaver CC 会暂时使用绝对路径，如图 13-9 所示。网页保存后，Dreamweaver CC 会自动将绝对路径转换为相对路径。

图 13-9 暂时使用绝对路径

> **提示**
>
> 被链接文档的完整 URL 就是绝对路径，包括所使用的传输协议。一个网站的网页链接到另一个网站的网页时，绝对路径是必须使用的，以保证当一个网站的网址发生变化时，被引用的另一个页面的链接还是有效的。

采用绝对路径的缺点在于这种方式的超链接不利于测试。如果在站点中使用绝对路径，要想测试链接是否有效，必须在 Internet 服务器端对超链接进行测试。

13.1.4　创建外部链接

外部链接比内部链接更好理解，即在"链接"文本框中直接输入所链接页面的 URL 绝对地址，并且包括所使用的协议（例如对于 Web 页面，通常使用"http://"，即超文本传输协议）。

动手实践——创建外部链接

目 最终文件：光盘 \ 最终文件 \ 第 13 章 \13-1-4.html

视频：光盘 \ 视频 \ 第 13 章 \13-1-4.swf

01 执行"文件 > 打开"命令，打开页面"光盘 \ 源文件 \ 第 13 章 \13-1-4.html"。拖动光标选中"学校网站"文字，如图 13-10 所示。在"属性"面板上的"链接"文本框中设置链接地址为"http://www.163.com"，如图 13-11 所示。

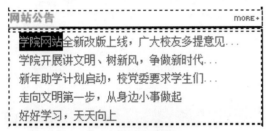

图 13-10　选中文字

图 13-11　设置外部链接

02 在"属性"面板上的"目标"下拉列表中选择链接的打开方式，在这里设置打开方式为"_blank"，如图 13-12 所示。在 Dreamweaver CC 的设计视图中，可以看到设置了超链接的文本效果，如图 13-13 所示。

图 13-12　设置链接打开方式

图 13-13　超链接文本效果

03 拖动光标选中"新年助学计划"文字内容，使用另一种方法设置超链接。单击"插入"面板上的 Hyperlink 按钮，如图 13-14 所示。弹出 Hyperlink 对话框，如图 13-15 所示。

图 13-14　单击 Hyperlink 按钮

图 13-15　Hyperlink 对话框

> **提示**
>
> "文本"文本框用来设置超链接显示的文本。"链接"文本框用来设置超链接所链接到的路径。"目标"下拉列表用来设置超链接的打开方式，和"属性"面板上的"目标"下拉列表相同。"标题"文本框用来设置超链接的标题。"访问键"文本框用来设置键盘访问键，可以输入一个字母，在浏览器中打开网页后，单击键盘上的这个字母将选中这个超链接。

04 在 Hyperlink 对话框中设置超链接的相关选项，如图 13-16 所示。单击"确定"按钮，完成 Hyperlink 对话框的设置，页面效果如图 13-17 所示。

图 13-16　Hiperlink 对话框

图 13-17 页面效果

提示

在页面中可以看到设置了超链接的字体样式发生了变化，可以通过 CSS 样式表的方式改变超链接文字的样式。

[05] 执行"文件 > 保存"命令，保存页面，在浏览器中预览整个页面，如图 13-18 所示。单击刚刚设置外部链接的文字，可以看到以新开浏览器窗口的方式打开链接的页面，如图 13-19 所示。

图 13-19 打开外部链接页面

13.1.5 根路径

根路径同样适用于创建内部链接，但大多数情况下，不建议使用此种路径形式。通常它只在两种情况下使用，一种是当站点的规模非常大，放置于几个服务器上时；另一种情况是当一个服务器上同时放置几个站点时。

根路径以"\"开始，然后是根目录下的目录名，如图 13-20 所示为一个根路径链接。

图 13-20 根路径

图 13-18 在浏览器中预览页面效果

13.2 文字和图像链接

Dreamweaver CC 为文字与图像提供了多种创建链接的方法，而且可以通过对其属性的控制，达到一种较好的视觉效果，同时它还有效地使页面之间形成一个庞大而紧密联系的整体。

13.2.1 创建文字链接

文字链接即以文字作为媒介的链接，它是网页中最常被使用的链接方式，具有文件小、制作简单和便于维护的特点。接下来结合一个简单的练习来讲解如何为文字创建链接。

动手实践——创建文字链接

目 最终文件：光盘 \ 最终文件 \ 第 13 章 \13-2-1.html

视频：光盘 \ 视频 \ 第 13 章 \13-2-1.swf

[01] 执行"文件 > 打开"命令，打开页面"光盘 \ 源文件 \ 第 13 章 \13-2-1.html"，效果如图 13-21 所示。

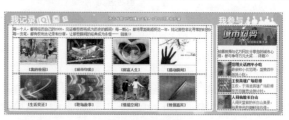

图 13-21 页面效果

[02] 在页面中选中"我的校园"文字，在"属性"面板中可以看到有一个"链接"文本框，如图 13-22 所示。

图 13-22 "属性"面板

[03] 为文字创建链接有 3 种方法，第 1 种方法是用鼠标拖动文本框后面的"指向文件"按钮 至"文件"

面板中需要链接到的 HTML 页面，如图 13-23 所示。松开鼠标，地址即插入到了"链接"文本框中，如图 13-24 所示。

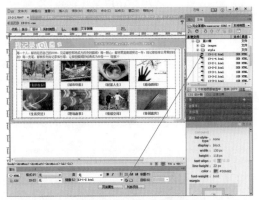

图 13-23　拖动"指向文件"按钮

图 13-24　在"链接"文本框中显示链接地址

04　第 2 种方法是单击文本框后面的"浏览文件"按钮，如图 13-25 所示。会弹出"选择文件"对话框，从中选择要链接到的 HTML 页面，如图 13-26 所示。单击"确定"按钮，"链接"文本框中就会出现链接地址。

图 13-25　单击"浏览文件"按钮

图 13-26　"选择文件"对话框

05　第 3 种方法是直接在文本框中输入 HTML 页面的地址，如图 13-27 所示。

图 13-27　输入链接地址

06　单击"属性"面板中的"页面属性"按钮，弹出"页面属性"对话框，在其左侧的"分类"列表框中选择"链接（CSS）"选项，设置如图 13-28 所示。

图 13-28　设置"链接（CSS）"选项

07　完成了对文字的链接设置，执行"文件 > 保存"命令，保存页面，在浏览器中预览页面，可以单击页面中的文字链接，查看链接效果，如图 13-29 所示。

图 13-29　预览页面

13.2.2　创建图像链接

图像也是常被使用的链接媒体，它和文字链接非常相似。

动手实践——创建图像链接

最终文件：光盘 \ 最终文件 \ 第 13 章 \13-2-2.html

视频：光盘 \ 视频 \ 第 13 章 \13-2-2.swf

01　执行"文件 > 打开"命令，打开页面"光盘 \ 源文件 \ 第 13 章 \13-2-2.html"，选择需要设置链接的图像，这里选择"城市对弈"图像，如图 13-30 所示。在"属性"面板上的"链接"文本框中输入链接的文件地址，也可以使用之前讲过的"指向文件"和"浏览文件"的方法，如图 13-31 所示。

图 13-30　选中图像

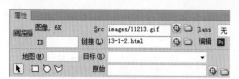

图 13-31 设置"链接"属性

下拉列表中包含 5 个选项，如图 13-33 所示。

图 13-33 "目标"下拉列表

02 完成了对图像的链接制作，执行"文件 > 保存"命令，保存页面，在浏览器中预览页面，效果如图 13-32 所示。

图 13-32 在浏览器中预览页面

▶ _blank：打开一个新的浏览器窗口，原来的网页窗口仍然存在，这种方法可以应用在用户希望保留主要的窗口时。

▶ new：与"_blank"类似，将链接的页面以一个新的浏览器打开。

▶ _parent：如果网页中使用"框架"，新链接的网页将回到上一级"框架"所在的窗口中，这种链接方式多用于"框架"文件中需要回到使用"框架"首页的情况。

▶ _self：表示在当前文档中打开。

▶ _top：表示在链接所在的最高级窗口中打开。

13.2.3　链接打开方式

无论是为文字设置链接还是为图像设置链接，在"属性"面板上的"链接"文本框旁都有一个"目标"下拉列表，主要用于设置链接页面的打开方式。在该

> **技巧**
>
> 如果没有为链接指定一种打开方式，则默认情况下，链接在原浏览器窗口中打开。

13.3　网页中的特殊链接

在网页中使用超链接除了可以实现文件之间的跳转之外，还可以实现文件下载链接、E-mail 链接、图像映射等其他的一些链接形式。本节将向用户详细介绍其他一些特殊链接形式的创建方法。

13.3.1　空链接 ▶

有些客户端行为的动作，需要由超链接来调用，这时就需要用到空链接了。访问者单击网页中的空链接，将不会打开任何文件。

动手实践——在网页中创建空链接

最终文件：光盘 \ 最终文件 \ 第 13 章 \13-3-1.html
视频：光盘 \ 视频 \ 第 13 章 \13-3-1.swf

01 执行"文件 > 打开"命令，打开页面"光盘 \ 源文件 \ 第 13 章 \13-3-1.html"，效果如图 13-34 所示。单击选中"BT 下载"图像，在"属性"面板上的"链接"文本框中输入空连接 #，如图 13-35 所示。

图 13-34 页面效果

图 13-35 设置空链接

02 使用相同的方法，还可以为页面中其他暂时没有链接地址的元素设置空链接。

提示

所谓空链接，就是没有目标端点的链接。利用空链接，可以激活文件中链接对应的对象和文本。当文本或对象被激活后，可以为之添加行为，例如当鼠标经过后变换图像，或者使某一 Div 显示。

03 执行"文件 > 保存"命令，保存页面，在浏览器中预览页面，单击刚设置的空链接的图像，将重新刷新当前的网页，如图 13-36 所示。

图 13-36 预览页面效果

13.3.2 文件下载链接

链接到下载文件的方法和链接到网页的方法完全一样。当被链接的文件是 EXE 文件或 ZIP 文件等浏览器不支持的类型时，这些文件会被下载，这就是网上下载的方法。例如要给页面中的文字或图像添加下载链接，希望用户单击文字或图像后下载相关的文件，这时只需要将文字或图像选中，直接链接到相关的压缩文件就可以了。

动手实践——在网页中创建文件下载链接

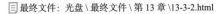

📄 最终文件：光盘 \ 最终文件 \ 第 13 章 \13-3-2.html

🎞 视频：光盘 \ 视频 \ 第 13 章 \13-3-2.swf

01 执行"文件 > 打开"命令，打开页面"光盘 \ 源文件 \ 第 13 章 \13-3-2.html"。单击选中"高速下载器"图像，单击"属性"面板上的"链接"文本框后的"浏览文件"按钮，弹出"选择文件"对话框，选择站点中需要下载的内容，如图 13-37 所示。

图 13-37 "选择文件"对话框

02 单击"确定"按钮，完成链接文件的选择。在"属性"面板上的"链接"文本框中可以看到所要链接下载的文件名称，如图 13-38 所示。

图 13-38 "链接"文本框

03 创建文件下载链接，还有另外一种方法。在页面中选中需要设置下载文件的图像或文字，在"属性"面板上拖动"链接"文本框后的"指向文件"按钮到"文件"面板中的下载文件，即可创建文件下载的链接，如图 13-39 所示。

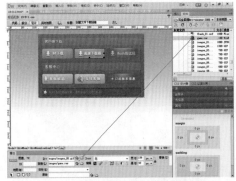

图 13-39 拖动"指向文件"按钮创建文件下载链接

04 执行"文件 > 保存"命令，保存页面，在浏览器中预览页面，单击页面中的"高速下载器"图像链接，弹出文件下载提示，如图 13-40 所示。单击"保存"按钮，弹出"另存为"对话框，单击"保存"按钮，所链接的下载文件即可保存到该位置，如图 13-41 所示。

图 13-40 弹出文件下载提示

图 13-41 "另存为"对话框

13.3.3 E-mail 链接

无论是个人网站还是商业网站，都经常在网页的最下方留下站长或公司的 E-mail 地址，当网友对网站有意见或建议时，就可以直接单击 E-mail 超链接，给网站的相关人员发送邮件。E-mail 超链接可以建立在文字中，也可以建立在图像中。

动手实践——在网页中创建 E-mail 链接

📄 最终文件：光盘 \ 最终文件 \ 第 13 章 \13-3-3.html
📁 视频：光盘 \ 视频 \ 第 13 章 \13-3-3.swf

01 执行"文件 > 打开"命令，打开页面"光盘 \ 源文件 \ 第 13 章 \13-3-3.html"，如图 13-42 所示。单击选中页面中的"客服邮箱"图像，在"属性"面板上的"链接"文本框中输入语句"mailto: webmaster@intojoy.com"，如图 13-43 所示。

图 13-42 打开页面

图 13-43 "属性"面板

02 执行"文件 > 保存"命令，保存页面，在浏览器中预览页面，效果如图 13-44 所示。单击"客服邮箱"图像，弹出系统默认的邮件收发软件，如图 13-45 所示。

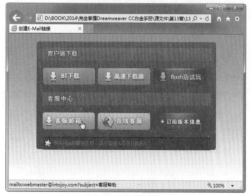

图 13-44 预览页面

图 13-45 邮件撰写窗口

 技巧

用户在设置时还可以替浏览者加入邮件的主题。方法是在输入电子邮件地址后面加入"?subject= 要输入的主题"的语句，实例中主题可以写"客服帮助"，完整的语句为"webmaster@intojoy.com?subject= 客服帮助"。

03 选中刚刚设置 E-mail 链接的图像，在其后面输入"?subject= 客服帮助"，如图 13-46 所示。保存页面，在浏览器中预览页面，单击页面中的图像，弹出系统默认的邮件收发软件并自动填写邮件主题，如图 13-47 所示。

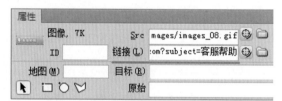

图 13-46 "属性"面板

图 13-47 邮件撰写窗口

提示

此处在 E-mail 链接中设置的电子邮件主题为中文，当打开邮件撰写窗口时邮件主题有可能会显示为乱码。这主要是因为网页的编码格式与电子邮件收发软件的编码格式不同导致的。可以使用两种方法解决这个问题，一种是设置英文的电子邮件主题；另一种方法是修改网页的编码格式为 GB2312。

04 拖动光标选中页面底部的"联系"文字，单击"插入"面板上的"电子邮件链接"按钮，如图 13-48 所示。弹出"电子邮件链接"对话框，在"文本"文本框中输入链接的文字，在"电子邮件"文本框中输入需要链接的 E-mail 地址，如图 13-49 所示。

图 13-48 单击"电子邮件链接"按钮

图 13-49 设置"电子邮件链接"对话框

05 单击"确定"按钮，为页面中的"联系"文字设置了相应的 E-mail 链接。执行"文件 > 保存"命令，保存页面，在浏览器中预览页面，效果如图 13-50 所示。单击"联系"文字，弹出系统默认的邮件收发软件，如图 13-51 所示。

图 13-50 页面效果

图 13-51 邮件撰写窗口

13.3.4 脚本链接

脚本链接对多数人来说是比较陌生的词汇，一般用于提供给浏览者有关于某个方面的额外信息，而不用离开当前页面。脚本链接具有执行 JavaScript 代码的功能，如校验表单等。接下来为页面添加一个脚本链接。

动手实践——在网页中创建脚本链接

📄 最终文件：光盘 \ 最终文件 \ 第 13 章 \13-3-4.html

📹 视频：光盘 \ 视频 \ 第 13 章 \13-3-4.swf

01 执行"文件 > 打开"命令，打开页面"光盘 \ 源文件 \ 第 13 章 \13-3-4.html"，效果如图 13-52 所示。单击选中页面底部的"关闭窗口"图像，在"属性"面板上的"链接"文本框中输入 JavaScript 脚本链接代码"JavaScript:window.close()"，如图 13-53 所示。

图 13-52 页面效果

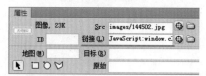

图 13-53 设置脚本链接

> **提示**
>
> 此处为该图像设置的是一个关闭窗口的 JavaScript 脚本代码，当用户单击该图像时，就会执行该 JavaScript 脚本代码。

02 单击选中刚刚设置脚本链接的"关闭窗口"图像，转换到代码视图中，可以看到加入脚本链接的代码，如图 13-54 所示。

```
<div id="box"><img src="images/144501.jpg" width="450" height=
"391" /><a href="JavaScript:window.close()"><img src=
"images/144502.jpg" width="84" height="31" class="img" /></a>
</div>
```

图 13-54 脚本链接代码

03 执行"文件 > 保存"命令，保存页面，在浏览器中预览页面，单击设置了脚本链接的图像，浏览器会弹出提示框，单击"是"按钮后就可以关闭窗口了，如图 13-55 所示。

图 13-55 脚本链接代码

13.3.5 图像热点链接

不仅可以将整幅图像作为链接的载体，还可以将图像的某一部分设为链接，这要通过设置图像映射来实现。热点链接的原理就是利用 HTML 语言在图像上定义一定形状的区域，然后给这些区域加上链接，这些区域被称为热点。图像映射就是一张图片上多个不同的区域拥有不同的链接地址。

动手实践——在网页中创建图像热点链接

📄 最终文件：光盘 \ 最终文件 \ 第 13 章 \13-3-5.html

🎬 视频：光盘 \ 视频 \ 第 13 章 \13-3-5.swf

01 执行"文件 > 打开"命令，打开页面"光盘 \ 源文件 \ 第 13 章 \13-3-5.html"，效果如图 13-56 所示。

图 13-56 页面效果

02 选中页面中的图像，单击"属性"面板中的"矩形热点工具"按钮□，如图 13-57 所示。移动光标至图像上合适的位置，按下鼠标左键在图像上拖动鼠标，绘制一个合适的矩形热点区域，松开鼠标，弹出提示框，如图 13-58 所示。

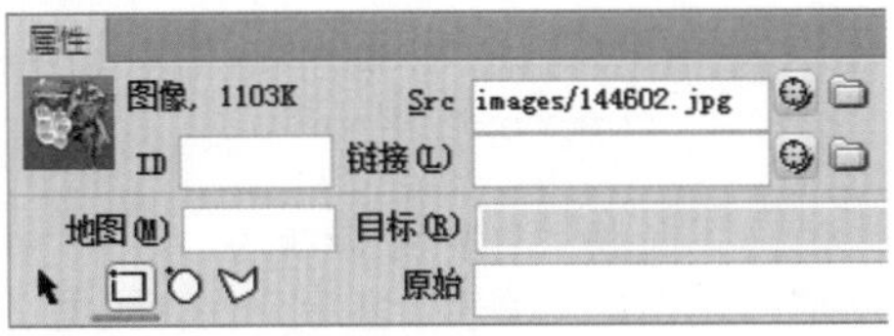

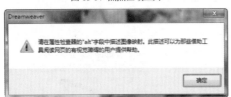

图 13-57 热点区域工具

图 13-58 提示框

03 单击"确定"按钮，可以看到在图像中所绘制的矩形热点区域，如图 13-59 所示。单击"属性"面板上的"指针热点工具"按钮▶，选中刚绘制的矩形热点区域，调整矩形热点区域位置，在"属性"面板上进行设置，如图 13-60 所示。

图 13-59 绘制矩形热点区域

图 13-60 设置热点区域链接

> **提示**
>
> 在"属性"面板中单击"指针热点工具"按钮▶，可以在图像上移动热点的位置，改变热点的大小和形状。还可以在"属性"面板中单击"多边形热点工具"按钮▽和"椭圆形热点工具"按钮○，以创建多边形和椭圆形的热点。

04 使用相同的设置方法，在图像上不同部分绘制不同的热点区域，并分别设置相应的链接和替换文本，页面效果如图 13-61 所示。

图 13-61 绘制矩形热点区域

05 完成页面中图像热点链接的制作，执行"文件 > 保存"命令，保存页面，在浏览器中预览页面，效果如图 13-62 所示。单击图像中的热点区域可以在新窗口中打开相应的链接页面，如图 13-63 所示。

图 13-62 在浏览器中预览页面

图 13-63 打开链接页面

13.4　CSS 超链接样式伪类

使用 HTML 中的超链接标签 <a> 创建的超链接非常普通，除了颜色发生变化和带有下划线外，其他的特征和普通文本没有太大的区别，这种传统的超链接样式显然无法满足网页设计制作的需求，这时就可以通过 CSS 样式对网页中的超链接样式进行控制。

对于超链接的修饰，通常可以采用 CSS 伪类。伪类是一种特殊的选择器，能被浏览器自动识别。其最大的优势是在不同状态下可以对超链接定义不同的样式效果，是 CSS 本身定义的一种类。

在 CSS 样式中提供了 4 种用于超链接状态的伪类，分别介绍如下。

- "a:link"：定义超链接对象在没有访问前的样式。
- "a:hover"：定义当鼠标移至超链接对象上时的样式。
- "a:active"：定义当鼠标单击超链接对象时的样式。
- "a:visited"：定义超链接对象已经被访问过后的样式。

在了解了超链接的 CSS 伪类后，就可以通过对超链接 CSS 伪类的定义来实现网页中各种不同的超链接效果。

动手实践——美化网页中的超链接文字

📄 最终文件：光盘 \ 最终文件 \ 第 13 章 \13-4.html
🎬 视频：光盘 \ 视频 \ 第 13 章 \13-4.swf

01 执行"文件 > 打开"命令，打开页面"光盘 \ 源文件 \ 第 13 章 \13-4.html"，效果如图 13-64 所示。选中页面中的新闻标题文字，分别对各新闻标题设置空链接，效果如图 13-65 所示。

图 13-64　打开页面

图 13-65　设置空链接

02 转换到代码视图中，可以看到所设置的链接代码，如图 13-66 所示。在浏览器中预览页面，可以看到默认的超链接文字效果，如图 13-67 所示。

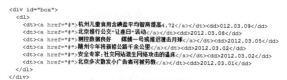

```
<div id="box">
    <dl>
        <dt><a href="#">杭州儿童食用含碘盐平均智商提高4.72</a></dt><dd>012.03.09</dd>
        <dt><a href="#">北京推行公交"让座日"活动</a></dt><dd>2012.03.08</dd>
        <dt><a href="#">测控数据良好　媒嫦一号或推迟撞击月球</a></dt><dd>2012.03.05</dd>
        <dt><a href="#">随州今年将新修公路千余公里</a></dt><dd>2012.03.02</dd>
        <dt><a href="#">安全专家:社交网站滋生网络攻击的温床</a></dt><dd>2012.03.02</dd>
        <dt><a href="#">北京多次散发小广告者可被劳教</a></dt><dd>2012.03.01</dd>
    </dl>
</div>
```

图 13-66　超链接代码

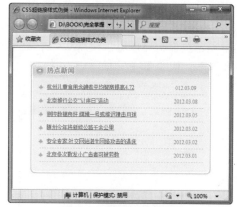

图 13-67　预览默认链接效果

03 转换到该网页所链接的外部 CSS 样式文件中，创建名为 .link1 的类 CSS 样式的 4 种伪类样式设置，如图 13-68 所示。返回设计视图中，选中第一条新闻标题，在"类"下拉列表中选择刚定义的 CSS 样式 link1 应用，如图 13-69 所示。

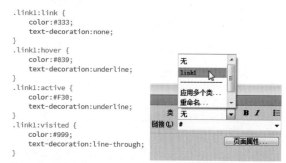

```
.link1:link {
    color:#333;
    text-decoration:none;
}
.link1:hover {
    color:#039;
    text-decoration:underline;
}
.link1:active {
    color:#F30;
    text-decoration:underline;
}
.link1:visited {
    color:#999;
    text-decoration:line-through;
}
```

图 13-68　4 种伪类的 CSS 样式代码　　图 13-69　应用 CSS 样式

04 在设计视图中可以看到应用 CSS 样式后超链接文本的效果，如图 13-70 所示。转换到代码视图中，可以看到名为 link1 的类 CSS 样式是直接应用在 <a> 标签中，如图 13-71 所示。

图 13-70 应用超链接样式效果

```
<div id="box">
  <dl>
    <dt><a href="#" class="link1">杭州儿童食用含碘盐平均智商提高4.72</a></dt>
<dd>012.03.09</dd>
    <dt><a href="#">北京推行公交"让座日"活动</a></dt><dd>2012.03.08</dd>
    <dt><a href="#">测控数据良好　媒娥一号或推迟撞击月球</a></dt><dd>
2012.03.05</dd>
    <dt><a href="#">随州今年将新修公路千余公里</a></dt><dd>2012.03.02</dd>
    <dt><a href="#">安全专家:社交网站滋生网络攻击的温床</a></dt><dd>2012.03.02
</dd>
    <dt><a href="#">北京多次散发小广告者可被劳教</a></dt><dd>2012.03.01</dd>
  </dl>
</div>
```

图 13-71 CSS 样式应用在 <a> 标签中

05 保存页面，并保存外部 CSS 样式表文件，在浏览器中预览页面，可以看到使用 CSS 样式实现的文本超链接效果，如图 13-72 所示。

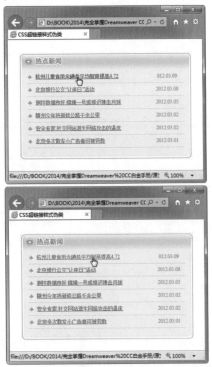

图 13-72 在浏览器中预览使用 CSS 样式实现的文本超链接效果

06 返回外部 CSS 样式表文件中，创建名为 .link2 的类 CSS 样式的 4 种伪类样式设置，如图 13-73 所示。返回设计页面中，选中第二条新闻标题，在"类"下拉列表中选择刚定义的 CSS 样式 link2，使用相同的方法，可以为其他新闻标题应用超链接样式，如图 13-74 所示。

```
.link2:link {
    color:#333;
    text-decoration:underline;
}
.link2:hover {
    color:#039;
    text-decoration:none;
    margin-top:1px;
    margin-left:1px;
}
.link2:active {
    color:#F30;
    text-decoration:none;
    margin-top:1px;
    margin-left:1px;
}
.link2:visited {
    color:#606;
    text-decoration:none;
}
```

图 13-73 4 种伪类的 CSS 样式代码

图 13-74 应用超链接样式效果

07 保存页面，并保存外部 CSS 样式表文件，在浏览器中预览页面，可以看到使用 CSS 样式实现的超链接文本效果，如图 13-75 所示。

图 13-75 在浏览器中预览使用 CSS 样式实现的文本超链接效果

提示

在本实例中，定义了类 CSS 样式的 4 种伪类，再将该类 CSS 样式应用于 <a> 标签，同样可以实现超链接文本样式的设置。如果直接定义 <a> 标签的 4 种伪类，则对页面中的所有 <a> 标签起作用，这样页面中的所有链接文本的样式效果都是一样的，通过定义类 CSS 样式的 4 种伪类，就可以在页面中实现多种不同的文本超链接效果。

13.5　制作音乐类网站页面

　　链接在一个网站中是必不可少的元素，不仅要知道如何去创建页面之间的链接，更要知道这些链接路径形式的真正意义。本节讲解制作一个音乐类网站页面，在该网站页面中使用了各种列表形式，用户需要能够掌握不同列表形式的制作方法，并且还在页面中设置了相应的超链接。本实例的最终效果如图 13-76 所示。

图 13-76　页面最终效果

动手实践——制作音乐类网站页面

📄 最终文件：光盘 \ 最终文件 \ 第 13 章 \13-5.html

📁 视频：光盘 \ 视频 \ 第 13 章 \13-5.swf

　　01 执行"文件 > 新建"命令，新建一个 HTML 页面，如图 13-77 所示。将其保存为"光盘 \ 源文件 \ 第 13 章 \13-5.html"。使用相同的方法，新建一个外部 CSS 样式文件，将其保存为"光盘 \ 源文件 \ 第 13 章 \style\13-5.css"。返回"13-5.html"页面中，链接刚创建的外部CSS样式表文件，设置如图 13-78 所示。

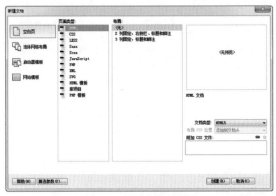

图 13-77　"新建文档"对话框

图 13-78　"使用现有的 CSS 文件"对话框

　　02 切换到"13-5.css"文件中，创建名为 * 的通配符 CSS 样式，如图 13-79 所示。再创建名为 body 的标签 CSS 样式，如图 13-80 所示。

```
*{
    margin:0px;
    padding:0px;
    border:0px;
}
```

图 13-79　CSS 样式代码

```
body{
    font-family: "宋体";
    font-size: 12px;
    color: #2E3221;
    line-height: 20px;
    background-image:url(../images/bg3.gif);
    background-repeat:repeat-x;
}
```

图 13-80　CSS 样式代码

03 返回"13-5.html"页面中,可以看到页面的背景效果,如图 13-81 所示。

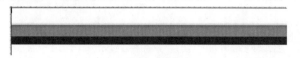

图 13-81 页面效果

04 在页面中插入名为 box 的 Div,切换到外部 CSS 样式表文件中,创建名为 #box 的 CSS 样式,如图 13-82 所示。返回设计视图中,页面效果如图 13-83 所示。

```
#box {
    width: 1000px;
    height: 100%;
    overflow: hidden;
    background-image:url(../images/bg1.jpg);
    background-repeat:repeat-x;
}
```

图 13-82 CSS 样式代码

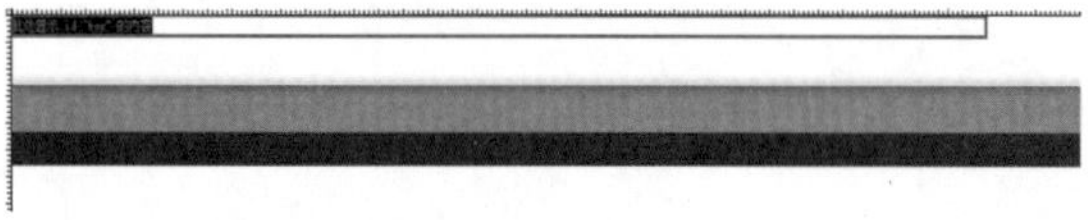

图 13-83 页面效果

05 将光标移至名为 box 的 Div 中,将多余文字删除,在该 Div 中插入名为 main 的 Div,切换到外部 CSS 样式表文件中,创建名为 #main 的 CSS 样式,如图 13-84 所示。返回设计视图中,页面效果如图 13-85 所示。

```
#main{
    width:852px;
    height:100%;
    overflow:hidden;
    margin-left: 148px;
}
```

图 13-84 CSS 样式代码

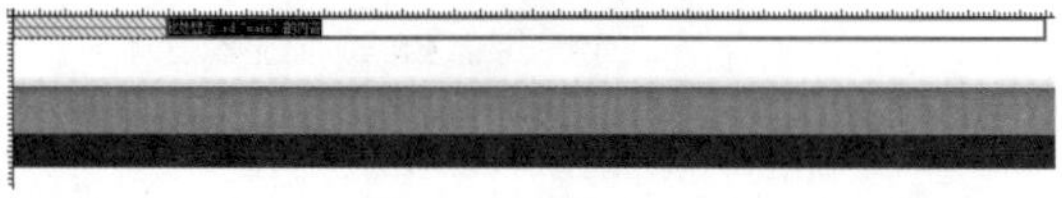

图 13-85 页面效果

06 将光标移至名为 main 的 Div 中,将多余文字删除,在该 Div 中插入名为 top 的 Div,切换到外部 CSS 样式表文件中,创建名为 #top 的 CSS 样式,如图 13-86 所示。返回设计视图中,页面效果如图 13-87 所示。

```
#top{
    width:852px;
    height:65px;
}
```

图 13-86 CSS 样式代码

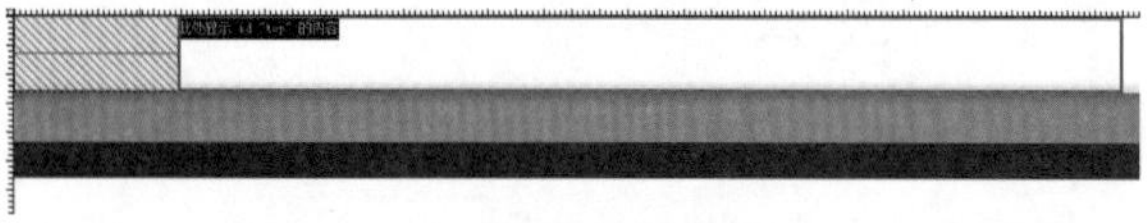

图 13-87 页面效果

07 将光标移至名为 top 的 Div 中,将多余文字删除,在该 Div 中插入相应的图像,如图 13-88 所示。切换到外部 CSS 样式表文件中,创建名为 .img 的 CSS 类样式,如图 13-89 所示。

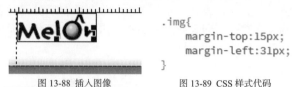

```
.img{
    margin-top:15px;
    margin-left:31px;
}
```

图 13-88 插入图像　　　图 13-89 CSS 样式代码

08 返回到页面设计视图中,为图像应用该类 CSS 样式,效果如图 13-90 所示。在刚插入的图像后插入名为 menu 的 Div,切换到外部 CSS 样式表文件中,创建名为 #menu 的 CSS 样式,如图 13-91 所示。

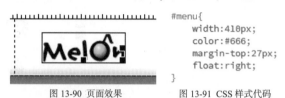

```
#menu{
    width:410px;
    color:#666;
    margin-top:27px;
    float:right;
}
```

图 13-90 页面效果　　　图 13-91 CSS 样式代码

09 返回设计视图中,页面效果如图 13-92 所示。将光标移至名为 menu 的 Div 中,将多余文字删除,并输入相应的文字,页面效果如图 13-93 所示。

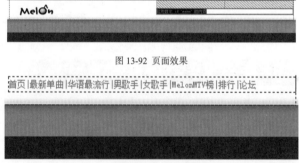

图 13-92 页面效果

图 13-93 输入文字

10 切换到代码视图中,在刚输入的文字中添加相应的 <span> 标签,如图 13-94 所示。切换到外部 CSS 样式表文件中,创建名为 #menu span 的 CSS 样式,如图 13-95 所示。

```
<div id="menu">首页<span>|</span>最新单曲
<span>|</span>华语最流行<span>|</span>男歌手<span>|
</span>女歌手<span>|</span>MelonMTV榜<span>|</span>
排行<span>|</span>论坛</div>
```

图 13-94 编辑代码

```
#menu span{
    margin-left:4px;
    margin-right:4px;
    color:#ebad61;
}
```

图 13-95 CSS 样式代码

11 返回设计视图中,页面效果如图 13-96 所示。在名为 top 的 Div 之后插入名为 banner 的 Div,切换到外部 CSS 样式表文件中,创建名为 #banner 的 CSS

样式，如图 13-97 所示。

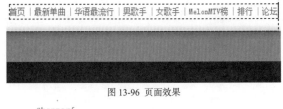

图 13-96　页面效果

```
#banner{
    width:852px;
    height:44px;
    background-image:url(../images/bg2.jpg);
    background-repeat:repeat-x;
    clear: both;
}
```

图 13-97　CSS 样式代码

12　返回设计视图中，页面效果如图 13-98 所示。将光标移至名为 bannar 的 Div 中，将多余文字删除，插入相应的 Flash 动画，如图 13-99 所示。

图 13-98　页面效果

图 13-99　插入 Flash 动画

13　在名为 bannar 的 Div 之后插入名为 search 的 Div，切换到外部 CSS 样式表文件中，创建名为 #search 的 CSS 样式，如图 13-100 所示。返回设计视图中，页面效果如图 13-101 所示。

```
#search{
    width:812px;
    height:29px;
    color:#ced99f;
    line-height: 29px;
    background-image:url(../images/11833.gif);
    background-repeat:no-repeat;
    background-position:left;
    padding-left:20px;
    margin-left:20px;
}
```

图 13-100　CSS 样式代码

图 13-101　页面效果

14　根据表单的制作方法，可以完成该部分搜索表单的制作，效果如图 13-102 所示。

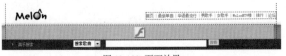

图 13-102　页面效果

15　在名为 search 的 Div 之后插入名为 visit 的 Div，切换到外部 CSS 样式表文件中，创建名为 #visit 的 CSS 样式，如图 13-103 所示。返回设计视图中，

页面效果如图 13-104 所示。

```
#visit{
    width:852px;
    height:299px;;
    background-image:url(../images/bg4.jpg);
    background-repeat:no-repeat;
    margin-top:15px;
}
```

图 13-103　CSS 样式代码

图 13-104　页面效果

16　将光标移至名为 visit 的 Div 中，删除多余文字，插入名为 display 的 Div，切换到外部 CSS 样式表文件中，创建名为 #display 的 CSS 样式，效果如图 13-105 所示。返回设计视图中，页面效果如图 13-106 所示。

```
#display{
    width:564px;
    height:265px;
    margin-top:16px;
    margin-left:21px;
    float:left;
}
```

图 13-105　CSS 样式代码

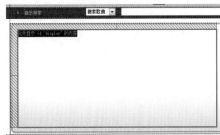

图 13-106　页面效果

17　将光标移至名为 display 的 Div 中，将多余的文字删除，在该 Div 中插入相应的图像，如图 13-107 所示。将光标移至图像之后，插入名为 text1 的 Div，切换到外部 CSS 样式表文件中，创建名为 #text1 的 CSS 样式，如图 13-108 所示。

图 13-107　插入图像

```
#text1{
    width:564px;
    height:20px;
    padding-top:8px;
    font-weight:bold;
    color:#4a4d3e;
}
```

图 13-108 CSS 样式代码

18 返回设计视图中，页面效果如图 13-109 所示。将光标移至名为 text1 的 Div 中，将多余文字删除，输入相应的文字，页面效果如图 13-110 所示。

图 13-109 页面效果

图 13-110 输入文字

19 在名为 text1 的 Div 之后插入名为 pic 的 Div，切换到外部 CSS 样式表文件中，创建名为 #pic 的 CSS 样式，如图 13-111 所示。返回设计视图中，效果如图 13-112 所示。

```
#pic{
    width:564px;
    height:102px;
    background-image:url(../images/11839.gif);
    background-repeat:no-repeat;
    padding-top:5px;
}
```

图 13-111 CSS 样式代码

图 13-112 页面效果

20 将光标移至名为 pic 的 Div 中，将多余文字删除，插入相应的图像，效果如图 13-113 所示。转换到代码视图中，为所插入的图像添加相应的项目列表标签，如图 13-114 所示。

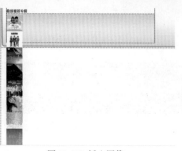

图 13-113 插入图像

```
<div id="pic">
<ul>
    <li><img src="images/11817.jpg" width="60" height="60" /></li>
    <li><img src="images/11818.jpg" width="60" height="60" /></li>
    <li><img src="images/11819.jpg" width="60" height="60" /></li>
    <li><img src="images/11820.jpg" width="60" height="60" /></li>
    <li><img src="images/11821.jpg" width="60" height="60" /></li>
    <li><img src="images/11822.jpg" width="60" height="60" /></li>
    <li><img src="images/11823.jpg" width="60" height="60" /></li>
    <li><img src="images/11824.jpg" width="60" height="60" /></li>
</ul>
</div>
```

图 13-114 添加项目列表标签

21 切换到外部 CSS 样式表文件中，创建名为 #pic li 和 #pic li img 的 CSS 样式，如图 13-115 所示。返回设计视图中，页面效果如图 13-116 所示。

```
#pic li {
    list-style-type: none;
    width: 70px;
    float: left;
    text-align: center;
    line-height:16px;
    display: block;
}
#pic li img {
    border: solid 2px #FFF;
}
```

图 13-115 CSS 样式代码

图 13-116 页面效果

22 将光标移至图像后输入相应的文字，如图 13-117 所示。切换到外部 CSS 样式表文件中，创建名为 .font1 的 CSS 类样式，如图 13-118 所示。

图 13-117 输入文字

```
.font1{
    color:#769d00;
}
```

图 13-118 CSS 样式代码

23 返回设计视图中，为相应的文字应用该类 CSS 样式，效果如图 13-119 所示。在名为 display 的 Div 之后插入名为 melon 的 Div，切换到外部 CSS 样式表文件中，创建名为 #melon 的 CSS 样式，如

图 13–120 所示。

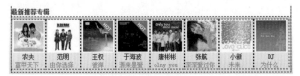

图 13-119 应用类样式

```
#melon{
    width:246px;
    height:265px;
    background-image:url(../images/11840.gif);
    background-repeat:no-repeat;
    margin-top:16px;
    margin-left:8px;
    float:left;
}
```

图 13-120 CSS 样式代码

24 返回设计视图中，页面效果如图 13–121 所示。将光标移至名为 melon 的 Div 中，删除多余文字，在该 Div 中插入名为 text2 的 Div，切换到外部 CSS 样式表文件中，创建名为 #text2 的 CSS 样式，如图 13–122 所示。

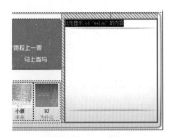

图 13-121 页面效果

```
    width:236px;
    height:27px;
    color:#4a4d3f;
    font-weight:bold;
    background-image:url(../images/11841.g
    background-repeat:no-repeat;
    background-position:left;
    padding-left:10px;
}
```

图 13-122 CSS 样式代码

25 返回设计视图中，页面效果如图 13–123 所示。将光标移至名为 text2 的 Div 中，删除多余文字，并输入相应文字内容，如图 13–124 所示。

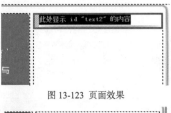

图 13-123 页面效果

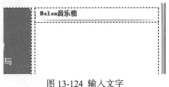

图 13-124 输入文字

26 在名为 text2 的 Div 之后插入名为 music 的 Div，切换到外部 CSS 样式表文件中，创建名为 #music 的 CSS 样式，如图 13–125 所示。返回设计视图中，页面效果如图 13–126 所示。

```
#music{
    width:241px;
    height:203px;
    padding-left:5px;
    margin-top:3px;
}
```

图 13-125 CSS 样式代码

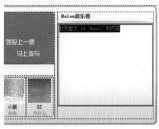

图 13-126 页面效果

27 将光标移至名为 music 的 Div 中，删除多余的文字，插入相应的图像并输入相应的文字，如图 13–127 所示。转换到代码视图中，为该部分内容添加相应的定义列表标签，如图 13–128 所示。

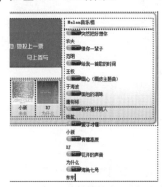

图 13-127 插入图像并输入文字

```
<div id="music">
  <dl>
      <dt><img src="images/11801.gif" width="42" height="13" />突然好想你</dt>
      <dd>农夫</dd>
      <dt><img src="images/11802.gif" width="42" height="13" />借你一辈子</dt>
      <dd>范明</dd>
      <dt><img src="images/11803.gif" width="42" height="13" />给我我一首歌的时间</dt>
      <dd>王权</dd>
      <dt><img src="images/11804.gif" width="42" height="13" />画心（画皮主题曲）</dt>
      <dd>于海波</dd>
      <dt><img src="images/11805.gif" width="42" height="13" />面包的滋味</dt>
      <dd>唐彬彬</dd>
      <dt><img src="images/11806.gif" width="42" height="13" />我不是坏男人</dt>
      <dd>张航</dd>
      <dt><img src="images/11807.gif" width="42" height="13" />爱了才懂</dt>
      <dd>小新</dd>
      <dt><img src="images/11808.gif" width="42" height="13" />青藏高原</dt>
      <dd>DJ</dd>
      <dt><img src="images/11809.gif" width="42" height="13" />花开的声音</dt>
      <dd>为什么</dd>
      <dt><img src="images/11810.gif" width="42" height="13" />海角七号</dt>
      <dd>东东</dd>
  </dl>
```

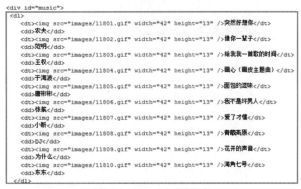

图 13-128 添加定义列表标签

28 切换到外部 CSS 样式表文件中，创建相关的 CSS 样式，如图 13–129 所示。返回设计视图中，页面效果如图 13–130 所示。

```
#music dt{
    width:158px;
    height:15px;
    line-height:15px;
    float:left;
}#music dt img{
    margin-right:5px;
    vertical-align:middle;
}
#music dd{
    width:51px;
    height:20px;
    color:#769d00;
    line-height:15px;
    text-align:left;
    padding-left:30px;
    float:left;
}
```

图 13-129 CSS 样式代码

图 13-130 页面效果

29 在名为 visit 的 Div 之后插入名为 left 的 Div，切换到外部 CSS 样式表文件中，创建名为 #left 的 CSS 样式，如图 13-131 所示。返回设计视图中，将光标移至名为 left 的 Div 中，删除多余文字，并插入相应的图像，页面效果如图 13-132 所示。

```
#left{
    width:255px;
    height:100%;
    overflow:hidden;
    padding-top:15px;
    float:left;
}
```

图 13-131 CSS 样式代码　　　图 13-132 页面效果

30 将光标移至图像之后，插入名为 pic1 的 Div，切换到外部 CSS 样式表文件中，创建名为 #pic1 的 CSS 样式，如图 13-133 所示。返回设计视图中，页面效果如图 13-134 所示。

```
#pic1{
    width:255px;
    height:52px;
    padding-top:5px;
    padding-bottom:5px;
}
```

图 13-133 CSS 样式代码

图 13-134 页面效果

31 将光标移至名为 pic1 的 Div 中，删除多余文字，插入图像并输入相应的文字，页面效果如图 13-135 所示。切换到外部 CSS 样式表文件中，创建名为 .img1 的 CSS 类样式，如图 13-136 所示。

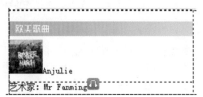

图 13-135 页面效果

```
.img1{
    float: left;
    border: solid 3px #F00;
    margin-left:5px;
    margin-right: 5px;
}
```

图 13-136 CSS 样式代码

32 切换到设计视图中，为图像应用该类 CSS 样式，页面效果如图 13-137 所示。使用相同的方法，可以完成其他相似部分内容的制作，页面效果如图 13-138 所示。

图 13-137 页面效果

图 13-138 页面效果

33 在名为 left 的 Div 之后插入名为 right 的 Div，切换到外部 CSS 样式表文件中，创建名为 #right 的 CSS 样式，如图 13-139 所示。返回设计视图中，页面效果如图 13-140 所示。

```
#right{
    width:575px;
    height:100%;
    overflow:hidden;
    padding-top:15px;
    padding-left:22px;
    float:left;
}
```

图 13-139 CSS 样式代码

图 13-140 页面效果

34 将光标移至名为 right 的 Div 中，删除多余文字，插入相应的图像，效果如图 13-141 所示。将光标移至图像之后，插入名为 pic6 的 Div，切换到外部

CSS 样式表文件中，创建名为 #pic6 的 CSS 样式，如图 13-142 所示。

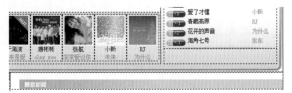

图 13-141 页面效果

```
#pic6{
    width:150px;
    height:116px;
    padding-top:16px;
    float:left;
}
```

图 13-142 CSS 样式代码

35 返回设计视图中，页面效果如图 13-143 所示。将光标移至名为 pic6 的 Div 中，删除多余文字，插入相应的图像，页面效果如图 13-144 所示。

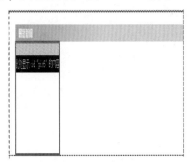

图 13-143 页面效果

图 13-144 插入图像

36 切换到外部 CSS 样式表文件中，创建名为 .img4 的 CSS 类样式，如图 13-145 所示。切换到设计视图中，为图像应用该类 CSS 样式，页面效果如图 13-146 所示。

```
.img4{
    border: 2px #9fc100 solid;
}
```

图 13-145 CSS 样式代码

图 13-146 页面效果

37 在名为 pic6 的 Div 之后插入名为 news2 的 Div，切换到外部 CSS 样式表文件中，创建名为 #new2 的 CSS 样式，如图 13-147 所示。切换到设计视图中，页面效果如图 13-148 所示。

```
#news2{
    width:425px;
    height:110px;
    padding-top:6px;
    padding-bottom:16px;
    float:left;
}
```

图 13-147 CSS 样式代码

图 13-148 页面效果

38 将光标移至名为 news2 的 Div 中，删除多余文字，并输入相应的文字内容，如图 13-149 所示。选中文字为其创建项目列表，切换到代码视图中，可以看到项目列表的代码，如图 13-150 所示。

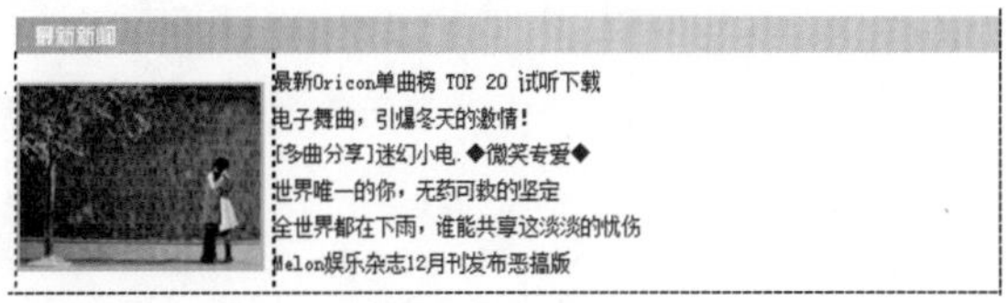

图 13-149 输入文字

```
<div id="news2">
  <ul>
    <li>最新Oricon单曲榜 TOP 20 试听下载</li>
    <li>电子舞曲，引爆冬天的激情！</li>
    <li>[多曲分享]迷幻小电.◆微笑专爱◆</li>
    <li>世界唯一的你，无药可救的坚定</li>
    <li>全世界都在下雨，谁能共享这淡淡的忧伤</li>
    <li>Melon娱乐杂志12月刊发布恶搞版</li>
  </ul>
</div>
```

图 13-150 "代码"视图

39 切换到外部 CSS 样式表文件中，创建名为 #news2 li 的 CSS 样式，如图 13-151 所示。切换到设计视图中，页面效果如图 13-152 所示。

```
#news2 li{
    list-style-type:none;
    background-image:url(../images/11851.jpg);
    background-repeat:no-repeat;
    background-position:left;
    padding-left:10px;
    line-height:20px;
}
```

图 13-151 CSS 样式代码

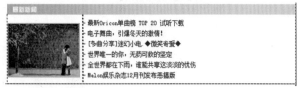

图 13-152 页面效果

40 使用相同的方法，可以完成其他相似部分内容的制作，如图 13-153 所示。在名为 right 的 Div 之后插入名为 pic10 的 Div，切换到外部 CSS 样式表文件中，创建名为 #pic10 的 CSS 样式，如图 13-154 所示。

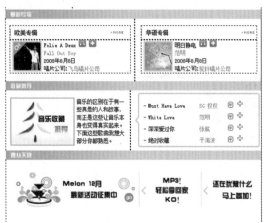

图 13-153 页面效果

```
#pic10{
    width:840px;
    height:60px;
    padding:25px 6px 25px 6px;
    background-image:url(../images/11864.gif);
    background-repeat:no-repeat;
    background-position:center;
    float:left;
}
```

图 13-154 CSS 样式代码

41 切换到设计视图中，页面效果如图 13-155 所示。将多余文字删除，插入相应的图像，如图 13-156 所示。

图 13-155 页面效果

图 13-156 插入图像

42 切换到外部 CSS 样式表文件中，创建名为 #pic10 img 的 CSS 样式，如图 13-157 所示。切换到设计视图中，页面效果如图 13-158 所示。

```
#pic10 img{
    margin-left:5px;
    margin-right:5px;
}
```

图 13-157 CSS 样式代码

图 13-158 页面效果

43 使用相同的方法，可以完成相似部分内容的制作，页面效果如图 13-159 所示。

图 13-159 页面效果

44 完成整个页面的制作，接下来为页面设置相应的链接。拖动光标选中"最新新闻"栏目中的第一条文字新闻，如图 13-160 所示。为该文字设置外部链接，在"属性"面板上的"链接"文本框中输入 URL 绝对地址，并设置"目标"为"_blank"，如图 13-161 所示。

图 13-160 页面效果

图 13-161 "属性"面板

45 完成对文字链接的设置，默认情况下，链接文字呈现为蓝色，如图 13-162 所示。在 Dreamweaver CC 中可以通过为链接文字应用 CSS 样式改变链接文字的样式，切换到外部 CSS 样式表文件中，创建名为 .link1 的类 CSS 样式的 4 种伪类 CSS 样式，如图 13-163 所示。

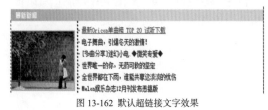

图 13-162 默认超链接文字效果

```
.link1:link {
    color: #2E3221;
    text-decoration: none;
}
.link1:visited {
    color: #2E3221;
    text-decoration: none;
}
.link1:hover {
    color: #575757;
    text-decoration: underline;
}
.link1:active {
    color: #2E3221;
    text-decoration: none;
}
```

图 13-163 CSS 样式代码

46 切换到设计视图中，选中相应超链接文字，为其应用该类 CSS 样式，如图 13-164 所示。选中“最新新闻”栏目下的图片，如图 13-165 所示。

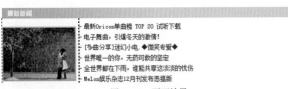

图 13-164 页面效果

最新新闻
最新Oricon单曲榜 TOP 20 试听下载
电子舞曲，引爆冬天的激情！
[多曲分享]迷幻小电.◆微笑专爱◆
世界唯一的你，无药可救的坚定
全世界都在下雨，谁能共享这淡淡的忧伤
Melon娱乐杂志12月刊发布恶搞版

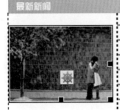

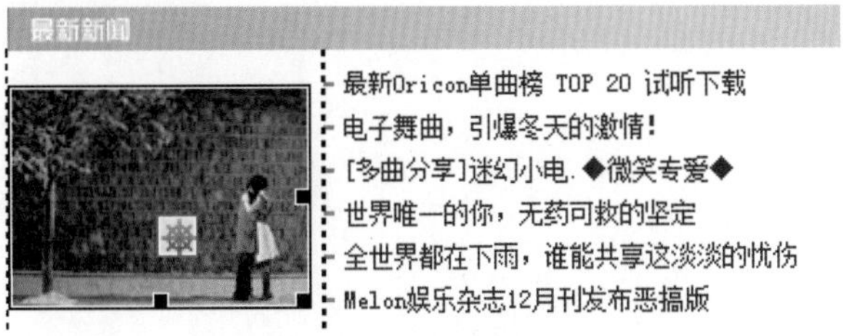

图 13-165 选中图像

47 为该图像设置外部链接，在“属性”面板上的“链接”文本框中输入 URL 绝对地址，并设置“目标”为“_blank”，如图 13-166 所示。拖动光标选中页面版底上的“客服邮箱”文字后的 E-mail 地址，如图 13-167 所示。

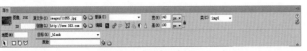

图 13-166 “属性”对话框

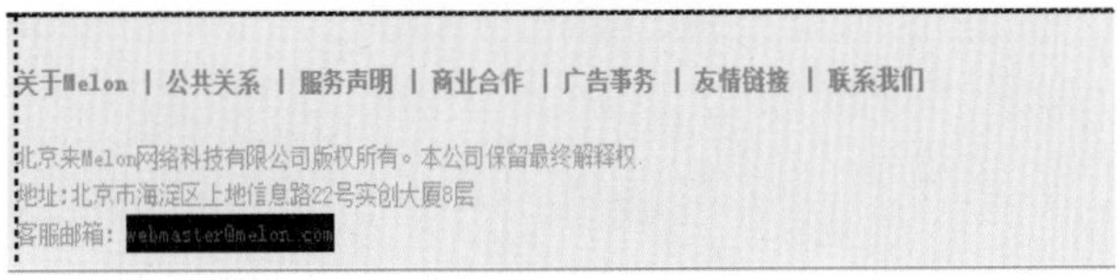

关于Melon | 公共关系 | 服务声明 | 商业合作 | 广告事务 | 友情链接 | 联系我们
北京来Melon网络科技有限公司版权所有。本公司保留最终解释权
地址:北京市海淀区上地信息路22号实创大厦8层
客服邮箱: webmaster@melon.com

图 13-167 选中文字

48 在“属性”面板上的“链接”文本框中设置 E-mail 链接，如图 13-168 所示。选中“喜从天降”栏目中的图片，如图 13-169 所示。

类 link1
链接(L) mailto:webmaster@melon.com
页面属性...

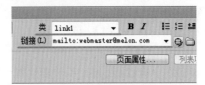

图 13-168 “属性”面板

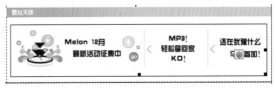

图 13-169 选中图像

49 单击“属性”面板上的“矩形热点工具”按钮 □，在该图像上绘制矩形热点区域，如图 13-170 所示。选中刚绘制的矩形热区，在“属性”面板上为其设置链接，如图 13-171 所示。

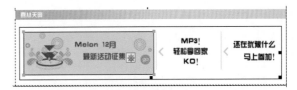

图 13-170 绘制矩形热区

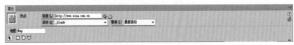

图 13-171 设置执点区域链接

50 使用相同的方法，在该图像上绘制其他热区并设置相应的链接，如图 13-172 所示。

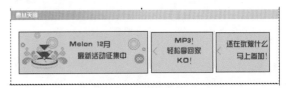

图 13-172 绘制矩形热区并设置链接

51 完成该页面的设计制作，保存页面，并且保存外部 CSS 样式文件，在浏览器中预览页面，效果如图 13-173 所示。

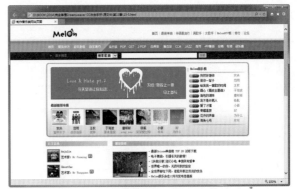

图 13-173 在浏览器中预览页面效果

13.6　本章小结　🔍

在设计制作网站页面时，不仅要注重页面的整体美感，还要注重其实用性。网站链接是一个网站的灵魂，我们不仅要知道如何去创建页面之间的链接，更要知道这些链接路径形式的真正含义。在 Dreamweaver CC 中，为文档、图像、多媒体文件或者下载的程序文件建立链接提供了很多方法，本章对相关内容进行了详细介绍，希望用户能够掌握。

第14章 使用表格和 IFrame 框架布局网页

表格由行、列和单元格 3 个部分组成，使用表格可以排列页面中的文本、图像以及各种对象。表格的行、列和单元格都可以复制及粘贴。并且在表格中还可以插入表格，一层层的表格嵌套使设计更加灵活。IFrame 框架是一个比较早出现的 HTML 对象，IFrame 框架的作用就是把浏览器窗口划分为若干个区域，每个区域可以分别显示不同的网页。

14.1 插入表格及设置表格属性

表格（table）是页面的重要元素，在 DIV+CSS 布局方式被广泛运用之前，表格布局在很长一段时间中都是重要的页面布局方式。在使用 DIV+CSS 布局时，也并不是完全不可以使用表格，而是将表格回归它本身的作用，用于显示表格式数据。

14.1.1 "表格"对话框

单击"插入"面板上的"表格"按钮，弹出"表格"对话框，在该对话框中可以设置表格的行数、列数、表格宽度、单元格间距、单元格边距、边框粗细等选项，如图 14-1 所示。

图 14-1 "表格"对话框

🔾 行数：该选项用于设置所插入表格的行数。

🔾 列：该选项用于设置所插入表格的列数。

🔾 表格宽度：该选项用于设置所插入表格的宽度。"宽度"的单位可以通过右边的下拉列表选择，有"像素"或"百分比"。"宽度"单位以像素定义的表格，大小是固定的，而以百分比定义的表格，会随着浏

览器的窗口大小的改变而改变。

🔾 边框粗细：该选项用于设置所插入表格的边框的宽度（以像素为单位）。

🔾 单元格边距：该选项用于设置所插入的表格中单元格内容和单元格边框之间的像素数。

🔾 单元格间距：该选项用于设置所插入的表格中相邻的表格单元格之间的像素数。

🔾 标题：在该选项组中可以选择已定义的标题样式，包括"无"、"左"、"顶部"和"两者"。

🔾 辅助功能：在该选项组定义与表格存储相关的参数，包括在"标题"文本框中定义表格标题；在"摘要"文本框中对表格进行注释。

14.1.2 插入表格 ⟩

在前面的章节中已经学习了在网页中插入 Div 的方法，在网页中插入表格的方法与插入 Div 的方法类似，非常方便。

动手实践——在网页中插入表格

📄 最终文件：无

📀 视频：光盘 \ 视频 \ 第 14 章 \14-1-2.swf

▶01 执行"文件 > 新建"命令，弹出"新建文档"

对话框，如图 14-2 所示。新建一个空白的 HTML 页面，并将光标置于该页面设计视图中，如图 14-3 所示。

图 14-2 "新建文档"对话框

图 14-3 确定光标位置

02 单击"插入"面板上的"表格"按钮，如图 14-4 所示。弹出"表格"对话框，设置如图 14-5 所示。

图 14-4 单击"表格"按钮　　图 14-5 设置"表格"对话框

03 单击"确定"按钮，即可在光标所在位置插入所设置的表格，如图 14-6 所示。

图 14-6 插入表格

14.1.3 选择表格和单元格

设置表格时，可以选择整个表格或单个表格元素，例如选择表格中的某一行或某一列，并且还可以选择表格中连续的单元格或者不连续的单元格。

动手实践——选择表格和单元格

目 最终文件：光盘 \ 最终文件 \ 第 14 章 \14-1-3.html

视频：光盘 \ 视频 \ 第 14 章 \14-1-3.swf

01 执行"文件 > 打开"命令，打开页面"光盘 \ 源文件 \ 第 14 章 \14-1-3.html"，效果如图 14-7 所示。将光标放置在单元格内，用鼠标单击表格上方，在弹出的下拉菜单中选择"选择表格"命令即可，如图 14-8 所示。

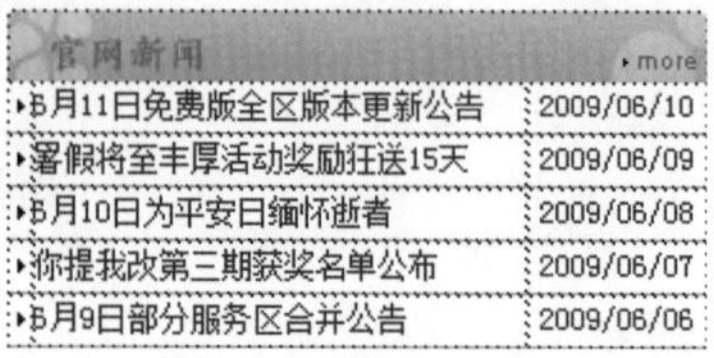

图 14-7 打开页面

图 14-8 通过下拉菜单选择表格

02 还可以在表格中单击鼠标右键，在弹出的快捷菜单中执行"表格 > 选择表格"命令，同样可以选择表格，如图 14-9 所示。单击所要选择的表格左上角，在鼠标指针下方出现表格形状图标时单击，如图 14-10 所示，同样可以选择表格。

图 14-9 通过快捷菜单选择表格

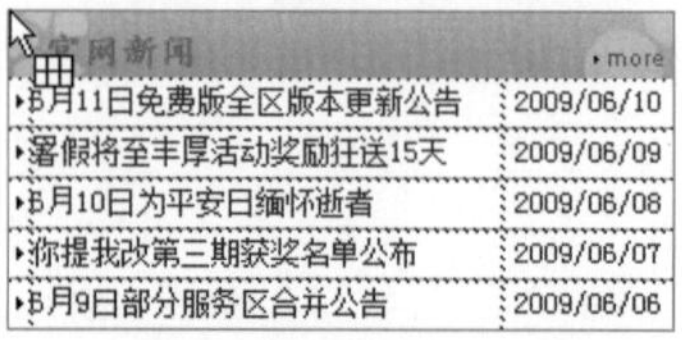

图 14-10 通过单击选择表格

03 要选择单个的单元格，将鼠标置于需要选择的单元格中，在状态栏上的"标签选择器"中单击 <td.border01> 标签，如图 14-11 所示。即可选中该单元格，如图 14-12 所示。

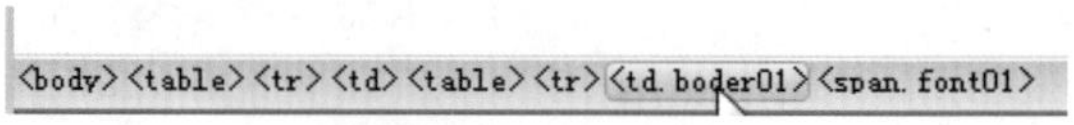

`<body> <table> <tr> <td> <table> <tr> <td.boder01> <span.font01>`

图 14-11 单击 <td> 标签

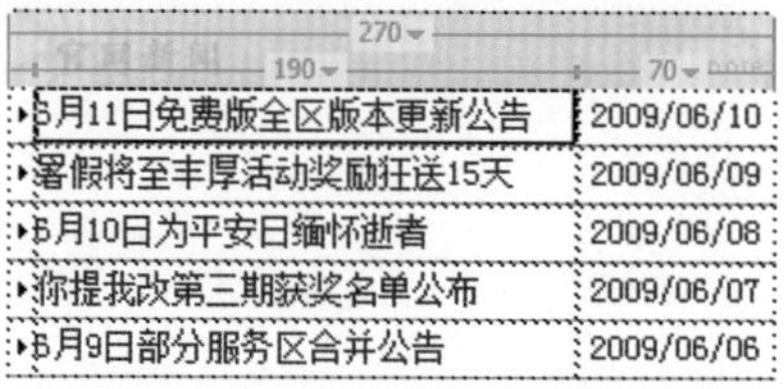

后，可以通过"属性"面板更改其属性，如图 14-17 所示。

图 14-17　表格"属性"面板

行：在"行"文本框中显示了当前所选中表格的行数。在文本框中输入数值，可以修改所选中的表格的行。

Cols：在 Cols 文本框中显示了当前所选中表格的列数。在文本框中输入数值，可以修改所选中的表格的列。

宽：显示当前选中表格的宽度，可以在该选项的文本框中填入数值，修改选中的表格的宽度。紧跟其后的下拉列表框用来设置宽度的单位，有两个选项"%"和"像素"。

CellPad：该选项用来设置单元格内部填充的大小，可填入数值，单位是像素。

CellSpace：该选项用来设置单元格的间距，即单元格与单元格之间的距离，可填入数值，单位是像素。

Align：该选项用来设置表格的水平对齐方式。Align 下拉列表中有 4 个选项，分别是"默认"、"左对齐"、"居中对齐"和"右对齐"。在 Align 下拉列表中选择"默认"选项，则表格将以浏览器默认的水平对齐方式来对齐，默认的水平对齐方式一般为"左对齐"。

Border：该选项用来设置表格边框的宽度，可填入数值，单位是像素。

Class：在该选项的下拉列表中可以选择应用于该表格的 CSS 样式。

"清除列宽"按钮：单击该按钮，则可以清除当前选中表格的宽度。

"将表格宽度转换成像素"按钮：单击该按钮，则可以将当前选中表格的宽度单位转换为像素。

"将表格宽度转换成百分比"按钮：单击该按钮，则可以将当前选中表格的宽度单位转换为百分比。

"清除行高"按钮：单击该按钮，则可以清除当前选中表格的高度。

14.1.5　设置单元格属性

将光标移至表格的某个单元格内，可以在单元格"属性"面板中对此单元格的属性进行设置，如图 14-18 所示。

04 如果需要选择整行，只需要将鼠标移至想要选择的行左边，当鼠标变成向右键头形状时，单击左键即可选中整行，如图 14-13 所示。如果需要选择整列，只需要将鼠标移至想要选择的列的上方，当鼠标变成向下键头形状时，单击左键即可选中整列，如图 14-14 所示。

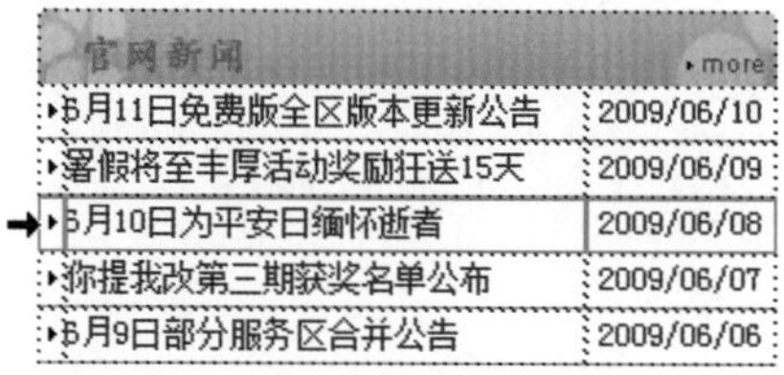

图 14-12　选择单元格

图 14-13　选择整行

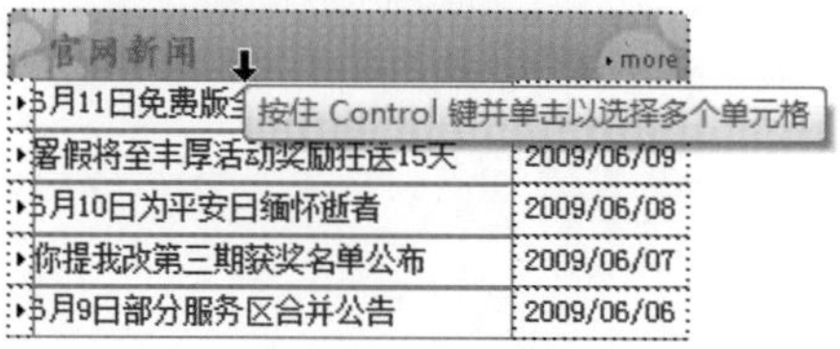

图 14-14　选择整列

05 要选择连续的单元格，需要使鼠标从一个单元格上方开始向要连续选择单元格的方向按下左键后拖动，即可连续选择单元格，如图 14-15 所示。要选择不连续的几个单元格，则需在单击所选单元格的同时，按住 Ctrl 键，如图 14-16 所示。

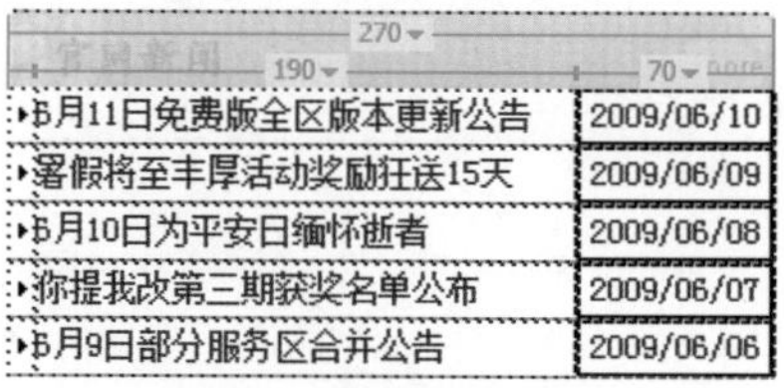

图 14-15　选择连续单元格

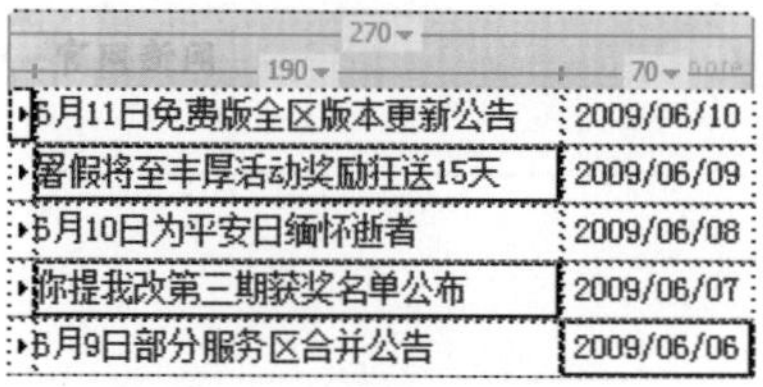

图 14-16　选择不连续单元格

14.1.4　设置表格属性

表格是常用的页面元素，在页面中选中一个表格

图 14-18 单元格"属性"面板

🔽 "合并所选单元格"按钮囗：当在表格中选中两个或两个以上连续的单元格时，该按钮可用，单击该按钮，可以将选中的单元格合并。

🔽 "拆分单元格为行或列"按钮：单击该按钮，将弹出相应的对话框，可以将当前单元格拆分为多个单元格。

🔽 水平：该选项用于设置单元格内元素的水平排版方式。在该选项的下拉列表中包括"左对齐"、"右对齐"和"居中对齐"3 个选项。

🔽 垂直：该选项用于设置单元格内元素的垂直排版方式。在该选项的下拉列表中包括"顶端对齐"、"底部对齐"、"基线对齐"和"居中对齐"4 个选项。

🔽 宽和高：用于设置单元格的宽度和高度，可以用像素或百分比表示。

🔽 不换行：选中该复选框，可以防止单元格中较长的文本自动换行。

🔽 标题：选中该复选框，可以为表格设置标题。

🔽 背景颜色：该选项用于设置单元格的背景颜色。

在单元格的"属性"面板上还有一个 CSS 选项卡，单击转换到 CSS 选项卡中的设置选项，与在 HTML 选项卡中的设置选项相同，如图 14-19 所示。主要的区别在于，在 CSS 选项卡中设置的属性，会生成相应的 CSS 样式表应用于该单元格，而在 HTML 选项卡中设置的属性，会直接在该单元格标签中写入相关属性的设置。

图 14-19 单元格"属性"面板

14.2 编辑表格

在页面中插入表格后，可以通过"属性"面板对表格或单元格的相关属性进行设置，还可以通过其他方式对表格或单元格的大小以及表格结构进行相应的调整。

14.2.1 调整表格大小

用户可以通过拖动选中表格时显示的 3 个选择柄来调整表格的大小。在水平方向调整表格的大小，可拖动右边的选择柄，如图 14-20 所示；在垂直方向调整表格的大小，可以拖动底部的选择柄，如图 14-21 所示；如果需要同时从两个方向调整表格大小，可拖动右下角的选择柄，如图 14-22 所示。

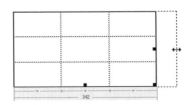

图 14-20 水平调整

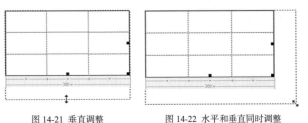

图 14-21 垂直调整　　图 14-22 水平和垂直同时调整

14.2.2 调整单元格大小

调整单元格的大小有以下两种方法。

一种方法是直接拖动行或列的边框，如图 14-23 所示。如果需要更改某个列的宽度并保持其他列的大小不变，可以按住 Shift 键，然后拖动列的边框，如图 14-24 所示。

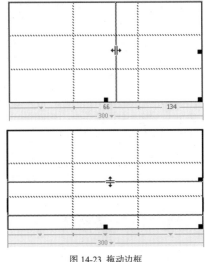

图 14-23 拖动边框

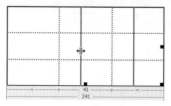

图 14-24 按 Shift 键拖动列边框

另一种方法是在"属性"面板上设置"宽"和"高"文本框内的数值。单位可以为"像素"或"百分比"，默认输入的数值单位即为像素，如果需要单位为百分比显示，则需要在数值的后面输入 %，如图 14-25 所示。

图 14-25 "属性"面板

提示

在实际操作中，为了使表格不出现变形，不推荐使用拖动边框的方法来更改表格或单元格的大小，可以选中表格或单元格，在"属性"面板上进行设置，从而精确调整表格或单元格的大小。

14.2.3 插入行或列

选中要插入行或列的单元格，单击鼠标右键，在弹出的快捷菜单中执行"表格 > 插入行（插入列）"命令，如图 14-26 所示，就可以插入一行或一列单元格。如果需要插入多行或多列，执行"插入行或列"命令，在弹出的"插入行或列"对话框中进行相应的设置，如图 14-27 所示。

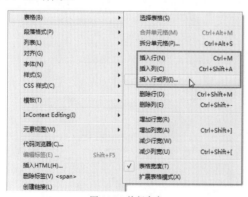

图 14-26 执行命令

图 14-27 "插入行或列"对话框

如果需要插入行，可以选择"行"单选按钮，并在"行数"数值框中输入要插入的行数；如果需要插入列，可以选择"列"单选按钮，并在"列数"数值框中输入要插入的列数；在"位置"选项中可以选择是将行或列插入到当前行上面还是下面，或者当前列前面还是后面。设置完成后，单击"确定"按钮，指定的行或列便插入到表格中了。

14.2.4 删除行或列

如果想删除行或列，只需选中要删除行或列的单元格，单击鼠标右键，在弹出的快捷菜单中执行"表格 > 删除行（删除列）"命令即可，如图 14-28 所示。

图 14-28 执行命令

14.2.5 复制和粘贴单元格

单元格和文本一样，也是可以进行剪切、复制和粘贴的操作。选择要复制或剪切的单元格，既可以选择一个单元格，也可以选择多个单元格，但要保证选中的单元格区域呈连续的、矩形的形状，如图 14-29 所示。

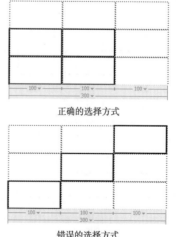

正确的选择方式

错误的选择方式

图 14-29 选择单元格

选择完成后，执行"编辑 > 剪切"命令或按快捷键 Ctrl+X，即可将选中的单元格剪切到剪贴板上；执行"编辑 > 复制"命令或按快捷键 Ctrl+C，即可将选中的单元格复制到剪贴板上。

选择要粘贴数据的目标对象。如果希望将数据粘贴入单元格内，可以单击该单元格，将光标放置到该单元格内，执行"编辑 > 粘贴"命令或按快捷键 Ctrl+V，即可进行粘贴。如果希望将数据粘贴为一个新的表格，将光标放置在表格外进行粘贴，则这些行、列或多个单元格将形成一个独立的新表格。

> **提示**
>
> 替换单元格时，所选的单元格也是有条件的。如果用户剪切或复制了 2 行 3 列的单元格，则要替换的单元格也必须是 2 行 3 列的，否则粘贴操作将不能进行。

14.2.6 合并单元格

拖动鼠标选择多个单元格，单击"属性"面板上的"合并所选单元格，使用跨度"按钮□，或在所选单元格上单击鼠标右键，在弹出的快捷菜单中执行"表格 > 合并单元格"命令，如图 14-30 所示。即可将所选的多个单元格合并为一个单元格，如图 14-31 所示。

图 14-30 执行"合并单元格"命令

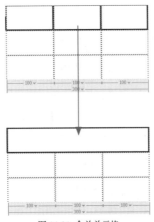

图 14-31 合并单元格

14.2.7 拆分单元格

将光标放置在需要拆分的单元格内，单击"属性"面板上的"拆分单元格为行或列"按钮ⅲ，或在要拆分的单元格上单击鼠标右键，在弹出的快捷菜单中执行"表格 > 拆分单元格"命令，如图 14-32 所示。弹出"拆分单元格"对话框，如图 14-33 所示。在该对话框中可选择将选中的单元格拆分成"行"或"列"和拆分的"行数"或"列数"。这里将单元格拆分成 3 列，如图 14-34 所示。

图 14-32 执行"拆分单元格"命令

图 14-33 "拆分单元格"对话框

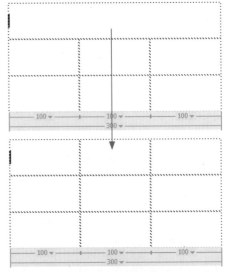

图 14-34 拆分单元格

14.3　表格的高级处理技巧

针对表格数据的处理需要，在 Dreamweaver CC 中还提供了对表格数据进行排序、导入表格数据和导出表格数据的高级操作技巧。通过这些技巧的应用，可以更加方便、快捷地对表格数据进行处理。

14.3.1　排序表格

网页中表格内部常常有大量的数据，Dreamweaver CC 可以方便地将表格内的数据进行排序。如果需要对表格数据进行排序，则选中需要排序的表格，执行"命令 > 排序表格"命令，弹出"排序表格"对话框，在该对话框中可以对表格排序的规则进行设置，如图 14-35 所示。

图 14-35 "排序表格"对话框

🔽 **排序按**：在该选项的下拉列表中选择排序需要最先依据的列，根据所选中的表格所包含的列数不同，在该下拉列表中的选项也不相同。

🔽 **顺序**：在第一个下拉列表框中，可以选择排序的顺序选项。其中"按字母排序"可以按字母的方式进行排序；"按数字排序"可以按数字本身的大小作为排序的依据。第二个下拉列表框中，可以选择排序的方向，可以从字母 A ~ Z，从数字 0 ~ 9，即以"升序"排列。也可以从字母 Z ~ A，从数字 9 ~ 0，即以"降序"排列。

🔽 **再按**：可以选择作为其次依据排列方式。同样可以在"顺序"中选择排序方式和排序方向。

🔽 **顺序**：可以在"顺序"中选择排序方式和排序方向。

🔽 **选项**：在该选项区中包含表格排序时的规则。

　🔽 **排序包含第一行**：选中该复选框，则可以从表格的第一行开始进行排序。

　🔽 **排序标题行**：选中该复选框，可以对标题行进行排序。

　🔽 **排序脚注行**：选中该复选框，可以对脚注行进行排序。

🔽 **完成排序后所有行颜色保持不变**：选中该复选框，排序时不仅移动行中的数据，行的属性也会随之移动。

动手实践——对表格数据进行排序

📋 最终文件：光盘 \ 最终文件 \ 第 14 章 \14-3-1.html

📁 视频：光盘 \ 视频 \ 第 14 章 \14-3-1.swf

01 执行"文件 > 打开"命令，打开页面"光盘 \ 源文件 \ 第 14 章 \14-3-1.html"，效果如图 14-36 所示。将光标移至表格的左上角，当鼠标指针变为形状时，单击鼠标左键，选择需要排序的表格，如图 14-37 所示。

图 14-36 打开页面　　　　　图 14-37 选中表格

02 执行"命令 > 排序表格"命令，弹出"排序表格"对话框，在这里需要对表格中的数据按积分从高到低进行排序，设置如图 14-38 所示。单击"确定"按钮，对选中的表格进行排序，如图 14-39 所示。

图 14-38 设置"排序列格"对话框

图 14-39 排序后表格效果

14.3.2 导入表格式数据

在 Dreamweaver CC 中，可以将 Word 等软件处理的数据放到网上，先从 Word 等软件中将文件另存为文本格式的文件，再用 Dreamweaver 将这些数据导入为网页中的表格式数据。

如果要导入表格式数据，可以执行"文件 > 导入 > 表格式数据"命令，弹出"导入表格式数据"对话框，在该对话框中进行设置，如图 14-40 所示。

图 14-40 "导入表格式数据"对话框

🔵 **数据文件**：在该文本框中输入需要导入的数据文件的路径，或者单击文本框右侧的"浏览"按钮，弹出"打开"对话框，在其中选择需要导入的数据文件。

🔵 **定界符**：该下拉列表框用来说明这个数据文件的各数据间的分隔方式，供 Dreamweaver CC 正确地区分各数据。在该下拉列表中有 5 个选项，分别为 Tab、"逗点"、"分号"、"引号"和"其他"。

🔵 **Tab**：选择该选项，则表示各数据间是用空格分隔的。

🔵 **逗点**：选择该选项，则表示各数据间是用逗号分隔的。

🔵 **分号**：选择该选项，则表示各数据间是用分号分隔的。

🔵 **引号**：选择该选项，则表示各数据间是用引号

分隔的。

🔵 **其他**：选择该选项，则可以在下拉列表后面的文本框中填入用来分隔数据的符号。

🔵 **表格宽度**：该选项用于设置导入数据后生成的表格的宽度，提供了"匹配内容"和"设置为"两个选项。"匹配内容"使每个列足够宽，以适应该列中最长的文本字符串。"设置为"以像素为单位指定固定的表格宽度，或按占浏览器窗口宽度的百分比指定表格宽度。

🔵 **单元格边距**：该选项用来设置生成的表格单元格内部空白的大小，可以输入数值，单位是像素。

🔵 **单元格间距**：该选项用来设置生成的表格单元格之间的距离，可以输入数值，单位是像素。

🔵 **格式化首行**：该选项用来设置生成的表格首行内容的文本格式，有 4 个选项，分别为"无格式"、"粗体"、"斜体"和"加粗斜体"。

🔵 **无格式**：选择该选项，则表格首行内容不添加任何特殊格式。

🔵 **粗体**：选择该选项，则表格首行内容将被设置为粗体。

🔵 **斜体**：选择该选项，则表格首行内容将被设置为斜体。

🔵 **加粗斜体**：选择该选项，则表格首行内容将同时被设置为粗体和斜体。

🔵 **边框**：该选项用于设置表格边框的宽度，可以输入数值，单位是像素。

动手实践——在网页中导入表格式数据内容

📗 最终文件：光盘 \ 最终文件 \ 第 14 章 \14-3-2.html
📹 视频：光盘 \ 视频 \ 第 14 章 \14-3-2.swf

01 执行"文件 > 打开"命令，打开页面"光盘 \ 源文件 \ 第 14 章 \14-3-2.html"，效果如图 14-41 所示。在该页面中将导入文本文件的内容，如图 14-42 所示。

图 14-41 打开页面

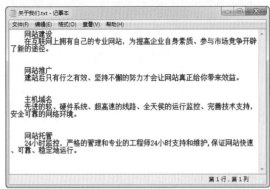

图 14-42　导入的文本文件

02 将光标移至页面中名为 main 的 Div 中，将多余文字删除，执行"文件 > 导入 > 表格式数据"命令，弹出"导入表格式数据"对话框，设置如图 14-43 所示。单击"确定"按钮，即可将所选择的文本文件中的数据导入到页面中，如图 14-44 所示。

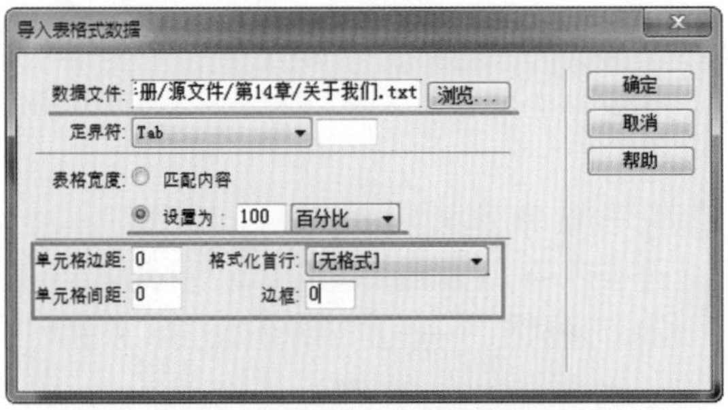

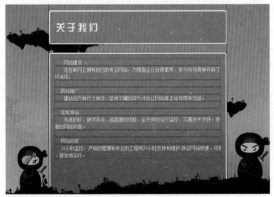

图 14-43　设置"导入表格式数据"对话框

图 14-44　导入表格式数据效果

03 转换到该网页所链接的外部 CSS 样式文件中，创建名为 .font01 的类 CSS 样式，如图 14-45 所示。返回设计视图中，选中相应的文字，在"类"下拉列表中选择刚定义的类 CSS 样式 font01 应用，如图 14-46 所示。

```
.font01{
    font-weight:bold;
    color:#FFFF00;
}
```

图 14-45　CSS 样式代码

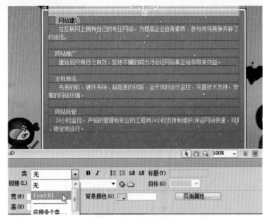

图 14-46　应用 CSS 样式

04 使用相同的方法，为其他相应的文字应用该类 CSS 样式，完成表格数据的导入，保存页面，在浏览器中预览页面，效果如图 14-47 所示。

图 14-47　在浏览器中预览页面效果

14.3.3　导出表格数据

如果要导出表格数据，需要把鼠标指针放置在表格中的任意单元格中。执行"文件 > 导出 > 表格"命令，弹出"导出表格"对话框，如图 14-48 所示。

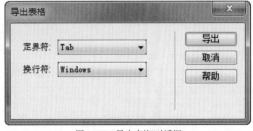

图 14-48　"导出表格"对话框

● 定界符：该选项用来设置应该使用哪个分隔符在导出的文件中隔开各项，有 5 个选项，分别是 Tab、"空白键"、"逗点"、"分号"和"引号"，如图 14-49 所示。

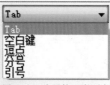

图 14-49 "定界符"下拉列表

操作系统，在该选项的下拉列表中有 3 个选项，分别是 Windows、Mac 和 UNIX，如图 14-50 所示。

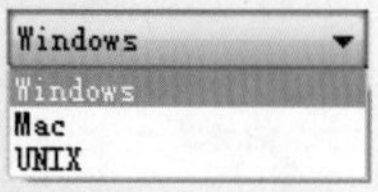

图 14-50 "换行符"下拉列表

- Tab：选择该选项，则分隔符为多个空格。

- 空白键：选择该选项，则分隔符为单个空格。

- 逗点：选择该选项，则分隔符为逗号。

- 分号：选择该选项，则分隔符为分号。

- 引号：选择该选项，则分隔符为引号。

- 换行符：该选项用来设置将表格数据导出到哪种

- Windows：如果选择该选项，则将表格数据导出到 Windows 操作系统。

- Mac：如果选择该选项，则将表格数据导出到苹果机操作系统。

- UNIX：如果选择该选项，则将表格数据导出到 UNIX 操作系统，不同的操作系统具有不同的指示文件结尾的方式。

14.4 使用 CSS 实现表格特效

在网页中使用表格来表现数据内容时，有时数据量比较大，表格的行和列就比较多。通过 CSS 样式，可以实现一些表格的特殊效果，从而使数据信息更加有条理，不至于非常凌乱。

14.4.1 使用 CSS 实现隔行变色的单元格

对于大量的数据表格，单元格如果采用相同的背景色，那么用户在查看数据时会非常不清晰，并且容易读错，通常的解决方法就是通过 CSS 样式实现隔行变色的效果，使得奇数行和偶数行的背景色不一样，从而达到数据的一目了然。

动手实践——使用 CSS 实现隔行变色的单元格

目 最终文件：光盘 \ 最终文件 \ 第 14 章 \14-4-1.html

视频：光盘 \ 视频 \ 第 14 章 \14-4-1.swf

01 执行"文件 > 打开"命令，打开页面"光盘 \ 源文件 \ 第 14 章 \14-4-1.html"，效果如图 14-51 所示。在浏览器中预览该页面，效果如图 14-52 所示。

图 14-52 在浏览器中预览效果

02 转换到该文件所链接的外部 CSS 样式文件中，创建名为 .bg01 的类 CSS 样式，如图 14-53 所示。返回代码视图中，在隔行的 \<tr\> 标签中应用类 CSS 样式 bg01，如图 14-54 所示。

```
.bg01{
    background-color:#F4F4F4;
}
```

图 14-53 CSS 样式代码

图 14-51 打开页面

```
<table cellpadding="0" cellspacing="0" id="table01">
  <tr>
    <td class="td01"><img src="images/12402.gif" width="3" height="5" /></td>
    <td class="td02">[苹果活动]</td>
    <td class="td03">白色情人节，MM堂给你白色浪漫</td>
    <td class="td04">[03/02]</td>
  </tr>
  <tr class="bg01">
    <td class="td01"><img src="images/12402.gif" width="3" height="5" /></td>
    <td class="td02">[苹果新闻]</td>
    <td class="td03">超级享受，体验新品</td>
    <td class="td04">[02/04]</td>
  </tr>
```

图 14-54 隔行应用 CSS 样式

03 返回设计视图中，效果如图 14-55 所示。保

存页面，并保存外部 CSS 样式文件，在浏览器中预览
页面，可以看到隔行变化的表格效果，如图 14-56 所示。

图 14-55 页面效果

图 14-56 在浏览器中预览效果

14.4.2　使用 CSS 实现交互变色表格

如果数据行能动态根据鼠标悬浮来改变颜色，就
会使页面充满动态效果，通过 CSS 就可以轻松地实现
变色表格的效果。

动手实践——使用 CSS 实现交互变色表格

📄 最终文件：光盘 \ 最终文件 \ 第 14 章 \14-4-2.html
🎬 视频：光盘 \ 视频 \ 第 14 章 \14-4-2.swf

01 执行"文件 > 打开"命令，打开页面"光盘 \
源文件 \ 第 14 章 \14-4-2.html"，效果如图 14-57 所示。
转换到该文件所链接的外部 CSS 样式文件中，创建名
为 table tr:hover 的 CSS 样式，如图 14-58 所示。

图 14-57 打开页面

```
table tr:hover{
    background-color:#F4F4F4;
    cursor:pointer;
}
```

图 14-58 CSS 样式代码

技巧

变色表格的功能主要是通过 CSS 样式中的 hover 伪类来实现
的，这里定义的 CSS 样式，是定义了 <table> 标签中的 <tr> 标签
的 hover 伪类，定义了背景颜色和光标指针的形状。

02 执行"文件 > 保存"命令，保存页面，并保存
外部 CSS 样式文件，在浏览器中预览页面，可以看到
CSS 实现的变色表格效果，如图 14-59 所示。

图 14-59 在浏览器中预览变色表格的效果

14.5　使用 IFrame 框架布局网页

IFrame 框架是一种特殊的框架技术，IFrame 框架比框架更加容易控制网站的内容。但是，由于
Dreamweaver CC 中并没有提供 IFrame 框架的可视化制作方案，因此需要手动添加一些页面的源代码。

14.5.1 制作 IFrame 框架页面

IFrame 框架页面的操作步骤非常简单，只需要在页面中显示 IFrame 框架的位置插入 <IFrame> 标签，然后手动添加相应的设置代码即可。

动手实践——制作 IFrame 框架页面

最终文件：光盘 \ 最终文件 \ 第 14 章 \14-5-1.html

视频：光盘 \ 视频 \ 第 14 章 \14-5-1.swf

01 执行"文件 > 打开"命令，打开页面"光盘 \ 源文件 \ 第 14 章 \14-5-1.html"，效果如图 14-60 所示。将光标移至名为 content 的 Div 中，将多余文字删除，执行"插入 >IFRAME"命令，在页面中插入一个浮动框架。这时页面会自动转换到拆分模式，并在代码中生成 <iframe></iframe> 标签，如图 14-61 所示。

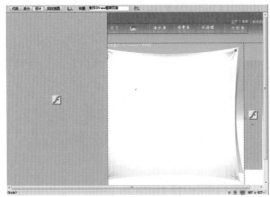

图 14-60 页面效果

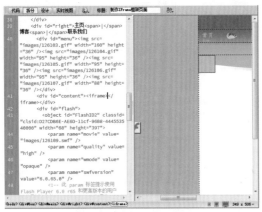

图 14-61 插入 IFRAME 框架

02 在代码视图中的 <iframe> 标签中，输入相应的代码，如图 14-62 所示。

```
<div id="content"><iframe width="475px" height
="450px" name="main" scrolling="auto" frameborder=
"0" src="Home.html"></iframe></div>
```

图 14-62 添加相应的代码

提示

其中，<iframe> 为 IFrame 框架的标签，src 属性用于设置该 IFrame 框架中显示的页面，name 属性用于设置该 IFrame 框架的名称，width 属性用于设置 IFrame 框架的宽度，height 属性用于设置 IFrame 框架的高度，scrolling 属性用于设置 IFrame 框架滚动条是否显示，frameborder 属性用于设置 IFrame 框架边框显示属性。

03 这里所链接的"Home.html"页面是事先制作完成的页面，效果如图 14-63 所示。页面中插入 IFrame 框架的位置会变为灰色区域，而"Home.html"页面就会出现 IFrame 框架内部，如图 14-64 所示。

图 14-63 Home.html 页面效果

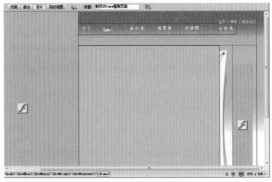

图 14-64 页面中的浮动框架

04 执行"文件 > 保存"命令，保存页面。在浏览器预览整个框架页面，可以看到页面的效果，如图 14-65 所示。

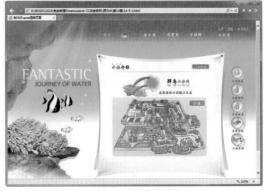

图 14-65 预览效果

14.5.2　IFrame 框架页面链接

IFrame 框架页面的链接设置与普通链接的设置基本相同，不同的是设置打开的"目标"属性要与 IFrame 框架的名称相同。

动手实践——IFrame 框架页面链接

目 最终文件：光盘 \ 最终文件 \ 第 14 章 \14-5-1.html

视频：光盘 \ 视频 \ 第 14 章 \14-5-2.swf

01 接上例，为页面设置链接。选中页面上方的"首页"图像，如图 14-66 所示。在"属性"面板上设置"链接"地址为"Home.html"，在"目标"文本框中输入 main，如图 14-67 所示。

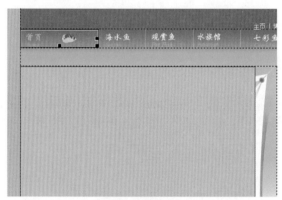

图 14-66　选择图像

图 14-67　"属性"面板

02 选中"海水鱼"图像，在"属性"面板上对其相关属性进行设置，如图 14-68 所示。这里的"Fish.html"也是制作好的页面，效果如图 14-69 所示。

图 14-68　"属性"面板

图 14-69　页面效果

> **提示**
>
> 链接的"目标"设置为 main，与 <IFrame> 标签中 name="main" 的定义必须保持一致，从而保证链接的页面在 IFrame 框架中打开。

03 执行"文件 > 保存"命令，保存页面，在浏览器中预览整个浮动框架页面，效果如图 14-70 所示。单击"海水鱼"图像，在 IFrame 框架中会显示"Fish.html"页面的内容，如图 14-71 所示。

图 14-70　在浏览器中预览页面

图 14-71　在 IFrame 框架中打开新页面

> **提示**
>
> 在 IFrame 框架中调用的各个二级页面内容的高度并不是统一的，当 IFrame 框架调用内容比较多，页面比较长的页面时，IFrame 框架就会出现滚动条。

14.6　制作社区类网站页面 🔍

本实例制作的是社区类网站的新闻列表页面，在该页面中包含大量的新闻标题。在本实例的制作过程中，将使用 IFrame 框架的形式对页面进行布局的制作，并且新闻列表部分将使用表格的形式来表现数据，并且通过 CSS 样式对表格的外观进行控制。本实例的最终效果如图 14-72 所示。

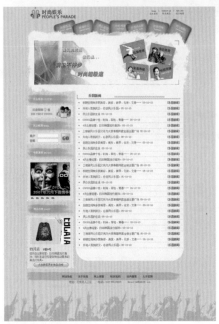

图 14-72 页面最终效果

动手实践——制作社区类网站页面

📄 最终文件: 光盘 \ 最终文件 \ 第 14 章 \14-6.html

📹 视频: 光盘 \ 视频 \ 第 14 章 \14-6.swf

01 执行"文件 > 新建"命令,新建一个 HTML 页面,如图 14-73 所示。将其保存为"光盘 \ 源文件 \ 第 14 章 \14-6.html"。使用相同的方法,新建一个外部 CSS 样式表文件,将其保存为"光盘 \ 源文件 \ 第 14 章 \style\14-6.css"。返回"14-6.html"页面,链接刚创建的外部 CSS 样式表文件,设置如图 14-74 所示。

图 14-73 "新建文档"对话框

图 14-74 "使用现有的 CSS 文件"对话框

02 切换到"14-6.css"文件中,创建名为 * 的通配符 CSS 样式和名为 body 的标签 CSS 样式,如图 14-75 所示。返回设计视图中,可以看到页面的背景效果,如图 14-76 所示。

```css
*{
    margin:0px;
    padding:0px;
    border:0px;
}
body{
    font-family:"宋体";
    font-size:12px;
    color:#757575;
    line-height:30px;
    background-image:url(../images/12901.gif);
    background-repeat:repeat;
}
```

图 14-75 CSS 样式代码

图 14-76 页面效果

03 将光标放置在页面中,插入名为 box 的 Div,切换到外部 CSS 样式表文件中,创建名为 #box 的 CSS 样式,如图 14-77 所示。返回设计视图中,可以看到页面的效果,如图 14-78 所示。

```
#box{
    width:1001px;
    height:100%;
    overflow:hidden;
    margin:0px auto;
}
```

图 14-77 CSS 样式代码

图 14-78 页面效果

[04] 将光标移至名为 box 的 Div 中，将多余文字删除，在该 Div 中插入名为 top 的 Div，切换到外部 CSS 样式表文件中，创建名为 #top 的 CSS 样式，如图 14-79 所示。返回设计视图中，可以看到页面的效果，如图 14-80 所示。

```
#top{
    width:223px;
    height:42px;
    margin:0px auto;
    background-image:url(../images/12902.gif);
    background-repeat:no-repeat;
    background-position:35px center;
    padding-left:600px;
    padding-top:15px;
}
```

图 14-79 CSS 样式代码

图 14-80 页面效果

[05] 将光标移至名为 top 的 Div 中，将多余文字删除，依次插入相应的图像，效果如图 14-81 所示。在名为 top 的 Div 之后插入名为 pic 的 Div，切换到外部 CSS 样式表文件中，创建名为 #pic 和 #pic img 的 CSS 样式，如图 14-82 所示。

图 14-81 插入图像

```
#pic{
    width:784px;
    height:339px;
    margin:0px auto;
}
#pic img {
    float: left;
}
```

图 14-82 CSS 样式代码

[06] 返回设计视图中，可以看到页面的效果，如图 14-83 所示。将光标移至名为 pic 的 Div 中，将多余文字删除，依次插入相应的图像，效果如图 14-84 所示。

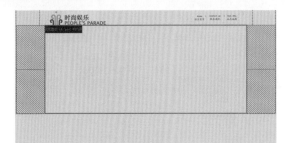

图 14-83 页面效果

图 14-84 插入图像

[07] 在名为 pic 的 Div 之后插入名为 main 的 Div，切换到外部 CSS 样式表文件中，创建名为 #main 的 CSS 样式，如图 14-85 所示。返回设计视图中，可以看到页面的效果，如图 14-86 所示。

```
#main{
    width:784px;
    height:100%;
    overflow:hidden;
    margin:0px auto;
}
```

图 14-85 CSS 样式代码

图 14-86 页面效果

[08] 将光标移至名为 main 的 Div 中，将多余文字删除，插入名为 left 的 Div，切换到外部 CSS 样式表文件中，创建名为 #left 的 CSS 样式，如图 14-87 所示。返回设计视图中，可以看到页面的效果，如图 14-88 所示。

```
#left{
    float:left;
    width:223px;
    height:100%;
    overflow:hidden;
}
```

图 14-87 CSS 样式代码

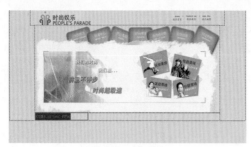

图 14-88 页面效果

09 将光标移至名为 left 的 Div 中，将多余文字删除，插入相应的图像，效果如图 14-89 所示。将光标移至图像后，插入名为 login 的 Div，切换到外部 CSS 样式表文件中，创建名为 #login 的 CSS 样式，如图 14-90 所示。

图 14-89 插入图像

```
#login{
    width:198px;
    height:44px;
    font-weight:bold;
    line-height:20px;
    padding:8px 10px 8px 15px;
    background-image:url(../images/12911.gif);
    background-repeat:no-repeat;
}
```

图 14-90 CSS 样式代码

10 返回设计视图中，可以看到页面的效果，如图 14-91 所示。将光标移至名为 login 的 Div 中，将多余文字删除，根据表单的制作方法，可以完成该部分登录表单的制作，效果如图 14-92 所示。

图 14-91 页面效果

图 14-92 页面效果

11 将光标移至名为 login 的 Div 之后，插入图像"光盘\源文件\第 14 章\images\12913.gif"，效果如图 14-93 所示。将光标移至刚插入的图像后，插入名为 movie 的 Div，切换到外部 CSS 样式表文件中，创建名为 #movie 的 CSS 样式，如图 14-94 所示。

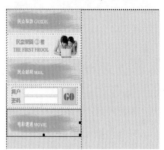

图 14-93 插入图像

```
#movie{
    width:206px;
    height:176px;
    padding-top:17px;
    padding-left:17px;
    background-image:url(../images/12914.gif);
    background-repeat:no-repeat;
}
```

图 14-94 CSS 样式代码

12 返回到设计视图中，将光标移至名为 movie 的 Div 中，将多余文字删除，插入图像"光盘\源文件\第 14 章\images\12915.gif"，如图 14-95 所示。使用相同的方法，完成其他相似内容的制作，页面效果如图 14-96 所示。

图 14-95 插入图像　　图 14-96 页面效果

13 将光标移至刚插入的图像后，插入名为 text 的 Div，切换到外部 CSS 样式表文件中，创建名为 #text 的 CSS 样式，如图 14-97 所示。返回设计视图中，可以看到页面的效果，如图 14-98 所示。

```
#text{
    width:200px;
    height:100px;
    line-height:15px;
    overflow:hidden;
    margin:0px auto;
}
```

图 14-97 CSS 样式代码

图 14-98 页面效果

14 将光标移至名为 text 的 Div 中，将多余文字删除，输入文字并插入图像，效果如图 14-99 所示。切换到外部 CSS 样式表文件中，创建名为 .font 和 .font01 的类 CSS 样式，以及名为 #text img 的 CSS 样式，如图 14-100 所示。

图 14-99 页面效果

```
.font{
    font-size:16px;
    line-height:25px;
    font-weight:bold;
    margin-right:15px;
}
.font01{
    color:#FF0000;
    font-weight:bold;
}
#text img{
    margin-top:3px;
    margin-left:18px;
}
```

图 14-100 CSS 样式代码

15 返回设计视图中，为相应的文字应用类 CSS 样式，效果如图 14-101 所示。在名为 left 的 Div 之后插入名为 right 的 Div，切换到外部 CSS 样式表文件中，创建名为 #right 的 CSS 样式，如图 14-102 所示。

图 14-101 文字效果

```
#right{
    float:left;
    width:500px;
    height:100%;
    overflow:hidden;
    margin-left:9px;
    background-color:#fcfee6;
    background-image:url(../images/12922.gif);
    background-repeat:no-repeat;
    background-position:center bottom;
    padding: 0px 5px 58px 5px;
}
```

图 14-102 CSS 样式代码

16 返回设计视图中，可以看到页面的效果，如图 14-103 所示。使用相同的方法，完成其他部分内容的制作，页面效果如图 14-104 所示。

图 14-103 页面效果

图 14-104 页面效果

17 执行"文件 > 新建"命令，新建一个 HTML 页面，如图 14-105 所示。将其保存为"光盘 \ 源文件 \ 第 14 章 \news.html"。使用相同的方法，新建一个外部 CSS 样式表文件，将其保存为"光盘 \ 源文件 \ 第 14 章 \style\news.css"。返回"news.html"页面中，链接刚创建的外部 CSS 样式表文件，设置如图 14-106 所示。

图 14-105 "新建文档"对话框

图 14-106 "使用现有的 CSS 文件"对话框

18 单击"确定"按钮，切换到"news.css"文件中，创建名为 body 的标签 CSS 样式，如图 14-107 所示。返回到设计视图中，可以看到页面的背景效果，如图 14-108 所示。

```
body {
    margin:0px;
    padding:0px;
    background-color:#fcfee6;
    }
```

图 14-107 CSS 样式代码

图 14-108 页面效果

19 将光标放置在页面中，单击"插入"面板上的"表格"按钮，弹出"表格"对话框，设置如图 14-109 所示。单击"确定"按钮，在页面中插入表格，效果如图 14-110 所示。

图 14-109 "表格"对话框

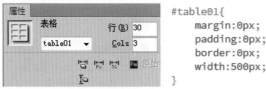

图 14-110 插入表格

20 选中刚插入的表格，在"属性"面板上设置其 ID 名称为 table01，如图 14-111 所示。切换到"news.css"文件中，创建名为 #table01 的 CSS 样式，如图 14-112 所示。

图 14-111 "属性"面板

```
#table01{
    margin:0px;
    padding:0px;
    border:0px;
    width:500px;
}
```

图 14-112 CSS 样式代码

21 返回设计视图中，可以看到表格的效果，如图 14-113 所示。切换到"news.css"文件中，创建名为 caption 的 CSS 样式，如图 14-114 所示。

图 14-113 表格效果

```
caption{
    height:28px;
    font-size:14px;
    font-weight:bold;
    color:#4d4b72;
    background-image:url(../images/19223.gif);
    background-repeat:no-repeat;
    background-position:left top;
    padding-right:325px;
    padding-top:5px;
}
```

图 14-114 CSS 样式代码

22 返回设计视图中，可以看到表格标题的效果，如图 14-115 所示。切换到"news.css"文件中，创建名为 td 的 CSS 样式，如图 14-116 所示。

图 14-115 标题效果

```
td{
    font-family:"宋体";
    font-size:12px;
    line-height:25px;
    color:#757575;
    border-bottom:1px dashed #CCCCCC;
}
```

图 14-116 CSS 样式代码

23 返回设计视图中，可以看到页面的效果，如图 14-117 所示。切换到 news.css 文件中，创建名为 .table02 的类 CSS 样式，如图 14-118 所示。

```
.table02{
    padding-left:10px;
    width:20px;
}
```

图 14-117 页面效果　　图 14-118 CSS 样式代码

24 返回设计视图中，为第 1 列的所有单元格应用名为 table02 的类 CSS 样式，效果如图 14-119 所示。将光标移至单元格中，插入图像并输入文字，如图 14-120 所示。

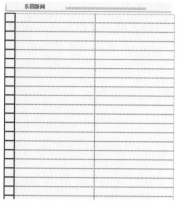

图 14-119　表格效果

图 14-120　页面效果

25　切换到"news.css"文件中，创建名为 .font03 的类 CSS 样式和名为 table tr:hover 的 CSS 样式，如图 14-121 所示。返回设计视图中，为第 3 列单元格中的所有文字应用名为 font03 的类 CSS 样式，效果如图 14-122 所示。

```
.font03{
    color:#343468;
}
table tr:hover{
    background-color:#e2e5c6;
    cursor:pointer;
}
```

图 14-121　CSS 样式代码　　　图 14-122　文字效果

26　执行"文件 > 保存"命令，保存该页面，在浏览器中预览该页面，如图 14-123 所示。返回到"14-6.html"页面中，将光标移至名为 right 的 Div 中，将多余文字删除，执行"插入 >IFRAME"命令，页面则转换为拆分视图，如图 14-124 所示。

图 14-123　预览效果

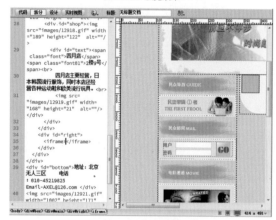

图 14-124　视图效果

27　在 <iframe> 标签中添加相应的属性设置代码，如图 14-125 所示。执行"文件 > 保存"命令，保存该页面，在浏览器中预览该页面，效果如图 14-126 所示。

```
<div id="right"><iframe width="500"
height="820" name="main" scrolling=
"auto" frameborder="0" src="news.html">
</iframe></div>
```

图 14-125　代码视图

图 14-126　在浏览器中预览页面

271

14.7 本章小结

在使用 DIV+CSS 布局制作页面的过程中，表格在网页中的使用并不多，但对于网页中一些表格式数据的表现，还是可以通过表格的形式进行呈现的。本章主要向用户介绍了有关表格和 IFrame 框架页面在网页布局的应用，这两种布局方式目前在网页中应用比较少，但是用户还是需要能够掌握这两种布局方式的应用，因为很多以前的网站还是使用表格进行布局的。

第15章 使用行为丰富网页效果

在优秀的网站页面中，不仅包含文本和图像，还有很多交互式的效果，而这种效果可以通过 Dreamweaver CC 中的一项强大的功能——行为来实现的，它将事件与动作相互结合，使网页形式更加多样化，且具有独特的风格。并且在 Dreamweaver CC 中还加入了最新的 jQuery 行为效果，使得可以实现更加丰富的网页交互效果。

15.1 了解 Dreamweaver CC 中的行为

行为是 Dreamweaver CC 中非常强大的功能，它提高了网站的可交互性。行为是事件与动作的结合，一般的行为都要由事件来激活动作。

15.1.1 什么是行为

Dreamweaver 行为是一种运行在浏览器中的 JavaScript 代码，设计者可以将其放置在网页文档中，以允许浏览者与网页本身进行交互，从而以多种方式更改页面或引起某次任务的执行。行为由事件和该事件触发的动作组成。在"行为"面板中，用户可以先指定一个动作，然后指定触发该动作的事件，从而将行为添加到页面中。

> **提示**
> "行为"和"动作"这两个术语是 Dreamweaver 术语，而不是 HTML 术语，从浏览器的角度看，动作与其他任何一段 JavaScript 代码完全相同。

事件实际上是浏览器生成的消息，指示该页面中在浏览时执行某种操作。例如，当浏览者将鼠标指针移动到某个链接上时，浏览器为该链接生成一个 onMouseOver 事件（鼠标经过），然后浏览器查看是否存在为链接在该事件时浏览器应该调用的 JavaScript 代码。而每个页面元素所能发生的事件不尽相同，例如页面文档本身能发生的 onLoad（页面被打开时的事件）和 onUnload（页面被关闭时的事件）。

15.1.2 "行为"面板

在 Dreamweaver CC 中，进行附加行为和编辑行

为的操作都将使用到"行为"面板。执行"窗口 > 行为"命令，打开"行为"面板，如图 15-1 所示。如果需要进行附加行为的操作，可以单击"行为"面板上的"添加行为"按钮，在弹出的下拉菜单中选择需要添加的行为，如图 15-2 所示。

图 15-1 "行为"面板

图 15-2 预设的各种行为

> **提示**
> 如果当前网页中已经附加了行为，那么这些行为将显示在"行为"面板中。在弹出的下拉菜单中不能单击菜单中呈灰色显示的动作，这些动作呈灰色显示的原因可能是当前文档中不存在所需的对象。

在"行为"面板上的列表框中选择一个行为，单击该项左侧的事件栏，将显示一个下拉列表，如图 15-3 所示。在该列表中列出了所选行为所有可用的

触发事件，可根据实际需要的情况来进行设置。

图 15-3 事件下拉列表

如果需要调整正在使用的行为的顺序，向上移动可以单击"行为"面板中的"增加事件值"按钮▲；向下移动可以单击"行为"面板中的"降低事件值"按钮▼。

如果需要删除网页中正在使用的行为，可以在列表中选中需要删除的行为，单击"行为"面板中的"删除事件"按钮━，删除该行为。

> **提示**
>
> 在为网页添加行为时要按照 3 个步骤执行：（1）选择对象；（2）添加动作；（3）设置触发事件。

15.2　添加行为实现网页特效 🔍

在 Dreamweaver CC 中，可以将行为附加给整个文档、链接、图像、表单或其他任何 HTML 对象，并由浏览器决定哪些对象可以接受行为，哪些对象不能接受行为。为对象附加动作时，可以一次为每个事件关联多个动作，动作的执行按照在"行为"面板列表中的顺序执行。

15.2.1　交换图像 ▷

"交换图像"行为的效果与鼠标经过图像的效果一样的，该行为通过更改 <img> 标签中的 src 属性将一个图像与另一个图像进行交换。

动手实践——实现图像翻转效果 🖱

📄 最终文件：光盘 \ 最终文件 \ 第 15 章 \15-2-1.html

🎬 视频：光盘 \ 视频 \ 第 15 章 \15-2-1.swf

01 执行"文件 > 打开"命令，打开页面"光盘 \ 源文件 \ 第 15 章 \15-2-1.html"，效果如图 15-4 所示。选中页面中需要添加"交换图像"行为的图像，如图 15-5 所示。

图 15-4 打开页面

图 15-5 选中图像

02 单击"行为"面板中的"添加行为"按钮 +，在弹出的下拉菜单中选择"交换图像"命令，弹出"交换图像"对话框，设置如图 15-6 所示。单击"确定"按钮，完成"交换图像"对话框的设置，在"行为"面板中自动添加相应的行为，如图 15-7 所示。

图 15-6 "交换图像"对话框

图 15-7 "行为"面板

> **提示**
>
> 在"交换图像"对话框中，会自动检测出网页中的图像，选择相应的图像，为其设置交换图像即可。该对话框中的其他选项与"插入鼠标经过图像"对话框中的选项作用相同。

提示

当在网页中添加"交换图像"行为时，会自动为页面添加"恢复交换图像"的行为，这两个行为的效果通常都是一起出现的。onMouseOver 触发事件表示当鼠标移至图像上时；onMouseOut 触发事件表示当鼠标移出图像上时。

03 保存页面，在浏览器中预览页面，当鼠标移至添加了"交换图像"行为的图像上时可以看到交换图像的效果，如图 15-8 所示。

图 15-8 预览"交换图像"行为效果

15.2.2 弹出信息

该动作的发生会在某处事件发生时，弹出一个对话框，给用户一些信息，这个对话框只有一个按钮，即"确定"按钮。

动手实践——添加弹出欢迎信息

📄 最终文件：光盘 \ 最终文件 \ 第 15 章 \15-2-2.html
📹 视频：光盘 \ 视频 \ 第 15 章 \15-2-2.swf

01 执行"文件 > 打开"命令，打开页面"光盘 \ 源文件 \ 第 15 章 \15-2-2.html"，效果如图 15-9 所示。在标签选择器中选中 <body> 标签，如图 15-10 所示。

图 15-9 打开页面

图 15-10 选择 <body> 标签

02 单击"行为"面板中的"添加行为"按钮，在弹出的下拉菜单中选择"弹出信息"命令，弹出"弹出信息"对话框，设置如图 15-11 所示。单击"确定"按钮，完成"弹出信息"对话框的设置，在"行为"面板中将触发该行为的事件修改为 onLoad，如图 15-12 所示。

图 15-11 设置"弹出信息"对话框

图 15-12 设置触发事件

03 切换到代码视图中，在 <body> 标签中可以看到刚添加的弹出信息行为，如图 15-13 所示。保存页面，在浏览器中预览页面，在页面刚载入时，可以看到弹出信息行为的效果，如图 15-14 所示。

```html
<script type="text/javascript">
function MM_popupMsg(msg) { //v1.0
  alert(msg);
}
</script>
</head>

<body onLoad="MM_popupMsg('Hello,Welcome!')">
<div id="box">
```

图 15-13 自动添加的相关代码

图 15-14 弹出信息行为效果

15.2.3 恢复交换图像

在前面介绍了"交换图像"行为，当在页面中添加"交换图像"行为时，会自动添加"恢复交换图像"的行为，这两个行为效果通常都是一起出现的。

"恢复交换图像"行为是将最后一组交换的图像恢复为它们以前的源文件。该行为只有在网页中应用"交换图像"行为后才可以使用。

15.2.4 打开浏览器窗口

使用"打开浏览器窗口"行为可以在打开一个页面时，同时在一个新的窗口中打开指定的 URL。可以指定新窗口的属性（包括其大小）、特性（它是否可以调整大小、是否具有菜单条等）和名称。例如可以使用此行为在访问者单击缩略图时，在一个单独的窗口中打开一个较大的图像；使用此行为，可以使新窗口与该图像恰好一样大。

在"打开浏览器窗口"对话框中可以对所要打开的浏览器窗口的相关属性进行设置，如图 15-15 所示。

图 15-15 "打开浏览器窗口"对话框

- 要显示的 URL：设置在新打开的浏览器窗口中显示的页面，可以是相对路径的地址，也可以是绝对路径的地址。

- 窗口宽度 / 窗口高度："窗口宽度"和"窗口高度"可以用来设置弹出的浏览器窗口的大小。

- 属性：在"属性"选项中可以选择是否在弹出窗口中显示"导航工具栏"、"地址工具栏"、"状态栏"和"菜单条"。"需要时使用滚动条"选项用来指定在内容超出可视区域时显示滚动条；"调整大小手柄"选项用来指定用户应该能够调整窗口的大小。

- 窗口名称：用来设置新浏览器窗口的名称。

动手实践——实现弹出网页窗口

最终文件：光盘 \ 最终文件 \ 第 15 章 \15-2-4.html

视频：光盘 \ 视频 \ 第 15 章 \15-2-4.swf

 执行"文件 > 打开"命令，打开页面"光盘 \ 源文件 \ 第 15 章 \15-2-4.html"，效果如图 15-16 所示。在标签选择器中选中 <body> 标签，如图 15-17 所示。

图 15-16 打开页面

图 15-17 选择 <body> 标签

02 单击"行为"面板中的"添加行为"按钮，在弹出的下拉菜单中选择"打开浏览器窗口"命令，弹出"打开浏览器窗口"对话框，设置如图 15-18 所示。单击"确定"按钮，完成"打开浏览器窗口"对话框的设置，在"行为"面板中将触发该行为的事件修改为 onLoad，如图 15-19 所示。

图 15-18 设置"打开浏览器窗口"对话框

图 15-19 设置触发事件

技巧

在"要显示的 URL"文本框中输入弹出窗口页面的位置，可以是 URL 绝对地址，也可以是相对地址。

03 完成页面中"打开浏览器窗口"行为的添加，

执行"文件 > 保存"命令，保存页面，在浏览器中预览页面，当页面打开时，会自动弹出设置好的浏览器窗口，如图 15-20 所示。

图 15-20　预览页面效果

15.2.5　拖动 AP 元素

在某些电子商务网站上，经常会看到把商品用鼠标直接拖曳到购物车中的情形。在某些在线游戏网站上，还会玩一些拼图游戏等。这些使用鼠标拖动对象的行为就称为"拖动 AP 元素"。

使用这个行为的时候，可以规定浏览者用鼠标拖动对象的方向，浏览者要将对象拖到的那个目标，如果说这个对象处于目标周围一定的坐标范围内，还可以自动依附到目标上。当对象到达目标时，可以规定将要发生的事情。

单击"行为"面板上的"添加行为"按钮 **+**，在弹出的下拉菜单中选择"拖动 AP 元素"命令，即可弹出"拖动 AP 元素"对话框，在该对话框中可以对相关选项进行设置，如图 15-21 所示。

图 15-21　"拖动 AP 元素"对话框

> ⬇ **AP 元素**：在该选项的下拉列表中可以选择允许用户拖动的 Div。

> ⬇ **移动**：在该选项的下拉列表中包括"限制"或"不限制"两个选项。"不限制"选项适用于拼板游戏和其他拖放游戏；"限制"选项则适用于滑块控制和可移动的布景。

> ⬇ **放下目标**：在该选项后的"上"和"下"文本框中可以设置一个绝对位置，当用户将 Div 拖动到该

位置时，自动放下 Div。

动手实践——实现网页中可拖动元素

📄 最终文件：光盘 \ 最终文件 \ 第 15 章 \15-2-5.html

🎬 视频：光盘 \ 视频 \ 第 15 章 \15-2-5.swf

01 执行"文件 > 打开"命令，打开页面"光盘 \源文件 \ 第 15 章 \15-2-5.html"，效果如图 15-22 所示。单击"插入"面板上的 Div 按钮，在页面中插入名为 box1 的 Div，效果如图 15-23 所示。

图 15-22　页面效果

图 15-23　插入 Div

02 切换到"15-2-5.css"文件，创建名为 #box1 的 CSS 样式，如图 15-24 所示。返回到设计视图中，页面效果如图 15-25 所示。

```
#box1{
    width:303px;
    height:205px;
    top:500px;
    left:20px;
    position:absolute;
}
```

图 15-24　CSS 样式代码

图 15-25　页面效果

03 将光标移至该 Div 中，删除多余的文字，单击"插入"面板上的"图像"按钮，在弹出的对话框中选择需要插入的图像，如图 15-26 所示。单击"确定"按钮，在该 Div 中插入图像，效果如图 15-27 所示。

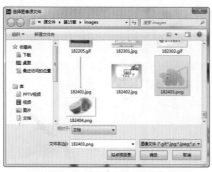

图 15-26 选择需要插入的图像

图 15-27 页面效果

04 在页面其他位置单击取消该 Div 的选中状态，单击"行为"面板上的"添加行为"按钮，在弹出的下拉菜单中选择"拖动 AP 元素"命令，弹出"拖动 AP 元素"对话框，设置如图 15-28 所示。单击"高级"选项卡，切换到高级设置，如图 15-29 所示。在该面板中可以设置拖动 AP 元素的控制点、调用的 JavaScript 程序等。在这里使用默认设置。

图 15-28 "拖动 AP 元素"对话框

图 15-29 高级设置面板

05 单击"确定"按钮，完成"拖动 AP 元素"对话框的设置。将"行为"面板中的鼠标事件调整为 onMouseDown，如图 15-30 所示。使用相同的方法，

在页面中再插入一个 Div，插入图像，并添加"拖动 AP 元素"的行为，页面效果如图 15-31 所示。

图 15-30 "行为"面板

图 15-31 页面效果

06 执行"文件 > 保存"命令，保存页面，在浏览器中预览页面，用鼠标拖动 Div，可以随意对其进行拖动，如图 15-32 所示。

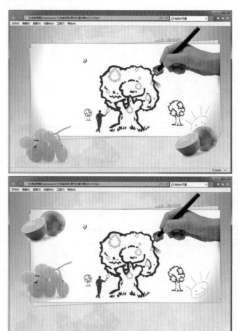

图 15-32 预览效果

15.2.6 改变属性

使用"改变属性"行为可以改变对象的属性值。

例如当某个鼠标事件发生之后，对于这个动作的影响，动态改变表格背景、Div 的背景等属性，以求获得相对动态的页面。

单击"添加行为"按钮，在弹出的下拉菜单中选择"改变属性"命令，即可弹出"改变属性"对话框，在该对话框中可以对相关选项进行设置，如图 15-33 所示。

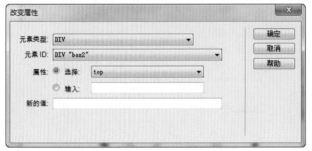

图 15-33 "改变属性"对话框

- 🔽 元素类型：在该选项的下拉列表中可以选择需要修改属性的元素。

- 🔽 元素 ID：用来显示网页中所有该类元素的名称。在该选项的下拉列表中可以选择需要修改属性的 Div 名称。

- 🔽 属性：用来设置改变元素的各种属性。可以直接在"选择"后面的下拉列表中进行选择，如果需要更改的属性没有出现在下拉列表中，可以在"输入"选项中手动输入属性。

- 🔽 新的值：在该选项的文本框中可以为选择的属性赋予新的值。

动手实践——动态改变图像边框颜色

📄 最终文件：光盘 \ 最终文件 \ 第 15 章 \15-2-6.html

🎬 视频：光盘 \ 视频 \ 第 15 章 \15-2-6.swf

01 执行"文件 > 打开"命令，打开页面"光盘 \ 源文件 \ 第 15 章 \15-2-6.html"，如图 15-34 所示。单击"行为"面板上的"添加行为"按钮 ，在弹出的下拉菜单中选择"改变属性"命令，弹出"改变属性"对话框，如图 15-35 所示。

图 15-34 打开页面

图 15-35 "改变属性"对话框

02 在"改变属性"对话框中对相关选项进行设置，如图 15-36 所示。单击"确定"按钮，添加"改变属性"行为，在"行为"面板中设置该行为的触发事件为 onMouseOver，如图 15-37 所示。

图 15-36 设置"改变属性"对话框

图 15-37 设置触发事件

03 使用相同的方法，再次添加"改变属性"行为，在弹出的"改变属性"对话框中设置如图 15-38 所示。单击"确定"按钮，在"行为"面板中设置该行为的触发事件为 onMouseOut，如图 15-39 所示。

图 15-38 设置"改变属性"对话框

在页面中插入名为 img 的 Div，如图 15-42 所示。

图 15-41 打开页面

图 15-42 插入 Div

图 15-39 设置触发事件

04 执行"文件 > 保存"命令，保存页面，在浏览器中预览页面，可以看到改变属性行为的效果，如图 15-40 所示。

图 15-40 在浏览器中预览行为的效果

02 切换到"15-2-7.css"文件中，创建名为 #img 的 CSS 样式，如图 15-43 所示。返回设计视图中，将该 Div 中多余的文字删除，效果如图 15-44 所示。

```
#img{
    width:141px;
    height:20px;
    top:47px;
    left:422px;
    position:absolute;
}
```

图 15-43 CSS 样式代码

图 15-44 删除多余文字

15.2.7 显示 - 隐藏元素

"显示 - 隐藏元素"行为可以根据鼠标事件显示或隐藏页面中指定的对象，很好地改善了与用户之间的交互，这个行为一般用于给用户提示一些信息。当用户将鼠标指针滑过栏目图像时，可以在网页中显示相应的元素，给出有关该栏目的说明、内容等详细信息。

动手实践——控制网页中对象的显示和隐藏

最终文件：光盘 \ 最终文件 \ 第 15 章 \15-2-7.html

视频：光盘 \ 视频 \ 第 15 章 \15-2-7.swf

01 执行"文件 > 打开"命令，打开页面"光盘 \ 源文件 \ 第 15 章 \15-2-7.html"，效果如图 15-41 所示。

03 将光标移至 Div 中，输入相应的文字，如图 15-45 所示。转换到外部样式表中，修改该 Div 的 CSS 样式，如图 15-46 所示。

图 15-45 输入文字

```
#img{
    width:141px;
    height:20px;
    top:47px;
    left:422px;
    position:absolute;
    visibility:hidden;
}
```

图 15-46 修改 CSS 样式代码

技巧

在这里修改 CSS 样式，是为了让该元素在初始状态下隐藏，方便后面可以为该元素添加"显示/隐藏元素"行为。

04 返回到设计视图中，可以看到网页中 id 名称为 img 的 Div 被隐藏了，如图 15-47 所示。选中页面中的"蒲公英的约定"图像，单击"行为"面板中的"添加行为"按钮 ⊕，在弹出的下拉菜单中选择"显示 – 隐藏元素"命令，弹出"显示 – 隐藏元素"对话框，设置如图 15-48 所示。

图 15-47 页面效果

图 15-48 "显示 - 隐藏元素"对话框

05 单击"确定"按钮，在"行为"面板中设置该行为的触发事件为 onMouseOver，如图 15-49 所示。再次选择页面中的"蒲公英的约定"图像，单击"添

加行为"按钮 ⊕，在弹出的下拉菜单中选择"显示 – 隐藏元素"命令，弹出"显示 – 隐藏元素"对话框，设置如图 15-50 所示。单击"确定"按钮，在"行为"面板中设置该行为的触发事件为 onMouseOut，如图 15-51 所示。

图 15-49 "行为"面板

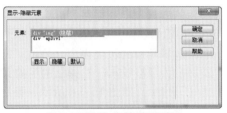

图 15-50 "显示 - 隐藏元素"对话框

图 15-51 "行为"面板

06 执行"文件 > 保存"命令，保存页面，在浏览器中预览页面。如图 15-52 所示为鼠标移至图像时显示文字；如图 15-53 所示为鼠标移开图像时隐藏文字。

图 15-52 鼠标移至图像时

图 15-53 鼠标移开图像时

15.2.8 检查插件

利用 Flash、QuickTime 等技术制作页面的时候，如果访问者的计算机中没有安装相应的插件，就没有办法得到预期的效果。检查插件会自动监测浏览器是否已经安装了相应的软件，然后转到不同的页面中去。

在页面中选择相应的页面内容，单击"行为"面板中的"添加行为"按钮 ➕，在弹出的下拉菜单中选择"检查插件"命令，如图 15-54 所示。弹出"检查插件"对话框，在该对话框中可以对相关选项进行设置，如图 15-55 所示。

图 15-54 选择"检查插件"命令

图 15-55 "检查插件"对话框

❷ 插件：可以在该选项的下拉列表中选择插件类型，包括 Flash、Shockwave、LiveAudio、QuickTime 和

Windows Media Player。

❷ 输入：可以直接在文本框中输入要检查的插件类型。

❷ 如果有，转到 URL：可以在该文本框中直接输入当检查到浏览者浏览器中安装了该插件时，跳转到的 URL 地址。也可以单击"浏览"按钮选择目标文档。

❷ 否则，转到 URL：在"否则，转到 URL"文本框中可以直接输入当检查到浏览者浏览器中未安装该插件时，跳转到的 URL 地址。也可以单击"浏览"按钮选择目标文档。

❷ 如果无法检测，则始终转到第一个 URL：选中该复选框时，如果浏览器不支持对该插件的检查特性，则直接跳转到上面设置的第一个 URL 地址上。大多数情况下，浏览器会提示下载并安装该插件。

动手实践——检查浏览器是否安装 Flash 插件

📋 最终文件：光盘 \ 最终文件 \ 第 15 章 \15-2-8.html

🎬 视频：光盘 \ 视频 \ 第 15 章 \15-2-8.swf

01 执行"文件 > 打开"命令，打开页面"光盘 \源文件 \ 第 15 章 \15-2-8.html"，效果如图 15-56 所示。选中页面底部的"检查插件"文字，在"属性"面板上的"链接"文本框中输入 #，为文字设置空链接，如图 15-57 所示。

图 15-56 打开页面

图 15-57 设置空连接

02 单击"行为"面板中的"添加行为"按钮 ➕，在弹出的下拉菜单中选择"检查插件"命令，弹出"检查插件"对话框，设置如图 15-58 所示。单击"确定"按钮，在"行为"面板中将触发事件修改为 onClick，如图 15-59 所示。

图 15-58 设置"检查插件"对话框

图 15-59 "行为"面板

03 执行"文件 > 保存"命令,保存页面,在浏览器中预览页面,效果如图 15-60 所示。单击"检查插件"链接后,页面跳转到 true.html,表示检测到了 Flash 插件,如图 15-61 所示。

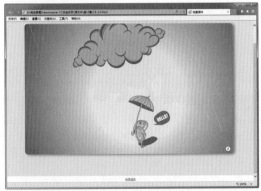

图 15-60 预览页面效果

图 15-61 检查插件后跳转到的页面

15.2.9 检查表单

在网上浏览时,经常会填写这样或那样的表单,提交表单后,一般都会有程序自动校验表单的内容是否合法。使用"检查表单"行为配以 onBlur 事件,可以在用户填写完表单的每一项之后,立刻检验该项是否合理。也可以使用"检查表单"行为配以 onSubmit 事件,当用户单击提交按钮后,一次校验所有填写内容的合法性。

打开带有表单元素的网页,单击"行为"面板中的"添加行为"按钮 ,在弹出的下拉菜单中选择"检查表单"命令,如图 15-62 所示。弹出"检查表单"对话框,可以对相关的参数进行设置,如图 15-63 所示。

图 15-62 选择"检查表单"命令

图 15-63 "检查表单"对话框

- 域:在"域"列表中选择需要检查的文本域。

- 值:在"值"选项中选择浏览者是否必须填写此项。选中"必需的"复选框,则设置此选项为必填项目。

- 可接受:在"可接受"选项组中设置用户填写内容的要求。选中"任何东西"单选按钮,则对用户填写的内容不做限制。选中"电子邮件地址"单选按钮,浏览器会检查用户填写的内容中是否有"@"符号。选中"数字"单选按钮,则要求用户填写的内容只能为数字。选中"数字从…到…"单选按钮,会对用户填写的数字的范围做出规定。

动手实践——检查网页登录表单信息

最终文件:光盘 \ 最终文件 \ 第 15 章 \15-2-9.html

视频:光盘 \ 视频 \ 第 15 章 \15-2-9.swf

01 执行“文件 > 打开”命令，打开页面“光盘\源文件\第 15 章\15-2-9.html”，效果如图 15-64 所示。在标签选择器中选中 <form#form1> 标签，如图 15-65 所示。“检查表单”行为主要是针对 <form> 标签添加的。

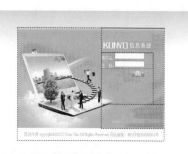

图 15-64 打开页面

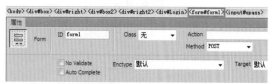

图 15-65 选中 <form> 标签

02 单击“行为”面板中的“添加行为”按钮 +，在弹出的下拉菜单中选择“检查表单”命令，弹出“检查表单”对话框，首先设置 uname 的值是必需的，并且 uname 的值只能接受电子邮件地址，如图 15-66 所示。选择 upass，设置其值是必需的，并且 upass 的值必须是数字，如图 15-67 所示。

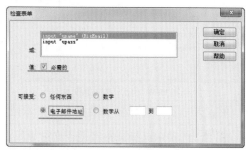

图 15-66 设置值

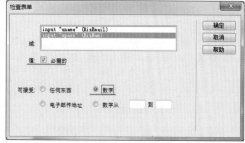

图 15-67 设置 upass 值

03 单击“确定”按钮，在“行为”窗口中将触发事件修改为 onSubmit，如图 15-68 所示。意思为当浏览者单击表单的提交按钮时，行为会检查表单的有效性。执行“文件 > 保存”命令，保存页面。在浏览器中预览页面，当用户不输入信息，直接单击提交表单按钮后，浏览器会弹出警告对话框，如图 15-69 所示。

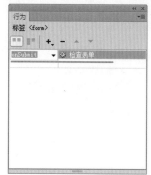

图 15-68 “行为”面板

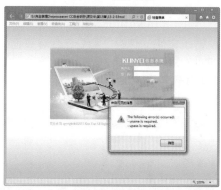

图 15-69 弹出警告对话框

技巧

验证功能虽然实现了，但是不足的是提示对话框中的文本都是系统默认使用的英文，有些用户可能会觉得没有中文看着方便。不过没有关系，可以通过修改源代码来解决它。

04 转换到代码视图中，找到弹出警告对话框中的提示英文字段，如图 15-70 所示。并且替换为中文，如图 15-71 所示。

```
<script type="text/javascript">
function MM_validateForm() { //v4.0
  if (document.getElementById){
    var i,p,q,nm,test,num,min,max,errors='',args=MM_validateForm.arguments;
    for (i=0; i<(args.length-2); i+=3) { test=args[i+2]; val=document.getElementById(args[i]);
      if (val) { nm=val.name; if ((val=val.value)!="") {
        if (test.indexOf('isEmail')!=-1) { p=val.indexOf('@');
          if (p<1 || p==(val.length-1)) errors+='- '+nm+' must contain an e-mail address.\n';
        } else if (test!='R') { num = parseFloat(val);
          if (isNaN(val)) errors+='- '+nm+' must contain a number.\n';
          if (test.indexOf('inRange') != -1) { p=test.indexOf(':');
            min=test.substring(8,p); max=test.substring(p+1);
            if (num<min || max<num) errors+='- '+nm+' must contain a number between '+min+' and '+max+'.\n';
      } } } else if (test.charAt(0) == 'R') errors += '- '+nm+' is required.\n'; }
    } if (errors) alert('The following error(s) occurred:\n'+errors);
    document.MM_returnValue = (errors == '');
} }
</script>
```

图 15-70 英文提示部分

```
<script type="text/javascript">
function MM_validateForm() { //v4.0
  if (document.getElementById){
    var i,p,q,nm,test,num,min,max,errors='',args=MM_validateForm.arguments;
    for (i=0; i<(args.length-2); i+=3) { test=args[i+2]; val=document.getElementById(args[i]);
      if (val) { nm=val.name; if ((val=val.value)!="") {
        if (test.indexOf('isEmail')!=-1) { p=val.indexOf('@');
          if (p<1 || p==(val.length-1)) errors+='- '+nm+'必须是一个E-mail地址.\n';
        } else if (test!='R') { num = parseFloat(val);
          if (isNaN(val)) errors+='- '+nm+' 必须是数字格式.\n';
          if (test.indexOf('inRange') != -1) { p=test.indexOf(':');
            min=test.substring(8,p); max=test.substring(p+1);
            if (num<min || max<num) errors+='- '+nm+' must contain a number between '+min+' and '+max+'.\n';
      } } } else if (test.charAt(0) == 'R') errors += '- '+nm+' 为必须填写项目.\n'; }
    } if (errors) alert('出现错误:\n'+errors);
    document.MM_returnValue = (errors == '');
} }
</script>
```

图 15-71 替换为中文提示

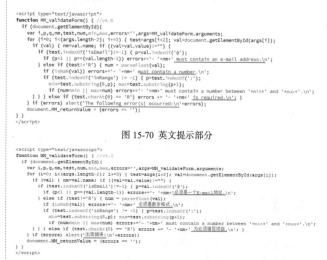

05 在浏览器中预览页面，测试验证表单的行为，可以看到提示对话框中的提示文字内容已经变成了中文，如图 15-72 所示。

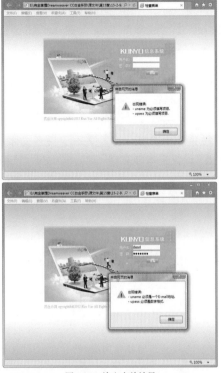

图 15-72 检查表单效果

> **提示**
>
> 在客户端处理表单信息，无疑会用到脚本程序。好在有些简单常用的有效性验证用户可以通过"检查表单"行为完成，不需要自己编写脚本，如果需要进一步的特殊验证方式，那么用户必须自己编写代码。

15.2.10　设置文本

在"设置文本"行为中包含了 4 个选项，分别是"设置容器的文本"、"设置文本域文字"、"设置框架文本"和"设置状态栏文本"。通过"设置文本"行为可以为指定的对象内容替换文本。

1. 设置容器的文本

"设置容器文本"行为主要用来设置 Div 文本，该行为用于包含 Div 的页面，可以动态改变 Div 中的文本、转变 Div 的显示和替换 Div 的内容。

动手实践——动态改变网页中 Div 的文本内容

📋 最终文件：光盘 \ 最终文件 \ 第 15 章 \15-2-10-1.html

🎬 视频：光盘 \ 视频 \ 第 15 章 \15-2-10-1.swf

01 执行"文件 > 打开"命令，打开页面"光盘 \ 源文件 \ 第 15 章 \15-2-10-1.html"，效果如图 15-73 所示。在页面中插入一个名为 text 的 Div，如图 15-74 所示。

图 15-73 打开页面

图 15-74 插入 Div

02 切换到"15-2-10-1.css"文件中，创建名为 #text 的 CSS 样式，如图 15-75 所示。转换到设计视图页面中，将该 Div 中多余的文字删除，效果如图 15-76 所示。

```
#text{
    width:79px;
    height:25px;
    left:492px;
    top:401px;
    position:absolute;
}
```

图 15-75 CSS 样式代码

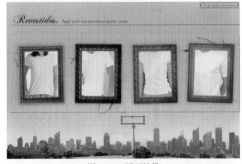

图 15-76 页面效果

03 选中左侧第一张图像，在"行为"面板中单击"添加行为"按钮 +，在弹出的下拉菜单中选择"设置文本 > 设置容器文本"命令，弹出"设置容器的文本"对话框，设置如图 15-77 所示。单击"确定"

按钮，在"行为"面板中将激活该行为的事件设置为 onMouseOver，如图 15-78 所示。

图 15-77 "设置容器的文本"对话框

图 15-78 "行为"面板

> **提示**
>
> 在"容器"下拉列表中选择要改变内容的 Div 名称，这里选择 text。在"新建 HTML"文本框中输入取代 Div 内容的新的 HTML 代码或文本。

04 根据第一张图像的设置方法，分别为其他 3 张图像添加"设置容器文本"行为，执行"文件 > 保存"命令，保存页面。在浏览器中预览页面，可以看到设置的容器文本的效果，如图 15-79 所示。

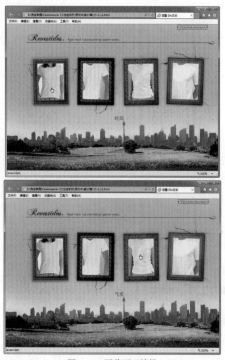

图 15-79 预览页面效果

2. 设置文本域文本

通过使用"设置文本域文字"行为，可使指定的内容替换表单文本域的内容。

动手实践——为网页表单元素设置内容

📄 最终文件：光盘 \ 最终文件 \ 第 15 章 \15-2-10-2.html

🎬 视频：光盘 \ 视频 \ 第 15 章 \15-2-10-2.swf

01 执行"文件 > 打开"命令，打开页面"光盘 \ 源文件 \ 第 15 章 \15-2-10-2.html"，效果如图 15-80 所示。单击"行为"面板上的"添加行为"按钮 **+.**，在弹出的下拉菜单中选择"设置文本 > 设置文本域文字"命令，弹出"设置文本域文字"对话框，如图 15-81 所示。

图 15-80 页面效果

图 15-81 "设置文本域文字"对话框

> **提示**
>
> 在"文本域"下拉列表中显示了该页面中的所有文本域，可以在该下拉列表中选择需要"设置文本域文字"的文本域。在"新建文本"文本框中输入文本域中的文字内容。

02 对"设置文本域文字"对话框进行设置，如图 15-82 所示。单击"确定"按钮，完成设置，在"行为"面板中修改触发该行为的事件为 onMouseOut（当鼠标移开表单域时），如图 15-83 所示。

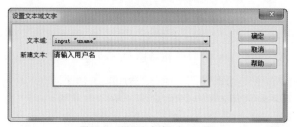

图 15-82 "设置文本域文字"对话框

图 15-83 "行为"面板

03 执行"文件 > 保存"命令，保存页面，在浏览器中预览页面，如图 15-84 所示。当鼠标移出表单域时，可以看到设置的文本域文字，如图 15-85 所示。

图 15-86 选择"设置框架文本"命令

图 15-84 预览页面效果

图 15-87 "设置框架文本"对话框

- 框架：在该选项的下拉列表中选择显示设置文本的框架。

- 新建 HTML：在该文本框中设置在选定框架中显示的 HTML 代码。

- 获取当前 HTML：单击该按钮，可以在窗口中显示框架中 <body> 标签之间的代码。

- 保留背景色：选中该复选框，可以保留原来框架中的背景颜色。

图 15-85 文本域文本

3. 设置框架文本

设置框架文本的行为用于包含框架结构的页面，可以动态改变框架的文本、转变框架的显示和替换框架的内容。

选择页面中某一个对象，单击"行为"面板上的"添加行为"按钮，在弹出的下拉菜单中选择"设置文本 > 设置框架文本"命令，如图 15-86 所示。弹出"设置框架文本"对话框，如图 15-87 所示。

4. 设置状态栏文本

使用该行为可以使页面在浏览器左下方的状态栏上显示一些文本信息。如一般的提示链接内容、显示欢迎信息、跑马灯等经典技巧，都可以通过这个行为的设置来实现。

动手实践——设置浏览器状态栏文本

📄 最终文件：光盘 \ 最终文件 \ 第 15 章 \15-2-10-4.html

📹 视频：光盘 \ 视频 \ 第 15 章 \15-2-10-4.swf

01 执行"文件 > 打开"命令，打开页面"光盘 \ 源文件 \ 第 15 章 \15-2-10-4.html"，效果如图 15-88 所示。在标签选择器中单击选中 <body> 标签，如图 15-89 所示。

图 15-88 打开页面

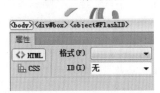

图 15-89 选中 <body> 标签

当某个鼠标事件发生的时候，可以指定调用某个 JavaScript 函数。

动手实践——在网页中调用 JavaScript 脚本

最终文件：光盘 \ 最终文件 \ 第 15 章 \15-2-11.html

视频：光盘 \ 视频 \ 第 15 章 \15-2-11.swf

01 执行"文件 > 打开"命令，打开页面"光盘 \ 源文件 \ 第 15 章 \15-2-11.html"，效果如图 15-93 所示。在标签选择器中单击选中 <body> 标签，如图 15-94 所示。

图 15-93 打开页面

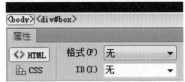

图 15-94 选中 <body> 标签

02 单击"行为"窗口上的"添加行为"按钮 [+.]，在弹出的下拉菜单中选择"设置文本 > 设置状态栏文本"命令，弹出"设置状态栏文本"对话框，设置如图 15-90 所示。单击"确定"按钮，在"行为"面板中将触发事件修改为 onLoad，如图 15-91 所示。

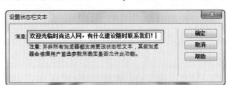

图 15-90 "设置状态栏文本"对话框

02 单击"行为"窗口上的"添加行为"按钮 [+.]，在弹出的下拉菜单中选择"调用 JavaScript"命令，弹出"调用 JavaScript"对话框，设置如图 15-95 所示。单击"确定"按钮，在"行为"面板中将触发事件修改为 onLoad，如图 15-96 所示。

图 15-95 "调用 JavaScript"对话框

图 15-91 "行为"面板

03 执行"文件 > 保存"命令，保存页面，在浏览器中预览页面，可以看到在浏览器状态栏上出现了设置的状态栏文本，如图 15-92 所示。

图 15-96 "行为"面板

图 15-92 查看状态栏文本效果

03 执行"文件 > 保存"命令，保存页面，在浏览器中预览页面，可以看到调用 JavaScript 的页面效果，如图 15-97 所示。

图 15-97 预览页面效果

15.2.12　跳转菜单

跳转菜单是创建链接的一种形式，但不同的是跳转菜单比链接更能节省空间。它是从表单中的菜单发展而来的，浏览者可以通过单击扩展按钮，在打开的下拉菜单中选择链接，便可连接到目标网页。

打开已经插入跳转菜单的页面"光盘 \ 源文件 \ 第15 章 \15-2-12.html"，效果如图 15-98 所示。选中页面中的跳转菜单，在"行为"面板中可以看到相应的设置，如图 15-99 所示。

图 15-98 打开页面

图 15-99 "行为"面板

单击"行为"面板上的"添加行为"按钮，在弹出的下拉菜单中选择"跳转菜单"命令，弹出"跳转菜单"对话框，如图 15-100 所示。在该对话框中，

可以对跳转菜单的设置进行修改。

图 15-100　"跳转菜单"对话框

选中"菜单项"下拉列表框中需要修改的项目后，单击上方的"删除项"按钮，可以删除所选项目；单击上方的"添加项"按钮，可以添加新的项目。

选择已经添加的项目，单击对话框上方的"在列表中下移项"按钮或"在列表中上移项"按钮，可以调整项目在跳转菜单中的位置。

15.2.13　跳转菜单开始

这种类型的下拉菜单比一般的下拉菜单多了一个跳转按钮。当然，这个按钮可以是各种形式，比如图片等。在一般的商业网站中，这种技术会被经常使用。

选中作为跳转按钮的图片，然后单击"行为"面板上的"添加行为"按钮，在弹出的下拉菜单中选择"跳转菜单开始"命令，弹出"跳转菜单开始"对话框，如图 15-101 所示。

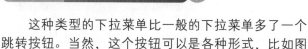

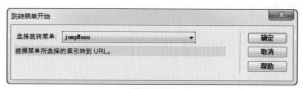

图 15-101 "跳转菜单开始"对话框

在该对话框中的"选择跳转菜单"下拉列表框中，选择页面中存在的将被跳转的下拉菜单，单击"确定"按钮，完成"跳转菜单开始"行为的设置。

15.2.14　转到 URL

"转到 URL"行为可以丰富打开链接的事件及效果。通常网页上的链接只有单击才能够被打开，使用"转到 URL"行为后，可以使用不同的事件打开链接。同时该行为还可以实现一些特殊的打开链接方式。例如在页面中一次性打开多个链接，当鼠标经过对象上方的时候打开链接等。

动手实践——实现特殊的打开链接页面方式

目 最终文件：光盘 \ 最终文件 \ 第 15 章 \15-2-14.html

视频：光盘 \ 视频 \ 第 15 章 \15-2-14.swf

01 执行"文件 > 打开"命令，打开页面"光盘 \ 源文件 \ 第 15 章 \15-2-14.html"，效果如图 15-102 所示。选中页面中的"进入网站"图片，单击"行为"面板上的"添加行为"按钮，在弹出的下拉菜单中选择"转到 URL"命令，弹出"转到 URL"对话框，如图 15-103 所示。

图 15-102 打开页面

图 15-103 "转到 URL"对话框

提示

在"转到 URL"对话框中的"打开在"列表框中打开连接的窗口。在 URL 文本框中输入链接文件的地址。另外，还可以单击"浏览"按钮，浏览需要跳转的本地文件。

02 在"转到 URL"对话框中，对相关参数进行设置，如图 15-104 所示。单击"确定"按钮，添加"转到 URL"行为，并修改触发该行为的事件为 onMouseOver（当鼠标经过时），如图 15-105 所示。

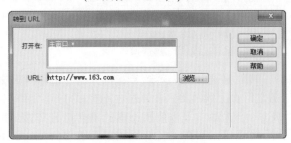

图 15-104 "转到 URL"对话框

图 15-105 "行为"面板

03 执行"文件 > 保存"命令，保存页面，在浏览器中预览页面，如图 15-106 所示。当鼠标移至"进入网站"图像上时，就可以打开相关的链接地址了，如图 15-107 所示。

图 15-106 预览页面效果

图 15-107 跳转到所设置的 URL

15.2.15 预先载入图像

"预先载入图像"行为将页面中由于某种动作才能显示的图片预先载入，使得显示的效果平滑。

选择页面中的某一个对象，单击"行为"面板中的"添加行为"按钮，在弹出的下拉菜单中选择"预先载入图像"命令，弹出"预先载入图像"对话框，如图 15-108 所示。

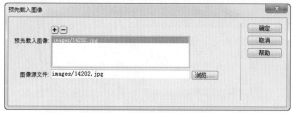

图 15-108 "预先载入图像"对话框

在"预先载入图像"对话框中单击"浏览"按钮，选择需要预先载入的图像文件，然后单击对话框中的"添加项"按钮，可以继续添加需要预先加载的图像文件，完成"预先载入图像"对话框的设置，单击"确定"按钮，在"行为"面板中可以对激活该行为的行为进行修改。

15.3　添加 jQuery 效果实现网页特效

Dreamweaver CC 中新增了一系列 jQuery 效果，用于创建动画过渡或者以可视方式修改页面元素。可以将效果直接应用于 HTML 元素，而不需要其他自定义标签。Dreamweaver CC 中的"效果"行为可以增强页面的视觉功能，可以将它们应用于 HTML 页面上的几乎所有的元素。

15.3.1　关于 jQuery 效果

通过运用"效果"行为可以修改元素的不透明度、缩放比例、位置和样式属性，可以组合两个或多个属性来创建有趣的视觉效果。

由于这些效果是基于 jQuery，因此在用户单击应用了效果的元素时，仅会动态更新该元素，而不会刷新整个 HTML 页面。在 Dreamweaver CC 中为页面元素添加"效果"行为时，单击"行为"面板上的"添加行为"按钮，弹出 Dreamweaver CC 默认的"效果"行为菜单，如图 15-109 所示。

图 15-109 "效果"行为菜单

- Blind：添加该 jQuery 行为，可以控制网页中元素的显示和隐藏，并且可以控制显示和隐藏的方向。

- Bounce：添加该 jQuery 行为，可以使网页中的元素产生抖动的效果，可以控制抖动的频率和幅度。

- Clip：添加该 jQuery 行为，可以使网页中的元素实现收缩隐藏的效果。

- Drop：添加该 jQuery 行为，可以控制网页元素向某个方向实现渐隐或渐现的效果。

- Fade：添加该 jQuery 行为，可以控制网页元素在当前位置实现渐隐或渐现的效果。

- Fold：添加该 jQuery 行为，可以控制网页元素在水平和垂直方向上的动态隐藏或显示。

- Hightlight：添加该 jQuery 行为，可以实现网页元素过渡到所设置的高光颜色再隐藏或显示的效果。

- Puff：添加该 jQuery 行为，可以实现网页元素逐渐放大并渐隐或渐现的效果。

- Pulsate：添加该 jQuery 行为，可以实现网页元素在原位置闪烁并最终隐藏或显示的效果。

- Scale：添加该 jQuery 行为，可以实现网页元素按所设置的比例进行缩放并渐隐或渐现的效果。

- Shake：添加该 jQuery 行为，可以实现网页元素在原位置晃动的效果，可以设置其晃动的方向和次数。

- Slide：添加该 jQuery 行为，可以实现网页元素向指定的方向位移一定距离后隐藏或显示的效果。

技巧

如果需要为某个元素应用效果，首先必须选中该元素，或者该元素必须具有一个 ID 名。例如，如果需要向当前未选定的 Div 标签应用高亮显示效果，该 Div 必须具有一个有效的 ID 值，如果该元素还没有有效的 ID 值，可以在"属性"面板上为该元素定义 ID 值。

15.3.2　应用 Blind 行为

添加 Blind 行为，在弹出的 Blind 对话框中可以设置网页元素在某个方向进行折叠隐藏或显示。

选择页面中某一个对象，单击"行为"面板上的

"添加行为"按钮 ⊞ ，在弹出的下拉菜单中选择"效果 >Blind"命令，弹出 Blind 对话框，如图 15-110 所示。

图 15-110 Blind 对话框

🔽 目标元素：在该下拉列表中选择需要添加 Blind 效果的元素 ID，如果已经选择了元素，则可以选择"< 当前选定内容 >"选项。

🔽 效果持续时间：在该文本框中可以设置该效果所持续的时间，以毫秒为单位。

🔽 可见性：在该下拉列表中可以选择需要添加的效果，有 3 个选项，分别是 hide、show 和 toggle。如果选择 hide 选项，则表现实现元素隐藏效果。如果选择 show 选项，则表示实现元素显示效果。如果选择 toggle 选项，则表示实现元素隐藏和显示效果的切换，即效果是可逆的，例如单击某个元素实现元素的隐藏，再次单击该元素则实现元素的显示。

🔽 方向：在该下拉列表中可以选择效果的方向，包括 up（上）、down（下）、left（左）、right（右）、vertical（垂直）和 horizontal（水平）6 个选项。

动手实践——动态显示隐藏网页导航

📄 最终文件：光盘 \ 最终文件 \ 第 15 章 \15-3-2.html

🎬 视频：光盘 \ 视频 \ 第 15 章 \15-3-2.swf

01 执行"文件 > 打开"命令，打开页面"光盘 \ 源文件 \ 第 15 章 \15-3-2.html"，效果如图 15-111 所示。单击选中页面中相应的图像，需要在该图像上附加相应的动作，如图 15-112 所示。

图 15-111 打开页面

图 15-112 选中图像

02 单击"行为"面板上的"添加行为"按钮 ⊞ ，在弹出的下拉菜单中选择"效果 >Blind"命令，弹出 Blind 对话框，设置如图 15-113 所示。单击"确定"按钮，添加 Blind 行为，修改触发事件为 onMouseOut，如图 15-114 所示。

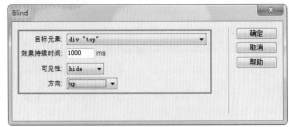

图 15-113 设置 Blind 对话框

图 15-114 设置触发事件

03 再次添加 Blind 行为，在弹出的 Blind 对话框中进行设置，如图 15-115 所示。单击"确定"按钮，添加 Blind 行为，修改触发事件为 onMouseOver，如图 15-116 所示。

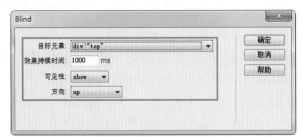

图 15-115 设置 Blind 对话框

图 15-116 设置触发事件

04 转换到代码视图中，可以看到在页面代码中自动添加了相应的 JavaScript 脚本代码，如图 15-117 所示。执行"文件 > 保存"命令，弹出"复制相关文件"对话框，如图 15-118 所示。单击"确定"按钮，保存文件。

图 15-117 自动添加相应的 JavaScript 代码

图 15-118 "复制相关文件"对话框

技巧

在网页中为元素添加 jQuery 效果时，会自动复制相应的 jQuery 文件到站点根目录中的 jQueryAssets 文件夹中，这些文件是实现 jQuery 效果所必需的，一定不能删除，否则这些 jQuery 效果将不起作用。

05 在浏览器中预览该页面，页面效果如图 15-119 所示。当鼠标移出页面中设置了 jQuery 效果的元素时，发生相应的 jQuery 交互动画效果，如图 15-120 所示。

图 15-119 鼠标移至 Logo 图像上时导航显示

图 15-120 鼠标移出 Logo 图像上时导航隐藏

15.3.3 应用 Bounce 行为

为网页元素应用 Bounce 行为，可以实现网页元素抖动并隐藏或显示的功能，并且可以控制抖动的频率和幅度、隐藏和显示的方向等。

选择页面中某一个对象，单击"行为"面板上的"添加行为"按钮 ，在弹出的下拉菜单中选择"效果 >Bounce"命令，弹出 Bounce 对话框，如图 15-121 所示。大多数选项与上一节所介绍的 Blind 对话框中的选项相同。

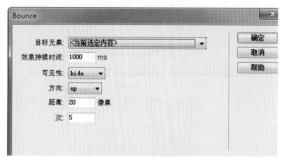

图 15-121 Bounce 对话框

❏ 距离：该选项用于设置元素抖动的最大幅度，默认为 20 像素。

❏ 次：该选项用于设置元素抖动的次数，默认为 5。

动手实践——实现网页元素的抖动

目最终文件：光盘 \ 最终文件 \ 第 15 章 \15-3-3.html

视频：光盘 \ 视频 \ 第 15 章 \15-3-3.swf

01 执行"文件 > 打开"命令，打开页面"光盘 \ 源文件 \ 第 15 章 \15-3-3.html"，效果如图 15-122 所示。单击选中页面中相应的图像，需要在该图像上附加相应的动作，如图 15-123 所示。

图 15-122 打开页面

图 15-123 选中图像

02 单击"行为"面板上的"添加行为"按钮，在弹出的下拉菜单中选择"效果 >Bounce"命令，弹出 Bounce 对话框，设置如图 15-124 所示。单击"确定"按钮，添加 Bounce 行为，修改触发事件为 onMouseOver，如图 15-125 所示。

图 15-124 设置 Bounce 对话框

图 15-125 设置触发事件

03 再次添加 Bounce 行为，在弹出的 Bounce 对话框中进行设置，如图 15-126 所示。单击"确定"按钮，添加 Bounce 行为，修改触发事件为 onMouseOut，如图 15-127 所示。

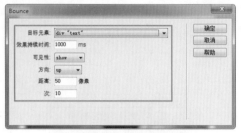

图 15-126 设置 Bounce 对话框

图 15-127 设置触发事件

04 在浏览器中预览该页面，当鼠标移至图像上方时，ID 名称为 text 的 Div 上下抖动并消失，如图 15-128 所示。当鼠标移开图像上方时，ID 名称为 text 的 Div 上下抖动并显示，如图 15-129 所示。

图 15-128 鼠标移至图像上方元素隐藏

图 15-129 鼠标移开图像上方元素显示

15.3.4 应用 Clip 行为

在网页中应用 Clip 行为，可以实现网页中元素的快速隐藏与显示的效果。选择页面中某一个对象，单击"行为"面板上的"添加行为"按钮，在弹出的下拉菜单中选择"效果 >Clip"命令，弹出 Clip 对话框，如图 15-130 所示。选项与上一节所介绍的 Blind 对话框中的选项相同。

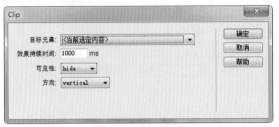

图 15-130 Clip 对话框

动手实践——实现网页元素的快速隐藏

最终文件：光盘 \ 最终文件 \ 第 15 章 \15-3-4.html

视频：光盘 \ 视频 \ 第 15 章 \15-3-4.swf

01 执行"文件 > 打开"命令，打开页面"光盘 \ 源文件 \ 第 15 章 \15-3-4.html"，效果如图 15-131 所示。单击选中页面中相应的图像，需要在该图像上附加相应的动作，如图 15-132 所示。

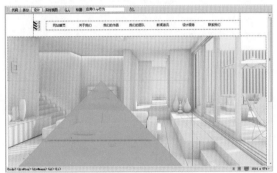

图 15-131 打开页面

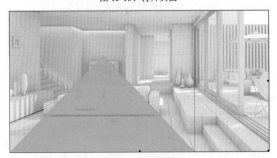

图 15-132 选中图像

02 单击"行为"面板上的"添加行为"按钮，在弹出的下拉菜单中选择"效果 >Clip"命令，弹出 Clip 对话框，设置如图 15-133 所示。单击"确定"按钮，

添加 Clip 行为，修改触发事件为 onClick，如图 15-134 所示。

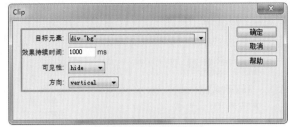

图 15-133 设置 Clip 对话框

图 15-134 设置触发事件

03 在浏览器中预览该页面，页面效果如图 15-135 所示。当单击页面中添加了 Clip 行为的图像时，即可隐藏页面中相应的元素，如图 15-136 所示。

图 15-135 在浏览器中预览页面效果

图 15-136 隐藏相应的元素

15.3.5 应用 Drop 行为

Drop 行为同样可以实现网页元素的隐藏与显示，

但该行为可以实现逐渐隐藏和逐渐显示的效果。选择页面中某一个对象，单击"行为"面板上的"添加行为"按钮 **+.** ，在弹出的下拉菜单中选择"效果 >Drop"命令，弹出 Drop 对话框，如图 15-137 所示。选项与上一节所介绍的 Blind 对话框中的选项相同。

图 15-137 Drop 对话框

动手实践——实现网页元素的渐隐渐现效果

📄 最终文件：光盘 \ 最终文件 \ 第 15 章 \15-3-5.html

🎬 视频：光盘 \ 视频 \ 第 15 章 \15-3-5.swf

01 执行"文件 > 打开"命令，打开页面"光盘 \源文件 \ 第 15 章 \15-3-5.html"，效果如图 15-138 所示。单击选中页面中相应的图像，需要在该图像上附加相应的动作，如图 15-139 所示。

图 15-138 打开页面

图 15-139 选中图像

02 单击"行为"面板上的"添加行为"按钮 **+.** ，在弹出的下拉菜单中选择"效果 >Drop"命令，弹出 Drop 对话框，设置如图 15-140 所示。单击"确定"按钮，添加 Drop 行为，修改触发事件为 onMouseOver，如图 15-141 所示。

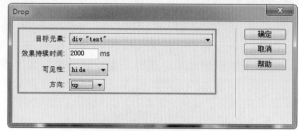

图 15-140 设置 Drop 对话框

图 15-141 设置触发事件

03 再次添加 Drop 行为，在弹出的 Drop 对话框中进行设置，如图 15-142 所示。单击"确定"按钮，添加 Drop 行为，修改触发事件为 onMouseOut，如图 15-143 所示。

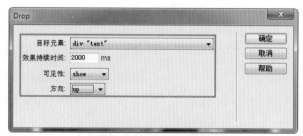

图 15-142 设置 Drop 对话框

图 15-143 设置触发事件

04 在浏览器中预览该页面，当鼠标移至图像上方时，ID 名称为 text 的 Div 从上向下渐隐消失，如图 15-144 所示。当鼠标移开图像上方时，ID 名称为 text 的 Div 从下向上逐渐显示，如图 15-145 所示。

图 15-144　鼠标移至图像上方元素渐隐消失

图 15-145　鼠标移开图像上方元素逐渐显示

15.3.6　应用 Highlight 行为

为网页元素添加 Highlight 效果行为，可以弹出 Highlight 对话框，在该对话框中可以设置网页元素过渡到哪种高光颜色再实现渐隐或渐现的效果。接下来通过实例向用户介绍如何在网页中应用 Highlight 行为。

动手实践——实现网页元素的高光过渡效果

最终文件：光盘 \ 最终文件 \ 第 15 章 \15-3-6.html

视频：光盘 \ 视频 \ 第 15 章 \15-3-6.swf

01 执行"文件 > 打开"命令，打开页面"光盘 \ 源文件 \ 第 15 章 \15-3-6.html"，效果如图 15-146 所示。单击选中页面中相应的图像，需要在该图像上附加相应的动作，如图 15-147 所示。

图 15-146　打开页面

图 15-147　选中图像

02 单击"行为"面板上的"添加行为"按钮 ，在弹出的下拉菜单中选择"效果 >Highlight"命令，弹出 Highlight 对话框，设置如图 15-148 所示。单击"确定"按钮，添加 Highlight 行为，修改触发事件为 onClick，如图 15-149 所示。

图 15-148　设置 Highlight 对话框

图 15-149　"行为"面板

03 执行"文件 > 保存"命令，保存页面，在浏览器中预览该页面，效果如图 15-150 所示。当单击页面中设置了 jQuery 效果的元素时，发生相应的 jQuery 交互动画效果，如图 15-151 所示。

图 15-150　页面效果

图 15-151　jQuery 动态效果

15.4 制作交友网站页面

> 本章主要讲解了行为的基本概念，以及 Dreamweaver CC 中内置的部分常用行为的使用方法。对于行为本身，用户在使用时一定要注意确保合理和适当，并且一个网页中不要使用过多的行为。下面通过一个实例的制作来讲解为页面添加行为特效的效果，页面最终效果如图 15-152 所示。

图 15-152 页面最终效果

动手实践——制作交友网站页面

📄 最终文件：光盘 \ 最终文件 \ 第 15 章 \15-4.html

📀 视频：光盘 \ 视频 \ 第 15 章 \15-4.swf

01 执行"文件 > 新建"命令，新建一个 HTML 页面，如图 15-153 所示。将该页面保存为"光盘 \ 源文件 \ 第 15 章 \15-4.html"。新建一个外部 CSS 样式表文件，将其保存为"光盘 \ 源文件 \ 第 15 章 \style\15-4.css"。返回"15-4.html"页面中，链接刚创建的外部 CSS 样式表文件，设置如图 15-154 所示。

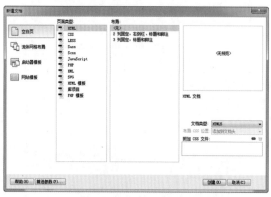

图 15-153 "新建文档"对话框

图 15-154 "使用现有的 CSS 文件"对话框

02 切换到"15-4.css"文件中，创建名为 * 的通配符 CSS 样式，如图 15-155 所示。再创建名为 body 的标签 CSS 样式，如图 15-156 所示。

```
*{
    padding:0px;
    margin:0px;
    border:0px;
}
```

图 15-155 CSS 样式代码

```
body{
    font-size: 12px;
    color: #757575;
    background-image:url(../images/17401.jpg);
    background-repeat:no-repeat;
    background-position:center top;
}
```

图 15-156 CSS 样式代码

03 返回 "15-4.html" 页面中，可以看到页面效果如图 15-157 所示。

图 15-157 页面效果

04 在页面中插入名为 box 的 Div，切换到外部 CSS 样式表文件中，创建名为 #box 的 CSS 样式，如图 15-158 所示。返回设计视图中，页面效果如图 15-159 所示。

```
#box{
    width:960px;
    height:100%;
    overflow:hidden;
    margin:0px auto;
}
```

图 15-158 CSS 样式代码

图 15-159 页面效果

05 将光标移至名为 box 的 Div 中，删除多余文字，在该 Div 中插入 Flash 动画 "光盘 \ 源文件 \ 第 15 章 \ images\17402.swf"，如图 15-160 所示。执行 "文件 > 保存" 命令，保存页面，在浏览器中预览页面，可以看到 Flash 动画的效果，如图 15-161 所示。

图 15-160 插入 Flash 动画

图 15-161 预览 Flash 动画

06 将光标移至 Flash 动画之后，插入名为 top 的 Div，切换到外部 CSS 样式表文件中，创建名为 #top 的 CSS 样式，如图 15-162 所示。返回设计视图中，页面效果如图 15-163 所示。

```
#top{
    width:925px;
    height:119px;
    padding-left:17px;
    padding-right:18px;
    background-image:url(../images/17403.jpg);
    background-repeat:no-repeat;
}
```

图 15-162 CSS 样式代码

图 15-163 页面效果

07 将光标移至名为 top 的 Div 中，删除多余文字，在该 Div 中插入名为 text1 的 Div，切换到外部 CSS 样式表文件中，创建名为 #text1 的 CSS 样式，如图 15-164 所示。返回设计视图中，页面效果如图 15-165 所示。

```
#text1{
    width:925px;
    height:26px;
    color:#040608;
    font-weight:bold;
    line-height:26px;
}
```

图 15-164 CSS 样式代码

图 15-165 页面效果

08 将光标移至名为 text1 的 Div 中，删除多余文字，并输入相应的文字内容，效果如图 15-166 所示。在名为 text1 的 Div 之后插入名为 active 的 Div，切换到外部 CSS 样式表文件中，创建名为 #active 的 CSS 样式，如图 15-167 所示。

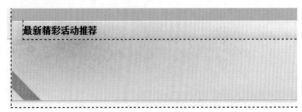

图 15-166 页面效果

```
#active{
    width:890px;
    height:66px;
    padding:9px 17px 18px 18px;
}
```

图 15-167 CSS 样式代码

09 返回设计视图中，页面效果如图 15-168 所示。将光标移至名为 active 的 Div 中，插入相应的图像，效果如图 15-169 所示。

图 15-168 页面效果

图 15-169 页面效果

10 切换到外部 CSS 样式表文件中，创建名为 .img 的 CSS 类样式，如图 15-170 所示。返回设计视图中，为图像应用该类 CSS 样式，效果如图 15-171 所示。

```
.img1{
    margin-right:27px;
    float:left;
}
```

图 15-170 CSS 样式代码

图 15-171 页面效果

11 将光标移至该图像之后，插入名为 list1 的 Div，切换到外部 CSS 样式表文件中，创建名为 #list1 的 CSS 样式，如图 15-172 所示。返回设计视图中，页面效果如图 15-173 所示。

```
#list1{
    width:248px;
    height:66px;
    float:left;
}
```

图 15-172 CSS 样式代码

图 15-173 页面效果

12 将光标移至名为 list1 的 Div 中，删除多余文字，插入图像，并输入相应的文字内容，效果如图 15-174 所示。选中图像及文字，为其创建项目列表，切换到代码视图中，可以看到项目列表的相关代码，如图 15-175 所示。

图 15-174 页面效果

```
<div id="list1">
    <ul>
        <li><img src="images/17485.gif" width="13" height="13" alt="">更多时尚生活用品杂货铺开张了~~~</li>
        <li><img src="images/17486.gif" width="13" height="13" alt="">职场充电,社区学堂 </li>
        <li><img src="images/17487.gif" width="13" height="13" alt="">爱情来的如此甜蜜开赛了</li>
    </ul>
</div>
```

图 15-175 代码视图

13 切换到外部 CSS 样式表文件中，创建名为 #list1 li 和 #list1 li img 的 CSS 样式，如图 15-176 所示。返回设计视图中，页面效果如图 15-177 所示。

```
#list1 li{
    list-style-type:none;
    line-height:21px;
}
#list1 li img{
    margin-right:10px;
    vertical-align:middle;
}
```

图 15-176 CSS 样式代码

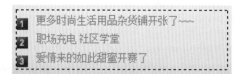

图 15-177 页面效果

14 使用相同的方法，可以完成相似部分内容的制作，页面效果如图 15-178 所示。在名为 top 的 Div 之后插入名为 main1 的 Div，切换到外部 CSS 样式表文件中，创建名为 #main1 的 CSS 样式，如图 15-179 所示。

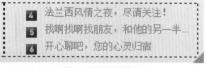

图 15-178 页面效果

```
#main1{
    width:960px;
    height:250px;
    padding-top:20px;
}
```

图 15-179 CSS 样式代码

15 返回设计视图中，页面效果如图 15-180 所示。将光标移至名为 main1 的 Div 中，删除多余文字，在该 Div 中插入名为 pic1 的 Div，切换到外部 CSS 样式表文件中，创建名为 #pic1 的 CSS 样式，如图 15-181 所示。

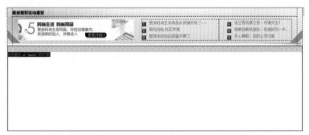

图 15-180　页面效果

```
#pic1{
    width:309px;
    height:250px;
    float:left;
}
```

图 15-181　CSS 样式代码

16 返回设计视图中，页面效果如图 15-182 所示。将光标移至名为 pic1 的 Div 中，删除多余文字，并插入相应的图像，页面效果如图 15-183 所示。

图 15-182　页面效果

图 15-183　页面效果

17 切换到外部 CSS 样式表文件中，创建名为 #pic1 img 的 CSS 样式，如图 15-184 所示。返回页面设计视图中，页面效果如图 15-185 所示。

```
#pic1 img{
    margin-top:3px;
}
```

图 15-184　CSS 样式代码

图 15-185　页面效果

18 在名为 pic1 的 Div 之后插入名为 pic2 的 Div，切换到外部 CSS 样式表文件中，创建名为 #pic2 的 CSS 样式，如图 15-186 所示。返回设计视图中，效果如图 15-187 所示。

```
#pic2{
    width:339px;
    height:250px;
    float:left;
}
```

图 15-186　CSS 样式代码

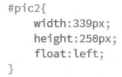

图 15-187　页面效果

19 将光标移至名为 pic2 的 Div 中，删除多余文字，在该 Div 中插入名为 pic3 的 Div，切换到外部 CSS 样式表文件中，创建名为 #pic3 的 CSS 样式，如图 15-188 所示。返回设计视图中，页面效果如图 15-189 所示。

```
#pic3{
    width:339px;
    height:98px;
}
```

图 15-188　CSS 样式代码

图 15-189　页面效果

20 将光标移至名为 pic3 的 Div 中，删除多余文字，并插入相应的图像，效果如图 15-190 所示。在名为 pic3 的 Div 之后插入名为 news 的 Div，切换到外部 CSS 样式表文件中，创建名为 #news 的 CSS 样式，如图 15-191 所示。

图 15-190 页面效果

```
#news{
    width:313px;
    height:119px;
    padding:16px 13px 16px 13px;
    background-image:url(../images/17415.jpg);
    background-repeat:no-repeat;
}
```

图 15-191 CSS 样式代码

21 返回设计视图中，页面效果如图 15-192 所示。将光标移至名为 news 的 Div 中，删除多余文字，在该 Div 中插入名为 pic4 的 Div，切换到外部 CSS 样式表文件中，创建名为 #pic4 的 CSS 样式，如图 15-193 所示。

图 15-192 页面效果

```
#pic4{
    width:180px;
    height:119px;
    float:left;
}
```

图 15-193 CSS 样式代码

22 返回设计视图中，页面效果如图 15-194 所示。将光标移至名为 pic4 的 Div 中，删除多余文字，并插入相应的图像，效果如图 15-195 所示。

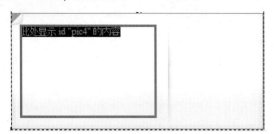

图 15-194 页面效果

图 15-195 页面效果

23 切换到外部 CSS 样式表文件中，创建名为 #pic4 img 的 CSS 样式，如图 15-196 所示。返回设计视图中，页面效果如图 15-197 所示。

```
#pic4 img{
    margin-bottom:3px;
}
```

图 15-196 CSS 样式代码

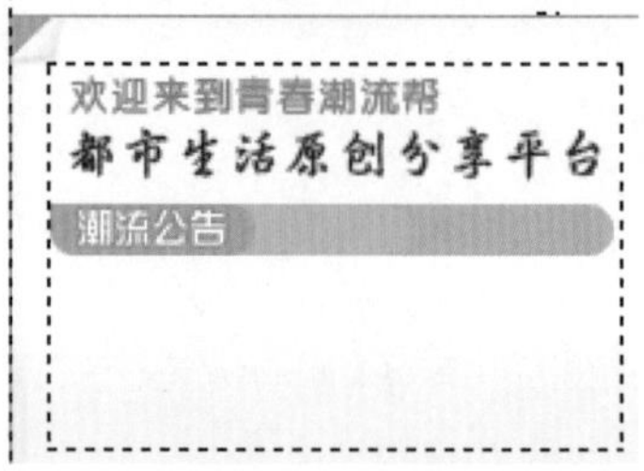

图 15-197 页面效果

24 将光标移至图像之后，插入名为 list3 的 Div，切换到外部 CSS 样式表文件中，创建名为 #list3 的 CSS 样式，如图 15-198 所示。返回设计视图中，页面效果如图 15-199 所示。

```
#list3{
    width:180px;
    height:57px;
    line-height:19px;
}
```

图 15-198 CSS 样式代码

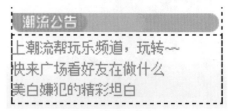

图 15-199 页面效果

25 将光标移至名为 list3 的 Div 中，删除多余文字，并输入相应的文本段落，效果如图 15-200 所示。选中所输入的文本内容，为其创建项目列表，切换到代码视图，可以看到项目列表的相关代码，如图 15-201 所示。

图 15-200 输入文字

```
<div id="list3">
    <ul>
        <li>上潮流帮玩乐频道，玩转~~</li>
        <li>快来广场看好友在做什么</li>
        <li>美白嫌犯的精彩坦白</li>
    </ul>
</div>
```

图 15-201 代码视图

26 切换到外部 CSS 样式表文件中，创建名为 #list3 li 的 CSS 样式，如图 15-202 所示。返回设计视图中，页面效果如图 15-203 所示。

```
#list3 li{
    list-style-type:none;
    background-image:url(../images/17418.gif);
    background-repeat:no-repeat;
    background-position:left;
    padding-left:10px;
}
```

图 15-202　CSS 样式代码

图 15-203　页面效果

27 在名为 pic4 的 Div 之后插入名为 pic5 的 Div，切换到外部 CSS 样式表文件中，创建名为 #pic5 的 CSS 样式，如图 15-204 所示。返回页面设计视图中，页面效果如图 15-205 所示。

```
#pic5{
    width:101px;
    height:119px;
    padding-left:30px;
    float:left;
}
```

图 15-204　CSS 样式代码

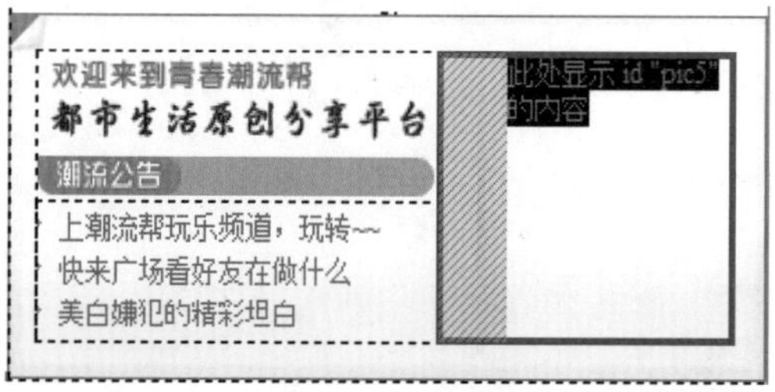

图 15-205　页面效果

28 将光标移至名为 pic5 的 Div 中，删除多余文字，并插入相应的图像，效果如图 15-206 所示。切换到外部 CSS 样式表文件中，创建名为 #pic5 img 的 CSS 样式，如图 15-207 所示。

图 15-206　页面效果

```
#pic5 img{
    margin-bottom:5px;
}
```

图 15-207　CSS 样式代码

29 返回设计视图中，页面效果如图 15-208 所示。

使用相同的方法，可以完成相似部分内容的制作，页面效果如图 15-209 所示。

图 15-208　页面效果

图 15-209　页面效果

30 在名为 main1 的 Div 之后插入名为 main2 的 Div，切换到外部 CSS 样式表文件中，创建名为 #main 2 的 CSS 样式，如图 15-210 所示。返回页面设计视图中，页面效果如图 15-211 所示。

```
#main2{
    width:789px;
    height:42px;
    padding-top:36px;
    padding-left:171px;
    background-image:url(../images/17427.jpg);
    background-repeat:no-repeat;
    color: #EA850E;
}
```

图 15-210　CSS 样式代码

图 15-211　页面效果

31 将光标移至名为 main2 的 Div 中，删除多余文字，并输入相应的文字内容，如图 15-212 所示。切换到代码视图中，添加相应的代码，如图 15-213 所示。

图 15-212　输入文字

```
<div id="main2">
图片<span></span>博客<span></span>摄影<span></span>美食<span></span>
旅游<span></span>宠物<span></span>人<span></span>电影<span></span>相册
<span></span>作品<span></span>杂志<span></span>消息<span></span>美化
<span></span>好友<span></span>养生<span></span>汽车<span></span>影音
<span></span>软件<span></span>手机
</div>
```

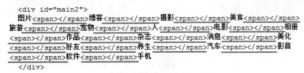

图 15-213 添加代码

32 切换到外部 CSS 样式表文件中，创建名为 #main2 span 的 CSS 样式，如图 15-214 所示。返回设计视图中，效果如图 15-215 所示。

```
#main2 span{
    margin-right:12px;
}
```

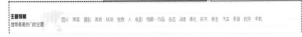

图 15-214 CSS 样式代码

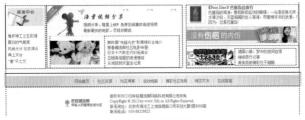

图 15-215 页面效果

33 使用相同的方法，可以完成其余相似部分内容的制作，页面效果如图 15-216 所示。

图 15-216 页面效果

34 完成整个页面的制作，接着为页面添加相应的行为。在标签选择器中选中 <body> 标签，单击“行为”面板上的“添加行为”按钮，在弹出的下拉菜单中选择“设置文本 > 设置状态栏文本”命令，弹出“设置状态栏文本”对话框，设置如图 15-217 所示。单击“确定”按钮，为页面添加“状态栏文本”行为，在“行为”面板中修改触发该行为的触发动作为 onLoad，如图 15-218 所示。

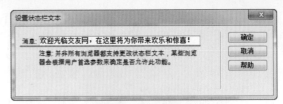

图 15-217 设置“设置状态栏文本”对话框

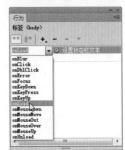

图 15-218 修改触发动作

提示

在一个网站页面中不适宜添加过多的行为特效，网页需要向浏览者准确地传递信息，添加行为特效只是为了丰富网页的效果。用户需要根据网页需求，为页面添加合适的行为。

35 完成交友网站页面的制作，执行“文件 > 保存”命令，保存页面，并保存外部样式表文件，在浏览器中预览页面，效果如图 15-219 所示。

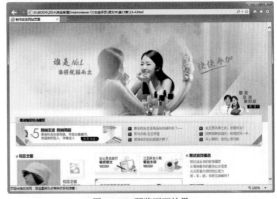

图 15-219 预览页面效果

15.5 本章小结

本章主要讲解了行为的使用方法，它是一种可视化的操作，但可以创建程序语言实现网页的动感效果，而这些效果是在客户端实现的。Dreamweaver CC 中所插入的客户端行为，实际上是 Dreamweaver CC 自动给网页添加了一些 JavaScript 代码，这些代码能实现动感网页的效果。行为的功能不仅仅局限在已有的功能上，还可以通过第三方开发的插件，在 Dreamweaver 中添加新的行为，创建更加丰富的效果。

第16章 使用表单创建交互网页

表单可以认为是从 Web 访问者那里收集信息的一种方法，它不仅可以收集访问者的浏览路径，还可以做更多的事情，例如在访问者登记注册免费邮箱时，可以用表单来收集个人资料，在电子商场购物时，收集每个网上顾客具体购买的商品信息，甚至在使用搜索引擎查找信息时，查询的关键词都是通过表单提交到服务器中的。

16.1 关于表单

表单是 Internet 用户同服务器进行信息交流的最重要工具。表单具有调查数据、搜索信息等功能。一般的表单由两部分组成，一是描述表单元素的 HTML 源代码；二是客户端的脚本，或者服务器端用来处理用户所填写信息的程序。

当访问者将信息输入表单并单击"提交"按钮时，这些信息将被发送到服务器，服务器端脚本或应用程序在该处对这些信息进行处理，服务器通过将请求信息发送回用户，或基于该表单内容执行一些操作来进行响应。通常都是通过通用网关接口（CGI）脚本、ColdFusion 页、JSP、PHP 或 ASP 来处理信息的，如果不使用服务器端脚本或应用程序来处理表单数据就无法收集这些数据。

表单是网页中所包含的单元，如同 HTML 的

Div。所有的表单元素都包含在 <form> 与 </form> 标签中，如图 16-1 所示。表单与 Div 不同之处是页面中可以插入多个表单，但是不可以像 Div 一样嵌套表单，表单是无法嵌套的。

```
<form id="form1" name="form1" method="post" action="">
  <div id="main-left4">
    <input type="image" name="login_button" id="login_button" src="images/12205.gif" />
    <img src="images/12234.gif" width="13" height="13" />
    <input type="text" name="login_name" id="login_name" />
    <img src="images/12235.gif" width="22" height="12" />
    <input type="password" name="login_pass" id="login_pass" />
  </div>
  <div id="main-left5">
    <input type="checkbox" name="checkbox" id="checkbox" />
    记住密码<img src="images/12203.gif" width="91" height="22" /><img src="images/12204.gif" width="73"
    height="22" /></div>
</form>
```

图 16-1 <form> 标签效果

16.2 插入常用表单元素

通常一个表单中会包含多个对象，有时它们也被称为控件，如用于输入文本的文本域、用于发送命令的按钮、用于选择项目的单选按钮和复选框，以及用于显示选项列表的列表框等。本节将向用户详细介绍如何在网页中插入和设置常用的表单元素。

16.2.1 认识常用表单元素

在 Dreamweaver CC 的"插入"面板上有一个"表单"选项卡，单击选中"表单"选项卡，可以看到在网页中插入的表单元素按钮，如图 16-2 所示。在该选项卡中包含了网页中常用的表单元素和在 Dreamweaver CC 中新增的 HTML 5 表单元素。关于 HTML 5 新增表单元素将在 16.3 节中进行详细介绍。

图 16-2 "表单"选项卡

图 16-2 "表单"选项卡（续）

🔽 "表单"按钮▤：在网页中插入一个表单域。所有表单元素若想要实现作用，就必须存在于表单域中。

🔽 "文本"按钮▢：在表单域中插入一个可以输入一行文本的文本域。文本域可以接受任何类型的文本、字母与数字内容。

🔽 "密码"按钮▢：在表单域中插入密码域。密码域可以接受任何类型的文本、字母与数字内容，以密码域方式显示的时候，输入的文本都会以星号或项目符号的方式显示，这样可以避免其他的用户看到这些文本信息。

🔽 "文本区域"按钮▢：在表单域中插入一个可输入多行文本的文本区域。

🔽 "按钮"按钮▢：在表单域中插入一个普通按钮，单击该按钮，可以执行某一脚本或程序，并且用户还可以自定义按钮的名称和标签。

🔽 "提交按钮"按钮▢：在表单域中插入一个提交按钮，该按钮用于向表单处理程序提交表单域中所填写的内容。

🔽 "重置按钮"按钮▢：在表单域中插入一个重置按钮，重置按钮会将所有表单字段重置为初始值。

🔽 "文件"按钮▢：在表单中插入一个文本字段和一个"浏览"按钮。浏览者可以使用文件域浏览本地计算机上的某个文件并将该文件作为表单数据上传。

🔽 "图像按钮"按钮▢：在表单域中插入一个可放置图像的区域。放置的图像用于生成图形化的按钮，例如"提交"或"重置"按钮。

🔽 "隐藏"按钮▢：在表单中插入一个隐藏域。可以存储用户输入的信息，如姓名、电子邮件地址或常用的查看方式，在用户下次访问该网站的时候使用这些数据。

🔽 "选择"按钮▢：在表单域中插入选择列表或菜单。"列表"选项在一个列表框中显示选项值，浏览者可以从该列表框中选择多个选项。"菜单"选项则是在一个菜单中显示选项值，浏览者只能从中选择单个选项。

🔽 "单选按钮"按钮▢：在表单域中插入一个单选

按钮。单选按钮代表互相排斥的选择。在某一个单选按钮组（由两个或多个共享同一名称的按钮组成）中选择一个按钮，就会取消选择该组中的其他按钮。

🔽 "单选按钮组"按钮▢：在表单域中插入一组单选按钮，也就是直接插入多个（两个或两个以上）单选按钮。

🔽 "复选框"按钮▢：在表单域中插入一个复选框。复选框允许在一组选项中选择多个选项，也就是说用户可以选择任意多个适用的选项。

🔽 "复选框组"按钮▢：在表单域中插入一组复选框，复选框组能够一起添加多个复选框。在复选框组对话框中，可以添加或删除复选框的数量，在"标签"和"值"列表框中可以输入需要更改的内容，如图 16-3 所示。顾名思义，复选框组其实就是直接插入多个（两个或两个以上）复选框。

图 16-3 "复选框组"对话框

🔽 "域集"按钮▢：可以在表单域中插入一个域集 <fieldset> 标签。<fieldset> 标签将表单中的相关元素分组。<fieldset> 标签将表单内容的一部分打包，生成一组相关表单的字段。<fieldset> 标签没有必需的或唯一的属性。当一组表单元素放到 <fieldset> 标签内时，浏览器会以特殊方式来显示它们。

🔽 "标签"按钮▢：可以在表单域中插入 <label> 标签。label 元素不会向用户呈现任何特殊的样式。不过，它为鼠标用户改善了可用性，因为如果用户单击 label 元素内的文本，则会切换到表单元素本身。<label> 标签的 for 属性应该等于相关元素的 id 元素，以便将它们捆绑起来。

16.2.2 表单域 ⊙

表单域是表单中必不可少的元素之一，所有的表单元素只有在表单域中才会生效。因此，制作表单页面的第一步就是插入表单域。

动手实践——插入表单域

📄 最终文件：光盘\最终文件\第 16 章\16-2-2.html
📹 视频：光盘\视频\第 16 章\16-2-2.swf

01 执行"文件 > 打开"命令,打开页面"光盘\源文件 \ 第 16 章\16-2-2.html",效果如图 16-4 所示。将光标移至名为 box 的 Div 中,将多余文字删除,如图 16-5 所示。

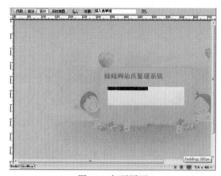

图 16-4 打开页面

图 16-5 删除多余文字

02 单击"插入"面板上的"表单"选项卡中的"表单"按钮,如图 16-6 所示。即可在光标所在位置插入带有红色虚线的表单域,如图 16-7 所示。

图 16-6 "插入"面板

图 16-7 插入表单域

提示

如果插入表单域后,在 Dreamweaver CC 设计视图中并没有显示红色的虚线框,执行"查看 > 可视化助理 > 不可见元素"命令,即可在设计视图中看到红色虚线的表单域。红色虚线的表单域在浏览器中浏览时是看不到的。

03 转换到代码视图中,可以看到红色虚线的表单域代码,如图 16-8 所示。单击"文档"工具栏上的"实时视图"按钮,在实时视图中可以看到表单域的红色虚线在预览状态下是不显示的,如图 16-9 所示。在 Dreamweaver CC 中显示为红色虚线,主要是为了能够让用户更清楚地去辨识。

```
<body>
<div id="box">
<form id="form1" name="form1" method="post">
</form>
</div>
</body>
```

图 16-8 代码视图

图 16-9 实时视图

16.2.3 设置表单域属性

将光标移至刚插入的表单域中,在状态栏的标签选择器中单击选中 <form#form1> 标签,即可将表单域选中,可以在"属性"面板上对表单域的属性进行设置,如图 16-10 所示。

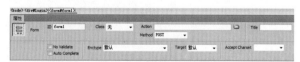

图 16-10 表单域的"属性"面板

❷ ID:用来设置表单的名称。为了正确地处理表单,一定要给表单设置一个名称。

❷ Class:在该下拉列表中可以选择已经定义好的类 CSS 样式应用。

❷ Action:用来设置处理这个表单的服务器端脚本的路径。如果希望该表单通过 E-mail 方式发送,而不被服务器端脚本处理,需要在 Action 文本域中填入"mailto:"和希望发送到的 E-mail 地址。例如,

在 Action 文本框中输入 "mailto:XXX@163.com"，表示把表单中的内容发送到这样的电子邮箱中，如图 16–11 所示。

图 16-11 使用 E-mail 方式传输表单信息

⊙ Method：用来设置将表单数据发送到服务器的方法，有 3 个选项，分别是"默认"、POST 和 GET。如果选择"默认"或 GET，则将以 GET 方法发送表单数据，把表单数据附加到请求 URL 中发送。如果选择 POST，则将以 POST 方法发送表单数据，把表单数据嵌入到 http 请求中发送。

提示

一般情况下应该选择 POST，因为 GET 方法有很多限制，如果使用 GET 方法，URL 的长度将限制在 8,192 个字符以内，一旦发送的数据量太大，数据将被截断，从而导致意外的或失败的处理结果。而且，发送机密如用户名、密码、信用卡或其他机密信息时，用 GET 方法发送信息很不安全。

⊙ Title：该选项用于设置表单域的标题名称。

⊙ No Validate：Validate 属性为 HTML 5 新增的表单属性，选中该复选框，表示当提交表单时不对表单中的内容进行验证。

⊙ Auto Complete：Complete 属性为 HTML 5 新增的表单属性，选中该复选框，则表示启用表单的自动完成功能。

⊙ Enctype：用来设置发送数据的编码类型，有两个选项，分别是 "application/x–www–form–urlencoded" 和 "multipart/form–data"，默认的编码类型是"application/x–www–form–urlencoded"。"application/x–www–form–urlencoded" 通常与 POST 方法协同使用，如果表单中包含文件上传域，则应该选择 "multipart/form–data"。

⊙ Target：该选项用于设置表单被处理后，反馈网页打开的方式，有 6 个选项，分别是"默认"、_blank、_new、_parent、_self 和 _top，反馈网站默认的打开方式是在原窗口中打开。

⊙ Accept Charset：该选项用于设置服务器处理表单数据所接受的字符集，在该选项下拉列表中有 3 个选项，分别是"默认"、UTF–8 和 ISO–8859–1。

16.2.4 文本域

在文本域中，可以输入任何类型的文本、数字或字母，文本域也是网页表单中最常用的一种表单元素。

动手实践——插入文本域

📄 最终文件：光盘 \ 最终文件 \ 第 16 章 \16-2-4.html

📹 视频：光盘 \ 源文件 \ 第 16 章 \16-2-4.swf

01 执行"文件 > 打开"命令，打开页面"光盘 \ 源文件 \ 第 16 章 \16–2–2.html"，执行"文件 > 另存为"命令，将页面另存为"光盘 \ 源文件 \ 第 16 章 \16-2-4.html"。

02 将光标移至表单域中，单击"插入"面板上的"表单"选项卡中的"文本"按钮，如图 16–12 所示。即可在光标所在位置插入文本域，将提示文字删除，设置如图 16–13 所示。

图 16-12 单击"文本"按钮

图 16-13 插入文本域

03 单击选中刚插入的文本域，在"属性"面板中设置 Name 属性为 name，如图 16–14 所示。转换到外部 CSS 样式表文件中，创建名为 #name 的 CSS 样式，如图 16–15 所示。

图 16-14 设置 Name 属性

```
#name{
    width:150px;
    height:22px;
    margin-left:5px;
    margin-top:4px;
    margin-bottom:4px;
    border:#bbbbbb 1px solid;
}
```

图 16-15 CSS 样式代码

04 返回到"16-2-4.html"页面中，可以看到应用 CSS 样式后的文本域效果，如图 16-16 所示。转换到代码视图中，可以看到刚刚插入的文本域的代码，如图 16-17 所示。

图 16-16　文本域的效果

```
<body>
<div id="box">
  <form id="form1" name="form1" method="post">
    用户名：
      <input type="text" name="name" id="name">
  </form>
</div>
</body>
```

图 16-17　文本域代码

05 执行"文件 > 保存"命令，保存该页面，在浏览器中预览页面，将光标移至文本域中单击，即可在文本域中输入相应的内容，如图 16-18 所示。

图 16-18　在文本域中输入内容

16.2.5　设置文本域属性

选中在页面中插入的文本域，在"属性"面板中可以对文本域的属性进行相应的设置，如图 16-19 所示。

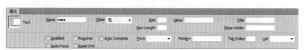

图 16-19　文本域的"属性"面板

🔽 Name：在该文本框中可以为文本域指定一个名称。每个文本域都必须有一个唯一的名称，所选名称必须在表单内唯一标识该文本域。

> **提示**
>
> 表单元素的名称不能包含空格或特殊字符，可以使用字母、数字字符和下划线的任意组合。注意，为文本域指定名称最好便于记忆。

🔽 Size：该选项用来设置文本域中最多可显示的字符数。

🔽 Max Length：该选项用来设置文本域中最多可输入的字符数。如果将该文本框保留为空白，则浏览者可以输入任意数量的文本。

🔽 Value：在该文本框中可以输入一些提示性的文本，从而帮助浏览者顺利填写该文本框中的资料。当浏览者输入资料时初始文本将被输入的内容代替。

🔽 Title：该选项用于设置文本域的提示标题文字。

🔽 Place Holders：该属性为 HTML 5 新增的表单属性，用于设置文本域预期值的提示信息，该提示信息会在文本域为空时显示，并会在文本域获得焦点时消失。

🔽 Disabled：选中该复选框，表示禁用该文本域，被禁用的文本域既不可用，也不可单击。

🔽 Auto Focus：该属性为 HTML 5 新增的表单属性，选中该复选框，表示当网页被加载时，该文本域自动获得焦点。

🔽 Required：该属性为 HTML 5 新增表单属性，选中该复选框，表示在提交表单之前必须填写该文本域。

🔽 Read Only：选中该复选框，表示该文本域为只读，不能对该文本域中的内容进行修改。

🔽 Auto Complete：该属性为 HTML 5 新增的表单元素属性，选中该复选框，表示该文本域启用自动完成功能。

🔽 Form：该属性用于设置与该表单元素相关联的表单标签的 ID，可以在该选项后的下拉列表中选择网页中已经存在的表单域标签。

🔽 Pattern：该属性为 HTML 5 新增的表单元素属性，用于设置文本域值的模式或格式。例如"pattern="[0-9]""，表示输入值必须是 0~9 的数字。

🔽 Tab Index：该属性用于设置该表单元素的 tab 键控制次序。

🔽 List：该属性是 HTML 5 新增的表单元素属性，用于设置引用数据列表，其中包含文本域的预定义选项。

16.2.6　密码域

密码域与文本域的形式是一样的，只是在密码域中输入的内容会以星号或圆点的方式显示。在 Dreamweaver CC 中将密码域单独作为一个表单元素，用户只需要单击"插入"面板上的"表单"选项卡中的"密码"按钮，即可在网页中插入密码域。

动手实践——插入密码域

目 最终文件: 光盘 \ 最终文件 \ 第 16 章 \16-2-6.html

名 视频: 光盘 \ 源文件 \ 第 16 章 \16-2-6.swf

01 执行"文件 > 打开"命令,打开页面"光盘 \ 源文件 \ 第 16 章 \16-2-4.html",执行"文件 > 另存为"命令,将页面另存为"光盘 \ 源文件 \ 第 16 章 \16-2-6.html"。

02 将光标移至文本域后,按快捷键 Shift+Enter,插入换行符,单击"插入"面板上的"表单"选项卡中的"密码"按钮,插入密码域,修改提示文字,如图 16-20 所示。选中刚插入的密码域,在"属性"面板中设置 Name 属性为 password,如图 16-21 所示。

图 16-20 插入密码域

图 16-21 设置 Name 属性

03 转换到外部 CSS 样式表文件中,创建名为 #password 的 CSS 样式,如图 16-22 所示。返回到 "16-2-6.html"页面中,可以看到应用 CSS 样式后密码域的效果,如图 16-23 所示。

```
#password{
    width:150px;
    height:22px;
    margin-left:5px;
    margin-top:4px;
    margin-bottom:4px;
    border:#bbbbbb 1px solid;
}
```

图 16-22 CSS 样式代码

图 16-23 密码域效果

04 执行"文件 > 保存"命令,保存页面,在浏览器中预览该页面,将光标移至密码域中单击,并输入相应的内容,可以看到密码域的效果,如图 16-24 所示。

图 16-24 在密码域中输入内容

16.2.7 文本区域

多行文本域的使用也是很常见的,通常在一些注册页面中看到的用户注册协议就是使用多行文本域制作的。

动手实践——插入文本区域

目 最终文件: 光盘 \ 最终文件 \ 第 16 章 \16-2-7.html

名 视频: 光盘 \ 源文件 \ 第 16 章 \16-2-7.swf

01 执行"文件 > 打开"命令,打开页面"光盘 \ 源文件 \ 第 16 章 \16-2-7.html",效果如图 16-25 所示。将光标移至页面中的表单域中,单击"插入"面板上的"表单"选项卡中的"文本区域"按钮,如图 16-26 所示。

图 16-25 页面效果

图 16-26 单击"文本区域"按钮

02 即可在光标所在位置插入文本区域，将提示文字删除，如图 16-27 所示。选中刚插入的文本区域，在"属性"面板中设置 Name 属性为 textbox01，如图 16-28 所示。

图 16-27 插入文本区域

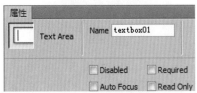

图 16-28 设置 Name 属性

03 单击选中刚插入的文本区域，在"属性"面板上的 Value 文本框中输入初始值，如图 16-29 所示。可以看到页面中文本区域的效果，如图 16-30 所示。

图 16-29 设置 Value 选项

图 16-30 文本区域效果

04 转换到外部 CSS 样式表文件中，创建名为 #textbox01 的 CSS 样式，如图 16-31 所示。返回到"11-2-7.html"页面中，可以看到应用 CSS 样式后的文本区域的效果，如图 16-32 所示。

```
#textbox01{
    border:1px solid #cccccc;
    height:300px;
    width:537px;
    color:#999;
    line-height: 25px;
}
```

图 16-31 CSS 样式代码

图 16-32 多行文本区域效果

05 执行"文件 > 保存"命令，将页面保存，在浏览器中预览页面，可以看到文本区域的效果，如图 16-33 所示。

图 16-33 在浏览器中预览效果

16.2.8 设置文本区域属性

选中在页面中插入的文本区域，在"属性"面板中可以对文本域的属性进行相应的设置，如图 16-34 所示。

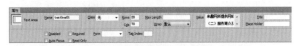

图 16-34 文本区域的"属性"面板

🔽 Rows：该属性用于设置文本区域的可见高度，以行计数。

🔽 Cols：该属性用于设置文本区域的字符宽度。

🔽 Wrap：通常情况下，当用户在文本区域中输入文本后，浏览器会将它们按照输入时的状态发送给服务器。只有用户按下 Enter 键的地方生成换行。如果希望启动自动换行功能，可以将 wrap 属性设置为 virtual 或 physical。当用户输入的一行文本长于文本区域的宽度时，浏览器会自动将多余的文字挪到下一行。

🔽 Value：该属性用于设置文本区域的初始值，可以在该选项后的文本框中输入相应的内容。

16.2.9　按钮、提交按钮和重置按钮

按钮的作用是当用户单击后，执行一定的任务，常见的表单有提交表单、重置表单等。浏览者在网上申请邮箱、注册会员时都会见到。在 Dreamweaver CC 中将按钮分为 3 种类型，按钮、提交按钮和重置按钮，其中按钮元素需要用户指定单击该按钮时需要执行的操作，例如添加一个 JavaScript 脚本，使得当浏览者单击该按钮时打开另一个页面。

提交按钮的功能是当用户单击该按钮时，将提交表单数据内容至表单域 Action 属性中指定的页面或脚本。

重置按钮的功能是当用户单击该按钮时，将清除表单中所做的设置，恢复为默认的选项设置内容。

动手实践——插入提交按钮和重置按钮

📄 最终文件：光盘 \ 最终文件 \ 第 16 章 \16-2-9.html

📁 视频：光盘 \ 源文件 \ 第 16 章 \16-2-9.swf

01 执行"文件 > 打开"命令，打开页面"光盘 \ 源文件 \ 第 16 章 \16-2-9.html"，如图 16-35 所示。将光标移至"社会治安"文字后，按快捷键 Shift+Enter，插入换行符，单击"插入"面板上的"表单"选项卡中的"按钮"按钮，如图 16-36 所示。

图 16-35 页面效果

图 16-36 单击"提交按钮"按钮

02 即可在光标所在位置插入提交按钮，效果如图 16-37 所示。选中刚插入的提交按钮，在"属性"面板上设置 Name 属性为 button01，Value 属性为"投票"，如图 16-38 所示。

图 16-37 插入提交按钮

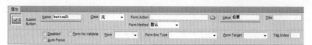

图 16-38 设置属性

技巧

对于表单而言，按钮是非常重要的，其能够控制对表单内容的操作，如"提交"或"重置"。如果要将表单内容发送到远端服务器上，可使用"提交"按钮；如果要清除现有的表单内容，可使用"重置"按钮。

03 完成 Value 属性的设置，可以看到提交按钮的效果，如图 16-39 所示。转换到代码视图中，可以看到提交按钮的代码，如图 16-40 所示。

图 16-39 提交按钮效果

```
<div id="checkbox">
  <form id="form1" name="form1" method="post" action="">
    <input type="checkbox" name="checkbox2" id="checkbox2" />
    环境保护
    <br>
    <input type="checkbox" name="checkbox3" id="checkbox3" />
    紧急援助
    <br>
    <input type="checkbox" name="checkbox4" id="checkbox4" />
    知识传播
    <br>
    <input type="checkbox" name="checkbox5" id="checkbox5" />
    社会治安
    <br>
    <input type="submit" name="button01" id="button01" value="投票">
  </form>
</div>
```

图 16-40 提交按钮代码

04 返回设计视图中，将光标移至刚插入的提交按钮后，单击"插入"面板上的"表单"选项卡中的"重置按钮"按钮，如图 16-41 所示。在光标所在位置插入重置按钮，效果如图 16-42 所示。

图 16-41 单击"重置按钮"按钮

图 16-42 插入重置按钮

05 选中刚插入的重置按钮，在"属性"面板上设置 Name 属性为 button02，如图 16-43 所示。转换到网页 HTML 代码中，可以看到重置按钮的代码，如图 16-44 所示。

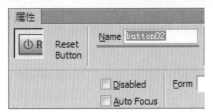

图 16-43 设置 Name 属性

图 16-44 重置按钮代码

06 切换到外部 CSS 样式表文件中,创建名为 #button01 和名为 #button02 的 CSS 样式,如图 16-45 所示。返回到"16-2-9.html"页面中,可以看到页面的效果,如图 16-46 所示。

```
#button01{
    width:50px;
    height:21px;
    margin-top:7px;
    margin-left:40px;
    margin-right:20px;
}
#button02{
    width:50px;
    height:21px;
}
```

图 16-45 CSS 样式代码　　　图 16-46 页面效果

07 执行"文件 > 保存"命令,保存页面,在浏览器中预览该页面,效果如图 16-47 所示。

图 16-47 在浏览器中预览效果

16.2.10　插入文件域

文件域可以让用户在域内部填写自己硬盘上的文件路径,然后通过表单进行上传,这是文件域的基本功能。文件域是由一个文本框和一个"浏览"按钮组

成。浏览者可以通过表单的文件域来上传指定的文件,浏览者既可以在文件域的文本框中输入一个文件的路径,也可以单击文件域的"浏览"按钮来选择一个文件,当访问者提交表单时,这个文件将被上传。

动手实践——插入文件域

📄 最终文件:光盘 \ 最终文件 \ 第 16 章 \16-2-10.html
📁 视频:光盘 \ 源文件 \ 第 16 章 \16-2-10.swf

01 执行"文件 > 打开"命令,打开页面"光盘 \ 源文件 \ 第 16 章 \16-2-10.html",效果如图 16-48 所示。

图 16-48 页面效果

02 将光标移至名为 file 的 Div 中,将多余文字删除,单击"插入"面板上的"表单"选项卡中的"文件"按钮,如图 16-49 所示。即可在光标所在位置插入文件域,将提示文字删除,如图 16-50 所示。

图 16-49 单击"文件"按钮

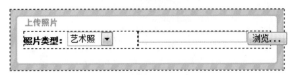

图 16-50 插入文件域

03 执行"文件 > 保存"命令,保存页面,在浏览器中预览页面,如图 16-51 所示。单击页面中的"浏览"按钮,可以打开"选择要加载的文件"对话框,选择想要上传的文件,如图 16-52 所示。

图 16-51 在浏览器中预览效果

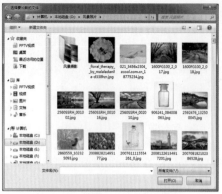

图 16-52 "选择要加载的文件"对话框

16.2.11 设置文件域属性

单击选中刚插入的文件域，打开"属性"面板，在该面板中可以对文件域的相关属性进行设置，如图 16-53 所示。

图 16-53 文件域的"属性"面板

● Multiple：该属性为 HTML 5 新增的表单元素属性，选中该复选框，则表示该文件域可以接受多个值。

● Required：该属性为 HTML 5 新增的表单元素属性，选中该复选框，表示在提交表单之前必须设置相应的值。

16.2.12 图像按钮

向表单中插入图像域后，图像域将起到提交表单的作用，本来应该用提交表单按钮来提交表单，但有时为了使表单更美观，需要用图像来提交表单，只需要把图像设置成图像域就可以了。

动手实践——插入图像按钮

目 最终文件：光盘\最终文件\第 16 章\16-2-12.html

视频：光盘\视频\第 16 章\16-2-12.swf

[01] 执行"文件 > 打开"命令，打开页面"光盘\源文件\第 16 章\16-2-6.html"，执行"文件 > 另存为"命令，将文件另存为"光盘\源文件\第 16 章\16-2-12.html"。

[02] 将光标移至"用户名："文字前，如图 16-54所示。单击"插入"面板上的"表单"选项卡中的"图像按钮"按钮，如图 16-55 所示。

图 16-54 确定光标位置

图 16-55 单击"图像按钮"按钮

[03] 在弹出的"选择图像源文件"对话框中选择相应的图像，如图 16-56 所示。单击"确定"按钮，即可在光标所在位置插入图像域，如图 16-57 所示。

图 16-56 "选择图像源文件"对话框

图 16-57 插入图像按钮

[04] 选中刚插入的图像按钮，在"属性"面板中设置 Name 属性为 button，如图 16-58 所示。切换到外部 CSS 样式表文件中，创建名为 #button 的 CSS 样式，如图 16-59 所示。

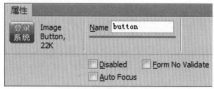

图 16-58 设置 Name 属性

```
#button{
    float:right;
    margin-top:9px;
    margin-right:5px;
}
```

图 16-59 CSS 样式代码

05 返回到"16-2-12.html"页面中，可以看到图像域的效果，如图 16-60 所示。执行"文件 > 保存"命令，保存页面，并且保存外部 CSS 样式表文件，在浏览器中预览页面，效果如图 16-61 所示。

图 16-60 页面效果

图 16-61 在浏览器中预览效果

16.2.13 设置图像按钮属性

单击选中页面中刚插入的图像按钮，在"属性"面板上可以对其相关属性进行设置，如图 16-62 所示。

图 16-62 图像域的"属性"面板

> ◑ Name：在该选项的文本框中可以为图像按钮设置一个名称，默认为 imageField。
>
> ◑ Src：该选项的文本框用来显示该图像域所使用的图像地址。
>
> ◑ From Method：method 属性规定如何发送表单数据（表单数据发送到 action 属性所规定的页面）。表单数据可以作为 URL 变量（method="get"）或者 HTTP post（method="post"）的方式来发送。
>
> ◑ 编辑图像：单击该按钮，将启动外部图像编辑软件，对该图像域所使用的图像进行编辑。

> **提示**
>
> 需要注意的是，默认的图像域按钮只有提交表单的功能，如果想要改变其用途，则需要某种"行为"附加至表单元素中。

16.2.14 隐藏域

隐藏域在页面中对于用户来说是不可见的，它用于储存一些信息，以便于被处理表单的程序所使用。

执行"文件 > 打开"命令，打开页面"光盘 \ 源文件 \ 第 16 章 \16-2-7.html"，执行"文件 > 另存为"命令，将文件另存为"光盘 \ 源文件 \ 第 16 章 \16-2-14.html"。

将光标移至需要插入隐藏域的位置，单击"插入"面板上的"表单"选项卡中的"隐藏域"按钮，在页面中插入隐藏域，如图 16-63 所示。

图 16-63 插入隐藏域

单击选中刚插入的隐藏域，可以在"属性"面板上对相关属性进行设置，如图 16-64 所示。

图 16-64 隐藏域的"属性"面板

> ◑ Name：用于设置隐藏区域的名称，默认为 hiddenField。
>
> ◑ Value：该选项用于设置要为隐藏域指定的值，该值将在提交表单时传递给服务器。
>
> ◑ Form：用于规定输入字段所属的一个或多个表单。

> **提示**
>
> 隐藏域是不被浏览器所显示的，但在 Dreamweaver CC 的设计视图中为了方便编辑，会在插入隐藏域的位置显示一个黄色的隐藏域图标。如果看不到该图标，可以执行"查看 > 可视化助理 > 不可见元素"命令。

16.2.15 选择域

选择域的功能与复选框和单选按钮的功能差不多，都可以列举出很多选项供浏览者选择，其最大的好处就是可以在有限的空间内为用户提供更多的选项，非常节省版面。其中列表提供一个滚动条，它使用户可能浏览许多项，并进行多重选择；下拉菜单默认仅显示一个项，该项为活动选项，用户可以单击打开菜单但只能选择其中一项。

动手实践——插入选择域

📄 最终文件：光盘 \ 最终文件 \ 第 16 章 \16-2-15.html
📹 视频：光盘 \ 源文件 \ 第 16 章 \16-2-15.swf

01 执行"文件 > 打开"命令，打开页面"光盘 \ 源文件 \ 第 16 章 \16-2-15.html"，效果如图 16-65 所示。将光标移至名为 select01 的 Div 中，将多余文字删除，输入相应的文字，效果如图 16-66 所示。

图 16-65 页面效果

图 16-66 输入文字

02 单击"插入"面板上的"表单"选项卡中的"选择"按钮，如图 16-67 所示。即可在页面中插入选择表单元素，将提示文字删除，效果如图 16-68 所示。

图 16-67 单击"选择"按钮

图 16-68 插入选择域

> **提示**
>
> 为什么称该表单元素为"选择"呢？因为它有两种可以选择的"类型"，分别为"列表"和"菜单"。"菜单"是浏览者单击时产生展开效果的下拉菜单；而"列表"则显示为一个列有栏目的可滚动列表，使浏览者可以从该列表中选择项目。

03 选中刚插入的选择域，单击"属性"面板上的"列表值"按钮，弹出"列表值"对话框，在该对话框中添加相应的列表选项，如图 16-69 所示。单击"确定"按钮，完成"列表值"对话框的设置，效果如图 16-70 所示。

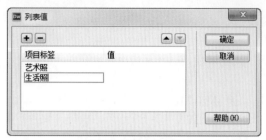

图 16-69 "列表值"对话框

图 16-70 页面效果

> **技巧** 📖
>
> 在"列表值"对话框中，用户可以进行列表 / 菜单中项目的操作。单击"添加项"按钮 ➕，可以向列表中添加一个项目，然后在"项目标签"选项中输入该项目的说明文字，最后在"值"选项中输入传回服务器端的表单数据。单击"删除项"按钮 ➖，可以从列表中删除一个项目。单击"在列表中上移项"按钮 ▲或"在列表中下移项"按钮 ▼可以对这些项目进行上移或下移的排序操作。

04 执行"文件 > 保存"命令，保存页面，按快捷键 F12 即可在浏览器中预览该页面，如图 16-71 所示。

图 16-71 在浏览器中预览效果

16.2.16 设置选择域属性

选中在页面中插入的选择域，在"属性"面板中可以对其属性进行相应的设置，如图 16-72 所示。

图 16-72 选择域的"属性"面板

> 🔹 **Name**：在该文本框中可以为选择域指定一个名称，并且该名称必须是唯一的。

> 🔹 **Size**：该属性规定下拉列表中可见选项的数目。如果 size 属性的值大于 1，但是小于列表中选项的总数目，浏览器会显示出滚动条，表示可以查看更多选项。

> 🔹 **Selected**：当设置了多个列表值时，可以在该列表中选择某一些列表项作为选择域初始状态下所选

中的选项。

> 列表值：单击该按钮，在弹出的"列表值"对话框中，用户可以进行列选择域中项目的操作。

16.2.17 单选按钮和单选按钮组

一个实际的栏目中会拥有多个单选按钮，被称为"单选按钮组"，组中的所有单选按钮必须具有相同的名称，并且名称中不能包含空格或特殊字符。单选按钮作为一个组使用，提供彼此排斥的选项值。因此，用户在单选按钮组内只能选择一个选项。

动手实践——插入单选按钮组

📄 最终文件：光盘 \ 最终文件 \ 第 16 章 \16-2-17.html

📹 视频：光盘 \ 源文件 \ 第 16 章 \16-2-17.swf

01 执行"文件 > 打开"命令，打开页面"光盘 \ 源文件 \ 第 16 章 \16-2-17.html"，效果如图 16-73 所示。将光标移至名为 text 的 Div 中，将多余文字删除，单击"插入"面板上的"表单"选项卡中的"表单"按钮，插入表单域，效果如图 16-74 所示。

图 16-73 打开页面

图 16-74 插入表单域

02 将光标移至刚插入的表单域中，单击"表单"选项卡中的"单选按钮组"按钮，弹出"单选按钮组"对话框，设置如图 16-75 所示。单击"确定"按钮，即可在页面中插入一组单选按钮，如图 16-76 所示。

图 16-75 设置"单选按钮组"对话框

图 16-76 插入单选按钮

03 执行"文件 > 保存"命令，保存页面，在浏览器中预览该页面，可以看到网页中单选按钮的效果，如图 16-77 所示。

图 16-77 在浏览器中预览效果

16.2.18 复选框和复选框组

复选框对每个单独的选项进行"关闭"和"打开"状态切换。因此，用户可以从复选框组中选择多个选项。

动手实践——插入复选框

📄 最终文件：光盘 \ 最终文件 \ 第 16 章 \16-2-18.html

📹 视频：光盘 \ 源文件 \ 第 16 章 \16-2-18.swf

01 执行"文件 > 打开"命令，打开页面"光盘 \ 源文件 \ 第 16 章 \16-2-18.html"，效果如图 16-78 所示。将光标移至名为 checkbox 的 Div 中，将多余的文字删除，单击"插入"面板上的"表单"选项卡中的"表单"按钮，如图 16-79 所示。

图 16-78 打开页面

图 16-79 单击"表单"按钮

02 即可在该 Div 中插入表单域，效果如图 16-80

所示。将光标移至表单域中，单击"插入"面板上的"表单"选项卡中的"复选框"按钮，如图 16-81 所示。

图 16-80 插入表单域

图 16-81 单击"复选框"按钮

03 即可在光标所在位置插入复选框，将光标移至刚插入的复选框后，输入相应的文字，如图 16-82 所示。将光标移至刚输入的文字后，插入换行符，接着插入复选框并输入文字，效果如图 16-83 所示。

图 16-82 插入复选框

图 16-83 页面效果

04 切换到外部 CSS 样式表文件中，创建名为 .checkbox 的 CSS 样式，如图 16-84 所示。返回到 "16-2-18.html"页面中，为复选框应用该类 CSS 样式，效果如图 16-85 所示。

```
.checkbox{
    margin-right:10px;
    vertical-align: middle;
}
```

图 16-84 CSS 样式代码

图 16-85 页面效果

05 执行"文件 > 保存"命令，保存页面，在浏览器中预览页面，可以看到复选框的效果，如图 16-86 所示。

图 16-86 在浏览器中预览效果

16.2.19 设置复选框属性

选中在页面中插入的复选框，在"属性"面板中可以对复选框的属性进行相应的设置，如图 16-87 所示。

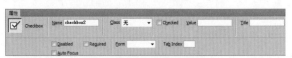

图 16-87 复选框的"属性"面板

▶ Name：为复选框指定一个名称。一个实际的栏目中会拥有多个复选框，每个复选框都必须有一个唯一的名称，所选名称必须在该表单内唯一标识该复选框，并且名称中不能包含空格或特殊字符。

▶ Checked：用来设置在浏览器中载入表单时，该复选框是处于选中的状态还是未选中的状态。如果选中该复选框，则该复选框默认为选中状态。

▶ Value：设置在该复选框被选中时发送给服务器的值。为了便于理解，一般将该值设置的与栏目内容意思相近。

16.3 插入 HTML 5 表单元素

HTML 5 虽然还并没有正式发布，但是网页中 HTML 5 的应用已经越来越多，在 Dreamweaver CC 中为了适应 HTML 5 的发展，新增了许多全新的 HTML 5 表单元素。HTML 5 不但增加了一系列功能性的表单、表单元素和表单特性，还增加了自动验证表单的功能。本节将向用户介绍 HTML 5 表单元素在网页中的应用。

16.3.1 认识 HTML 5 表单元素

在 Dreamweaver CC 中提供了对 CSS 3 和 HTML 5 强大的支持。在 Dreamweaver CC 中的"插入"面板"表单"选项卡中新增了多种 HTML 5 表单元素的插入按钮，以便于用户快速地在网页中插入并应用 HTML 5 表单元素，如图 16-88 所示。

图 16-88　HTML 5 表单元素

■ "电子邮件"按钮@：该按钮为 HTML 5 新增功能，单击该按钮，可以在表单域中插入电子邮件类型元素。电子邮件类型用于应该包含 E-mail 地址的输入域，在提交表单时，会自动验证 E-mail 域的值。

■ Url 按钮：该按钮为 HTML 5 新增功能。单击该按钮，在表单域中插入 Url 类型元素。Url 属性可返回当前文档的 URL。

■ Tel 按钮：该按钮为 HTML 5 新增功能。单击该按钮，在表单域中插入 Tel 类型元素，应用于电话号码的文本字段。

■ "搜索"按钮：该按钮为 HTML 5 新增功能。单击该按钮，在表单域中插入搜索类型元素。该按钮用于搜索的文本字段。search 属性是一个可读可写的字符串，可设置或返回当前 URL 的查询部分（问号 ? 之后的部分）。

■ "数字"按钮：该按钮为 HTML 5 新增功能。单击该按钮，在表单域中插入数字类型元素，带有 spinner 控件的数字字段。

■ "范围"按钮：该按钮为 HTML 5 新增功能。单击该按钮，在表单域中插入范围类型元素。Range 对象表示文档的连续范围区域，如用户在浏览器窗口中用鼠标拖动选中的区域。

■ "颜色"按钮：该按钮为 HTML 5 新增功能。单击该按钮，在表单域中插入颜色类型元素，color 属性设置文本的颜色（元素的前景色）。

■ "月"按钮：该按钮为 HTML 5 新增功能。单击该按钮，在表单域中插入月类型元素，日期字段的月（带有 calendar 控件）。

■ "周"按钮：该按钮为 HTML 5 新增功能。单击该按钮，在表单域中插入周类型元素，日期字段的周（带有 calendar 控件）

■ "日期"按钮：该按钮为 HTML 5 新增功能。单击该按钮，在表单域中插入日期类型元素，日期字段（带有 calendar 控件）。

■ "时间"按钮：该按钮为 HTML 5 新增功能。单击该按钮，在表单域中插入时间类型元素。日期字段的时、分、秒（带有 time 控件）。<time> 标签定义公历的时间（24 小时制）或日期，时间和时区偏移是可选的。该元素能够以机器可读的方式对日期和时间进行编码。

■ "日期时间"按钮：该按钮为 HTML 5 新增功能。单击该按钮，在表单域中插入日期时间类型元素。日期字段（带有 calendar 和 time 控件），datetime 属性规定文本被删除的日期和时间。

■ "日期时间（当地）"按钮：该按钮为 HTML 5 新增功能。单击该按钮，在表单域中插入日期时间（当地）类型元素。日期字段（带有 calendar 和 time 控件）。

16.3.2 电子邮件

新增的电子邮件表单元素是专门为输入 E-mail 地址而定义的文本框，主要为了验证输入的文本是否符合 E-mail 地址的格式，会提示验证错误。

如果需要在网页中插入电子邮件表单，只需要单击"插入"面板上的"表单"选项卡中的"电子邮件"按钮，如图 16-89 所示。即可在页面中光标所在位置插入电子邮件表单元素，如图 16-90 所示。转换到 HTML 代码视图中，可以看到电子邮件表单元素的

HTML 代码，如图 16-91 所示。

图 16-89 "插入"面板

图 16-90 插入电子邮件

```
<form id="form1" name="form1" method="post">
  <label for="email">Email:</label>
  <input type="email" name="email" id="email">
</form>
```

图 16-91 电子邮件表单元素代码

选中插入的电子邮件表单元素，在其"属性"面板上可以对其属性进行设置，如图 16-92 所示。"属性"面板中的相关属性与前面所介绍的其他表单元素的属性基本相同，此处不再进行赘述。

图 16-92 电子邮件的"属性"面板

16.3.3 Url

Url 表单元素是专门为输入的 Url 地址进行定义的文本框，在验证输入的文本格式时，如果该文本框中的内容不符合 Url 地址的格式，会提示验证错误。

如果需要在网页中插入 Url 表单元素，只需要单击"插入"面板上的"表单"选项卡中的 Url 按钮，如图 16-93 所示。即可在页面中光标所在位置插入 Url 表单元素，如图 16-94 所示。转换到 HTML 代码视图中，可以看到 Url 表单元素的 HTML 代码，如图 16-95 所示。

图 16-93 "插入"面板

图 16-94 插入 Url 表单元素

```
<form id="form1" name="form1" method="post">
  <label for="url">Url:</label>
  <input type="url" name="url" id="url">
</form>
```

图 16-95 Url 表单元素代码

16.3.4 Tel

Tel 表单元素是专门为输入电话号码而定义的文本

框，没有特殊的验证规则。

如果需要在网页中插入 Tel 表单元素，只需要单击"插入"面板上的"表单"选项卡中的 Tel 按钮，如图 16-96 所示。即可在页面中光标所在位置插入 Tel 表单元素，如图 16-97 所示。转换到 HTML 代码视图中，可以看到 Tel 表单元素的 HTML 代码，如图 16-98 所示。

图 16-96 "插入"面板

图 16-97 插入 Tel 表单元素

```
<form id="form1" name="form1" method="post">
  <label for="tel">Tel:</label>
  <input type="tel" name="tel" id="tel">
</form>
```

图 16-98 Tel 表单元素代码

16.3.5 搜索

搜索表单元素是专门为输入搜索引擎关键词而定义的文本框，没有特殊的验证规则。

如果需要在网页中插入搜索表单元素，只需要单击"插入"面板上的"表单"选项卡中的"搜索"按钮，如图 16-99 所示。即可在页面中光标所在位置插入搜索表单元素，如图 16-100 所示。转换到 HTML 代码视图中，可以看到搜索表单元素的 HTML 代码，如图 16-101 所示。

图 16-99 "插入"面板

图 16-100 插入搜索表单元素

```
<form id="form1" name="form1" method="post">
  <label for="search">Search:</label>
  <input type="search" name="search" id="search">
</form>
```

图 16-101 搜索表单元素代码

16.3.6 数字

数字表单元素是专门为输入特定的数字而定义的文本框，具有 min、max 和 step 特性，表示允许范围的最小值、最大值和调整步长。

如果需要在网页中插入数字表单元素，只需要单击"插入"面板上的"表单"选项卡中的"数字"按钮，如图 16-102 所示。即可在页面中光标所在位置插入数字表单元素，如图 16-103 所示。

图 16-102 "插入"面板

图 16-103 插入数字表单元素

在"数字"文本框后插入一个"提交"按钮，如图 16-104 所示。选中插入的"数字"文本框，设置相关属性，如图 16-105 所示。

图 16-104 插入提交按钮

图 16-105 设置"数字"属性

切换到代码视图中，可以看到数字表单元素的代码，如图 16-106 所示。在浏览器中预览页面，当输入的数字不在 1~10 的范围内时，单击"提交查询内容"按钮时，效果如图 16-107 所示。

```
<form id="form1" name="form1" method="post">
  <label for="number">Number:</label>
  <input name="number" type="number" id="number"
max="10" min="0" step="0.5" >
  <input type="submit">
</form>
```

图 16-106 数字表单元素代码

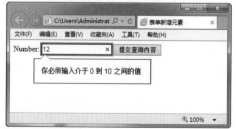

图 16-107 在浏览器中预览效果

16.3.7 范围

范围表单元素是将输入框显示为滑动条，作用是

作为某一特定范围内的数值选择器。和数字表单元素一样具有 min 和 max 特性，表示选择范围的最小值（默认为 0）和最大值（默认值为 100），也具有 step 特性，表示拖动步长（默认为 1）。

如果需要在网页中插入范围表单元素，只需要单击"插入"面板上的"表单"选项卡中的"范围"按钮，如图 16-108 所示。即可在页面中光标所在位置插入范围表单元素，如图 16-109 所示。选中插入的范围表单元素，在"属性"面板上设置相关属性，如图 16-110 所示。

图 16-108 "插入"面板

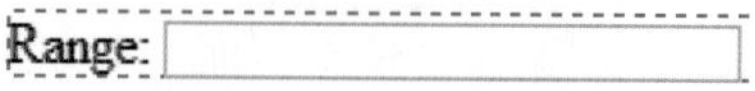

图 16-109 插入范围表单元素

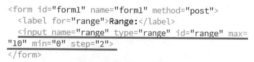

图 16-110 设置"范围"属性

切换到代码视图中，可以看到范围表单元素的代码，如图 16-111 所示。在浏览器中预览页面，可以看到范围表单元素的效果，可以通过滑动条设置范围表单元素，如图 16-112 所示。

```
<form id="form1" name="form1" method="post">
  <label for="range">Range:</label>
  <input name="range" type="range" id="range" max=
"10" min="0" step="2">
</form>
```

图 16-111 范围表单元素代码

图 16-112 在浏览器中预览效果

16.3.8 颜色

颜色表单元素应用于网页中会默认提供一个颜色选择器，在大部分浏览器中还不能实现效果，在

Chrome 浏览器中可以看到颜色表单元素的效果。

如果需要在网页中插入颜色表单元素，只需要单击"插入"面板上的"表单"选项卡中的"颜色"按钮，如图 16-113 所示。即可在页面中光标所在位置插入颜色表单元素，转换到代码视图中，可以看到颜色表单元素的代码，如图 16-114 所示。

图 16-113 "插入"面板

```html
<form id="form1" name="form1" method="post">
  <label for="color">Color:</label>
  <input type="color" name="color" id="color">
</form>
```

图 16-114 颜色表单元素代码

在 Chrome 浏览器中预览页面，可以看到颜色表单元素的效果，如图 16-115 所示。单击颜色表单元素的颜色块，弹出"颜色"对话框，可以选择颜色，如图 16-116 所示。选中颜色后，单击"确定"按钮，如图 16-117 所示。

图 16-115 颜色表单元素效果

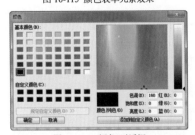

图 16-116 "颜色"对话框

图 16-117 颜色表单元素效果

16.3.9 时间日期相关表单元素

HTML 5 中所提供的时间和日期表单元素都会在网页中提供一个对应的时间选择器，在网页中既可以在文本框中输入精确时间和日期，也可以在选择器中选择时间和日期。

在 Dreamweaver CC 中，插入"月"表单元素，网页会提供一个月选择器；插入"周"表单元素，会提供一个周选择器；插入"日期"表单元素，会提供一个日期选择器；插入"时间"表单元素，会提供一个时间选择器；插入"日期时间"表单元素，会提供一个完整的日期和时间(包含时区)的选择器；插入"日期时间(当地)"表单元素，会提供完整的日期和时间(不包含时区) 选择器。

在 Dreamweaver CC 中，依次单击"插入"面板上的"表单"选项卡中各种类型的时间和日期表单按钮，如图 16-118 所示。即可在网页中插入相应的时间和日期表单元素，切换到代码视图中，可以看到各日期时间表单元素的代码，如图 16-119 所示。

图 16-118 "插入"面板

```html
<form id="form1" name="form1" method="post">
  <label for="month">Month:</label>
  <input type="month" name="month" id="month"><br>
  <label for="week">Week:</label>
  <input type="week" name="week" id="week"><br>
  <label for="date">Date:</label>
  <input type="date" name="date" id="date"><br>
  <label for="time">Time:</label>
  <input type="time" name="time" id="time"><br>
  <input type="datetime"><br>
  <input type="datetime-local">
</form>
```

图 16-119 日期和时间表单元素代码

在 Chrome 浏览器中预览页面，可以看到 HTML 5 中时间和日期表单元素的效果，如图 16-120 所示。可以通过在文本框中输入时间和日期或者在不同类型的时间和日期选择器中选择时间和日期，如图 16-121 所示。

图 16-120 在浏览器中预览效果

图 16-121 日期选择器效果

技巧

　　IE11 浏览器目前对 HTML 5 新增的日期相关的表单元素还不支持，这里使用 Chrome 浏览器预览网页，可以看到网页中日期相关表单元素的效果。如果使用 IE11 浏览器预览，则日期相关的表单元素在网页中显示为空白的文本域。

16.3.10　制作网站留言页面

　　在 Dreamweaver CC 中新增了许多实用的网页表单元素，通过这些表单元素的应用可以大大丰富网页中表单的应用和效果。了解了 Dreamweaver CC 中新增的 HTML 5 表单元素，接下来通过一个实例的制作，使用户能够更轻松地掌握这些 HTML 5 表单元素的使用方法。

动手实践——制作网站留言页面

　　最终文件：光盘 \ 最终文件 \ 第 16 章 \16-3-10.html

　　视频：光盘 \ 视频 \ 第 16 章 \16-3-10.swf

　　01 执行"文件 > 打开"命令，打开页面"光盘 \ 源文件 \ 第 16 章 \16-3-10.html"，效果如图 16-122 所示。将光标移至页面中名为 message 的 Div 中，将多余的文字删除，单击"插入"面板上的"表单"选项卡中的"表单"按钮，插入表单域，如图 16-123 所示。

图 16-122 打开页面

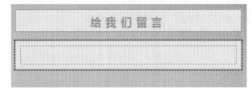

图 16-123 插入表单域

　　02 将光标移至表单域中，单击"插入"面板上的"结构"选项卡中的"段落"按钮，如图 16-124 所示。在表单域中插入段落 <p> 标签，转换到外部 CSS 样式表文件中，创建名为 #message p 的 CSS 样式，如图 16-125 所示。

图 16-124 单击"段落"按钮

```
#message p {
    line-height:40px;
    border-bottom: 1px dashed #B09F55;
}
```

图 16-125 CSS 样式代码

　　03 返回设计视图中，可以看到文本域的效果，如图 16-126 所示。将光标移至页面 <p> 标签内容中，将多余的文字删除，单击"插入"面板上的"表单"选项卡中的"文本"按钮，如图 16-127 所示。

图 16-126 页面效果

图 16-127 单击"文本"按钮

04 在光标所在位置插入文本域，将光标移至刚插入的文本域前，修改相应的文字，如图 16-128 所示。选中插入的文本域，在"属性"面板上设置相关属性，如图 16-129 所示。

图 16-128 插入文本域

图 16-129 设置文本域属性

05 转换到外部 CSS 样式表文件中，创建名为 #uname 的 CSS 样式，如图 16-130 所示。返回设计视图中，可以看到文本域的效果，如图 16-131 所示。

```
#uname{
    margin-left: 68px;
    width: 268px;
    height: 25px;
    border: solid 1px #996600;
    border-radius: 3px;
}
```

图 16-130 CSS 样式代码

图 16-131 页面效果

06 将光标移至刚插入的文本域后，按 Enter 键，插入段落，如图 16-132 所示。单击"插入"面板上的"表单"选项卡中的"电子邮件"按钮，如图 16-133 所示。

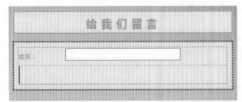

图 16-132 插入段落

图 16-133 单击"电子邮件"按钮

07 在网页中插入电子邮件表单元素，修改相应的提示文字，如图 16-134 所示。选中插入的电子邮件表单元素，在"属性"面板上设置相关属性，如图 16-135 所示。

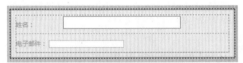

图 16-134 插入电子邮件表单元素

图 16-135 设置"电子邮件"属性

08 转换到外部 CSS 样式表文件中，创建名为 #email 的 CSS 样式，如图 16-136 所示。返回设计视图中，可以看到电子邮件表单元素的效果，如图 16-137 所示。

```
#email{
    margin-left: 32px;
    width: 260px;
    height: 25px;
    border: solid 1px #996600;
    border-radius: 3px;
}
```

图 16-136 CSS 样式代码

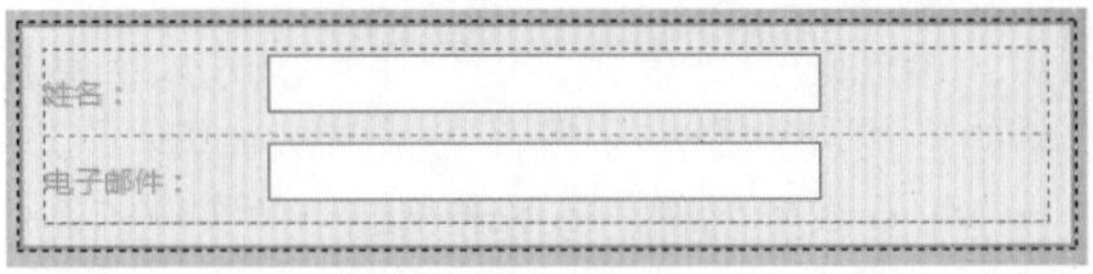

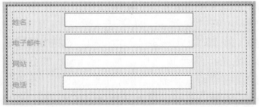

图 16-137 页面效果

09 使用相同的方法，在网页中分别插入 Url 和 Tel 表单元素，并创建相应的 CSS 样式，效果如图 16-138 所示。将光标移至 Tel 表单元素之后，按 Enter 键，插入段落，如图 16-139 所示。

图 16-138 页面效果

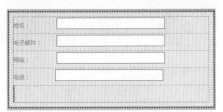

图 16-139 插入段落

10 单击"插入"面板上的"表单"选项卡中的"日期"按钮，如图 16-140 所示。在网页中插入日期表单元素，修改日期表单元素前的提示文字，如图 16-141 所示。

图 16-140 单击"日期"按钮

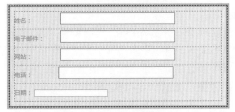

图 16-141 插入日期表单元素

11 选中插入的日期表单元素，在"属性"面板上设置相关属性，如图 16-142 所示。转换到外部 CSS 样式表文件中，创建名为 #date 的 CSS 样式，如图 16-143 所示。

图 16-142 设置"日期"属性

```
#date{
    margin-left: 60px;
    width: 130px;
    height: 25px;
    border: solid 1px #996600;
    border-radius: 3px;
}
```

图 16-143 CSS 样式代码

12 使用相同的方法，在网页中分别插入"文本区域"和"图像按钮"表单元素，并创建相应的 CSS 样式，效果如图 16-144 所示。保存页面，在 Chrome 浏览器中预览页面，可以看到页面中表单元素的效果，如图 16-145 所示。

图 16-144 页面效果

图 16-145 在浏览器中预览页面

13 在网页所呈现的表单中依据提示填入相应信息，当"姓名"和"电子邮件"为空时，单击"提交"按钮，网页会弹出相应的提示信息，如图 16-146 所示。当输入的信息有误时，网页同样会弹出相应的提示信息，如图 16-147 所示。

图 16-146 显示提示信息

图 16-147 显示提示信息

.04

16.4 制作登录页面

前面已经介绍了网页中的各种表单元素，在实际运用中，这些表单元素很少单独使用，一般一个表单中会有各种类型的表单元素。在网页中，最常见的就是网站的登录窗口。下面通过一个登录页面的制作，向用户介绍登录页面的制作方法，该登录页面的最终效果如图 16-148 所示。

图 16-148 页面最终效果

动手实践——制作登录页面

📄 最终文件：光盘 \ 最终文件 \ 第 16 章 \16-4.html

📹 视频：光盘 \ 视频 \ 第 16 章 \16-4.swf

01 执行"文件 > 新建"命令，新建一个 HTML 页面，如图 16-149 所示。将该页面保存为"光盘 \ 源文件 \ 第 16 章 \16-4.html"。使用相同的方法，新建外部 CSS 样式表文件，将其保存为"光盘 \ 源文件 \ 第 16 章 \style\16-4.css"。返回"16-4.html"页面中，链接刚创建的外部 CSS 样式表文件，设置如图 16-150 所示。

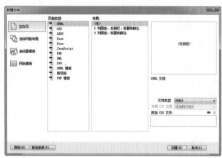

图 16-149 "新建文档"对话框

图 16-150 "使用现有的 CSS 文件"对话框

02 切换到"16-4.css"文件中，创建名为 * 的通配符 CSS 样式和名为 body 的标签 CSS 样式，如图 16-151 所示。返回"16-4.html"页面中，可以看到页面的效果，如图 16-152 所示。

```
*{
    padding:0px;
    margin:0px;
    border:0px;
}
body{
    font-family:宋体;
    font-size:12px;
    color:#666666;
    line-height:25px;
    background-image:url(../images/13501.gif);
    background-repeat:repeat-x;
}
```

图 16-151 CSS 样式代码

图 16-152 页面效果

03 将光标放置在页面中，插入名为 box 的 Div，切换到外部 CSS 样式表文件中，创建名为 #box 的 CSS 样式，如图 16-153 所示。返回设计视图中，可以看到页面的效果，如图 16-154 所示。

```
#box{
    width:726px;
    height:100%;
    margin:0px auto;
}
```

图 16-153　CSS 样式代码

图 16-154　页面效果

04 将光标移至名为 box 的 Div 中，将多余文字删除，插入名为 logo 的 Div，切换到外部 CSS 样式表文件中，创建名为 #logo 的 CSS 样式，如图 16-155 所示。返回设计视图中，可以看到页面的效果，如图 16-156 所示。

```
#logo{
    width:726px;
    height:46px;
    border-bottom:2px solid #FF9B00;
    padding-top:14px;
}
```

图 16-155　CSS 样式代码

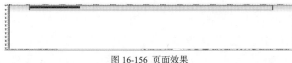

图 16-156　页面效果

05 将光标移至名为 logo 的 Div 中，将多余文字删除，插入图像 "光盘 \ 源文件 \ 第 16 章 \images\13502.gif"，效果如图 16-157 所示。在名为 logo 的 Div 后插入名为 content 的 Div，切换到外部 CSS 样式表文件中，创建名为 #content 的 CSS 样式，如图 16-158 所示。

图 16-157　插入图像

```
#content{
    line-height:25px;
    width:685px;
    height:162px;
    margin-top:11px;
    margin-bottom:11px;
    padding:14px 20px;
    background-image:url(../images/13503.gif);
    background-repeat:no-repeat;
}
```

图 16-158　CSS 样式代码

06 返回设计视图中，可以看到页面的效果，如图 16-159 所示。将光标移至名为 content 的 Div 中，将多余文字删除，插入名为 left 的 Div，切换到外部 CSS 样式表文件中，创建名为 #left 的 CSS 样式，如图 16-160 所示。

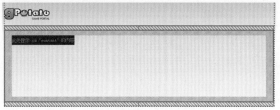

图 16-159　页面效果

```
#left{
    float:left;
    width:330px;
    height:114px;
    margin-right:12px;
    margin-top:24px;
    margin-bottom:24px;
}
```

图 16-160　CSS 样式代码

07 返回设计视图中，可以看到页面的效果，如图 16-161 所示。将光标移至名为 left 的 Div 中，将多余文字删除，在该 Div 中插入名为 loginbox 的 Div，切换到外部 CSS 样式表文件中，创建名为 #loginbox 的 CSS 样式，如图 16-162 所示。

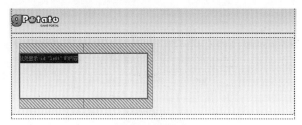

图 16-161　页面效果

```
#loginbox{
    width:330px;
    height:50px;
    font-weight:bold;
    color:#FF6600;
}
```

图 16-162　CSS 样式代码

08 返回设计视图中，可以看到页面的效果，如图 16-163 所示。将光标移至名为 loginbox 的 Div 中，将多余文字删除，单击 "插入" 面板上的 "表单" 选项卡中的 "表单" 按钮，插入表单域，效果如图 16-164 所示。

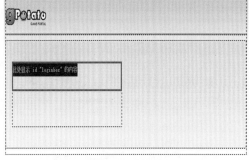

图 16-163　页面效果

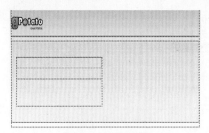

图 16-164 插入表单域

09 将光标移至表单域中,单击"插入"面板上的"表单"选项卡中的"文本"按钮,插入文本域,修改文本域前的提示文字内容,如图 16-165 所示。选中刚插入的文本域,在"属性"面板上设置其 Name 属性为 name,如图 16-166 所示。

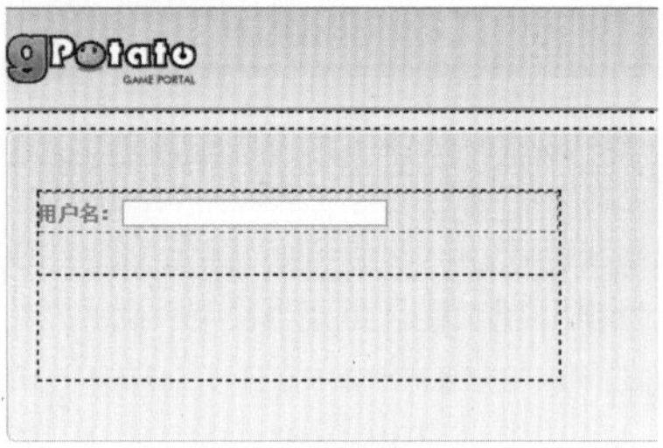

图 16-165 插入文本域

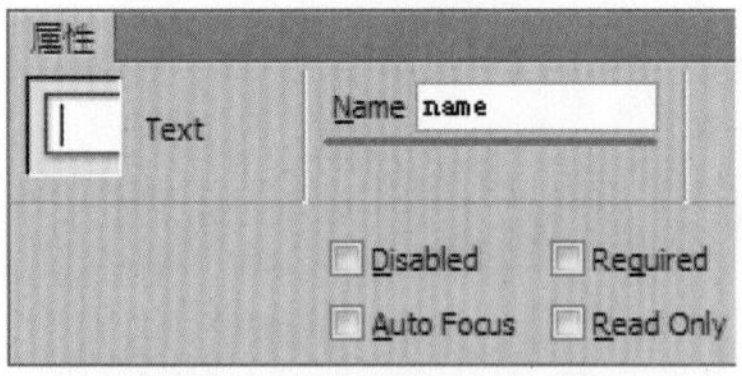

图 16-166 设置 Name 属性

10 将光标移至刚插入的文本域后,按快捷键 Shift+Enter,插入换行符,单击"插入"面板上的"表单"选项卡中的"密码"按钮,插入密码域,修改密码域前的提示文字内容,如图 16-167 所示。选中刚插入的密码域,在"属性"面板上设置其 Name 属性为 password,如图 16-168 所示。

图 16-167 页面效果

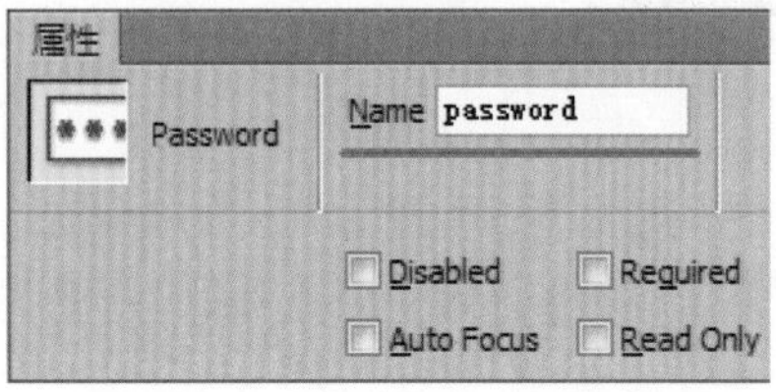

图 16-168 设置 Name 属性

11 切换到外部 CSS 样式表文件中,创建名为 #name, #password 的 CSS 样式,如图 16-169 所示。返回设计视图中,可以看到文本域和密码域的效果,如图 16-170 所示。

```
#name,#password{
    color:#FF6600;
    height:15px;
    width:175px;
    border:1px solid #FF9933;
    margin-left:5px;
}
```

图 16-169 CSS 样式代码

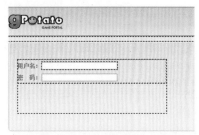

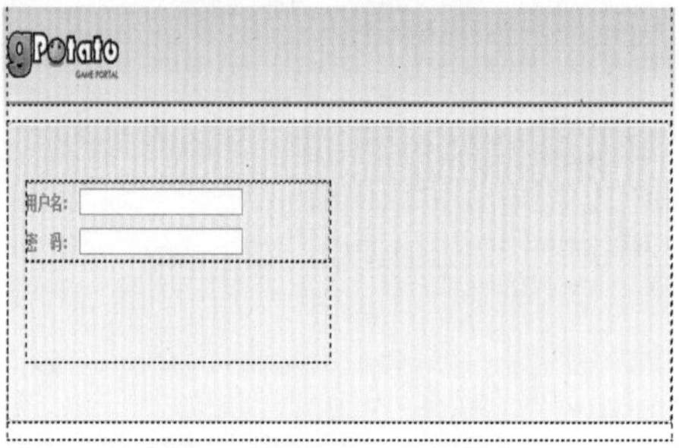

图 16-170 文本域和密码域的效果

12 将光标移至"用户名:"文字前,单击"插入"面板上的"表单"选项卡中的"图像按钮"按钮,在弹出的"选择图像源文件"对话框中选择相应的图像,如图 16-171 所示。单击"确定"按钮,在光标所在位置插入图像域,如图 16-172 所示。选中刚插入的图像域,在"属性"面板中设置其 Name 属性为 button。

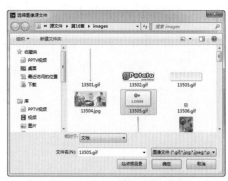

图 16-171 "选择图像源文件"对话框

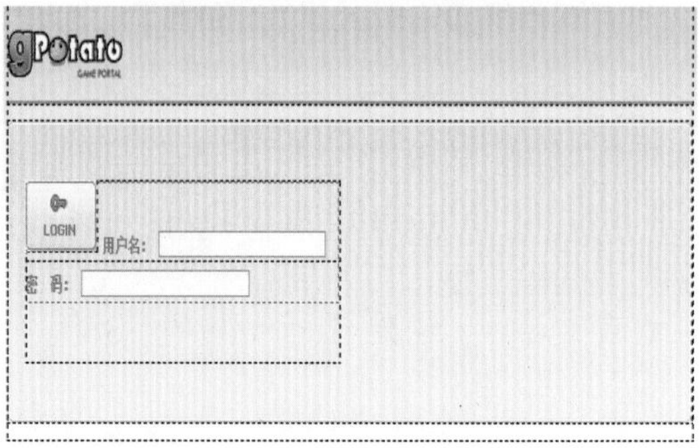

图 16-172 插入图像域

13 切换到外部 CSS 样式表文件中，创建名为 #button 的 CSS 样式，如图 16-173 所示。返回设计视图中，可以看到页面的效果，如图 16-174 所示。

```
#button{
    float:right;
    margin-top:3px;
    margin-right:10px;
}
```

图 16-173 CSS 样式代码

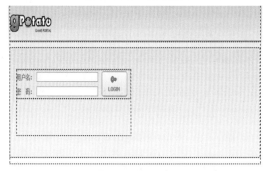

图 16-174 页面效果

14 在名为 loginbox 的 Div 后插入名为 text 的 Div，切换到外部 CSS 样式表文件中，创建名为 #text 的 CSS 样式，如图 16-175 所示。返回设计视图中，可以看到页面的效果，如图 16-176 所示。

```
#text{
    width:280px;
    height:50px;
    margin:7px auto;
}
```

图 16-175 CSS 样式代码

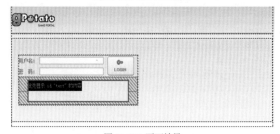

图 16-176 页面效果

15 将光标移至名为 text 的 Div 中，将多余文字删除，输入相应的文字，效果如图 16-177 所示。切换到代码视图中，为文字添加项目列表标签，代码如图 16-178 所示。

图 16-177 输入文字

```
<div id="text">
<ul>
    <li>忘记用户名或密码？可以单击这里找回</li>
    <li>还没有拥有账号？现在就注册吧！</li>
</ul>
</div>
```

图 16-178 添加项目列表标签

16 切换到外部 CSS 样式表文件中，创建名为 #text li 的 CSS 样式，如图 16-179 所示。返回设计视图中，可以看到页面的效果，如图 16-180 所示。

```
#text li{
    list-style:none;
    background-image:url(../images/13506.gif);
    background-repeat:no-repeat;
    background-position:center left;
    padding-left:25px;
}
```

图 16-179 CSS 样式代码

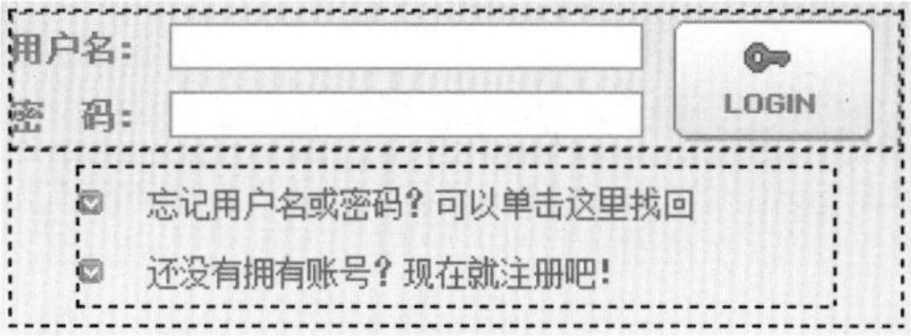

图 16-180 页面效果

17 选中"这里"文字，在"属性"面板为其设置空链接，如图 16-181 所示。设置完成后，可以看到文字的效果，如图 16-182 所示。

图 16-181 "属性"面板

图 16-182 文字效果

18 使用相同的方法，为其他文字创建空链接，如图 16-183 所示。将光标移至名为 left 的 Div 后，插入相应的图像，如图 16-184 所示。

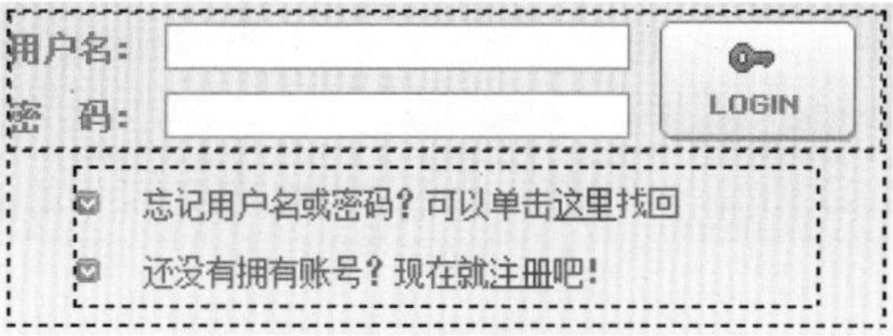

图 16-183 创建链接

图 16-184 插入图像

19 在名为 content 的 Div 后插入名为 bottom 的 Div，切换到外部 CSS 样式表文件中，创建名为 #bottom 的 CSS 样式，如图 16-185 所示。返回设计视图中，可以看到页面的效果，如图 16-186 所示。

```
#bottom{
    width:645px;
    height:50px;
    padding:10px 40px;
    border-top:2px solid #FF9B00;
}
```

图 16-185 CSS 样式代码

图 16-186 页面效果

20 将光标移至名为 bottom 的 Div 中，将多余文字删除，插入相应的图像并输入文字，效果如图 16-187 所示。切换到代码视图中，为文字添加 <span></span> 标签，代码如图 16-188 所示。

图 16-187 页面效果

```
<div id="bottom"><img src=
"images/13508.gif" width="56" height
="17"  alt=""/>网站首页<span>|</span>
关于我们<span>|</span>娱乐服务<span>|
</span>游戏乐园<span>|</span>联系我们
<br>
CopyRight 2008 intojoy.com.All
Rights Reserved. </div>
```

图 16-188 添加 <span></span> 标签

21 切换到外部 CSS 样式表文件中，创建名为 #bottom img 和名为 #bottom span 的 CSS 样式，如图 16-189 所示。返回设计视图中，可以看到页面的效果，如图 16-190 所示。

```
#bottom img{
    vertical-align:middle;
}
#bottom span{
    margin-left:3px;
    margin-right:3px;
}
```

图 16-189 CSS 样式代码

图 16-190 页面效果

22 完成登录页面的制作，执行"文件 > 保存"命令，保存页面，在浏览器中预览该页面，效果如图 16-191 所示。

图 16-191 在浏览器中预览效果

16.5 制作用户注册页面

网页中的表单元素在一些用户注册页面中经常用到，这些网页需要使用表单元素对用户的数据进行收集和提交。下面将通过一个用户注册页面的制作来向用户详细讲述表单元素在网页中的实际应用，该注册页面的最终效果如图 16-192 所示。

图 16-192　页面最终效果

动手实践——制作用户注册页面

📄 最终文件：光盘＼最终文件＼第 16 章＼16-5.html

🎬 视频：光盘＼视频＼第 16 章＼16-5.swf

01 执行"文件 > 新建"命令，新建一个 HTML 页面，如图 16-193 所示。将该页面保存为"光盘＼源文件＼第 16 章＼16-5.html"。使用相同的方法，新建外部 CSS 样式表文件，将其保存为"光盘＼源文件＼第 16 章\style\16-5.css"。返回"16-5.html"页面中，链接刚创建的外部 CSS 样式表文件，设置如图 16-194 所示。

图 16-193　"新建文档"对话框

图 16-194　"使用现有的 CSS 文件"对话框

02 切换到"16-5.css"文件中，创建名为 * 的通配符 CSS 样式和名为 body 的标签 CSS 样式，如

图 16-195 所示。返回到"16-5.html"页面中，可以看到页面的背景效果，如图 16-196 所示。

```css
*{
    margin:0px;
    padding:0px;
    border:0px;
}
body{
    font-family:"宋体";
    font-size:12px;
    color:#575757;
    background-color:#FFFFFF;
    background-image:url(../images/13601.jpg);
    background-repeat:repeat-x;
}
```

图 16-195　CSS 样式代码

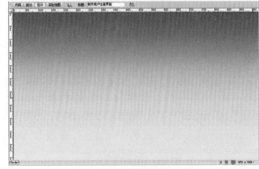

图 16-196　页面效果

03 将光标放置在页面中，插入名为 box 的 Div，切换到外部 CSS 样式表文件中，创建名为 #box 的 CSS 样式，如图 16-197 所示。返回设计视图中，可以看到页面的效果，如图 16-198 所示。

```css
#box{
    width:1003px;
    height:967px;
}
```

图 16-197　CSS 样式代码

图 16-198 页面效果

04 将光标移至名为 box 的 Div 中，将多余文字删除，插入名为 left 的 Div，切换到外部 CSS 样式表文件中，创建名为 #left 的 CSS 样式，如图 16-199 所示。返回设计视图中，可以看到页面的效果，如图 16-200 所示。

```css
#left{
    float:left;
    width:316px;
    height:844px;
    background-image:url(../images/13602.jpg);
    background-repeat:no-repeat;
}
```

图 16-199 CSS 样式代码

图 16-200 页面效果

05 将光标移至名为 left 的 Div 中，将多余文字删除，插入 Flash 动画"光盘\源文件\第 16 章\images\13603.swf"，如图 16-201 所示。选中刚插入的 Flash 动画，在"属性"面板上设置其 Wmode 属性为"透明"，如图 16-202 所示。

图 16-201 插入 Flash 动画

图 16-202 设置 Wmode 属性

06 在名为 left 的 Div 后插入名为 right 的 Div，切换到外部 CSS 样式表文件中，创建名为 #right 的 CSS 样式，如图 16-203 所示。返回设计视图中，可以看到页面的效果，如图 16-204 所示。

```css
#right{
    float:left;
    width:678px;
    height:844px;
    line-height:30px;
    font-weight:bold;
    color:#6374CE;
}
```

图 16-203 CSS 样式代码

图 16-204 页面效果

07 将光标移至名为 right 的 Div 中，将多余文字删除，在该 Div 中插入名为 menu 的 Div，切换到外部 CSS 样式表文件中，创建名为 #menu 的 CSS 样式，如图 16-205 所示。返回设计视图中，可以看到页面的效果，如图 16-206 所示。

```css
#menu{
    width:678px;
    height:129px;
    background-image:url(../images/13604.jpg);
    background-repeat:no-repeat;
    background-position:center top;
}
```

图 16-205 CSS 样式代码

图 16-206 页面效果

08 将光标移至名为 menu 的 Div 中，将多余文字删除，依次插入相应的素材图像，效果如图 16-207 所示。切换到外部 CSS 样式表文件中，创建名为 #menu

img 的 CSS 样式, 如图 16-208 所示。

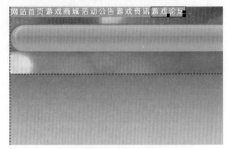

图 16-207 插入图像

```
#menu img{
    margin-top:49px;
    margin-bottom:60px;
    padding-right:32px;
    padding-left:32px;
}
```

图 16-208 CSS 样式代码

09 返回设计视图中, 可以看到图像的效果, 如图 16-209 所示。在名为 menu 的 Div 后插入名为 pic 的 Div, 效果如图 16-210 所示。

图 16-209 图像效果

图 16-210 页面效果

10 切换到外部 CSS 样式表文件中, 创建名为 #pic 和 #pic img 的 CSS 样式, 如图 16-211 所示。将多余文字删除, 依次插入相应的素材图像, 效果如图 16-212 所示。

```
#pic {
    width: 678px;
    height: 155px;
}
#pic img {
    float: left;
}
```

图 16-211 CSS 样式代码

图 16-212 插入图像

11 将光标移至刚插入的图像后, 单击"插入"面板上的"表单"选项卡中的"表单"按钮, 插入表单域, 如图 16-213 所示。将光标移至表单域中, 插入名为 reg 的 Div, 切换到外部 CSS 样式表文件中, 创建名为 #reg 的 CSS 样式, 如图 16-214 所示。

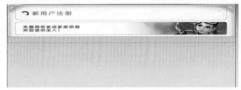

图 16-213 插入表单域

```
#reg{
    width:630px;
    height:384px;
    background-image:url(../images/13612.gif);
    background-repeat:repeat-y;
    padding-right:24px;
    padding-left:24px;
}
```

图 16-214 CSS 样式代码

12 返回设计视图中, 可以看到页面的效果, 如图 16-215 所示。将光标移至名为 reg 的 Div 中, 将多余文字删除, 插入图像"光盘\源文件\第 16 章\images\13613.gif", 效果如图 16-216 所示。

图 16-215 页面效果

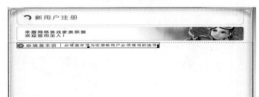

图 16-216 插入图像

13 将光标移至图像后, 按快捷键 Shift+Enter 两次, 插入两个换行符, 单击"插入"面板上的"表单"选项卡中的"文本"按钮, 插入文本域, 如图 16-217 所示。修改文本域前的提示文字内容, 如图 16-218 所示。

图 16-217 插入文本域

图 16-218 页面效果

14 选中刚插入的文本域，在"属性"面板上设置其 Name 属性为 name。将光标移至文本域后，输入相应的文字，如图 16-219 所示。使用相同的方法，可以在页面中插入另一个文本域并输入相应的文字，如图 16-220 所示。

图 16-219 输入文字

图 16-220 页面效果

15 将光标移至该文本域后，按快捷键 Shift+Enter，插入换行符，单击"插入"面板上的"表单"选项卡中的"密码"按钮，插入密码域，设置该密码域的 Name 属性为 password，如图 16-221 所示。修改密码域前的提示文字。使用相同的方法，可以在网页中再插入一个密码域，效果如图 16-222 所示。

图 16-221 插入密码域

图 16-222 插入密码域

16 选中"重复密码"后的密码域，在"属性"面

板上设置其 Name 属性为 password01，如图 16-223 所示。将光标移至该密码域后，按快捷键 Shift+Enter，插入换行符，单击"插入"面板上的"表单"选项卡中的"选择"按钮，插入选择域，修改该选择域的提示文字，如图 16-224 所示。

图 16-223 设置 Name 属性

图 16-224 插入选择域

17 选中刚插入的选择域，在"属性"面板中设置其 Name 属性为 select，单击"属性"面板上的"列表值"按钮，弹出"列表值"对话框，设置如图 16-225 所示。单击"确定"按钮，在"属性"面板上设置 Selected 属性，如图 16-226 所示。

图 16-225 设置"列表值"对话框

图 16-226 设置 Selected 属性

18 完成选择域的设置，可以在页面中看到选择域的效果，如图 16-227 所示。使用相同的方法，可以插入其他相似的表单元素，如图 16-228 所示。

图 16-227 页面效果

图 16-228 页面效果

19 按快捷键 Shift+Enter，插入换行符，输入相应的文字，如图 16-229 所示。单击"插入"面板上的"表单"选项卡中的"单选按钮"按钮，插入单选按钮，设置如图 16-230 所示。

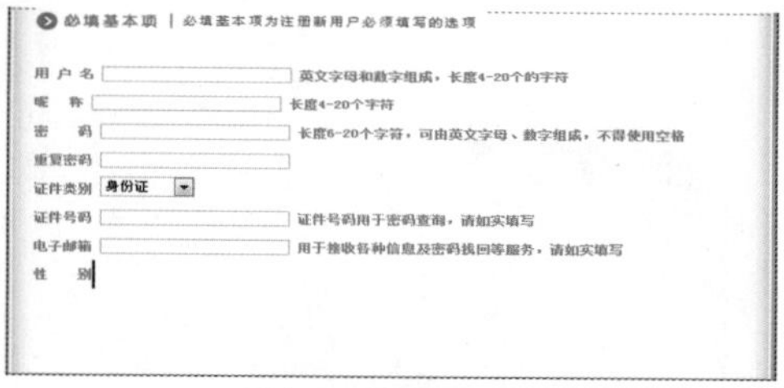

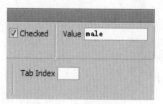

图 16-229 输入文字

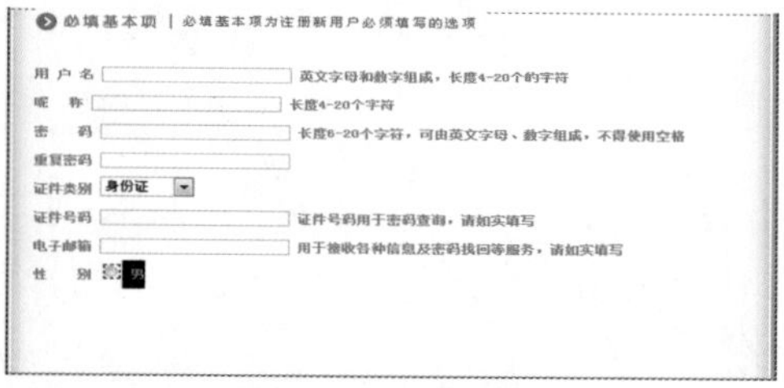

图 16-230 插入单选按钮

20 选中刚插入的单选按钮，在"属性"面板上对其相关属性进行设置，如图 16-231 所示。使用相同的方法，完成其他内容的制作，效果如图 16-232 所示。

图 16-231 相关属性设置

图 16-232 页面效果

21 切换到外部 CSS 样式表文件中，创建相应的 CSS 样式和类 CSS 样式，如图 16-233 所示。返回设

计视图中，为相应的文字应用类 CSS 样式，页面效果如图 16-234 所示。

```
#name,#name01,#password,#password01,#select,#number,#email,#verifi{
    color:#575757;
    width:180px;
    margin-right:10px;
    margin-left:15px;
    border:1px solid #CCCCCC;
    margin-top:5px;
    margin-bottom:5px;
}
.font01{
    padding-left:25px;
    margin-top:5px;
    margin-bottom:5px;
}
.font02{
    font-weight:normal;
    color:#575757;
    margin-top:5px;
    margin-bottom:5px;
}
```

图 16-233 CSS 样式代码

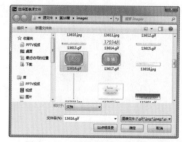

图 16-234 页面效果

22 将光标移至所有文字后，按快捷键 Shift+Enter，插入换行符，单击"插入"面板上的"表单"选项卡中的"图像按钮"按钮，弹出"选择图像源文件"对话框，选择相应的图像，如图 16-235 所示。单击"确定"按钮，即可在页面中插入图像域，效果如图 16-236 所示。

图 16-235 "选择图像源文件"对话框

图 16-236 插入图像域

23 选中刚插入的图像域，在"属性"面板中设置其 Name 属性为 button。将光标移至图像域之后，插入另一个图像域，效果如图 16-237 所示。切换到外

部 CSS 样式表文件中，创建名为 #button 的 CSS 样式，如图 16-238 所示。

图 16-237 页面效果

```
#button{
    margin-top:15px;
    margin-left:232px;
    margin-right:30px;
}
```

图 16-238 CSS 样式代码

24 返回设计视图中，页面效果如图 16-239 所示。在名为 right 的 Div 后插入名为 bottom 的 Div，切换到外部 CSS 样式表文件中，创建名为 #bottom 的 CSS 样式，如图 16-240 所示。

图 16-239 页面效果

```
#bottom{
    width:982px;
    height:123px;
    padding-left:21px;
}
```

图 16-240 CSS 样式代码

25 返回设计视图中，页面效果如图 16-241 所示。将光标移至名为 bottom 的 Div 中，将多余文字删除，插入图像"光盘\源文件\第 16 章\images\13618.jpg"，效果如图 16-242 所示。

图 16-241 页面效果

图 16-242 插入图像

26 完成用户注册页面的制作，执行"文件 > 保存"命令，保存页面，在浏览器中预览该页面，效果如图 16-243 所示。

图 16-243 在浏览器中预览效果

16.6 本章小结 🔍

利用表单，可以帮助互联网服务器从用户处收集信息，例如收集用户资料、获取用户订单，也可以实现搜索接口。在互联网上存在大量的表单，要求输入文字，让浏览者进行选择。本章主要介绍了网页中各种表单元素的使用方法，以及使用 CSS 样式对表单元素的控制方法，表单元素在网页中是不可或缺的组成部分。因此，掌握表单元素在网页中的应用是非常重要的。

第 **17** 章　创建库和模板网页

　　本章主要向用户介绍的是网页中库和模板的使用方法。库和模板都是提高网站制作效率的有力工具，可以将网站中多个页面相同的元素制作成库项目，并存放在库中，以便随时调用。模板是一种特殊类型的文档，其可以将具有相同版面布局的页面制作成一个模板，当需要制作大量相同布局的页面时，合理、有效地使用模板可以避免一些无谓的重复工作，大大提高网页设计者的工作效率。

17.1　库在网页中的应用

　　Dreamweaver CC 中的"库"面板是一种特殊的功能，库可以显示已创建便于放在网页上的单独"资源"或"资源"副本的集合，这些资源又被称为库项目。库项目是可以在多个页面中重复使用的存储页面的对象元素，并且更改库项目后，其链接的所有页面中的元素都会被更新。

17.1.1　新建库项目

　　库项目的作用是将网页中常常用到的对象转换为库项目，然后作为一个对象插入到其他网页中。这样就能够通过简单的插入操作创建页面内容了。模板使用的是整个网页，而库项目只是网页上的局部内容。

动手实践——新建库项目

📄 最终文件：光盘 \ 最终文件 \Library\17-1-1.lbi

📹 视频：光盘 \ 视频 \ 第 17 章 \17-1-1.swf

　　01 执行"窗口＞资源"命令，打开"资源"面板，单击面板左侧的"库"按钮📖，在"库"选项中的空白处单击鼠标右键，在弹出的快捷菜单中选择"新建库项"命令，如图 17-1 所示。新建一个库项目，并为新建的库文件命令为"17-1-1"，如图 17-2 所示。

提示

　　在创建库项目之后，Dreamweaver CC 会自动在当前站点的根目录下创建一个名为 Library 的文件夹，将库项目文件放置在该文件夹中。

　　02 在新建的库项目上双击，即可在 Dreamweaver CC 编辑窗口中打开该库文件进行编辑，如图 17-3 所示。为了方便操作，将"光盘 \ 源文件 \ 第 17 章"中的 images 和 style 文件夹复制到 Library 文件夹中，辅助库项目制作，如图 17-4 所示。

图 17-3　打开库项目

图 17-4　库项目文件夹

图 17-1　选择"新建库项"命令

图 17-2　新建库项目

03 单击"CSS 设计器"面板中"源"选项区右侧的"添加 CSS 源"按钮■，在弹出的下拉菜单中选择"附加现有的 CSS 文件"命令，弹出"使用现有的 CSS 文件"对话框，链接外部 CSS 样式表文件"光盘 \ 源文件 \Library\style\17-1-1.CSS"，如图 17-5 所示。单击"确定"按钮，在页面中插入名为 bottom 的 Div，切换到"17-1-1.css"文件中，创建名为 #bottom 的 CSS 样式，如图 17-6 所示。

图 17-5 "使用现有的 CSS 文件"对话框

```
#bottom{
    width:100%;
    height:120px;
}
```

图 17-6 CSS 样式代码

04 返回设计视图中，可以看到页面的效果，如图 17-7 所示。将光标移至名为 bottom 的 Div 中，将多余文字删除，插入名为 menu 的 Div，转换到"17-1-1.css"文件中，创建名为 #menu 的 CSS 样式，如图 17-8 所示。

图 17-7 页面效果

```
#menu{
    width:944px;
    height:25px;
    line-height:25px;
    padding-left:115px;
    background-color:#2b2b2b;
    color:#ddd;
}
```

图 17-8 CSS 样式代码

05 返回设计视图中，可以看到页面的效果，如图 17-9 所示。将光标移至名为 menu 的 Div 中，将多余的文字删除，输入相应的文字并插入素材图像，效果如图 17-10 所示。

图 17-9 页面效果

图 17-10 输入文字

06 转换到"17-1-1.css"文件中，创建名为 #menu img 的 CSS 样式，如图 17-11 所示。返回设计视图中，可以看到页面的效果，如图 17-12 所示。

```
#menu img{
    margin:0 11px;
}
```

图 17-11 CSS 样式代码

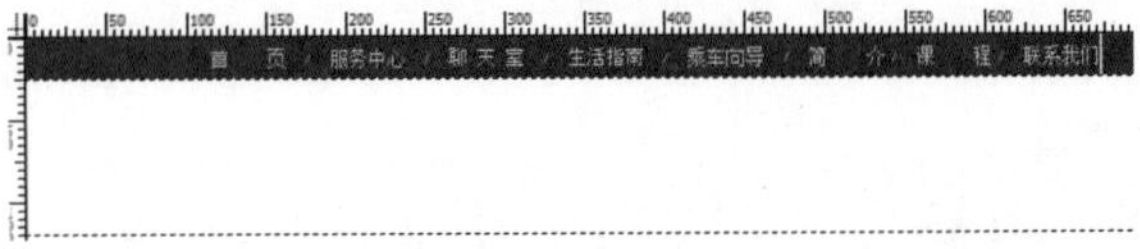

图 17-12 页面效果

07 在名为 menu 的 Div 后插入名为 text 的 Div，转换到"17-1-1.css"文件中，创建名为 #text 的 CSS 样式，如图 17-13 所示。返回设计视图中，可以看到页面的效果，如图 17-14 所示。

```
#text{
    width:100%;
    height:95px;
    line-height:20px;
    padding-left:115px;
    padding-top:17px;
}
```

图 17-13 CSS 样式代码

图 17-14 页面效果

08 将光标移至名为 text 的 Div 中，将多余文字删除，输入相应的文字，完成该库项目的制作，效果如图 17-15 所示。

图 17-15 页面效果

技巧

在一个制作完成的页面中也可以直接将页面中的某一处内容转换为库项目。首先选中页面中需要转换为库项目的内容，执行"修改 > 库 > 增加对象到库"命令，便可以将选中的内容转换为库项目。

17.1.2 在网页中应用库项目

完成了库项目的创建，接下来就可以将库项目插入到相应的网页中去了。这样，在整个网站的制作过程中，就可以节省很多的时间。

动手实践——在网页中应用库项目

📋 最终文件：光盘 \ 最终文件 \ 第 17 章 \17-1-2.html

🎬 视频：光盘 \ 视频 \ 第 17 章 \17-1-2.swf

01 执行"文件 > 打开"命令，打开页面"光盘\源文件\第17章\17-1-2.html"，单击文档工具栏中的"实时视图"按钮，可以看到页面的效果，如图 17-16 所示。

图 17-16 页面效果

02 返回设计视图中，将光标移至页面底部名为 bottom01 的 Div 中，将多余文字删除，如图 17-17 所示。打开"资源"面板，单击"库"按钮🛅，选中刚创建的库项目，单击"插入"按钮，如图 17-18 所示。

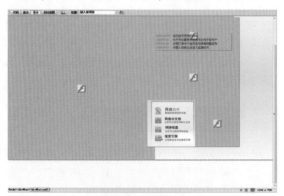

图 17-17 光标移至相应的 Div 中

图 17-18 "资源"面板

03 在页面中光标所在位置插入所选择的库项目，如图 17-19 所示。执行"文件 > 保存"命令，保存页面，在浏览器中预览页面，效果如图 17-20 所示。可以看到在网页中应用库文件的效果。

图 17-19 插入库项目

图 17-20 在浏览器中预览效果

提示

> 将库项目插入到页面中后，背景会显示为淡黄色，而且是不可编辑的。在预览页面时背景色按照实际设置显示。

17.1.3 编辑和更新库项目

如果需要修改库项目，可以在"资源"面板的"库"选项中选中需要修改的库项目，单击"编辑"按钮✏，如图 17-21 所示。即可在 Dreamweaver CC 中打开该库项目进行编辑，完成库项目的修改后，执行"文件 > 保存"命令，保存库项目，会弹出"更新库项目"对话框，询问是否更新站点中使用了库项目的网页文件，如图 17-22 所示。

图 17-21 单击"编辑"按钮

图 17-22 "更新库项目"对话框

单击"更新库项目"对话框中的"更新"按钮后，弹出"更新页面"对话框，显示更新站内使用了该库项目的页面文件，如图 17-23 所示。

图 17-23 "更新页面"对话框

17.1.4 库项目的"属性"面板

将一个插入到页面中的库项目选中后，在"属性"面板中会出现该库项目的路径与"打开"、"从源文件中分离"和"重新创建"3 个按钮，"属性"面板如图 17-24 所示。

图 17-24 库项目"属性"面板

⊙ 源文件：显示库源项目在站点中的相对路径。

⊙ 打开：单击该按钮，可以在 Dreamweaver CC 中打开该库项目进行编辑。

⊙ 从源文件中分离：单击该按钮，可以断开该库项目与源文件之间的链接，分离后的库项目会变成普通的页面对象。

⊙ 重新创建：单击该按钮，可以将应用的库项目内容改写为原始的库项目。单击该按钮，可以在丢失或意外删除原始库项目时重新创建库项目。

17.2 创建模板页面

模板是一种特殊类型的文档，用于设计布局比较"固定的"页面。可以创建基于模板的网页文件，这样该文件将继承所选模板的页面布局。在设计模板的过程中，还需要指定模板的可编辑区域，以便在应用到网页时可以进行编辑操作。

17.2.1 模板的特点 >

使用模板能够大大提高设计者的工作效率，这其中有什么样的原理呢？其实答案是这样的，当用户对一个模板进行修改后，所有使用了这个模板的网页内容都将随之同步进行修改，简单地说就是一次可以更新多个页面，这也是模板最强大的功能之一。在实际工作中，尤其是针对一些大型的网站，其效果是非常明显的。所以说，模板与基于模板的网页文件之间保持了一种连接的状态，它们之间共同的内容也将能够保持完全的一致。

什么样的网站比较适合使用模板技术呢？这其中确实是有些规律的。如果是一个网站布局比较统一，拥有相同的导航，并且显示不同栏目内容的位置基本保持不变，那么这种布局的网站就可以考虑使用模板来创建。

模板能够确定页面的基本结构，并且其中可以包含文本、图像、页面布局、样式和可编辑区域等对象。

作为一个模板，Dreamweaver CC 会自动锁定文档中的大部分区域。模板设计者可以定义基于模板的页面中哪些区域是可编辑的，方法是在模板中插入可编辑区域或可编辑参数。创建模板时，可编辑区域和锁定区域都可以更改。但是，在基于模板的文档中，模板用户只能在可编辑区域中进行修改，而锁定区域则无法进行任何操作。

17.2.2 新建网页模板

在 Dreamweaver CC 中，有两种方法可以创建网页模板。一种是将现有的网页文件另存为模板，然后根据需要再进行修改；另一种是直接新建一个空白模板，在其中插入需要显示的文档内容。模板实际上也是一种文档，它的扩展名为 .dwt，存放在站点根目录下的 Templates 文件夹中，如果该 Templates 文件夹在站点中尚不存在，Dreamweaver CC 将在保存新建模板时自动将其创建。

动手实践——新建网页模板

📄 最终文件：光盘＼最终文件＼Templates＼17-2-2.dwt

📹 视频：光盘＼视频＼第 17 章＼17-2-2.swf

01 执行"文件＞打开"命令，打开一个制作好的页面"光盘\源文件\第 17 章\17-2-2.html",效果如图 17-25 所示。执行"文件 > 另存为模板"命令,如图 17-26 所示。或者单击"插入"面板上的"模板"选项卡中的"创建模板"按钮,如图 17-27 所示。

图 17-25 页面效果

图 17-26 执行菜单命令　　图 17-27 单击"创建模板"按钮

02 弹出"另存模板"对话框,如图 17-28 所示。单击"保存"按钮,弹出提示框,提示是否更新页面中的链接,如图 17-29 所示。

图 17-28 "另存模板"对话框

图 17-29 提示框

03 单击"否"按钮,手动将页面相关的文件夹复制到 Templates 文件夹中,完成另存为模板的操作,

模板文件即被保存在站点的 Templates 文件夹中,如图 17-30 所示。完成模板的创建后,可以看到刚刚打开的文件"17-2-2.html"的扩展名变为了 .dwt,如图 17-31 所示。该文件的扩展名也就是网页模板文件的扩展名。

图 17-30 Templates 文件夹

图 17-31 模板文件扩展名

提示

在 Dreamweaver CC 中,不要将模板文件移动到 Templates 文件夹外,不要将其他非模板文件存放在 Templates 文件夹中,同样也不要将 Templates 文件夹移动到本地根目录外,因为这些操作都会引起模板路径错误。

17.2.3 "另存模板"对话框

执行"文件 > 另存为模板"命令,弹出"另存模板"对话框,如图 17-32 所示。

图 17-32 "另存模板"对话框

站点：在该选项的下拉列表中可以选择一个用来保存模板的站点。

现存的模板：在该列表框中列出了站点根目录下Templates文件夹中所有的模板文件，如果当前站点中还没有创建任何模板文件，则显示为"（没有模板）"。

描述：在该文本框中可以输入该模板文件的描述内容。

另存为：在该文本框中可以输入该模板的名称。

17.2.4 创建模板中的可编辑区域

在模板页面中需要定义可编辑区域，可编辑区域可以控制模板页面中哪些区域可以编辑，哪些区域不可以编辑。

动手实践——创建模板中的可编辑区域

最终文件：光盘 \ 最终文件 \Templates\17-2-2.dwt

视频：光盘 \ 视频 \ 第 17 章 \17-2-4.swf

01 执行"文件 > 打开"命令，打开刚创建的模板页面"光盘 \ 源文件 \Templates\ 17-2-2.dwt"，将光标移至名为news的Div中，选中文本，如图17-33所示。单击"插入"面板上的"模板"选项卡中的"可编辑区域"按钮，如图 17-34 所示。

图 17-33 选中文本

图 17-34 单击"可编辑区域"按钮

02 弹出"新建可编辑区域"对话框，在"名称"文本框中输入该区域的名称，如图17-35所示。单击"确定"按钮，可编辑区域即被插入到模板页面中，如图 17-36 所示。

图 17-35 "新建可编辑区域"对话框

图 17-36 插入可编辑区域

提示

可编辑区域在模板页面中由高亮显示的矩形边框围绕，区域左上角的选项卡会显示该区域的名称，在为可编辑区域命名时，不能使用某些特殊字符，如单引号"'"等。

03 当需要选择可编辑区域时，可以直接单击可编辑区域上面的标签，即可选中可编辑区域，如图 17-37 所示。还可以执行"修改 > 模板"命令，从子菜单底部的列表中选择可编辑区域的名称即可，如图 17-38 所示。

图 17-37 单击选择可编辑区域

图 17-38 执行菜单进行选择

技巧

如果需要删除某个可编辑区域及其内容时，选择需要删除的可编辑区域后，按 Delete 键，即可将选中的可编辑区域删除。

04 当选中可编辑区域后，在"属性"面板上可以修改其名称，如图 17-39 所示。使用相同的方法，可以在模板页面中的其他需要插入可编辑区域的位置插入可编辑区域，如图 17-40 所示。

图 17-39　"属性"面板

图 17-40　在模板页面中创建其他可编辑区域

17.2.5　创建模板中的可选区域

用户可以显示或隐藏可选区域，在这些区域中用户无法编辑其内容，可以设置该区域在所创建的基于模板的页面中是否可见。

动手实践——创建模板中的可选区域

最终文件：光盘 \ 最终文件 \Templates\17-2-2.dwt
视频：光盘 \ 视频 \ 第 17 章 \17-2-5.swf

01 在页面中选中名为 flash 的 Div，如图 17-41 所示。单击"插入"面板上的"模板"选项卡中的"可选区域"按钮，如图 17-42 所示。

图 17-41　选中名为 flash 的 Div

图 17-42　单击"可选区域"按钮

02 弹出"新建可选区域"对话框，如图 17-43 所示。单击"新建可选区域"对话框中的"高级"选项卡，可以切换到高级选项设置，如图 17-44 所示。

图 17-43　"新建可选区域"对话框

图 17-44　"新建可选区域"对话框

03 通常采用默认设置，单击"确定"按钮，完成"新建可选区域"对话框的设置，在模板页面中定义可选区域，如图 17-45 所示。

图 17-45　定义可选区域

17.2.6　"新建可选区域"对话框

单击"插入"面板上的"模板"选项卡中的"可

选区域"按钮,弹出"新建可选区域"对话框,如图 17-46 所示。单击"高级"选项卡,即可切换到高级选项设置,如图 17-47 所示。

图 17-46 "新建可选区域"对话框

图 17-47 "高级"选项卡

 名称:在该文本框中可以输入可选区域的名称。

 默认显示:选中该选项后,则该可选区域在默认情况下将在基于模板的页面中为显示。

 使用参数:选中该选项后,可以选择要将所选内容链接到的现有参数。如果要链接可选区域参数可以选中该单选按钮。

 输入表达式:选中该选项后,在该文本框中可以输入表达式。如果要编写模板表达式来制作可选区域的显示可以选中该单选按钮。

17.2.7 创建模板中的可编辑可选区域

将模板页面中的某一部分内容定义为可编辑可选区域,则该部分内容可以在基于模板的页面中设置是否显示或隐藏该区域,并且可以编辑该区域中的内容。

动手实践——创建模板中的可编辑可选区域

📋 最终文件:光盘 \ 最终文件 \Templates\17-2-2.dwt

🎬 视频:光盘 \ 视频 \ 第 17 章 \17-2-7.swf

01 继续在模板页面"17-2-2.dwt"中进行操作,在页面中选中名为 search 的 Div,如图 17-48 所示。单击"插入"面板上的"模板"选项卡中的"可编辑的可选区域"按钮,如图 17-49 所示。

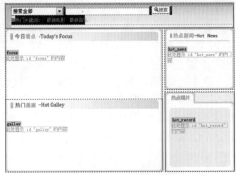

图 17-48 选中需要定义的区域

图 17-49 单击"可编辑的可选区域"按钮

02 弹出"新建可选区域"对话框,如图 17-50 所示。单击"确定"按钮,完成"新建可选区域"对话框的设置,在页面中定义可编辑可选区域,如图 17-51 所示。

图 17-50 "新建可选区域"对话框

图 17-51 定义可编辑可选区域

技巧

在页面中不论是定义可编辑区域还是可编辑可选区域,所弹出的对话框都为"新建可选区域"对话框,其中选项也是完全相同的。如果想要取消页面中的可编辑的可选区域,可以将该可编辑的可选区域选中,执行"修改 > 模板 > 删除模板标记"命令即可取消页面中的可编辑的可选区域。

17.2.8　创建模板中的重复区域

重复区域是可以根据需要在基于模板的页面中复制任意次数的模板部分。重复区域通常用于表格，但是，也可以为其他页面元素定义重复区域。

使用重复区域，用户可以通过重复特定项目来控制页面布局，例如目录项、说明布局或者重复数据行（如项目列表）。重复区域可以使用重复区域和重复表格两种模板对象。

重复区域不是可编辑区域，如果需要使用重复区域中的内容可编辑，必须在重复区域内插入可编辑区域。

17.2.9　可编辑标签属性

设置可编辑的标签属性可以使用户能够从基于模板的网页中修改指定标签的属性。例如用户可以在模板中设置背景颜色，但如果把代码页面本身的 <body> 标签的属性设置成可编辑，则在基于模板的网页中可以修改各自的背景色。

在页面中选择一个页面元素，例如将 <body> 标签选中，执行"修改 > 模板 > 令属性可编辑"命令，弹出"可编辑标签属性"对话框，如图 17-52 所示。单击"添加"按钮，弹出 Dreamweaver 对话框，可以输入相应的属性，如图 17-53 所示。单击"确定"按钮，便可以完成"可编辑标签属性"对话框的设置。

图 17-52　"可编辑标签属性"对话框

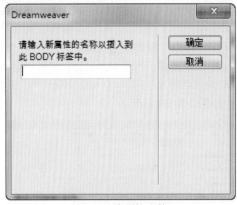

图 17-53　添加属性对话框

📥 **属性**：该下拉列表中列出了选中页面元素所有已设置的属性，选中一项后该属性可以被编辑，如果要把选中的页面元素未设置的属性设置为可编辑属性，需要单击右侧的"添加"按钮，在弹出的 Dreamweaver 添加属性对话框中直接输入该属性即可。

📥 **令属性可编辑**：选中该复选框后，被选中的属性才可以被编辑。如果在"可编辑标签属性"对话框中，取消"令属性可编辑"复选框的选中状态，则选中的属性就不能被编辑。

📥 **类型**：在该选项的下拉列表中显示了该属性的类型，可编辑属性的类型包括以下 5 种。

  📥 **文本**：如果需要用户在修改时输入文本，则需要选择此选项。

  📥 **URL**：如果需要修改页面中插入的图像、链接等链接地址时，则需要选择此选项。

  📥 **颜色**：如果修改时需要选择颜色，如设置网页、表格、行等颜色时，则需要选择此选项。

  📥 **真 / 假**：此选项极少使用。

  📥 **数字**：如果设置网页边界的宽度、高度，表格宽度、高度或单元格宽度、高度等需要输入数值的属性时，则需要选择此选项。

📥 **默认**：在该文本框中可以设置该属性的默认值。

17.3　在网页中应用模板

在 Dreamweaver CC 中，创建新页面时，如果在"新建文档"对话框中单击"模板中的页"选项卡，便可以创建出基于选中的模板创建的网页。下面就来学习模板在网页中的具体应用方法。

17.3.1　新建基于模板的页面

创建基于模板的页面有很多种方法，如可以使用"资源"面板，或者通过"新建文档"对话框。在这里主要介绍通过"新建文档"对话框的方法来创建基于模板的页面。

动手实践——新建基于模板的页面

📄 最终文件：光盘 \ 最终文件 \ 第 17 章 \17-3-1.html

📁 视频：光盘 \ 视频 \ 第 17 章 \17-3-1.swf

 执行"文件 > 新建"命令，弹出"新建文档"

对话框，在左侧选择"网站模板"选项，在"站点"右侧的列表中显示的是该站点中的模板，如图 17-54 所示。单击"创建"按钮，创建基于"17-2-2"模板的页面。还可以新建一个空白 HTML 文件，执行"修改 > 模板 > 应用模板到页"命令，弹出"选择模板"对话框，如图 17-55 所示。

图 17-54 "新建文档"对话框

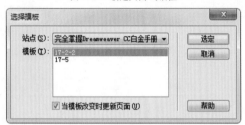

图 17-55 "选择模板"对话框

提示

在"站点"下拉列表中可以选择需要应用模板的所在站点；在"模板"文本框中可以选择需要应用的模板。

02 单击"确定"按钮，即可将选择的"17-2-2"模板应用到刚刚创建的空白 HTML 页面中。执行"文件 > 保存"命令，将页面保存为"光盘\源文件\第 17 章\17-3-1.html"，效果如图 17-56 所示。

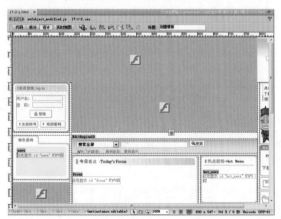

图 17-56 页面效果

提示

在 Dreamweaver CC 中基于模板的页面，在设计视图中页面的四周会出现黄色边框，并且在窗口右上角显示模板的名称。在该页面中只有编辑区域的内容能被编辑，可编辑区域外的内容被锁定，无法编辑。将模板应用到页面中的其他方法，新建一个 HTML 文件，在"资源"面板中的"模板"类别中选中需要插入的模板，单击"应用"按钮；还可以将模板列表中的模板直接拖到网页中。

03 将光标移至名为 news 的可编辑区域中，将多余文字删除，输入相应的文字内容，如图 17-57 所示。转换到代码视图中，为文字添加项目列表标签，如图 17-58 所示。

图 17-57 输入文字

```
<ul>
    <li>一场擦肩而过的爱情</li>
    <li>把最好的东西和大家分享</li>
    <li>30部经典改革题材电影</li>
    <li>老牛吃嫩草的十大明星</li>
    <li>家财亿万也不过如此</li>
</ul>
```

图 17-58 代码视图

04 转换到"17-2-2.css"文件中，创建名为 #news li 的 CSS 样式，如图 17-59 所示。返回设计视图中，可以看到文字的效果，如图 17-60 所示。

```
#news li{
    list-style:none;
    background-image:url(../images/172101.gif);
    background-repeat:no-repeat;
    background-position:center left;
    padding-left:12px;
}
```

图 17-59 CSS 样式代码

图 17-60 文字效果

05 使用相同的方法，完成其他相似内容的制作，效果如图 17-61 所示。将光标移至名为 focus 的可编辑区域中，将多余文字删除，依次插入相应的图像，如图 17-62 所示。

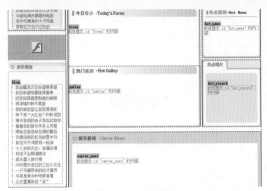

图 17-61 页面效果

图 17-62 插入图像

06 转换到代码视图中，为图像添加项目列表标签，代码如图 17-63 所示。切换到"17-2-2.css"文件中，创建名为 #focus li 的 CSS 样式，如图 17-64 所示。

```
<ul>
<li><img src="images/172103.jpg" width="122" height="86"  alt=""/></li>
<li><img src="images/172104.jpg" width="122" height="86"  alt=""/></li>
<li><img src="images/172105.jpg" width="122" height="86"  alt=""/></li>
</ul>
```

图 17-63 代码视图

```
#focus li{
    list-style-type: none;
    float:left;
    width:136px;
    text-align:center;
    display: block;
}
```

图 17-64 CSS 样式代码

07 返回设计视图中，可以看到图像的效果，如图 17-65 所示。将光标移至第一张图像后，按快捷键 Shift+Enter，插入换行符，输入相应的文字，如图 17-66 所示。

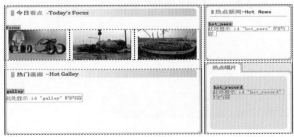

图 17-65 图像效果

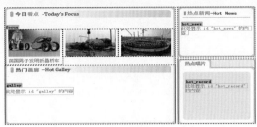

图 17-66 输入文字

08 使用相同的方法，完成其他内容的制作，页面效果如图 17-67 所示。将光标移至名为 hot_record 的可编辑区域中，将多余文字删除，并输入相应的文字，如图 17-68 所示。

图 17-67 页面效果

图 17-68 输入文字

09 转换到代码视图中，为文字添加相应的定义列表标签代码，如图 17-69 所示。切换到"17-2-2.css"文件中，创建名为 #hot_record dt 和名为 #hot_record dd 的 CSS 样式，如图 17-70 所示。

```
<dl>
<dt>《他》</dt><dd>李森</dd>
<dt>《jore》</dt><dd>jore</dd>
<dt>《牺牲》</dt><dd>王华勇</dd>
<dt>《照顾》</dt><dd>张亚</dd>
<dt>《高兴》</dt><dd>杜大为</dd>
<dt>《努力》</dt><dd>凯克</dd>
<dt>《我是高手》</dt><dd>迪克斯</dd>
</dl>
```

图 17-69 代码视图

```
#hot_record dt{
    float:left;
    width:100px;
    line-height:15px;
    text-align:center left;
}
#hot_record dd{
    float:left;
    width:50px;
    line-height:15px;
}
```

图 17-70 CSS 样式代码

10 返回设计视图中，可以看到文字的效果，如图 17-71 所示。使用相同的方法，完成其他内容的制作。执行"文件 > 保存"命令，保存页面，在浏览器中预览整个页面，效果如图 17-72 所示。

图 17-71 文字效果

图 17-72 在浏览器中预览页面

11 返回 Dreamweaver CC 设计视图中，执行"修改 > 模板属性"命令，弹出"模板属性"对话框，在该对话框中将"显示 OptionalRegion1"选项取消选中状态，此时 OptionalRegion1 值会变为"假"，如图 17-73 所示。单击"确定"按钮，完成"模板属性"的设置，返回到页面视图中，页面名称为OptionalRegion1 的可选区域就会在页面中隐藏，将页面保存后，预览页面，效果如图 17-74 所示。

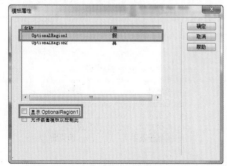

图 17-73 "模板属性"对话框

图 17-74 预览页面

17.3.2 删除网页中所使用的模板

如果不希望对基于模板的页面进行更新，可以执行"修改 > 模板 > 从模板中分离"命令，如图 17-75 所示。模板生成的页面即可脱离模板，成为普通的网页，这时页面右上角的模板名称与页面中模板元素名称便会消失，如图 17-76 所示。

图 17-75 执行"从模板分离"命令

图 17-76 从模板分离后的页面效果

17.3.3 更新网页模板

执行"文件 > 打开"命令，打开制作好的模板页面"光盘\源文件\Templates\17-2-2.dwt"，在模板页面中进行修改，修改后执行"文件 > 保存"命令，弹出"更新模板文件"对话框，如图 17-77 所示。单击"更新"按钮，弹出"更新页面"对话框，会显示更新的结果，如图 17-78 所示。单击"关闭"按钮，便可以完成页面的更新。

图 17-78 "更新页面"对话框

图 17-77 "更新模板文件"对话框

提示

在"查看"下拉列表中可以选择"整个站点"、"文件使用"和"已选文件"3 种选项。如果选择"整个站点"选项，则要确认是更新了哪个站点的模板生成的网页；如果选择"文件使用"选项，则要选择更新使用了哪个模板生成的网页。在"更新"选项中包含了"库项目"和"模板"两个复选框，可以设置更新的类型。选中"显示记录"复选框后，则会在更新之后显示更新记录。

17.4　制作艺术类网站页面

网页制作不仅是艺术的创造，还是一种规模化的生产。在讲究艺术美的同时，更要注重制作的效率。下面将通过一个模板页面的制作实例，使用户了解模板页面的制作过程，页面最终效果如图 17-79 所示。

图 17-79 页面最终效果

动手实践——制作艺术类网站页面

📄 最终文件：光盘\最终文件\第 17 章\17-4.html
📹 视频：光盘\视频\第 17 章\17-4.swf

01 执行"文件 > 新建"命令，弹出"新建文档"对话框，在左侧选择"空白页"选项，在"页面类型"列表框中选择"HTML 模板"选项，在"布局"列表框中选择"无"，如图 17-80 所示。单击"创建"按钮，创建一个 HTML 模板页面，执行"文件 > 保存"命令，弹出提示框，提示页面中没有创建可编辑区域，如图 17-81 所示。

图 17-80 "新建文档"对话框

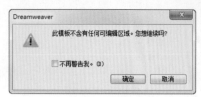

图 17-81 提示框

02 单击"确定"按钮，弹出"另存模板"对话框，设置如图 17-82 所示。执行"文件 > 新建"命令，弹出"新建文档"对话框，新建一个 CSS 样式表文件，如图 17-83 所示。

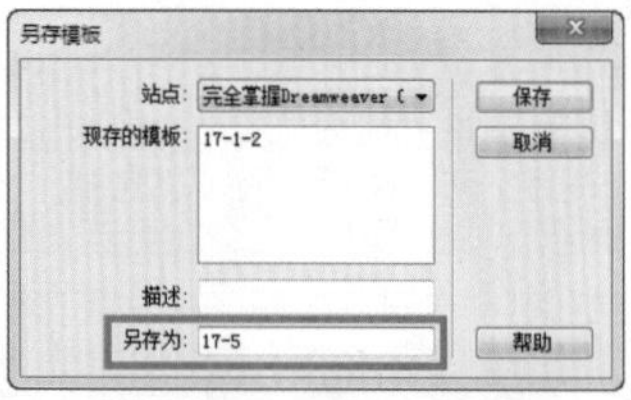

图 17-82 "另存模板"对话框

图 17-83 "新建文档"对话框

03 将该文件保存为"光盘\源文件\Templates\style\17-5.css"。返回模板页面中，单击"CSS 设计器"面板上"源"选项右侧的"添加 CSS 源"按钮，在弹出的下拉菜单中选择"附加现有的 CSS 文件"命令，弹出"使用现有的 CSS 文件"对话框，链接刚创建的外部 CSS 样式表文件，如图 17-84 所示。单击"确定"按钮，切换到"17-5.css"文件中，创建名为 * 的通配符 CSS 样式和名为 body 的标签 CSS 样式，如图 17-85 所示。

图 17-84 "使用现有的 CSS 文件"对话框

```css
*{
    margin:0px;
    padding:0px;
    border:0px;
}
body{
    font-family:宋体;
    font-size:12px;
    color:#695D23;
    background-image:url(../images/17501.gif);
    background-repeat:repeat;
}
```

图 17-85 CSS 样式代码

04 返回设计视图中，可以看到页面的效果，如图 17-86 所示。将光标放置在页面中，插入名为 box 的 Div，切换到外部 CSS 样式表文件中，创建名为 #box 的 CSS 样式，如图 17-87 所示。

图 17-86 页面效果

```css
#box{
    width:1003px;
    height:100%;
    overflow:hidden;
    margin:0px auto;
}
```

图 17-87 CSS 样式代码

05 返回设计视图中，可以看到页面的效果，如图 17-88 所示。将光标移至名为 box 的 Div 中，将多余文字删除，插入名为 flash 的 Div，切换到外部 CSS 样式表文件中，创建名为 #flash 的 CSS 样式，如图 17-89 所示。

图 17-88 页面效果

```css
#flash{
    width:940px;
    height:250px;
    background-image:url(../images/17502.jpg);
    background-repeat:no-repeat;
    background-position:center left;
}
```

图 17-89 CSS 样式代码

06 返回设计视图中，可以看到页面的效果，如图 17-90 所示。将光标移至名为 flash 的 Div 中，将多余文字删除，插入 Flash 动画"光盘\源文件\Templates\images\17503.swf"，如图 17-91 所示。

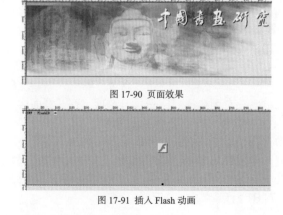

图 17-90 页面效果

图 17-91 插入 Flash 动画

07 选中刚插入的 Flash 动画，打开"属性"面板，对其相关属性进行设置，如图 17-92 所示。在名为 flash 的 Div 之后插入名为 content 的 Div，切换到外部 CSS 样式表文件中，创建名为 # content 的 CSS 样式，如图 17-93 所示。

图 17-92 "属性"面板

```
#content{
    width:917px;
    height:100%;
    overflow:hidden;
    padding-left:86px;
}
```

图 17-93 CSS 样式代码

08 返回设计视图中，可以看到页面的效果，如图 17-94 所示。将光标移至名为 content 的 Div 中，将多余文字删除，插入 Flash 动画"光盘\源文件\Templates\images\17504.swf"，如图 17-95 所示。

图 17-94 页面效果

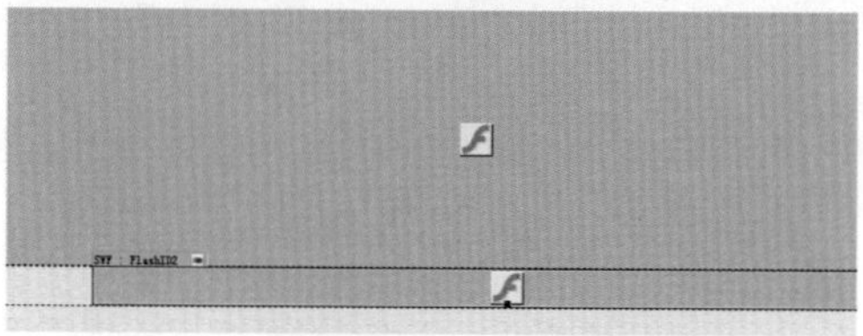

图 17-95 插入 Flash 动画

09 将光标移至刚插入的 Flash 动画后，插入名为 search 的 Div，切换到外部 CSS 样式表文件中，创建名为 #search 的 CSS 样式，如图 17-96 所示。返回设计视图中，可以看到页面的效果，如图 17-97 所示。

```
#search{
    width:650px;
    height:23px;
    font-weight:bold;
    color:#AEA289;
    background-color:#6C5A36;
    padding-left:90px;
    padding-right:90px;
    padding-top:4px;
    margin-bottom:10px;
    background-image:url(../images/17505.gif);
    background-repeat:no-repeat;
    background-position:90px;
}
```

图 17-96 CSS 样式代码

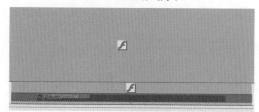

图 17-97 页面效果

10 将光标移至名为 search 的 Div 中，将多余文字删除，根据前面章节介绍的表单的制作方法，可以

完成该部分搜索表单的制作，效果如图 17-98 所示。

图 17-98 页面效果

11 在名为 search 的 Div 之后插入名为 left 的 Div，切换到外部 CSS 样式表文件中，创建名为 #left 的 CSS 样式，如图 17-99 所示。返回设计视图中，页面效果如图 17-100 所示。

```
#left{
    float:left;
    width:180px;
    height:100%;
    color:#695D23;
    line-height:23px;
    overflow:hidden;
    margin-right:10px;
}
```

图 17-99 CSS 样式代码

图 17-100 页面效果

12 将光标移至名为 left 的 Div 中，将多余文字删除，插入名为 login 的 Div，切换到外部 CSS 样式表文件中，创建名为 #login 的 CSS 样式，如图 17-101 所示。返回设计视图中，页面效果如图 17-102 所示。

```
#login{
    width:180px;
    height:100px;
    line-height:30px;
    padding-top:31px;
    text-align:center;
    background-color:#EAE3C6;
    background-image:url(../images/17507.gif);
    background-repeat:no-repeat;
    background-position:center top;
}
```

图 17-101 CSS 样式代码

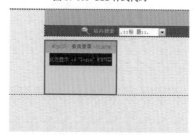

图 17-102 页面效果

13 将光标移至名为 login 的 Div 中，将多余文字删除，单击"表单"选项卡中的"表单"按钮，插入表单域，效果如图 17-103 所示。根据前面章节介绍的表单的制作方法，可以完成登录表单部分的制作，效果如图 17-104 所示。

图 17-103 插入表单域

图 17-104 页面效果

14 在名为 login 的 Div 之后插入名为 text 的 Div，切换到外部 CSS 样式表文件中，创建名为 #text 的 CSS 样式，如图 17-105 所示。返回设计视图中，可以看到页面的效果，如图 17-106 所示。

```
#text{
    width:178px;
    height:90px;
    margin-top:10px;
    padding-top:30px;
    background-image:url(../images/17510.gif);
    background-repeat:no-repeat;
    background-position:center top;
    background-color:#FFFDF1;
    border-right:1px solid #B8A98C;
    border-bottom:1px solid #B8A98C;
    border-left:1px solid #B8A98C;
}
```

图 17-105 CSS 样式代码

图 17-106 页面效果

15 将光标移至名为 text 的 Div 中，将多余文字删除，输入相应的文字，效果如图 17-107 所示。转换到代码视图，为文字添加项目列表标签，如图 17-108 所示。

图 17-107 输入文字

```
<div id="text">
    <ul>
        <li>中国书画研究院职能</li>
        <li>中国书画研究院成员</li>
        <li>中国书画研究院成员权利...</li>
        <li>中国书画研究院职称评定</li>
    </ul>
</div>
```

图 17-108 添加项目列表标签

16 切换到外部 CSS 样式表文件中，创建名为 #text li 的 CSS 样式，如图 17-109 所示。返回设计视图中，可以看到文字的效果，如图 17-110 所示。

```
#text li{
    list-style:none;
    background-image:url(../images/17511.gif);
    background-repeat:no-repeat;
    background-position:center left;
    padding-left:15px;
    margin-left:10px;
}
```

图 17-109 CSS 样式代码

图 17-110 文字效果

17 使用相同的方法，完成其他部分内容的制作，页面效果如图 17-111 所示。将光标移至名为 link 的 Div 中，将多余文字删除，插入素材图像"光盘 \ 源文件 \Templates\images\ 17515.gif"，如图 17-112 所示。

图 17-111 页面效果　　图 17-112 插入素材图像

18 选中刚插入的图像，在"属性"面板上对其相关属性进行设置，如图 17-113 所示。设置完成后，图像效果如图 17-114 所示。

图 17-113 "属性"面板　　图 17-114 图像效果

19　使用相同的方法，插入其他素材图像并输入文字，效果如图 17-115 所示。切换到外部 CSS 样式表文件中，创建名为 #link img 的 CSS 样式，如图 17-116 所示。

图 17-115　页面效果

```
#link img{
        margin-top:4px;
        margin-bottom:4px;
}
```

图 17-116　CSS 样式代码

20　返回设计视图中，可以看到页面的效果，如图 17-117 所示。在名为 left 的 Div 之后插入名为 right 的 Div，切换到外部 CSS 样式表文件中，创建名为 #right 的 CSS 样式，如图 17-118 所示。

图 17-117　页面效果

```
#right{
        float:left;
        width:727px;
        height:100%;
        overflow:hidden;
}
```

图 17-118　CSS 样式代码

21　返回设计视图中，可以看到页面的效果，如图 17-119 所示。将光标移至名为 right 的 Div 中，将多余文字删除，插入名为 news 的 Div，切换到外部 CSS 样式表文件中，创建名为 #news 的 CSS 样式，如图 17-120 所示。

图 17-119　页面效果

```
#news{
        float:left;
        width:400px;
        height:160px;
        margin-right:10px;
}
```

图 17-120　CSS 样式代码

22　返回设计视图中，可以看到页面的效果，如图 17-121 所示。将光标移至名为 news 的 Div 后，插入素材图像 "光盘 \ 源文件 \Templates\images\17521.gif"，效果如图 17-122 所示。

图 17-121　页面效果

图 17-122　插入素材图像

23　将光标移至刚插入的图像后，插入名为 pic 的 Div，切换到外部 CSS 样式表文件中，创建名为 #pic 的 CSS 样式，如图 17-123 所示。返回设计视图中，可以看到页面的效果，如图 17-124 所示。

```
#pic{
        width:591px;
        height:106px;
        padding-top:13px;
        padding-bottom:50px;
        padding-left:50px;
        margin-top:10px;
        background-image:url(../images/17522.gif);
        background-repeat:no-repeat;
}
```

图 17-123　CSS 样式代码

图 17-124　页面效果

24　将光标移至名为 pic 的 Div 中，将多余文字删除，依次插入相应的素材图像，页面效果如图 17-125 所示。切换到外部 CSS 样式表文件中，创建名为 #pic img 的 CSS 样式，如图 17-126 所示。

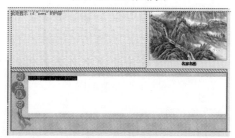

图 17-125　页面效果

```
#pic img{
        margin-left:5px;
        margin-right:5px;
        padding:2px;
        border:1px solid #CCCCCC;
}
```

图 17-126　CSS 样式代码

25　返回设计视图中，可以看到图像的效果，如

图 17-127 所示。使用相同的方法，完成其他部分内容的制作，页面效果如图 17-128 所示。

图 17-127 图像效果

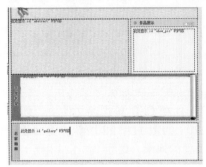

图 17-128 页面效果

26 在名为 gallery 的 Div 之后插入名为 bottom 的 Div，切换到外部 CSS 样式表文件中，创建名为 #bottom 的 CSS 样式，如图 17-129 所示。返回设计视图中，可以看到页面的效果，如图 17-130 所示。

```css
#bottom{
    clear:both;
    width:100%;
    height:125px;
    background-image:url(../images/17540.jpg);
    background-repeat:no-repeat;
    background-position:right top;
    line-height:25px;
    padding-top:40px;
    padding-bottom:40px;
}
```

图 17-129 CSS 样式代码

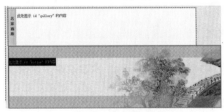

图 17-130 页面效果

27 将光标移至名为 bottom 的 Div 中，将多余文字删除，输入文字，效果如图 17-131 所示。将光标移至页面中名为 news 的 Div 中，选中相应的文字，单击"插入"面板上的"模板"选项卡中的"可编辑区域"按钮，弹出"新建可编辑区域"对话框，设置如图 17-132 所示。

图 17-131 输入文字

图 17-132 "新建可编辑区域"对话框

28 单击"确定"按钮，定义可编辑区域，如图 17-133 所示。选中名为 pic 的 Div，单击"插入"面板上的"模板"选项卡中的"可选区域"按钮，弹出"新建可选区域"对话框，设置如图 17-134 所示。

图 17-133 定义可编辑区域

图 17-134 "新建可选区域"对话框

29 单击"确定"按钮，定义可选区域，页面效果如图 17-135 所示。使用相同的方法，完成其他可编辑区域的定义，如图 17-136 所示。

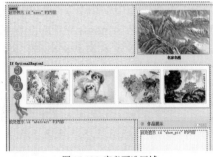

图 17-135 定义可选区域

图 17-136 页面效果

30 完成该模板页面的制作, 并且在模板页面中定义了可编辑区域和可选区域, 效果如图 17-137 所示。

图 17-137 页面效果

技巧

网页模板文件是无法在浏览器中预览的, 但是可以在 Dreamweaver 的实时视图中进行预览。如果用户需要预览所制作的网页模板效果, 可以单击文档工具栏上的 "实时视图" 按钮, 在实时视图中进行预览。

31 执行 "文件 > 新建" 命令, 弹出 "新建文档" 对话框, 选择 "网站模板" 标签, 选择刚刚创建的模板文件, 如图 17-138 所示。单击 "创建" 按钮, 新建一个基于该模板的页面, 将该页面保存为 "光盘 \ 源文件 \ 第 17 章\17-5.html", 效果如图 17-139 所示。

图 17-138 "新建文档" 对话框

图 17-139 页面效果

提示

在创建模板和创建基于模板的页面时, 因为模板文件是存放于站点根目录下的 Templates 文件夹中的, 如果模板文件和基于模板的页面存放于站点的不同位置, 则一定要注意它们所使用的素材与 CSS 样式必须是同步的, 这样才能保证不出现问题。

32 将光标移至名为 news 的可编辑区域中, 将多余文字删除, 插入名为 news_title 的 Div, 切换到外部 CSS 样式表文件中, 创建名为 #news_title 的 CSS 样式, 如图 17-140 所示。返回设计视图中, 可以看到页面的效果, 如图 17-141 所示。

```
#news_title{
    width:400px;
    height:27px;
    background-image:url(../images/17519.gif);
    background-repeat:no-repeat;
    background-position:center left;
    border-bottom:1px solid #999999;
}
```

图 17-140 CSS 样式代码

图 17-141 页面效果

33 将光标移至名为 news_title 的 Div 中, 将多余文字删除, 插入图像 "光盘 \ 源文件 \ 第 17 章 \ images\17520.gif", 如图 17-142 所示。切换到外部 CSS 样式表文件中, 创建名为 #news_title img 的 CSS 样式, 如图 17-143 所示。

图 17-142 插入图像

```
#news_title img{
    margin-left:290px;
    margin-top:5px;
    border-left:1px solid #999999;
    padding-left:50px;
    padding-top:5px;
    padding-bottom:5px;
}
```

图 17-143 CSS 样式代码

34 返回设计视图中, 可以看到图像的效果, 如图 17-144 所示。在名为 news_title 的 Div 之后插入名为 news_text 的 Div, 切换到外部 CSS 样式表文件中, 创建名为 #news_text 的 CSS 样式, 如图 17-145 所示。

图 17-144 图像效果

```
#news_text{
    width:400px;
    height:133px;
    border-bottom:1px solid #999999;
}
```

图 17-145 CSS 样式代码

35 返回设计视图中，可以看到页面的效果，如图 17-146 所示。将光标移至名为 news_text 的 Div 中，将多余文字删除，输入文字，效果如图 17-147 所示。

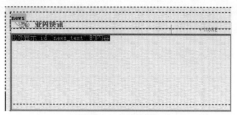

图 17-146 页面效果

图 17-147 输入文字

36 转换到代码视图中，为文字添加相应的定义列表代码，如图 17-148 所示。切换到外部 CSS 样式表文件中，创建名为 #news_text dt 和名为 #news_text dd 的 CSS 样式，如图 17-149 所示。

```
<dl>
    <dt>书画艺术百家系列丛书面向全国征稿</dt><dd>2012-5-28</dd>
    <dt>书画家大典名单</dt><dd>12-5-28</dd>
    <dt>系列主题报刊、网联展征稿启事</dt><dd>2012-5-28</dd>
    <dt>第四届全国书法、美术大展赛面向全国公...</dt><dd>2012-5-28</dd>
    <dt>我院成员为大型运动会创作长卷&lt;大英雄颂&gt;</dt><dd>2012-5-28</dd>
    <dt>我院成员为大型残疾人运动会创作长卷&lt;真英雄&gt;</dt><dd>2012-5-28</dd>
</dl>
```

图 17-148 代码视图

```
#news_text dt{
    float:left;
    width:384px;
    height:22px;
    line-height:22px;
    background-image:url(../images/17511.gif);
    background-repeat:no-repeat;
    background-position:7px center;
    padding-left:18px;
}
#news_text dd{
    float:left;
    width:78px;
    height:22px;
    color:#666666;
    line-height:22px;
}
```

图 17-149 CSS 样式代码

37 返回设计视图中，可以看到文字的效果，如图 17-150 所示。使用相同的方法，完成其他可编辑区域中内容的制作，页面效果如图 17-151 所示。

图 17-150 文字效果

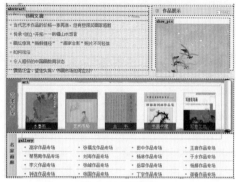

图 17-151 页面效果

38 完成该艺术类网站页面的制作，执行"文件 > 保存"命令，保存页面，在浏览器中预览页面，效果如图 17-152 所示。

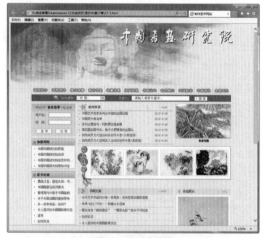

图 17-152 预览效果

17.5 本章小结

本章主要向用户讲解库和模板的创建以及在网页中的应用。使用模板可以极大程度上提高网页设计者的工作效率，从而能够节省许多宝贵的时间。完成本章的学习，用户需要熟练掌握 Dreamweaver CC 中库和模板的使用方法，并能够运用库和模板提高网站的制作效率。

第⑱章 jQuery Mobile 和 jQuery UI 的应用

jQuery Mobile 可以构建适用于主流智能手机和平板电脑的移动 Web 页面，jQuery UI 可以在网页中创建许多特殊的效果和应用，jQuery Mobile 和 jQuery UI 使得 Dreamweaver CC 的功能更加强大。在本章中将向用户介绍 jQuery Mobile 和 jQuery UI 的相关知识及使用方法，使用户对 jQuery Mobile 和 jQuery UI 具有初步的认识和了解。

    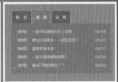

18.1　关于 jQuery Mobile

jQuery Mobile 是 jQuery 在手机和平板电脑等移动设备上应用的版本。jQuery Mobile 不仅给主流移动平台带来 jQuery Mobile 核心库，而且会发布一个完整统一的 jQuery 移动 UI 框架。

18.1.1　jQuery Mobile 概述

随着移动互联网的快速发展，适用于移动设备的网页非常需要一个跨浏览器的框架，让开发人员开发出真正的移动 Web 网站。jQuery Mobile 支持全球主流的移动应用平台。

目前，网站中的动态交互效果越来越多，其中大多数都是通过 jQuery 来实现的。随着智能手机和平板电脑的流行，主流移动平面上的浏览器功能已经与传统的桌面浏览器功能相差不大，因此 jQuery 团队开发了 jQuery Mobile。jQuery Mobile 的使命是向所有主流移动设备浏览器提供一种统一的交互体验，使整个互联网上的内容更加丰富。

jQuery Mobile 是一个基于 HTML 5，拥有响应式网站特性，兼容所有主流移动设备平台的统一 UI 接口系统与前端开发框架，可以运行在所有智能手机、平板电脑和桌面设备上。不需要为每一个移动设备或者操作系统单独开发应用，设计者可以通过 jQuery Mobile 框架设计一个高度响应式的网站或应用运行于所有流行的智能手机、平板电脑和桌面系统。

jQuery Mobile 是创建移动 Web 应用程序的框架。

jQuery Mobile 适用于所有流行的智能手机和平板电脑。

jQuery Mobile 使用 HTML 5 和 CSS 3 通过尽可能少的脚本对页面进行布局。

18.1.2　创建 jQuery Mobile 页面

在 Dreamweaver CC 中提供对 jQuery Mobile 页面开发的支持，在 Dreamweaver CC 中可以通过多种方法来创建 jQuery Mobile 页面。

执行"文件 > 新建"命令，弹出"新建文档"对话框，选择"启动器模板"选项卡，在"示例页"列表框中可以看到 Dreamweaver CC 提供了 3 种 jQuery Mobile 页面示例，如图 18-1 所示。

图 18-1 "新建文档"对话框

🔽 jQuery Mobile（CDN）：选择该选项所创建的 jQuery Mobile 页面，页面中所使用的 jQuery Mobile 库资源将使用远程服务器上所提供的库资源文件。

🔽 jQuery Mobile（本地）：选择该选项所创建的 jQuery Mobile 页面，会自动将所需要的 jQuery

Mobile 库资源文件复制本站点根目录中。

> ⤵ 包含主题的 jQuery Mobile（本地）：选择该选项所创建的 jQuery Mobile 页面，与选择"jQuery Mobile（本地）"选项所创建的页面基本相同，并且还可以使用本地计算机上的文件和主题组成的 CSS 文件。

例如，在"示例页"列表中选择"jQuery Mobile（CDN）"选项，单击"创建"按钮，即可在 Dreamweaver CC 中创建 jQuery Mobile 页面，如图 18-2 所示。单击文档工具栏上的"实时视图"按钮，可以看到默认的 jQuery Mobile 页面的效果，如图 18-3 所示。

图 18-2 新建 jQuery Mobile 页面

图 18-3 jQuery Mobile 页面的默认效果

除了可以通过"新建文档"对话框直接创建 jQuery Mobile 页面外，还可以新建一个空白的 HTML 页面，光标置于页面中，单击"插入"面板上的 jQuery Mobile 选项卡中的"页面"按钮，如图 18-4 所示。弹出"jQuery Mobile 文件"对话框，如图 18-5 所示。

图 18-4 单击"页面"按钮

图 18-5 "jQuery Mobile 文件"对话框

> **提示**
>
> 在"jQuery Mobile 文件"对话框中的"链接类型"选项可以设置链接 jQuery Mobile 资源文件的方式，"CSS 类型"选项可以设置 CSS 样式表文件的使用方法。

单击"确定"按钮，弹出"页面"对话框，在该对话框中可以设置所创建的 jQuery Mobile 页面中需要包含的页面元素和 ID 名称，如图 18-6 所示。单击"确定"按钮，即可创建 jQuery Mobile 页面，如图 18-7 所示。

图 18-6 "页面"对话框

图 18-7 创建 jQuery Mobile 页面

单击文档工具栏上的"实时视图"按钮，可以在实时视图中看到默认的 jQuery Mobile 页面的效果，如图 18-8 所示。

图 18-8 jQuery Mobile 页面的默认效果

18.1.3　jQuery Mobile 基本页面结构 ⟩

大多数的 jQuery Mobile 页面都要遵循以下的基本结构。

```
<!DOCTYPE html>
<html>
<head>
<meta charset="utf-8">
<title>jQuery Mobile基本页面结构</title>
<link href="http://code.jquery.com/mobile/1.0/jquery.
```

```
mobile-1.0.min.css" rel="stylesheet" type="text/css"/>
<script src="http://code.jquery.com/jquery-1.6.4.min.js"
type="text/javascript"></script>
<script src="http://code.jquery.com/mobile/1.0/jquery.
mobile-1.0.min.js" type="text/javascript"></script>
</head>
<body>
<div data-role="page" id="page">
  <div data-role="header">
    <h1>标题</h1>
  </div>
  <div data-role="content">内容</div>
  <div data-role="footer">
    <h4>脚注</h4>
  </div>
</div>
</body>
</html>
```

在使用 jQuery Mobile 时，首先在开发的 Web 页面中包含 3 个 jQuery Mobile 库文件，分别是"jquery.mobile-1.0a3.min.css"、"jquery-1.6.4.min.js"和"jquery.mobile-1.0.min.js"。

可以看到页面中的内容都是封装在 Div 标签中并在标签中加入 data-role 属性设置，这样 jQuery Mobile 就会知道哪些内容需要处理。

> **提示**
>
> data- 属性是 HTML 5 新增的一个特性，它可以让开发人员添加任意属性到 HTML 标签中，只要添加的属性名有 data- 前缀。

在设置 page 属性的 Div 中还包含了属性名为 header、content 和 footer 的 3 个 Div 元素，这些元素都是可选的，但至少在 jQueryMobile 页面中需要包含 content 属性的 Div。

- ◉ <div data-role="header"></div>：在 jQuery Mobile 页面顶部创建导航工具栏，用于放置标题和按钮，如放置"返回"按钮，用于返回到前一页。

- ◉ <div data-role="content"></div>：在该部分包含一些主要内容，如文本内容、图像、按钮、列表、表单等页面元素。

- ◉ <div data-role="footer"></div>：在 jQuery Mobile 页面底部创建工具栏，可以在该部分添加一些功能按钮。如果需要确保该部分始终位于 jQuery Mobile 页面的底部，可以在该 Div 中添加"data-position="fixed""属性设置代码。

18.2　认识 jQuery Mobile 对象

在 Dreamweaver CC 中的"插入"面板中新增了 jQuery Mobile 选项卡，在该选项卡中提供了制作适用于移动设备网页中相应的 jQuery Mobile 对象，如图 18-9 所示。

图 18-9　jQuery Mobile 对象

18.2.1　页面

单击"插入"面板上的 jQuery Mobile 选项卡中的"页面"按钮，如图 18-10 所示。弹出"jQuery Mobile 文件"对话框，如图 18-11 所示。

图 18-10 单击"页面"按钮

图 18-11 "jQuery Mobile 文件"对话框

单击"确定"按钮，弹出"页面"对话框，如图 18-12 所示。单击"确定"按钮，即可在普通的 HTML 页面中插入 jQuery Mobile 页面，如图 18-13 所示。

图 18-12 "页面"对话框

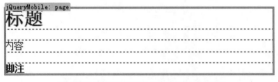

图 18-13 在网页中插入 jQuery Mobile 页面

提示

在"页面"对话框中，ID 选项用于设置 jQuery Mobile 页面 Div 的 ID 名称，默认名称为 page。"标题"和"脚注"选项用于设置在插入的 jQuery Mobile 页面中是否包含"标题"和"脚注"页面元素。

执行"文件 > 保存"命令，保存该网页，弹出"复制相关文件"对话框，如图 18-14 所示。单击"确定"按钮，将相关的 CSS 样式表文件和 JavaScript 脚本文件复制到站点根目录下的 jquery-mobile 文件夹中。转换到代码视图中，可以看到 JQuery Mobile 页面默认的 HTML 代码，如图 18-15 所示。

图 18-14 "复制相关文件"对话框

```html
<body>
<div data-role="page" id="page">
  <div data-role="header">
    <h1>标题</h1>
  </div>
  <div data-role="content">内容</div>
  <div data-role="footer">
    <h4>脚注</h4>
  </div>
</div>
</body>
```

图 18-15 jQuery Mobile 页面的 HTML 代码

在浏览器中预览该 jQuery Mobile 页面，可以看到 jQuery Mobile 页面的默认效果，如图 18-16 所示。

图 18-16 预览 jQuery Mobile 页面效果

18.2.2 列表视图

光标置于 jQuery Mobile 页面中需要插入列表的位置，单击"插入"面板上的 jQuery Mobile 选项卡中的"列表视图"按钮，如图 18-17 所示。弹出"列表视图"对话框，如图 18-18 所示。

图 18-17 单击"列表视图"按钮

图 18-18 "列表视图"对话框

提示

所有的 jQuery Mobile 对象都需要在 jQuery Mobile 页面中才可以插入，而不可以在普通的 HTML 页面中插入 jQuery Mobile 对象。

在"列表视图"对话框中对相关选项进行设置，单击"确定"按钮，即可在页面中插入 jQuery Mobile 列表视图元素，如图 18-19 所示。保存页面，在浏览器中预览该页面，可以看到默认的 jQuery Mobile 列表视图的效果，如图 18-20 所示。

图 18-19 插入 jQuery Mobile 列表视图

图 18-20 预览 jQuery Mobile 列表视图效果

在网页中插入 jQuery Mobile 列表视图对象时，弹出"列表视图"对话框，在该对话框中可以设置所需要插入的列表的效果和选项。

🔽 列表类型：该选项用于设置所插入的列表类型。在该选项的下拉列表中包括"无序"和"有序"两个选项，分别对应无序列表和有序列表。

🔽 项目：该选项用于设置所插入的列表项的数目，默认为 3。在该选项的下拉列表中可以选择所需要插入的列表项的数目。

🔽 凹入：选中该复选框，则插入的列表项将以缩进的方式居中显示在布局中，如图 18-21 所示。

图 18-21 jQuery Mobile 列表视图效果

🔽 文本说明：选中该复选框，将为所插入的各列表项添加文字说明内容，如图 18-22 所示。

图 18-22 jQuery Mobile 列表视图效果

🔽 文本气泡：选中该复选框，可以在各列表项的右侧显示圆形的数字气泡，如图 18-23 所示。

图 18-23 jQuery Mobile 列表视图效果

🔽 侧边：选中该复选框，可以在各列表项的右侧显示侧边信息内容，如图 18-24 所示。

图 18-24 jQuery Mobile 列表视图效果

🔽 拆分按钮：选中该复选框，可以将各列表项右侧的按钮拆分为独立按钮形式，如图 18-25 所示。

图 18-25 jQuery Mobile 列表视图效果

🔽 拆分按钮图标：只有选中"拆分按钮"复选框，该选项才可用。通过该选项可以设置执行出来的按钮图标，可以在该选项的下拉列表中选择预设的按钮图标样式。

18.2.3 布局网格

将光标置于 jQuery Mobile 页面中需要插入布局网格的位置，单击"插入"面板上的 jQuery Mobile 选项卡中的"布局网格"按钮，如图 18-26 所示。弹出"布局网格"对话框，如图 18-27 所示。

图 18-26 单击"列表视图"按钮　　图 18-27 "布局网格"对话框

在"布局网格"对话框中可以设置所需要插入的布局形式，单击"确定"按钮，即可在 jQuery Mobile 页面中插入布局网格，如图 18-28 所示。单击文档工具栏上的"实时视图"按钮，可以看到默认的 jQuery Mobile 布局网格的效果，如图 18-29 所示。

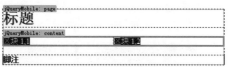

图 18-28 插入 jQuery Mobile 布局网格

图 18-29 预览 jQuery Mobile 布局网格效果

18.2.4 可折叠区块

将光标置于 jQuery Mobile 页面中需要插入可折叠区块的位置，单击"插入"面板上的 jQuery Mobile 选项卡中的"可折叠区块"按钮，如图 18-30 所示。即可在 jQuery Mobile 页面中插入默认的可折叠区块元素，如图 18-31 所示。

图 18-30 单击"可折叠区块"按钮

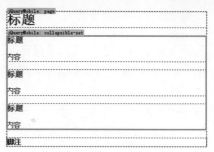

图 18-31 插入 jQuery Mobile 布局网格

单击文档工具栏上的"实时视图"按钮，可以看到默认的 jQuery Mobile 可折叠区块的效果，如图 18-32 所示。

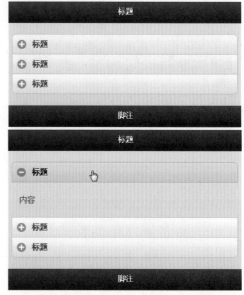

图 18-32 预览 jQuery Mobile 可折叠区块效果

18.2.5 表单元素

在"插入"面板上的 jQuery Mobile 面板中还提供了多种应用于 jQuery Mobile 页面中的表单元素，单击需要的表单元素按钮，即可在 jQuery Mobile 页面中插入相应的表单元素。本节将通过一个表单页面的制作向用户介绍如何制作 jQuery Mobile 表单页面。

动手实践——制作 jQuery Mobile 表单页面

目 最终文件：光盘 \ 最终文件 \ 第 18 章 \18-2-5.html

视频：光盘 \ 视频 \ 第 18 章 \18-2-5.swf

01 执行"文件 > 新建"命令，新建一个 HTML 页面，如图 18-33 所示。将该页面保存为"光盘 \ 源文件 \ 第 18 章 \18-2-5.html"。单击"插入"面板上的 jQuery Mobile 选项卡中的"页面"按钮，弹出"jQuery Mobile 文件"对话框，单击"确定"按钮，弹出"页面"对话框，设置如图 18-34 所示。

图 18-33 "新建文档"对话框

图 18-34 设置"页面"对话框

02　单击"确定"按钮，插入 jQuery Mobile 页面，如图 18-35 所示。选中"标题"文字，将其删除，输入相应的文字，如图 18-36 所示。

图 18-35 插入 jQuery Mobile 页面

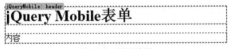

图 18-36 页面效果

03　选中页面中的"内容"文字，将其删除，单击"插入"面板上的 jQuery Mobile 选项卡中的"文本"按钮，如图 18-37 所示。插入文本域，修改文本域前的提示文字，如图 18-38 所示。

图 18-37 单击"文本"按钮

图 18-38 插入文本域

04　选中刚插入的文本域，在"属性"面板中设置相关属性，如图 18-39 所示。将光标移至文本域之后，按快捷键 Shift+Enter，插入换行符，单击"插入"

面板上的 jQuery Mobile 选项卡中的"搜索"按钮，如图 18-40 所示。

图 18-39 设置属性　　　图 18-40 单击"搜索"按钮

05　插入搜索域，修改搜索域前的提示文字，如图 18-41 所示。选中刚插入的搜索域，在"属性"面板上设置相关属性，如图 18-42 所示。

图 18-41 插入搜索域

图 18-42 设置属性

06　将光标移至搜索域之后，按快捷键 Shift+Enter，插入换行符，单击"插入"面板上的 jQuery Mobile 选项卡中的"日期"按钮，如图 18-43 所示。插入日期表单元素，修改日期表单元素前的提示文字，如图 18-44 所示。

图 18-43 单击"日期"按钮

图 18-44 插入日期表单元素

07　将光标移至日期表单元素之后，按快捷键 Shift+Enter，插入换行符，单击"插入"面板上的 jQuery Mobile 选项卡中的"选择"按钮，如图 18-45 所示。插入选择域，修改选择域前的提示文字，如图 18-46 所示。

图 18-45 单击"选择"按钮

图 18-46 插入选择域

08 选中刚插入的选择域，单击"属性"面板上的"列表值"按钮，弹出"列表值"对话框，设置如图 18-47 所示。单击"确定"按钮，完成"列表值"对话框的设置，页面中选择域的效果如图 18-48 所示。

图 18-47 设置"列表值"对话框

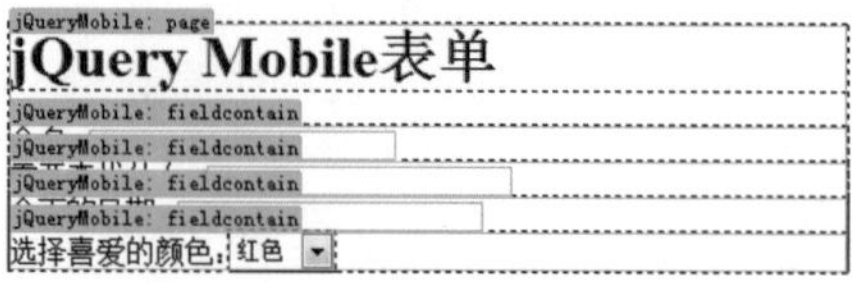

jQuery Mobile表单

图 18-48 页面效果

09 将光标移至选择域之后，按快捷键 Shift+Enter，插入换行符，单击"插入"面板上的 jQuery Mobile 选项卡中的"翻转切换开关"按钮，如图 18-49 所示。插入翻转切换开关，如图 18-50 所示。

图 18-49 单击"翻转切换开关"按钮

jQuery Mobile表单

图 18-50 插入翻转切换开关

10 将光标移至翻转切换开关之后，按快捷键 Shift+Enter，插入换行符，单击"插入"面板上的

jQuery Mobile 选项卡中的"复选框"按钮，如图 18-51 所示。弹出"复选框"对话框，设置如图 18-52 所示。

图 18-51 单击"复选框"按钮

图 18-52 "复选框"对话框

提示

通过 jQuery Mobile 选项卡中的"复选框"按钮可以在 jQuery Mobile 页面中插入一组复选框。"复选框"对话框中的"名称"选项用于设置所插入的复选框的 ID 名称；"复选框"选项用于设置所插入的复选框组中包含几个复选框选项，默认为 3；"布局"选项用于设置所插入的复选框组的布局方式，包括"垂直"和"水平"两种方式。

11 单击"确定"按钮，在页面中插入复选框，并修改复选框的提示文字，如图 18-53 所示。将光标移至刚插入的复选框之后，按快捷键 Shift+Enter，插入换行符，单击"插入"面板上的 jQuery Mobile 选项卡中的"按钮"按钮，如图 18-54 所示。

图 18-53 插入复选框

图 18-54 单击"按钮"按钮

12 弹出"按钮"对话框，设置如图 18-55 所示。单击"确定"按钮，在网页中插入按钮表单元素，修改按钮表单元素上的文字，如图 18-56 所示。

图 18-55 设置"按钮"对话框

图 18-57 所示。单击各表单元素，可以看到默认的表单元素的效果，如图 18-58 所示。

图 18-57 预览 jQuery Mobile 表单页面

图 18-56 插入按钮

> **提示**
>
> 在"按钮"对话框中可以对在 jQuery Mobile 页面中所插入的按钮进行设置。"按钮"选项用于设置所插入的按钮的数量；"按钮类型"选项用于设置所插入的按钮类型，在该选项下拉列表中有 3 个选项，分别是"链接"、"按钮"和"输入"；"输入类型"选项用于设置按钮输入类型，必须设置"按钮类型"为"输入"，该选项才可用；"位置"选项用于设置所插入按钮的位置，必须设置"按钮"选项为大于 1 的时候，该选项才可用；"布局"选项用于设置所插入的多个按钮的布局方式；"图标"选项用于设置所插入按钮上的图标；"图标位置"选项用于设置按钮上图标的对齐方式。

13 完成该 jQuery Mobile 表单页面的制作，执行"文件 > 保存"命令，保存页面，在浏览器中预览页面，可以看到 jQuery Mobile 表单元素的效果，如

图 18-58 jQuery Mobile 表单元素的默认效果

> **技巧**
>
> 默认情况下，jQuery Mobile 页面中的表单元素都会有默认的外观样式，用户也可以通过定义 CSS 样式并为表单元素应用，从而改变 jQuery Mobile 页面中默认的表单元素样式。

18.3 制作 jQuery Mobile 网站页面

了解了有关 jQuery Mobile 的基础知识，并且掌握了 Dreamweaver CC 中提供的 jQuery Mobile 页面元素的基本使用方法后，本节将通过一个 jQuery Mobile 页面实例的制作，使用户能够更加轻松地掌握 jQuery Mobile 网站页面的制作方法。

动手实践——制作旅游信息手机网站页面

📄 最终文件：光盘 \ 最终文件 \ 第 18 章 \18-3.html

📹 视频：光盘 \ 视频 \ 第 18 章 \18-3.swf

01 执行"文件 > 新建"命令，新建一个 HTML 页面，如图 18-59 所示。将该页面保存为"光盘 \ 源

文件 \ 第 18 章 \18-3.html"。使用相同的方法，新建外部 CSS 样式表文件，将其保存为"光盘 \ 源文件 \ 第 18 章 \style\18-3.css"。返回"18-3.html"页面中，链接刚创建的外部 CSS 样式表文件，设置如图 18-60 所示。

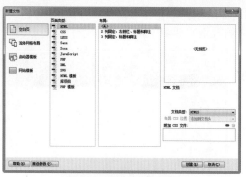

图 18-59 "新建文档"对话框

图 18-60 "使用现有的 CSS 文件"对话框

02 切换到外部 CSS 样式表文件中，创建名为 * 的通配符 CSS 样式和名为 body 的标签 CSS 样式，如图 18-61 所示。返回设计视图中，可以看到页面的背景效果，如图 18-62 所示。

```css
* {
    margin: 0px;
    padding: 0px;
}
body {
    font-family: 微软雅黑;
    color: #333;
    background-color: #F1F0F2;
    overflow-x: hidden;
}
```

图 18-61 CSS 样式代码

图 18-62 页面效果

技巧

制作 jQuery Mobile 页面时，可以在 Dreamweaver CC 设计视图中单击状态栏上的"手机大小（480×800）"按钮，将 Dreamweaver 的设计视图设计为手机屏幕大小，这样可以查看到页面在手机中显示的效果。

03 单击"插入"面板上的 jQuery Mobile 选项卡中的"页面"按钮，弹出"jQuery Mobile 文件"对话框，单击"确定"按钮，弹出"页面"对话框，设置如图 18-63 所示。单击"确定"按钮，插入 jQuery Mobile 页面，如图 18-64 所示。

图 18-63 设置"页面"面板

图 18-64 插入 jQuery Mobile 页面

04 选中页面中的"内容"文字，将其删除，在光标所在位置插入名为 top 的 Div，切换到"18-3.css"文件中，创建名为 #top 的 CSS 样式，如图 18-65 所示。返回设计视图中，将该 Div 中多余的文字删除，插入图像"光盘\源文件\第 18 章\images\logo.png"，如图 18-66 所示。

```css
#top {
    padding: 10px 0px;
    text-align: center;
}
```

图 18-65 CSS 样式代码

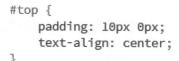

图 18-66 页面效果

05 选中刚插入的图像，在"属性"面板中删除其"宽"和"高"属性设置，如图 18-67 所示。在名为 top 的 Div 之后插入名为 content 的 Div，如图 18-68 所示。

图 18-67 设置属性

图 18-68 插入 Div

06 将光标移至名为 content 的 Div 中，将多余的文字删除，在该 Div 中插入一个不设置 id 名称的 Div，如图 18-69 所示。切换到"18-3.css"文件中，创建名为 .photo-list 的类 CSS 样式，如图 18-70 所示。

图 18-69　插入 Div

```
.photo-list {
    position:relative;
    margin-bottom:1px;
}
```

图 18-70　CSS 样式代码

07 返回设计视图中，选中刚插入的 Div，在"属性"面板上的 Class 下拉列表中选择名为"photo-list"的类 CSS 样式应用，如图 18-71 所示。将光标移至该 Div 中，将多余文字删除，插入图像"光盘 \ 源文件 \ 第 18 章 \images\18301.jpg"，如图 18-72 所示。

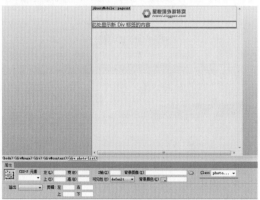

图 18-71　为 Div 应用类 CSS 样式

图 18-72　页面效果

08 选中刚插入的图像，在"属性"面板中删除其"宽"和"高"属性设置。切换到"18-3.css"文件中，创建名为 .photo-list img 的 CSS 样式，如图 18-73 所示。返回设计视图中，可以看到刚插入的图像的效果，如图 18-74 所示。

```
.photo-list img {
    width: 100%;
    display: block;
}
```

图 18-73　CSS 样式代码

图 18-74　页面效果

09 单击选中刚插入的图像，按键盘上的右方向键，将光标移至图像后，在光标位置插入一个不设置 id 名称的 Div，如图 18-75 所示。切换到"18-3.css"文件中，创建名为 .photo-text 的类 CSS 样式，如图 18-76 所示。

图 18-75　插入 Div

```
.photo-text {
    position: absolute;
    left: 0px;
    bottom: 0px;
    width: 100%;
    height: 36px;
    color: #FFF;
    background-color:rgba(0,0,0,0.7);
}
```

图 18-76　CSS 样式代码

10 返回设计视图中，选中刚插入的 Div，在"属性"面板上的 Class 下拉列表中选择名为 photo-text 的类 CSS 样式应用，如图 18-77 所示。将光标移至该 Div 中，将多余文字删除，输入相应的段落文字，如图 18-78 所示。

图 18-77　为 Div 应用类 CSS 样式

图 18-78 页面效果

11 转换到代码视图中，为刚输入的文字添加相应的标签，如图 18-79 所示。切换到"18-3.css"文件中，创建名为 .font01、.font02 和名为 .font01 span 的 CSS 样式，如图 18-80 所示。

```
<div id="content">
  <div class="photo-list"><img src="images/18301.jpg" alt=""/>
    <div class="photo-text">
      <p>马尔代夫 ¥<span>13699</span></p>
      <p>6天4晚自由行</p></div>
  </div>
</div>
```

图 18-79 添加相应的标签代码

```
.font01 {
    display: inline;
    float: left;
    margin-left: 10px;
    font-size: 14px;
    line-height: 36px;
}
.font01 span {
    font-size:24px;
    font-weight: bold;
}
.font02 {
    display: inline;
    float: right;
    margin-right: 10px;
    font-size: 16px;
    line-height: 36px;
}
```

图 18-80 CSS 样式代码

12 返回网页代码视图中，在 <p> 标签中添加 class 属性应用相应的类 CSS 样式，如图 18-81 所示。返回网页设计视图中，单击文档工具栏上的"实时视图"按钮，可以看到页面的效果，如图 18-82 所示。

```
<div id="content">
  <div class="photo-list"><img src="images/18301.jpg" alt=""/>
    <div class="photo-text">
      <p class="font01">马尔代夫 ¥<span>13699</span></p>
      <p class="font02">6天4晚自由行</p></div>
  </div>
</div>
```

图 18-81 应用类 CSS 样式

图 18-82 页面效果

13 使用相同的方法，可以完成页面中其他内容的制作，效果如图 18-83 所示。单击状态栏上的"平板电脑大小（768×1024）"按钮 ，切换到平板电脑中的显示状态，效果如图 18-84 所示。

图 18-83 手机大小显示效果

图 18-84 平板电脑大小显示效果

14 执行"文件 > 保存"命令，保存页面，在浏览器中预览页面，可以看到页面的效果，如图 18-85 所示。

图 18-85 预览 jQuery Mobile 页面效果

技巧

　　本实例所制作的 jQuery Mobile 页面仅仅是一个静态的、没有任何交互效果的 jQuery Mobile 页面，如果需要在 jQuery Mobile 页面中实现各种交互效果，如切换、滑动等，这些都需要在页面代码中通过添加 jQuery Mobile 动作、事件代码的方式来实现。

18.4　jQuery UI 概述

jQuery UI 是 jQuery 官方推出的配合 jQuery 使用的用户界面组件集合。在 Dreamweaver CC 中集成了 jQuery UI 的功能，网页设计人员可以通过 jQuery UI 构建更加丰富的网页效果。有了 jQuery UI，就可以使用 HTML、CSS 和 JavaScript 将 XML 数据合并到 HTML 文档中，创建如选项卡、折叠式、日期选择器等功能。在 Dreamweaver CC 中使用 jQuery UI 组件比较简单，但要求用户具有 HTML、CSS 和 JavaScript 的相关基础知识。

jQuery UI 可以简单地理解为网页中的某一个页面元素，通过使用 jQuery UI 组件可以轻松实现更加丰富的网页交互效果。jQuery UI 组件主要由以下几个部分组成。

> 结构：用来定义 jQuery UI 组件结构组成的 HTML 代码块。

> 行为：用来控制 jQuery UI 组件如何响应用户启动事件的 JavaScript 脚本。

> 样式：用于设置 jQuery UI 组件外观的 CSS 样式。

通过 Dreamweaver CC 在网页中插入 jQuery UI 组件时，Dreamweaver 会自动将相关的文件链接到网页中，以便 jQuery UI 组件中包含该页面的功能和样式。jQuery UI 中的每个组件与唯一的 CSS 和 JavaScript 文件相关联。在 JavaScript 脚本文件中实现了 jQuery UI 组件的相关功能，而在 CSS 样式表文件中设置了 jQuery UI 组件的外观样式。

18.5　认识 jQuery UI 组件

在 Dreamweaver CC 中集成了 jQuery UI 组件的功能。在 Dreamweaver CC 的"插入"面板中新增了 jQuery UI 选项卡，在该选项卡中提供了相应的 jQuery UI 组件，如图 18-86 所示。

图 18-86　jQuery UI 组件

18.5.1　Accordion

jQuery UI Accordion 是一个由多个面板组成的折叠式小组件，可以实现每个面板的展开和折叠效果。如果用户需要在一个固定大小的页面空间内实现多个内容的展示时，jQuery UI Accordion 组件所实现的功能非常实用。

如果需要在网页中插入 jQuery UI Accordion 组件，可以单击"插入"面板上的 jQuery UI 选项卡中的 Accordion 按钮，如图 18-87 所示。即可在网页中插入 jQuery UI Accordion 组件，如图 18-88 所示。

图 18-87　单击 Accordion 按钮

图 18-88　插入 jQuery UI Accordion 组件

提示

如果需要在网页中插入 jQuery UI 组件，则该网页必须是一个已经保存的网页。如果未保存的网页将会弹出提示框，提示用户先保存网页。

执行"文件 > 保存"命令，保存网页，在浏览器中预览页面，可以看到 jQuery UI Accordion 组件的效果，如图 18-89 所示。

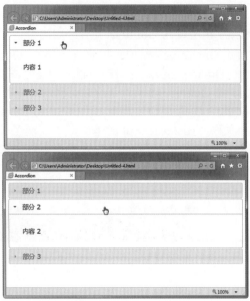

图 18-89 预览 jQuery UI Accordion 组件的效果

18.5.2 Tabs

jQuery UI Tabs 组件是一组水平方向上的选项卡式面板，可以将较多的内容分别放置在不同的选项卡中，单击相应的选项卡可以切换到该选项卡内容的显示状态。

如果需要在网页中插入 jQuery UI Tabs 组件，可以单击"插入"面板上的 jQuery UI 选项卡中的 Tabs 按钮，如图 18-90 所示。即可在网页中插入 jQuery UI Tabs 组件，如图 18-91 所示。

图 18-90 单击 Tabs 按钮

图 18-91 插入 jQuery UI Tabs 组件

执行"文件 > 保存"命令，保存网页，在浏览器中预览页面，可以看到 jQuery UI Tabs 组件的效果，如图 18-92 所示。

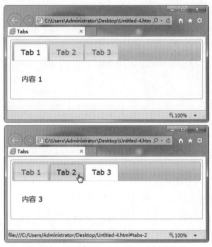

图 18-92 预览 jQuery UI Tabs 组件的效果

18.5.3 Datepicker

jQuery UI Datepicker 组件是一个可以选择日期的组件，该组件的配置非常灵活，用户可以自定义其展示的方式，包括日期格式、语言、限制选择日期范围、添加相关的按钮等。

如果需要在网页中插入 jQuery UI Datepicker 组件，可以单击"插入"面板上的 jQuery UI 选项卡中的 Datepicker 按钮，如图 18-93 所示。即可在网页中插入 jQuery UI Datepicker 组件，如图 18-94 所示。

图 18-93 单击 Datepicker 按钮　　图 18-94 插入 jQuery UI Datepicker 组件

执行"文件 > 保存"命令，保存网页，在浏览器中预览页面，可以看到 jQuery UI Datepicker 组件的效果，如图 18-95 所示。

图 18-95 预览 jQuery UI Datepicker 组件的效果

18.5.4 Progressbar

jQuery UI Progressbar 组件是一个显示进度条的组件,通过该组件可以实现网页加载进度条的效果。

如果需要在网页中插入 jQuery UI Progressbar 组件,可以单击"插入"面板上的 jQuery UI 选项卡中的 Progresssbar 按钮,如图 18-96 所示。即可在网页中插入 jQuery UI Progressbar 组件,如图 18-97 所示。

图 18-96 单击 Progressbar 按钮

图 18-97 插入 jQuery UI Progressbar 组件

执行"文件 > 保存"命令,保存网页,在浏览器中预览页面,可以看到 jQuery UI Progressbar 组件的效果,如图 18-98 所示。

图 18-98 预览 jQuery UI Progressbar 组件的效果

18.5.5 Dialog

jQuery UI Dialog 组件可以在网页中实现一个浮动弹出信息窗口,该信息窗口可以拖动至网页任意的位置,并且可以通过拖动的方式调整该弹出信息窗口的大小。

如果需要在网页中插入 jQuery UI Dialog 组件,可以单击"插入"面板上的 jQuery UI 选项卡中的 Dialog 按钮,如图 18-99 所示。即可在网页中插入 jQuery UI Dialog 组件,如图 18-100 所示。

图 18-99 单击 Dialog 按钮

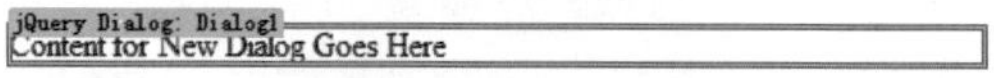

图 18-100 插入 jQuery UI Dialog 组件

执行"文件 > 保存"命令,保存网页,在浏览器中预览页面,可以看到 jQuery UI Dialog 组件的效果,如图 18-101 所示。

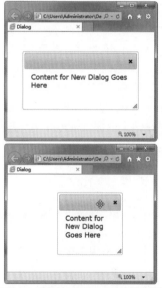

图 18-101 预览 jQuery UI Dialog 组件的效果

18.5.6 Autocomplete

jQuery UI Autocomplete 组件可以实现自动完成表单文本域中内容填写的功能,用户在表单文本域中输入前几个字母或汉字的时候,该组件就能从存放数据的文本或数据库中将所有以这些字母或汉字开头的数据提供给用户,供用户选择。

如果需要在网页中插入 jQuery UI Autocomplete 组件,可以单击"插入"面板上的 jQuery UI 选项卡中的 Autocomplete 按钮,如图 18-102 所示。即可在网页中插入 jQuery UI Autocomplete 组件,如图 18-103 所示。

图 18-102 单击 Autocomplete 按钮

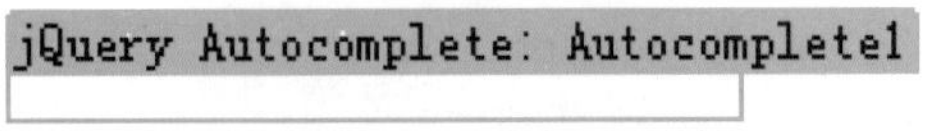

jQuery Autocomplete: Autocomplete1

图 18-103 插入 jQuery UI Autocomplete 组件

　　如果想要实现自动完成表单文本域填写的功能，在网页中插入 jQuery UI Autocomplete 组件后，需要为该组件设置相应的数据源，否则在网页中该组件只显示为普通的表单文本域，并不能实现自动完成表单文本域内容填充的功能。

18.5.7 Slider

　　jQuery UI Slider 组件可以在网页中创建一个优雅的滑动条效果。使用 jQuery UI Slider 组件，可以计算出滑块在滑动过程中占整个滑动条的比例。如果滑动条的整体长度为 100，则滑动的范围就是 0~100。

　　如果需要在网页中插入 jQuery UI Slider 组件，可以单击"插入"面板上的 jQuery UI 选项卡中的 Slider 按钮，如图 18-104 所示。即可在网页中插入 jQuery UI Slider 组件，如图 18-105 所示。

图 18-104 单击 Slider 按钮

jQuery Slider: Slider1

图 18-105 插入 jQuery UI Slider 组件

　　执行"文件 > 保存"命令，保存网页，在浏览器中预览页面，可以看到 jQuery UI Slider 组件的效果，如图 18-106 所示。

图 18-106 预览 jQuery UI Slider 组件的效果

18.5.8 Button

　　jQuery UI Button 组件可以在网页中插入一个按钮，该按钮带有悬停和激活状态的样式，可以通过该按钮来加强标准表单元素的功能。

　　如果需要在网页中插入 jQuery UI Button 组件，可以单击"插入"面板上的 jQuery UI 选项卡中的 Button 按钮，如图 18-107 所示。即可在网页中插入 jQuery UI Button 组件，如图 18-108 所示。

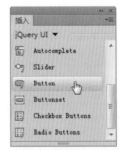

jQuery Button: Button1 i1
Button

图 18-107 单击 Button 按钮 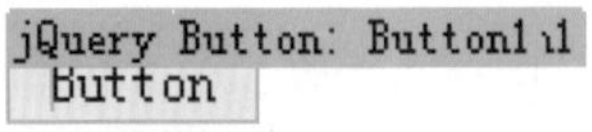　　图 18-108 插入 jQuery UI Button 组件

　　执行"文件 > 保存"命令，保存网页，在浏览器中预览页面，可以看到 jQuery UI Button 组件的效果，如图 18-109 所示。

图 18-109 预览 jQuery UI Button 组件的效果

18.5.9 Buttonset

　　jQuery UI Buttonset 组件可以在网页中插入一个

分组的按钮，如果在网页中需要使用一组按钮时，可以考虑使用该组件。

如果需要在网页中插入 jQuery UI Buttonset 组件，可以单击"插入"面板上的 jQuery UI 选项卡中的 Buttonset 按钮，如图 18-110 所示。即可在网页中插入 jQuery UI Buttonset 组件，如图 18-111 所示。

图 18-110 单击 Buttonset 按钮

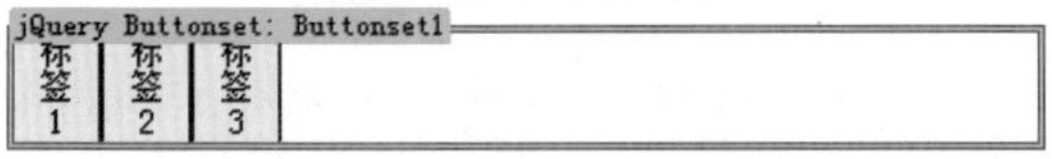

图 18-111 插入 jQuery UI Button 组件

执行"文件 > 保存"命令，保存网页，在浏览器中预览页面，可以看到 jQuery UI Buttonset 组件的效果，如图 18-112 所示。

图 18-112 预览 jQuery UI Buttonset 组件的效果

18.5.10 Checkbox Buttons

jQuery UI Checkbox Buttons 组件可以在网页中插入一个外观显示为按钮的复选框组，可以通过单击组中的按钮来选择相应的复选框选项，可以选择多个。

如果需要在网页中插入 jQuery UI Checkbox Buttons 组件，可以单击"插入"面板上的 jQuery UI 选项卡中的 Checkbox Buttons 按钮，如图 18-113 所示。即可在网页中插入 jQuery UI Checkbox Buttons 组件，如图 18-114 所示。

图 18-113 单击 Checkbox Buttons 按钮

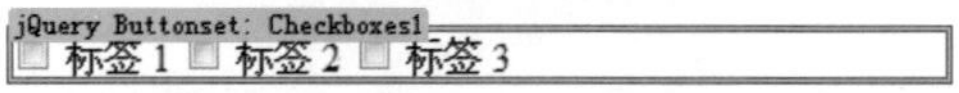

图 18-114 插入 jQuery UI Checkbox Buttons 组件

执行"文件 > 保存"命令，保存网页，在浏览器中预览页面，可以看到 jQuery UI Checkbox Buttons 组件的效果，如图 18-115 所示。

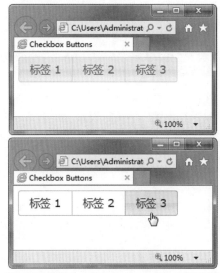

图 18-115 预览 jQuery UI Checkbox Buttons 组件的效果

18.5.11 Radio Buttons

jQuery UI Radio Buttons 组件可以在网页中插入一个外观显示为按钮的单选按钮组，可以通过单击组中的按钮来选择相应的单选选项，只能选择其中一个。

如果需要在网页中插入 jQuery UI Radio Buttons 组件，可以单击"插入"面板上的 jQuery UI 选项卡中的 Radio Buttons 按钮，如图 18-116 所示。即可在网页中插入 jQuery UI Radio Buttons 组件，如图 18-117 所示。

图 18-116 单击 Radio Buttons 按钮

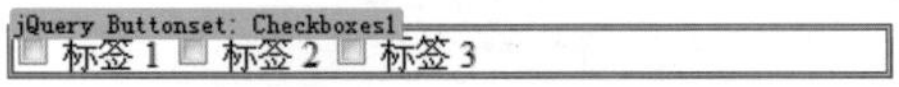

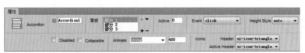

图 18-117 插入 jQuery UI Radio Buttons 组件

执行"文件 > 保存"命令，保存网页，在浏览器中预览页面，可以看到 jQuery UI Radio Buttons 组件的效果，如图 18–118 所示。

图 18-118 预览 jQuery UI Radio Buttons 组件的效果

18.6 使用 Accordion 组件

通过 jQuery UI Accordion 组件可以将大量内容放置在一个紧凑的空间中，从而达到为网页节省空间的作用。浏览者只需要单击该组件的选项卡，就可以显示或隐藏该面板中的内容，非常方便。当浏览者单击不同的选项卡时，Accordion 组件的面板会相应展开或收缩。

18.6.1 设置 Accordion 组件属性

选中在网页中插入的 Accordion 组件，在"属性"面板中可以对其相关属性进行设置，如图 18–119 所示。

图 18-119 Accordion 组件的"属性"面板

🔘 **ID**：在该选项文本框中可以为 Accordion 组件设置 ID 名称。默认情况下，插入到网页中的 Accordion 组件会以 Accordion1、Accordion2 的命名规则进行命名。

🔘 **面板**：在该选项的列表框中列出了所选中的 Accordion 组件中的各面板，单击其右侧的"添加面板"按钮➕，即可添加面板；选中某个面板，单击列表右侧的"删除面板"按钮➖，即可将选中的面板删除；另外，还可以调整面板的前后顺序。

🔘 **Active**：该选项用于设置默认情况下，Accordion 组件需要显示的面板，以数字 0、1、2…进行设置，0 代表第 1 个面板，如果设置该选项为 1，则表示默认显示第 2 个面板。

🔘 **Event**：该选项用于设置展开 Accordion 组件面板的触发器，在该选项的下拉列表中包括 click 和 mouseover 两个选项。设置该选项为 click，表示单击面板时显示该面板内容；设置该选项为 mouseover，表示鼠标移至该面板上时显示该面板内容。

🔘 **Height Style**：该选项用于设置 Accordion 组件中面板内容的高度。在该选项的下拉列表中包括 auto、fill 和 content 选项。设置该选项为 auto，表示面板中内容高度的最大值为面板内容的高度；设置该选项为 fill，表示面板内容高度为默认高度，如果内容高度超出默认高度将显示滚动条；设置该选项为 content，表示面板内容会根据该面板中内容的高度进行自动调整。

🔘 **Disabled**：选中该复选框，则禁用 Accordion 组件的展开和折叠效果。

🔘 **Collapsible**：选中该复选框，表示允许折叠活动部分。

🔘 **Animate**：该选项用于设置 Accordion 组件面板展示折叠动画的缓动效果。在该选项的下拉列表中可以选择预览的缓动效果，在下拉列表后的文本框中可以设置动画效果的持续时间，以毫秒为单位。

🔘 **Header**：该选项用于设置面板标题的图标，可以在该选项的下拉列表中选择预设的面板标题图标。

🔘 **Active Header**：该选项用于设置活动面板标题的图标，可以在该选项的下拉列表中选择预设的活动面板标题图标。

18.6.2 制作折叠式公告

本实例制作的是游戏网站上的公告栏，通过使用 jQuery UI Accordion 组件进行制作，使得该栏目在网页中既节省了空间，又具有很强的交互性。

 动手实践——制作折叠式公告

目 最终文件：光盘 \ 最终文件 \ 第 18 章 \18-6-2.html

视频：光盘 \ 视频 \ 第 18 章 \18-6-2.swf

01 执行"文件 > 新建"命令，新建一个 HTML 页面，如图 18-120 所示。将该页面保存为"光盘 \ 源文件 \ 第 18 章 \18-6-2.html"。使用相同的方法，新建外部 CSS 样式表文件，将其保存为"光盘 \ 源文件 \ 第 18 章 \style\18-6-2.css"。返回"18-6-2.html"页面中，链接刚创建的外部 CSS 样式表文件，设置如图 18-121 所示。

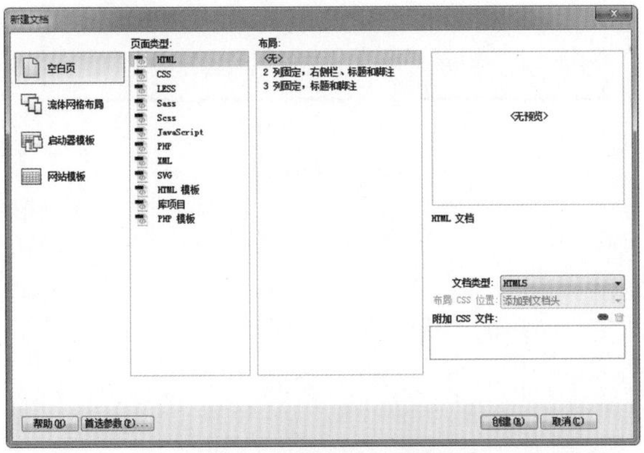

图 18-120 "新建文档"对话框

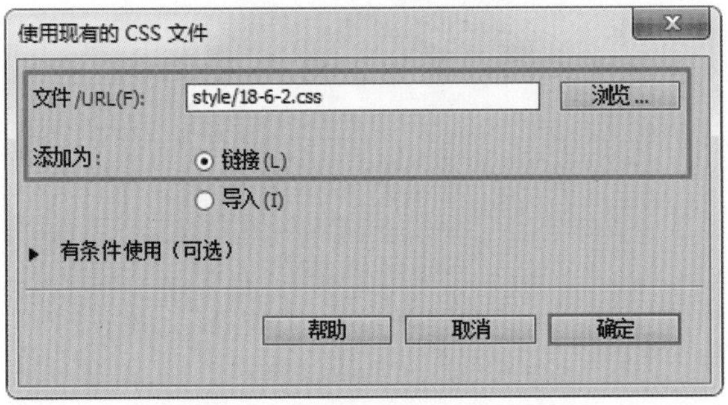

图 18-121 "使用现有的 CSS 文件"对话框

02 切换到外部 CSS 样式表文件中，创建名为 * 的通配符 CSS 样式和名为 body 的标签 CSS 样式，如图 18-122 所示。返回设计视图中，可以看到页面的背景效果，如图 18-123 所示。

```
* {
    margin: 0px;
    padding: 0px;
}
body {
    font-family: 微软雅黑;
    font-size: 12px;
    color: #4D4D4D;
    background-color: #1C1817;
}
```

图 18-122 CSS 样式代码

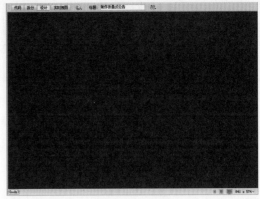

图 18-123 页面效果

03 将光标放置在页面中，插入名为 box 的 Div，切换到外部 CSS 样式表文件中，创建名为 #box 的 CSS 样式，如图 18-124 所示。返回设计视图中，可以看到页面的效果，如图 18-125 所示。

```
#box {
    width: 565px;
    height: 100%;
    overflow: hidden;
    margin: 20px auto;
    background-image: url(../images/135501.jpg);
    background-repeat: no-repeat;
    padding-top: 34px;
    padding-bottom: 10px;
}
```

图 18-124 CSS 样式代码

图 18-125 页面效果

04 将光标移至名为 box 的 Div 中，将多余文字删除，单击"插入"面板上的 jQuery UI 选项卡中的 Accordion 按钮，插入 Accordion 组件，如图 18-126 所示。选中刚插入的 Accordion 组件，在"属性"面板中为其添加面板，如图 18-127 所示。

图 18-126 插入 Accordion 组件

图 18-127 "属性"面板

05 可以看到 Accordion 组件的效果，如图 18-128 所示。执行"文件 > 保存"命令，保存页面，弹出"复制相关文件"对话框，单击"确定"按钮，复制相关文件至站点中，如图 18-129 所示。

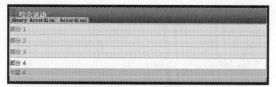

图 18-128 Accordion 组件效果

图 18-129 "复制相关文件"对话框

> **提示**
>
> 　　与插入的 jQuery UI 组件相关联的 CSS 样式表和 JavaScript 脚本文件会根据 jQuery UI 组件的名称命名。当在页面中插入 jQuery UI 组件时，Dreamweaver CC 会自动在站点的根目录下创建一个名称为 jQueryAssets 的目录，并将相应的 CSS 样式表文件和 JavaScript 脚本文件保存在该文件夹中。

06 切换到所链接的外部 CSS 样式表文件 "18-6-2.CSS" 文件中，创建名为 #Accordion1 h3 的 CSS 样式，如图 18-130 所示。返回设计视图中，可以看到 Accordion 组件的效果，如图 18-131 所示。

```
#Accordion1 h3 {
    border: 0px;
    height: 28px;
    font-weight: bold;
    background-image: url(../images/135502.gif);
    background-repeat: no-repeat;
    background-color: #CECEC4;
    line-height: 28px;
    margin: 10px 3px 10px 3px;
    padding-left: 10px;
    cursor: pointer;
}
```

图 18-130 CSS 样式代码

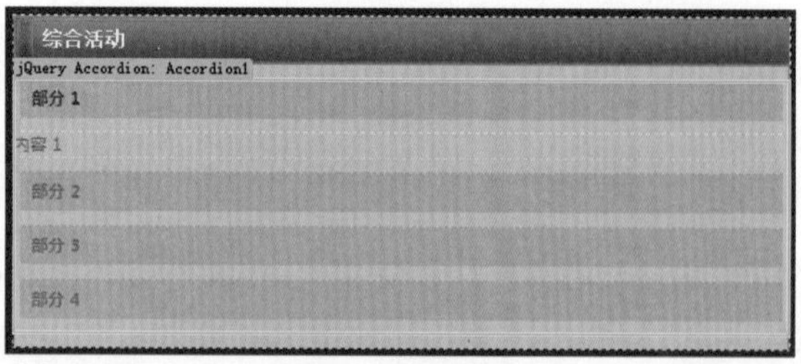

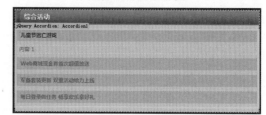

图 18-131 页面效果

07 切换到所链接的外部 CSS 样式表文件 "18-6-2.CSS" 文件中，创建名为 #Accordion1 div 和名为 #Accordion1 div p 的 CSS 样式，如图 18-132 所示。返回设计视图中，修改各标签的文字内容，如图 18-133 所示。

```
#Accordion1 div {
    margin: 0px;
    padding: 0px;
    background-color: #CECEC4;
    border-bottom: 0px;
}
#Accordion1 div p {
    height: 100%;
    overflow: hidden;
    padding-left: 10px;
    padding-right: 10px;
    background-color: #CECEC4;
}
```

图 18-132 CSS 样式代码

图 18-133 页面效果

08 将光标移至第 1 个面板的内容中，将"内容 1"文字删除，插入图像"光盘 \ 源文件 \ 第 18 章 \images\ 135503.jpg"，并输入文字，如图 18-134 所示。切换到所链接的外部 CSS 样式表文件 "18-6-2.CSS" 文件中，创建名为 #Accordion1 div img 的 CSS 样式，如图 18-135 所示。

图 18-134 页面效果

```
#Accordion1 div img {
    float: left;
    margin-left: 10px;
    margin-right: 10px;
}
```

图 18-135 CSS 样式代码

09 返回设计视图中，可以看到页面的效果，如图 18-136 所示。选中网页中的 Accordion 组件，在"属性"面板上的"面板"选项列表中选择第 2 个面板选项，如图 18-137 所示。

图 18-136 页面效果

图 18-137 选择第 2 个面板选项

　　10　在 Dreamweaver CC 的设计视图中将展开 Accordion 组件的第 2 个面板，根据第 1 个面板中内容的制作方法，可以完成第 2 个面板中内容的制作，如图 18-138 所示。使用相同的方法，可以完成其他面板中内容的制作，如图 18-139 所示。

图 18-138 页面效果

图 18-139 页面效果

　　11　完成该折叠式公告的制作，执行"文件 > 保存"命令，保存页面，在浏览器中预览页面，可以看到使用 jQuery UI Accordion 组件所制作的折叠式公告的效果，如图 18-140 所示。

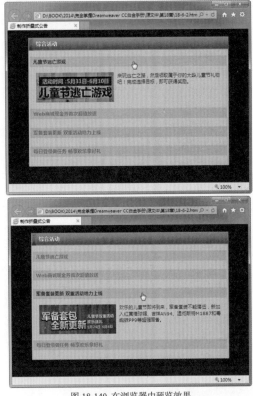

图 18-140 在浏览器中预览效果

18.7　使用 Tabs 组件

　　jQuery UI Tabs 组件可以在网页中插入一组面板，用来将较多内容放置在紧凑的空间中，当浏览者单击不同的选项卡时，即可打开相应的面板显示。浏览者可以通过单击面板选项卡来隐藏或显示在选项卡式面板中的内容。

18.7.1　设置 Tabs 组件属性

　　选中页面中插入的 jQuery UI Tabs 组件，在"属性"面板中可以对 Tabs 组件的相关属性进行设置，如图 18-141 所示。

图 18-141 Tabs 组件的"属性"面板

　　在 Tabs 组件"属性"面板中的选项与 Accordion 组件"属性"面板中的选项基本相同，设置方法与功能也是相同的。Tabs 组件"属性"面板中的 Orientation 属性用于设置选项卡式面板的方向，在该选项的下拉列表中有两个选项，分别是 horizontal 和 vertical。如果设置 Orientation 属性为 horizontal，则选项卡式面板将显示为水平方向；如果设置 Orientation 属性为 vertical，则选项卡式面板将显示为垂直方向。

18.7.2　制作选项卡式新闻列表

　　本实例主要通过 jQuery UI Tabs 组件的使用在网页中制作出选项卡式新闻列表的效果。在制作的过程中，需要掌握 jQuery UI Tabs 组件的使用技巧以及如何通过 CSS 样式对其外观进行设置，从而达到满意的效果。

动手实践——制作选项卡式新闻列表

最终文件: 光盘\最终文件\第 18 章 \18-7-2.html

视频: 光盘\视频\第 18 章 \18-7-2.swf

01 执行"文件 > 新建"命令, 新建一个 HTML 页面, 如图 18-142 所示。将该页面保存为"光盘\源文件\第 18 章 \18-7-2.html"。使用相同的方法, 新建外部 CSS 样式表文件, 将其保存为"光盘\源文件\第 18 章 \style\18-7-2.css"。返回"18-6-2.html"页面中, 链接刚创建的外部 CSS 样式表文件, 设置如图 18-143 所示。

图 18-142 "新建文档"对话框

图 18-143 "使用现有的 CSS 文件"对话框

02 切换到外部 CSS 样式表文件中, 创建名为 * 的通配符 CSS 样式和名为 body 的标签 CSS 样式, 如图 18-144 所示。返回设计视图中, 可以看到页面的背景效果, 如图 18-145 所示。

```
* {
    margin: 0px;
    padding: 0px;
}
body {
    font-family: 宋体;
    font-size: 12px;
    color: #FFF;
    background-color: #3D9ADF;
}
```

图 18-144 CSS 样式代码

图 18-145 页面效果

03 将光标放置在页面中, 插入名为 box 的 Div, 切换到"18-7-2.css"文件中, 创建名为 #box 的 CSS 样式, 如图 18-146 所示。返回设计视图中, 可以看到页面的效果, 如图 18-147 所示。

```
#box {
    width: 604px;
    height: 197px;
    margin: 20px auto;
    background-image: url(../images/134501.jpg);
    background-repeat: no-repeat;
    background-position: right center;
}
```

图 18-146 CSS 样式代码

图 18-147 页面效果

04 将光标移至名为 box 的 Div 中, 将多余文字删除, 单击"插入"面板上的 jQuery UI 选项卡中的 Tabs 按钮, 插入 Tabs 组件, 如图 18-148 所示。执行"文件 > 保存"命令, 保存页面, 弹出"复制相关文件"对话框, 单击"确定"按钮, 复制相关文件至站点中, 如图 18-149 所示。

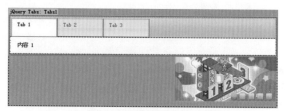

图 18-148 插入 Tabs 组件

图 18-149 "复制相关文件"对话框

05 切换到"18-7-2.css"文件中, 创建名为 #Tabs1 的 CSS 样式, 如图 18-150 所示。返回设计视图中, 可以看到页面的效果, 如图 18-151 所示。

```
#Tabs1 {
    border: 0px;
    width: 357px;
    padding: 0px;
}
```

图 18-150 CSS 样式代码

图 18-151 页面效果

06 切换到 "18-7-2.css" 文件中，创建名为 #Tabs1 ul 和名为 #Tabs1 ul li 的 CSS 样式，如图 18-152 所示。返回设计视图中，可以看到页面的效果，如图 18-153 所示。

```
#Tabs1 ul {
    border: 0px;
    border-radius: 0px;
    background-image: none;
    background-color: #3D9ADF;
}
#Tabs1 ul li {
    font-weight: bold;
    line-height: 30px;
    background-color: #06C;
    background-image: none;
}
```

图 18-152 CSS 样式代码

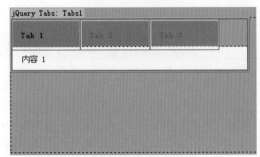

图 18-153 页面效果

07 切换到 "18-7-2.css" 文件中，创建名为 #Tabs1 ul li:hover 和名为 #Tabs1 ul li a 的 CSS 样式，如图 18-154 所示。返回设计视图中，修改各面板标签中的文字内容，如图 18-155 所示。

```
#Tabs1 ul li:hover {
    background-color: #F60;
}
#Tabs1 ul li a {
    color: #FFF;
}
```

图 18-154 CSS 样式代码

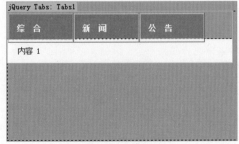

图 18-155 页面效果

08 切换到 "18-7-2.css" 文件中，创建名为 #tabs-1,#tabs-2,#tabs-3 的 CSS 样式，如图 18-156 所示。返回设计视图中，可以看到页面的效果，如图 18-157 所示。

```
#tabs-1,#tabs-2,#tabs-3 {
    clear: both;
    height: 100%;
    overflow: hidden;
    color: #FFF;
    background-color: #2D85C5;
    border: solid 1px #0099FF;
}
```

图 18-156 CSS 样式代码

图 18-157 页面效果

09 将光标移至第 1 个面板的内容中，将 "内容 1" 文字删除，输入相应的文字内容，如图 18-158 所示。转换到代码视图中，为文字添加定义列表标签和 <span> 标签，如图 18-159 所示。

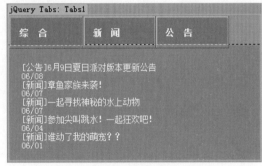

图 18-158 输入文字

```
<div id="tabs-1">
    <dl>
        <dt>[公告]<span></span>6月9日夏日派对版本更新公告</dt><dd>06/08</dd>
        <dt>[新闻]<span></span>章鱼家族来袭！</dt><dd>06/07</dd>
        <dt>[新闻]<span></span>一起寻找神秘的水上动物</dt><dd>06/07</dd>
        <dt>[新闻]<span></span>参加尖叫跳水！一起狂欢吧！</dt><dd>06/04</dd>
        <dt>[新闻]<span></span>谁动了我的萌宠？？</dt><dd>06/01</dd>
    </dl>
</div>
```

图 18-159 添加标签代码

10 切换到 "18-7-2.css" 文件中，创建名为 #box dt、#box dd 和 #box span 的 CSS 样式，如图 18-160 所示。返回设计视图中，可以看到页面的效果，如图 18-161 所示。

```
#box dt {
    float: left;
    width: 280px;
    height: 28px;
    line-height: 28px;
    border-bottom: 1px dashed #4297CD;
}
#box dd {
    float: left;
    width: 30px;
    height: 28px;
    line-height: 28px;
    border-bottom: 1px dashed #4297CD;
}
#box span {
    margin-right: 15px;
}
```

图 18-160 CSS 样式代码

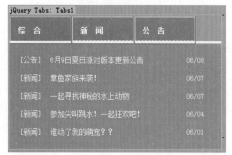

图 18-161 页面效果

11 使用相同的方法，可以完成其他面板中内容

的制作，执行"文件 > 保存"命令，保存页面，在浏览器中测试 Tabs 组件所实现的新闻选项卡的效果，如图 18-162 所示。

图 18-162 在浏览器中预览效果

18.8 本章小结

本章主要向用户介绍了 jQuery Mobile 和 jQuery UI 的相关基础知识，并且认识了 Dreamweaver CC 中所提供的用于创建 jQuery Mobile 和 jQuery UI 的相关元素，通过实例的制作使用户能够更加轻松地掌握 jQuery Mobile 页面的制作和 jQuery UI 元素在网页中的应用。jQuery Mobile 和 jQuery UI 相关知识和内容比较多，本章仅仅是带领用户对 jQuery Mobile 和 jQuery UI 有所认识和了解，希望对用户更深入地学习 jQuery Mobile 和 jQuery UI 有所帮助。

第 19 章 网站的测试、上传与维护

在完成网站的设计制作工作后，还有一项很重要的工作，就是网站的测试。网站的测试工作是网站上传之前不可或缺的一步。网站测试的内容很多，例如不同的浏览器能否正常浏览网站页面、网站页面在不同分辨率下显示的效果是否正常、网站中是否存在空链接或断开链接等，都需要进行测试。完成网站的测试后，再将网站上传到 Internet 服务器上，这样就能够在互联网中浏览到该网站了。

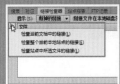    

19.1 网站测试

网站的测试是网站设计制作完成后的重要步骤，也是必不可少的步骤。对于大型站点来说，进行系统程序测试并检查其功能是否能正常实现是必要的工作；还需要对网站页面的显示效果进行测试，检查是否有文字或图片丢失、链接是否成功等。

19.1.1 检查链接

检查链接是站点测试的一个重要的项目，可以使用 Dreamweaver 检查一个页面或者部分站点，甚至整个站点是否存在断开的链接。

动手实践——检查链接

☰ 最终文件：无

🎬 视频：光盘 \ 视频 \ 第 19 章 \19-1-1.swf

[01] 执行"文件 > 打开"命令，打开"光盘 \ 源文件 \ 第 17 章 \17-5.html"，以该页面为例讲解检查链接，执行"窗口 > 结果 > 链接检查器"命令，打开"链接检查器"面板，如图 19-1 所示。

图 19-1 "链接检查器"面板

[02] 单击"链接检查器"面板左上方的绿色三角按钮，在弹出的下拉菜单中可以选择检测不同的链接情况，如图 19-2 所示。如果选择"检查当前文档中的链接"命令，检查完成后，即可在"链接检查器"面板中显示出检查的结果，如图 19-3 所示。

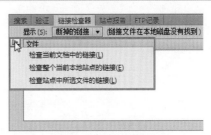

图 19-2 显示不同的链接情况

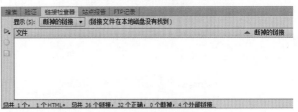

图 19-3 显示检查结果

> **提示**
>
> 在"链接检查器"面板上的"显示"下拉列表中除了默认的"断掉的链接"选项外，还有"外部链接"和"孤立文件"两个选项。如果选择"外部链接"选项，则可以检查文档中的外部链接是否有效。如果选择"孤立文件"选项，则可以检查站点中是否存在孤立文件。所谓孤立文件，就是没有任何链接引用的文件，该选项只在检查整个站点链接的操作中才有效。

[03] 通过对该页面的链接检查，可以发现，当前检查的页面中并不存在断掉的链接，如果检查到该页面中存在断掉的链接，将会显示在当前面板中，用户可以直接对其进行修改。

19.1.2 W3C 验证

W3C 验证是从 Dreamweaver CS 5.5 才加入的功能，这也是为了迎合 Web 标准对网页的需求，在 Dreamweaver 中通过 W3C 验证功能的使用，可以验证当前的页面或者站点是否符合 W3C 规范的要求。

动手实践——W3C 验证

目 最终文件：无

视频：光盘 \ 视频 \ 第 19 章 \19-1-2.swf

01 执行"文件 > 打开"命令，打开需要进行验证的页面，执行"窗口 > 结果 > 验证"命令，打开"验证"面板，如图 19-4 所示。

图 19-4 "验证"面板

02 单击"W3C 验证"面板左上方的绿色三角按钮，弹出下拉菜单，如图 19-5 所示。

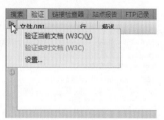

图 19-5 弹出下拉菜单

03 在弹出的下拉菜单中选择"验证当前文档（W3C）"命令，弹出"W3C 验证器通知"对话框，如图 19-6 所示。单击"确定"按钮，即可向提交页面进行 W3C 验证，验证完成后，显示验证结果，如图 19-7 所示。

图 19-6 "W3C 验证通知"对话框

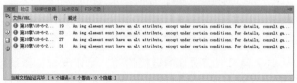

图 19-7 显示验证结果

04 通过观察验证结果，发现这两个错误都是网页中插入的图片没有设置替换文本，双击第 1 条错误信息，

Dreamweaver CC 会自动转换到代码视图并转换到错误的位置，如图 19-8 所示。为图片添加相应的替换文本，如图 19-9 所示。

```
<div>
    <p><img src="images/135503.jpg"
width="220" height="80"/>来玩逃亡之路，
然后领取属于你的大龄儿童节礼物吧！完成
选择目标，即可获得奖励。</p>
</div>
```

图 19-8 转换到错误位置

```
<div>
    <p><img src="images/135503.jpg"
width="220" height="80" alt="儿童节逃亡
游戏"/>来玩逃亡之路，然后领取属于你的大
龄儿童节礼物吧！完成选择目标，即可获得奖励。
</p>
</div>
```

图 19-9 添加替换文本

05 使用相同的方法，可以对验证的其他错误进行修改，修改完成后，可以对页面进行 W3C 验证，此时显示页面中已经没有任何问题，完全符合 W3C 规范，如图 19-10 所示。

图 19-10 显示验证结果

06 单击"W3C 验证"面板左上方的绿色三角按钮，在弹出的下拉菜单中选择"设置"命令，如图 19-11 所示。弹出"首选项"对话框并选中"W3C 验证"选项，如图 19-12 所示，用来设置要验证的文件类型。

图 19-11 选择"设置"选项

图 19-12 "首选项"对话框

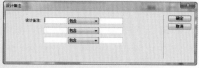

19.1.3　创建站点报告

在 Dreamweaver CC 中，对网页文件执行"站点 >
报告"命令，可以自动检测网站内部的网页文件，在弹
出的"报告"对话框中可显示关于文件信息、HTML 代
码信息的报告，从而便于网站设计者对网页文件进行
修改。

执行"文件 > 打开"命令，打开站点中的任意一
个页面，执行"站点 > 报告"命令，弹出"报告"对话框，
如图 19–13 所示。

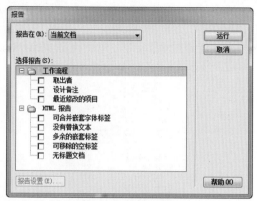

图 19-13 "报告"对话框

⬛ 报告在：在该选项的下拉列表中可以选择生成站
点报告的范围，其中包括 4 个选项，分别是"当前
文档"、"整个当前本地站点"、"站点中的已选文件"
和"文件夹"，如图 19–14 所示。

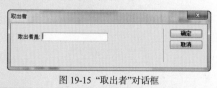

图 19-14 "报告在"下拉列表

⬛ 取出者：选中该复选框后，单击"报告设置"按
钮，即可弹出"取出者"对话框，如图 19–15 所示。
在该对话框中可以设置取出者的名称，可以显示网
站页面被小组成员取出的情况。

图 19-15 "取出者"对话框

⬛ 设计备注：选中该复选框后，单击"报告设
置"按钮，即可弹出的"设计备注"对话框，如

图 19–16 所示。在该对话框中将会列出选定文档或
站点的所有设计备注。

图 19-16 "设计备注"对话框

⬛ 最近修改的时间：选中该复选框后，单击"报告
设置"按钮，即可弹出"最近修改的项目"对话框，
如图 19–17 所示。在该对话框中将列出指定时间段
内进行过修改的文件。

图 19-17 "最近修改的项目"对话框

⬛ 可合并嵌套字体标签：选中该复选框后，将列出
所有可以合并的嵌套字体标签，以便清理代码。

⬛ 没有替换文本：选中该复选框后，将列出所有没
有替换文本的 <img> 标签。

⬛ 多余的嵌套标签：选中该复选框后，将详细列出
应该清理的嵌套标签。

⬛ 可移除的空标签：选中该复选框后，将详细列出
所有可以移除的空标签以便清理 HTML 代码。

⬛ 无标题文档：选中该复选框后，将列出在选定参
数中达到的所有元标题的网页文档。

设置完成后，单击"运行"按钮，即可打开"站
点报告"面板，生成站点报告，如图 19–18 所示。

图 19-18 "站点报告"面板

19.2　上传网站

将制作好的网站进行上传是网站制作的最后一个步骤，制作好的网站只有上传到 Internet 服务器上之
后，才能在互联网上进行浏览。在 Dreamweaver CC 中，可以对制作好的网站进行上传和下载操作，但
在进行这些操作之前，需要对该站点进行测试，确定没有问题之后才可继续操作。

19.2.1 域名、空间的申请

如今，在互联网高速发展的形势下，域名已经成为网站品牌形象识别的重要组成部分。域名是网站在全球唯一的数字化名称，在网上，输入域名即可访问网站。

笔者就域名注册和服务器空间的问题咨询了一些业内人士，据说有许多的 ISP 提供域名和租用虚拟服务器的服务。

打开 IE 浏览器，在地址栏中输入"http://www.cnwg.cn"，进入该网站后，可以看到在页面左上角的位置正在大力推广的几种套餐，如图 19-19 所示。

图 19-19 网站推广套餐

单击"查看详情"链接，即可进入详细信息页面查看该套餐的服务功能性，如图 19-20 所示。

图 19-20 套餐服务的详细信息

选择好域名和服务器后，单击"购买"按钮，再按照网站的提示进行操作即可。

> **提示**
> 服务器就相当于网站的家，对用户浏览网页的速度有直接的影响。如果没有一个高速、稳定的服务器，网站再好也是没有发挥的空间。

19.2.2 上传或下载网页文件

使用 Dreamweaver CC 可以上传和下载网页文件。在上传网站时，首先必须在 Dreamweaver CC 的站点中为本站点设置远程服务器信息，然后才可以进行上传。

动手实践——上传或下载网页文件

最终文件: 无
视频: 光盘 \ 视频 \ 第 19 章 \19-2-2.swf

01 单击"文件"面板上的"展开以显示本地或远端站点"按钮，如图 19-21 所示。打开 Dreamweaver CC 的站点管理窗口，如图 19-22 所示。执行"站点 > 管理站点"命令，弹出"管理站点"对话框，如图 19-23 所示。

图 19-21 单击"展开以显示本地或远端站点"按钮

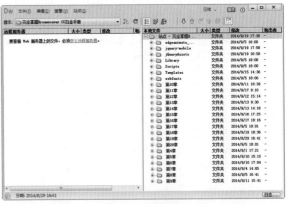

图 19-22 "文件"面板

图 19-23 "管理站点"对话框

02 选中需要定义远程服务器的站点，单击"编辑"按钮 ，弹出"站点设置对象"对话框，选择"服务器"选项，如图 19-24 所示。单击"添加新服务器"按钮，弹出服务器设置窗口，如图 19-25 所示。

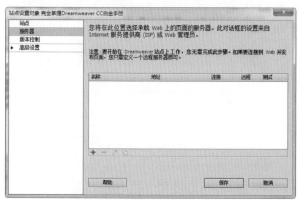

图 19-24 "站点设置对象"对话框

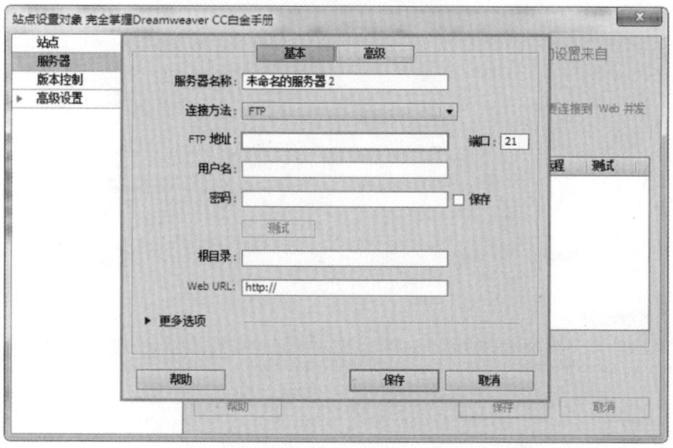

图 19-25 服务器设置窗口

03 在服务器设置窗口中输入远程 FTP 地址、用户名和密码，如图 19-26 所示。单击"测试"按钮，测试远程服务器是否连接成功，如果连接成功会弹出提示框，显示远程服务器连接成功，如图 19-27 所示。

图 19-26 设置远程服务器信息

图 19-27 测试远程服务器连接

04 单击"确定"按钮，再单击"保存"按钮，保存远程服务器设置信息，如图 19-28 所示。单击"保存"按钮，完成"站点设置对象"对话框的设置，单击"完成"按钮，返回到"文件"面板，如图 19-29 所示。

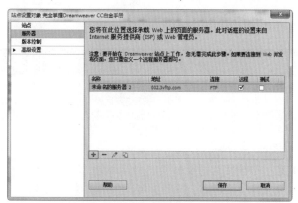

图 19-28 "站点设置对象"对话框

图 19-29 "文件"面板

05 单击工具栏上的"连接到远程服务器"按钮，弹出"后台文件活动"对话框，连接到远程服务器，如图 19-30 所示。成功连接到远程服务器之后，在"文件"面板的左侧窗口中将显示远程服务器目录，如图 19-31 所示。

图 19-30 "后台文件活动"对话框

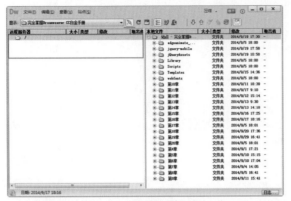

图 19-31 连接到远程服务器

技巧

如果在设置站点的远程服务器信息时，没有选中"保存"复选框，保存 FTP 密码，则当用户连接到远程服务器时，则会弹出对话框提示用户输入 FTP 密码，并且可以选中"保存密码"复选框，以便下次连接时不用再次输入密码。

06 在"文件"面板右侧的本地站点文件窗口中选中要上传的文件或文件夹，然后单击"向远程服务器上传文件"按钮，即可上传选中的文件或文件夹。

07 如果选中的文件经过编辑尚未保存，将会出现提示框，提示用户是否保存文件，如图 19-32 所示。选择"是"或"否"后关闭对话框。

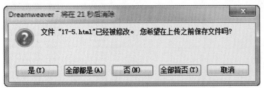

图 19-32 提示框

08 如果选中的文件中引用了其他位置的内容，会弹出"相关文件"对话框，提示用户选择是否要将这些引用内容也上传，如图 19-33 所示。单击"是"按钮，则同时上传引用的文件。如果选中"不要再显示该信息"复选框，则以后所有的文件均采用此次的设置。

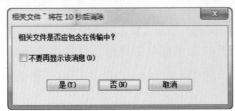

图 19-33 "相关文件"对话框

09 单击"是"按钮，即可弹出"后台文件活动"对话框，Dreamweaver CC 会自动将选中的文件或文件夹上传到远程服务器，如图 19-34 所示。根据连接的速度不同，可能需要经过一段时间才能完成上传，然后在远程站点中会出现刚刚上传的文件，如图 19-35 所示。

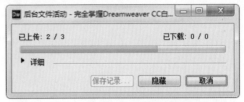

图 19-34 "后台文件活动"对话框

图 19-35 "文件"面板

提示

在将文件从本地计算机上传到服务器上时，Dreamweaver CC 会使本地站点和远端站点保持相同的结构，如果需要的目录在 Internet 服务器上不存在，则在传输文件之前，Dreamweaver CC 会自动创建它。

10 选中需要下载的文件或文件夹，单击"从远程服务器获取文件"按钮 ，即可将远程服务器上的文件下载到本地计算机中。

提示

无论是上传文件还是下载文件时，Dreamweaver CC 都会自动记录各种 FTP 操作，遇到问题时可以随时打开"FTP 记录"窗口查看 FTP 记录。执行"窗口 > 结果 >FTP 记录"命令，打开"FTP 记录"面板，查看 FTP 记录，如图 19-36 所示。

图 19-36 在"FTP 记录"面板中显示 FTP 的操作

19.2.3 使用其他上传工具

除了可以使用 Dreamweaver CC 上传和下载网站

以外，还可以使用其他一些上传工具上传网站，如常用的 CutFTP、FlashFXP 等。下面以 FlashFXP 为例，讲解利用该软件如何上传和下载网站。

动手实践——使用其他上传工具

最终文件：无

视频：光盘＼视频＼第 19 章＼19-2-3.swf

01 双击 FlashFXP 图标，运行该软件，显示 FlashFXP 软件界面，如图 19-37 所示。单击"连接"按钮，在弹出的下拉菜单中选择"快速连接"命令，弹出"快速连接"对话框，如图 19-38 所示。

图 19-37 FlashFXP 软件窗口

图 19-38 "快速连接"对话框

02 在"快速连接"对话框中的"服务器"文本框中输入远程服务器地址，在"用户名"和"密码"文本框中分别输入远程服务器的用户名和密码，如图 19-39 所示。单击"连接"按钮，连接远程服务器，在软件右下角的状态窗口中将显示连接远程服务器的状态，如图 19-40 所示。

图 19-39 设置远程服务器信息

图 19-40 显示连接状态信息

> **提示**
>
> 在"快速连接"对话框中，通常只需要填写"服务器"、"用户名"和"密码"3 项即可，如果以前连接过该远程服务器，则可以在"历史"下拉列表中选择。

03 在软件窗口右上角的远程服务器窗口中可以看到远程服务器上的文件以及文件夹，在远程站点窗口中单击鼠标右键，在弹出的快捷菜单中选择"建立文件夹"命令，新建一个名为 Web 的文件夹，如图 19-41 所示。在软件界面左上角的本地窗口中浏览到本地站点文件夹的位置，如图 19-42 所示。

图 19-41 在远程服务器创建文件夹

图 19-42 浏览到本地站点文件夹

04 在右上角的远程服务器窗口中双击 Web 文件夹，进入该文件夹，在左上角的窗口中选择需要上传的文件，将选中的文件拖入右上角的远程服务器窗口中，即可开始上传选中的文件，在左下角的传送队列窗口中显示正在上传的文件队列，如图 19-43 所示。

图 19-43 显示上传队列列表

05 完成选中文件的上传之后，在右上角的远程服务器窗口中可以看到已经上传的文件，如图 19-44 所示。

图 19-44 完成网站文件的上传

06 完成网站文件上传后，打开浏览器，在地址栏中输入网站的访问地址，即可在互联网中浏览到网站页面，如图 19-45 所示。

图 19-45 在浏览器中预览上传的网站

技巧

在远程服务器窗口中还可以对远程服务器上的网站文件进行操作，选中需要进行操作的文件或文件夹，单击鼠标右键，在弹出的快捷菜单中选择相应的命令，对文件或文件夹进行"传送"、"删除"、"重命名"、"复制"、"移动"等操作。

07 网站文件的下载操作与上传操作相似。在远程服务器窗口中选中需要下载的文件或文件夹，将其拖到本地文件窗口中，即可将远程站点上的文件下载到本地。

19.3 站点维护

当将网站上传到互联网上后，就需要定时对其进行相应的维护。随着站点规模的不断扩大，对于站点的维护也将变得更加困难，这时便需要多个人分别对站点的分模块进行维护，这也就涉及合作与协调的问题。针对这种情况，必须设置流水化的操作过程，以确保同一时刻只能由一个维护人员对网页进行操作。因此，便可以利用 Dreamweaver CC 中的存回和取出功能进行规范。

19.3.1 激活取出和存回功能

如果要对文件进行存回和取出操作，前提是当前站点定义了远程服务器，并且激活了取出和存回功能。

动手实践——激活取出和存回功能

最终文件：无

视频：光盘 \ 视频 \ 第 19 章 \19-3-1.swf

01 执行"站点 > 管理站点"命令，弹出"管理站点"对话框，选择需要编辑的站点，如图 19-46 所示。单击"编辑"按钮，弹出"站点设置对象"对话框，选择"服务器"选项，如图 19-47 所示。

图 19-46 "管理站点"对话框

图 19-47 切换到"服务器"选项

02 选中所设置的远程服务器，单击"编辑"按钮，弹出远程服务器设置面板，如图 19-48 所示。切换到"高级"选项卡中，选中"启用文件取出功能"复选框，并对相关选项进行设置，如图 19-49 所示。

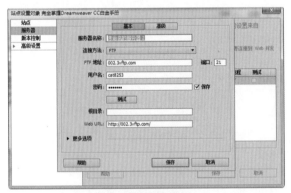

图 19-48 远程服务器窗口

图 19-49 设置"高级"选项卡

03 单击"保存"按钮，保存远程服务器信息的设置，单击"保存"按钮，保存"站点设置对象"对话框的设置，单击"完成"按钮，关闭"管理站点"对话框，即可完成取出和存回功能的激活。

19.3.2　取出

取出就是将当前文件的权限归属自己所有，使其只供应给自己编辑。这样被取出的文件对其他人来说是只读的。

在站点窗口中选中要取出的文件，执行"站点 > 取出"命令，或直接单击站点窗口工具栏上的"取出"按钮，或者单击鼠标右键，选择"取出"命令，即可将其取出，以供自己独立编辑。如果选中的文件中引用了其他位置的内容，会出现"相关文件"对话框，提示用户选择是否要将这些相关的引用内容也取出，如图 19-50 所示。如图 19-51 所示为文件取出后的状态。

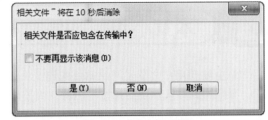

图 19-50 "相关文件"对话框

图 19-51 被取出的文件

19.3.3　存回

存回同取出操作正好相反，它表明放弃对文件权限的控制。在对文件存回之后，其他维护人员就可以编辑它了。当然，在编辑之前，应该将其取出。

在存回文件时，实际上是放弃了对文件的编辑权力。换句话说，如果存回一份文件，则不能再编辑它，直至它被其他人存回为止，被存回的文件对于自己来将是只读的。

在站点窗口中选中要存回的文件，执行"站点 > 存回"命令，或直接单击站点窗口工具栏上的"存回"按钮，即可将其存回，也将文件留给其他维护人员编辑。

在存回或取出时，都会出现对话框，提示用户是否要将文件中引用的其他相关内容也一并存回或取出。

如图 19-52 所示为文件存回后的状态。因为存回者只能是自己，因此后面没有存回者的信息。

图 19-52 被存回的文件

如果一份文件既没有被取出，也没有被存回，则该文件处于不被保护的状态，多个用户可以同时打开它进行编辑，这可能导致不可预料的效果。

19.3.4 取消取出和存回操作

如果用户将一份文件取出，但是突然又不想编辑它，则可以取消取出操作，以便其他人可以编辑，具体的方法如下。

选中自己取出的文件项，执行"站点 > 撤销取出"命令，就可以取消对该文件的取出操作。用户可以看到，文件项前面出现锁形标记，表明文件实际上被存回了。

那么，如何取消存回呢？实际上，只要被存回的文件尚未被其他维护人员修改，就可以将其取出，这自然也就取消了其存回的状态。

19.4 本章小结

本章主要向用户介绍了网站站点的测试、上传、下载以及后期的维护工作。无论用户制作什么类型的站点，都要用到站点管理的操作。因此，需要用户熟练掌握相关的操作技巧和步骤。

第20章 商业网站实战

在前面的章节中，通过实例练习与知识点相结合的方式，讲解了 Dreamweaver CC 中所有的功能，要想能够熟练地掌握使用 Dreamweaver CC 制作网站页面，大量的制作练习是非常必要的。本章将通过 3 个不同类型的商业网站实例的制作练习，巩固使用 Dreamweaver CC 制作网站的方法和技巧。

20.1 制作企业类网站页面

企业类网站页面，不同于其他网站页面，整个页面的设计不仅要体现出企业的鲜明形象，而且还要注重对企业产品的展示与宣传，以方便浏览者了解企业的性质。另外，在页面布局上还要体现出大方、简洁的风格，只有这样才能体现出网站的真正意义，页面最终效果如图 20-1 所示。

图 20-1 页面最终效果

20.1.1 设计分析

本实例的网站页面以暖色调为主，营造了一种温馨、舒适的视觉效果，并且该页面不像其他的企业网站拥有过于复杂的文本和图片，整体的框架结构尤为简约、大方，在很大程度上抓住了浏览者倾向简单、舒适的心理。

20.1.2 实例制作

本实例制作的是企业类网站页面。首先通过 <body> 标签来对整个页面的样式进行控制，再从页面的顶部做起；然后是页面的导航、中间的主体部分；最后完成页面底部的制作，整个页面的制作思路明确、条理清晰，给浏览者一目了然的感觉。

动手实践——制作企业类网站页面

📄 最终文件：光盘\最终文件\第 20 章\20-1.html

🎬 视频：光盘\视频\第 20 章\20-1.swf

01 执行"文件 > 新建"命令，新建一个 HTML 页面，如图 20-2 所示。将其保存为"光盘\源文件\第 20 章\20-1.html"。新建一个外部 CSS 样式表文件，将其保存为"光盘\源文件\第 20 章\style\20-1.css"。返回"20-1.html"页面中，链接刚创建的外部 CSS 样式表文件，设置如图 20-3 所示。

图 20-2 "新建文档"对话框

图 20-3 "使用现有的 CSS 文件"对话框

02 切换到"20-1.css"文件中，创建名为 * 的通配符 CSS 样式，如图 20-4 所示。再创建名为 body 的标签 CSS 样式，如图 20-5 所示。

```
*{
    padding:0px;
    margin:0px;
    border:0px;
}
```

图 20-4 CSS 样式代码

```
body{
    font-family: "宋体";
    font-size:12px;
    color:#666;
    line-height:18px;
    background-color:#fcf8dd;
    background-image:url(../images/19101.jpg);
    background-repeat:repeat-x;
}
```

图 20-5 CSS 样式代码

03 返回"20-1.html"页面中，可以看到页面效果，如图 20-6 所示。

图 20-6 页面效果

04 在页面中插入名为 box 的 Div，切换到外部 CSS 样式表文件中，创建名为 #box 的 CSS 样式，如图 20-7 所示。返回设计视图中，页面效果如图 20-8 所示。

```
#box{
    width:990px;
    height:100%;
    overflow:hidden;
}
```

图 20-7 CSS 样式代码

图 20-8 页面效果

05 将光标移至名为 box 的 Div 中，删除多余文字，在该 Div 中插入名为 top 的 Div，切换到外部 CSS 样式表文件中，创建名为 #top 的 CSS 样式，如图 20-9 所示。返回设计视图中，页面效果如图 20-10 所示。

```
#top{
    width:320px;
    height:60px;
    padding-top:10px;
    padding-left:670px;
    padding-bottom:50px;
}
```

图 20-9 CSS 样式代码

图 20-10 页面效果

06 将光标移至名为 top 的 Div 中，删除多余文字，在该 Div 中插入名为 menu 的 Div，切换到外部 CSS 样式表文件中，创建名为 #menu 的 CSS 样式，如图 20-11 所示。返回设计视图中，页面效果如图 20-12 所示。

```
#menu{
    width:90px;
    height:25px;
    line-height:25px;
    color:#815f18;
    padding-left:230px;
}
```

图 20-11 CSS 样式代码

图 20-12 页面效果

07 将光标移至名为 menu 的 Div 中, 删除多余文字, 并输入相应的文字, 页面效果如图 20-13 所示。切换到代码视图中,添加相应的代码,如图 20-14 所示。

图 20-13 输入文字

```
<div id="menu">首页<span>|</span>加入收藏</div>
</div>
```

图 20-14 添加相应代码

08 切换到外部 CSS 样式表文件中, 创建名为 #menu span 的 CSS 样式, 如图 20-15 所示。返回设计视图中, 页面效果如图 20-16 所示。

```
#menu span{
    margin-left:5px;
    margin-right:5px;
}
```

图 20-15 CSS 样式代码

图 20-16 页面效果

09 在名为 menu 的 Div 之后插入名为 notice 的 Div, 切换到外部 CSS 样式表文件中, 创建名为 #notice 的 CSS 样式, 如图 20-17 所示。返回设计视图中, 页面效果如图 20-18 所示。

```
#notice{
    width:316px;
    height:25px;
    margin-top:3px;
    border: 2px solid #f6d049;
}
```

图 20-17 CSS 样式代码

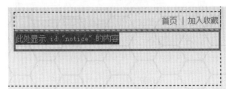

图 20-18 页面效果

10 将光标移至名为 notice 的 Div 中, 删除多余文字, 并输入相应的文字, 如图 20-19 所示。切换到代码视图中,添加相应的代码,如图 20-20 所示。

图 20-19 输入文字

```
<div id="notice"><span>公告:</span>
    <marquee direction="left" width="240" height="15"
scrollamount="1" scrolldelay="10" onmouseover="star()">
    欢迎来到BURT'S BEES, 我们将竭诚为您提供优质的服务!
    </marquee>
</div>
```

图 20-20 添加相应代码

11 切换到外部 CSS 样式表文件中, 创建名为 #notice span 和 #notice marquee 的 CSS 样式, 如图 20-21 所示。返回设计视图中, 页面效果如图 20-22 所示。

```
#notice span {
    display:block;
    width:60px;
    height:25px;
    color:#815f18;
    text-align:right;
    line-height:25px;
    float:left;
}
#notice marquee {
    display: block;
    width: 250px;
    height:25px;
    line-height:25px;
    float: left;
}
```

图 20-21 CSS 样式代码

图 20-22 页面效果

12 在名为 top 的 Div 之后插入名为 main 的 Div, 切换到外部 CSS 样式表文件中, 创建名为 #main 的 CSS 样式, 如图 20-23 所示。返回设计视图中, 页面效果如图 20-24 所示。

```
#main{
    width:990px;
    height:525px;
}
```

图 20-23 CSS 样式代码

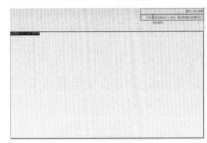

图 20-24 页面效果

13 将光标移至名为 main 的 Div 中, 删除多余文字, 在该 Div 中插入名为 left 的 Div, 切换到外部 CSS 样式表文件中, 创建名为 #left 的 CSS 样式, 如图 20-25 所示。返回设计视图中, 页面效果如图 20-26 所示。

```
#left{
    width:670px;
    height:525px;
    float:left;
}
```

图 20-25 CSS 样式代码

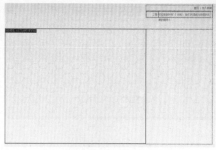

图 20-26 页面效果

14 将光标移至名为 left 的 Div 中，删除多余文字，插入 Flash 动画"光盘 \ 源文件 \ 第 20 章 \images\ main.swf"，如图 20-27 所示。在名为 left 的 Div 之后插入名为 right 的 Div，切换到外部 CSS 样式表文件中，创建名为 #right 的 CSS 样式，如图 20-28 所示。

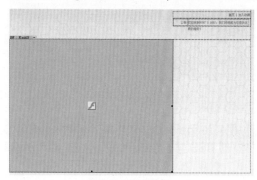

图 20-27 页面效果

```
#right{
    width:270px;
    height:450px;
    background-image:url(../images/19102.jpg);
    background-repeat:no-repeat;
    padding:60px 25px 15px 25px;
    float:left;
}
```

图 20-28 CSS 样式代码

15 返回设计视图中，页面效果如图 20-29 所示。将光标移至名为 right 的 Div 中，删除多余文字，在该 Div 中插入名为 pic1 的 Div，切换到外部 CSS 样式表文件中，创建名为 #pic1 的 CSS 样式，如图 20-30 所示。

图 20-29 页面效果

```
#pic1{
    width:270px;
    height:80px;
    padding-top:25px;
    line-height:25px;
}
```

图 20-30 CSS 样式代码

16 返回设计视图中，页面效果如图 20-31 所示。将光标移至名为 pic1 的 Div 中，删除多余文字，插入相应的图像，并输入文字，页面效果如图 20-32 所示。

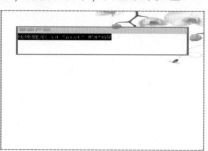

图 20-31 页面效果

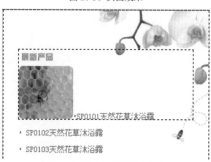

图 20-32 插入图像并输入文字

17 切换到外部 CSS 样式表文件中，创建名为 #pic1 img 的 CSS 样式，如图 20-33 所示。返回设计视图中，页面效果如图 20-34 所示。

```
#pic1 img{
    margin-right:13px;
    float:left;
}
```

图 20-33 CSS 样式代码

图 20-34 页面效果

18 使用相同的方法，可以完成其他部分内容的制作，页面效果如图 20-35 所示。在名为 box 的 Div 之后插入名为 bottom 的 Div，切换到外部 CSS 样式表文件中，创建名为 #bottom 的 CSS 样式，如图 20-36 所示。

图 20-35　页面效果

```
#bottom{
    width:100%;
    height:60px;
    background-image:url(../images/19113.jpg);
    background-repeat:no-repeat;
    background-position:bottom center;
    padding-top:20px;
    text-align:center;
}
```

图 20-36　CSS 样式代码

19 返回设计视图中,页面效果如图 20-37 所示。将光标移至名为 bottom 的 Div 中,删除多余文字,并输入相应的文字,如图 20-38 所示。

图 20-37　页面效果

图 20-38　输入文字

20 在名为 box 的 Div 之前插入名为 apDiv1 的 Div,切换到外部 CSS 样式表文件中,创建名为 #apDiv1 的 CSS 样式,如图 20-39 所示。将光标移至 apDiv1 的 Div 中,删除多余文字,插入 Flash 动画"光盘 \ 源文件 \ 第 20 章 \images\bee.swf",单击选中刚插入的 Flash,在"属性"面板上设置其 Wmode 属性为"透明",如图 20-40 所示。

```
#apDiv1{
    width:88px;
    height:63px;
    position:absolute;
    left:616px;
    top:-4px;
}
```

图 20-39　CSS 样式

图 20-40　插入 Flash 动画

21 使用相同的方法,可以完成页面中其他相似部分内容的制作,如图 20-41 所示。

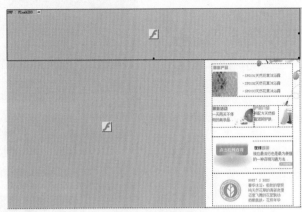

图 20-41　页面效果

22 完成企业类网站页面的制作,执行"文件 > 保存"命令,保存页面,并保存外部样式表文件,在浏览器中预览页面,效果如图 20-42 所示。

图 20-42　预览页面效果

20.1.3　实例小结

在本实例中主要运用了项目列表进行制作,整个制作过程中要求制作者熟练掌握项目列表的使用方法和技巧、文本与图片对齐的方式以及如何实现 Flash 动画背景透明,这些都需要熟练掌握,才能更加顺利地完成该页面的制作。

20.2 制作游戏类网站页面

游戏类网站页面与其他类型网站页面相比，在 Flash 动画和交互性方面可能会相对复杂一些。游戏类网站的页面不但要起到宣传的作用，还要在视觉效果上能够充分吸引浏览者的眼球，页面最终效果如图 20-43 所示。

图 20-43 页面最终效果

20.2.1 设计分析

本实例遵循了大部分游戏网站页面的设计风格，背景和边框运用比较暗的颜色，与页面主体内容的亮色形成鲜明的对比，既达到突出主体的效果，又不至于完全脱离背景，很好地把握了颜色之间的搭配。

20.2.2 实例制作

本实例首先完成的是页面顶部的 Flash 导航，而中间的主体部分又分为 3 个部分，从左到右依次进行制作，主体内容主要包括表单元素的插入、项目列表标签的添加和定义、Div 标签边框的设置，以及背景图像的定位。

动手实践——制作游戏类网站页面

目 最终文件：光盘 \ 最终文件 \ 第 20 章 \20-2.html

视频：光盘 \ 视频 \ 第 20 章 \20-2.swf

01 执行"文件 > 新建"命令，新建一个 HTML 页面，如图 20-44 所示。将其保存为"光盘 \ 源文件 \ 第 20 章 \20-2.html"。新建一个外部 CSS 样式表文件，将其保存为"光盘 \ 源文件 \ 第 20 章 \style\20-2.css"。返回

"20-2.html"页面中，链接刚创建的外部 CSS 样式表文件，设置如图 20-45 所示。

图 20-44 "新建文档"对话框

图 20-45 "使用现有的 CSS 文件"对话框

02 切换到"20-2.css"文件中，创建名为 * 的通配符 CSS 样式和名为 body 的标签 CSS 样式，如

图 20-46 所示。返回"20-2.html"页面中，可以看到页面的背景效果，如图 20-47 所示。

```
*{
    margin:0px;
    padding:0px;
    border:0px;
}
body{
    font-family:"宋体";
    font-size:12px;
    color:#666666;
    background-image:url(../images/19201.jpg);
    background-repeat:no-repeat;
    background-position:center top;
}
```

图 20-46 CSS 样式代码

图 20-47 页面效果

03 将光标放置在页面中，插入名为 box 的 Div，切换到外部 CSS 样式表文件中，创建名为 #box 的 CSS 样式，如图 20-48 所示。返回设计视图中，可以看到页面的效果，如图 20-49 所示。

```
#box{
    width:980px;
    height:100%;
    overflow:hidden;
    margin:0px auto;
}
```

图 20-48 CSS 样式代码

图 20-49 页面效果

04 将光标移至名为 box 的 Div 中，将多余文字删除，插入名为 flash 的 Div，切换到外部 CSS 样式表文件中，创建名为 #flash 的 CSS 样式，如图 20-50 所示。返回设计视图中，可以看到页面的效果，如图 20-51 所示。

```
}
#flash{
    width:980px;
    height:290px;
}
```

图 20-50 CSS 样式代码

图 20-51 页面效果

05 将光标移至名为 flash 的 Div 中，将多余文字删除，依次插入 Flash 动画"光盘 \ 源文件 \ 第 20 章 \images\20202.swf"和"光盘 \ 源文件 \ 第 20 章 \images\20203.swf"，如图 20-52 所示。在名为 flash 的 Div 之后插入名为 main 的 Div，切换到外部 CSS 样式表文件中，创建名为 #main 的 CSS 样式，如图 20-53 所示。

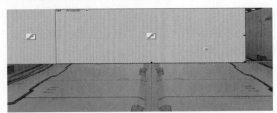

图 20-52 插入 flash 动画

```
#main{
    width:980px;
    height:100%;
    overflow:hidden;
}
```

图 20-53 CSS 样式代码

06 返回设计视图中，可以看到页面的效果，如图 20-54 所示。将光标移至名为 main 的 Div 中，将多余文字删除，插入名为 left 的 Div，切换到外部 CSS 样式表文件中，创建名为 #left 的 CSS 样式，如图 20-55 所示。

图 20-54 页面效果

```
#left{
    float:left;
    width:175px;
    height:100%;
    overflow:hidden;
}
```

图 20-55 CSS 样式代码

07 返回设计视图中，可以看到页面效果，如图 20-56 所示。将光标移至名为 left 的 Div 中，将多余文字删除，插入名为 login 的 Div，切换到外部 CSS 样式表文件中，创建名为 # login 的 CSS 样式，如

图20-57 所示。

图 20-56 页面效果

```
#login{
    width:155px;
    height:180px;
    padding-left:20px;
    background-image:url(../images/19204.jpg);
    background-repeat:no-repeat;
}
```

图 20-57 CSS 样式代码

08 返回设计视图中，可以看到页面的效果，如图 20-58 所示。将光标移至名为 login 的 Div 中，将多余文字删除，插入名为 login01 的 Div，切换到外部 CSS 样式表文件中，创建名为 # login01 的 CSS 样式，如图 20-59 所示。

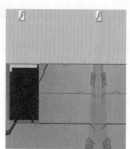

图 20-58 页面效果

```
#login01{
    width:149px;
    height:74px;
    text-align:center;
    background-image:url(../images/19205.jpg);
    background-repeat:no-repeat;
    padding:25px 3px 9px 3px;
    margin-bottom:8px;
}
```

图 20-59 CSS 样式代码

09 返回设计视图中，可以看到页面的效果，如图 20-60 所示。将光标移至名为 login01 的 Div 中，将多余文字删除，单击"插入"面板上的 "表单"选项卡中的"表单"按钮，插入表单域，如图 20-61 所示。

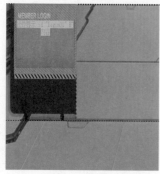

图 20-60 页面效果

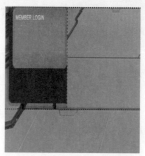

图 20-61 插入表单域

10 将光标移至表单域中，单击"插入"面板上的"表单"选项卡中的"文本"按钮，删除提示文字，如图 20-62 所示。选中插入的文本域，在"属性"面板中设置 Name 属性为 name，如图 20-63 所示。

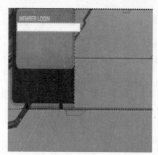

图 20-62 插入文本字段

图 20-63 设置"属性"面板

11 将光标移至该文本域后，按快捷键 Shift+Enter，插入换行符，单击"插入"面板上的"表单"选项卡中的"密码"按钮，插入密码域，将提示文字删除，如图 20-64 所示。选中刚插入的密码域，在"属性"中设置其 Name 属性为 pass，如图 20-65 所示。

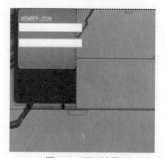

图 20-64 页面效果

图 20-65 设置"属性"面板

12　切换到外部 CSS 样式表文件中，创建名为 #name,#pass 的 CSS 样式，如图 20-66 所示。返回设计视图中，可以看到文本域的效果，如图 20-67 所示。

```
#name,#pass{
    width:79px;
    height:14px;
    color:#c0ae2f;
    border:1px solid #cfb526;
    background-color:#ffe742;
    margin-top:4px;
    margin-bottom:4px;
}
```

图 20-66　CSS 样式代码

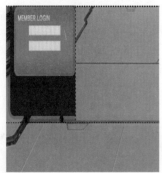

图 20-67　页面效果

13　将光标移至第一个文本域前，单击"插入"面板上的"表单"选项卡中的"图像按钮"按钮，在弹出的"选择图像源文件"对话框中选择相应的图像，单击"确定"按钮，选中刚插入的图像按钮，在"属性"面板上设置其 Name 属性为 button，如图 20-68 所示，在网页中可以看到所插入的图像按钮的效果，如图 20-69 所示。

图 20-68　设置"属性"面板

图 20-69　插入图像按钮

14　切换到外部 CSS 样式表文件中，创建名为 #button 的 CSS 样式，如图 20-70 所示。返回设计视图中，可以看到图像域的效果，如图 20-71 所示。

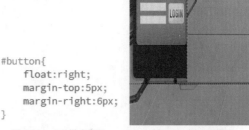

```
#button{
    float:right;
    margin-top:5px;
    margin-right:6px;
}
```

图 20-70　CSS 样式代码　　　图 20-71　插入图像域

15　将光标移至密码域后，按快捷键 Shift+Enter，插入换行符，依次插入相应的图像，如图 20-72 所示。切换到外部 CSS 样式表文件中，创建名为 #login01 img 的 CSS 样式，如图 20-73 所示。

```
#login01 img{
    margin-top:3px;
    margin-left:3px;
    margin-right:3px;
}
```

图 20-72　插入图像　　　图 20-73　CSS 样式代码

16　返回设计视图中，可以看到页面的效果，如图 20-74 所示。将光标移至名为 login01 的 Div 之后，插入图像"光盘 \ 源文件 \ 第 20 章 \images\20209.jpg"，如图 20-75 所示。

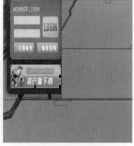

图 20-74　页面效果　　　图 20-75　插入图像

17　在名为 login 的 Div 之后插入名为 pic 的 Div，切换到外部 CSS 样式表文件中，创建名为 #pic 的 CSS 样式，如图 20-76 所示。返回设计视图中，页面效果如图 20-77 所示。

```
#pic{
    text-align:right;
    width:175px;
    height:391px;
}
```

图 20-76　CSS 样式代码　　　图 20-77　页面效果

18 将光标移至名为 pic 的 Div 中，将多余文字删除，依次插入相应的图像，效果如图 20-78 所示。使用相同的方法，完成其他相似内容的制作，页面效果如图 20-79 所示。

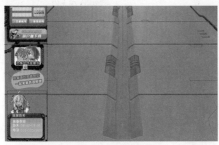

图 20-78 插入图像

图 20-79 页面效果

19 在名为 news_pic 的 Div 之后插入名为 news_text01 的 Div，切换到外部 CSS 样式表文件中，创建名为 #news_text01 的 CSS 样式，如图 20-80 所示。返回设计视图中，可以看到页面的效果，如图 20-81 所示。

```
#news_text01{
    width:282px;
    height:115px;
    line-height:23px;
}
```

图 20-80 CSS 样式代码

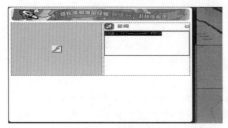

图 20-81 页面效果

20 将光标移至名为 news_text01 的 Div 中，将多余文字删除，插入相应的图像并输入文字，效果如图 20-82 所示。使用相同的方法，完成其他部分内容的制作，页面效果如图 20-83 所示。

图 20-82 页面效果

图 20-83 页面效果

21 在名为 news 的 Div 之后插入名为 right_pic 的 Div，切换到外部 CSS 样式表文件中，创建名为 #right_pic 的 CSS 样式，如图 20-84 所示。返回设计视图中，可以看到页面的效果，如图 20-85 所示。

```
#right_pic{
    width:582px;
    height:187px;
    border:1px solid #e5e5e5;
    padding-top:4px;
}
```

图 20-84 CSS 样式代码

图 20-85 页面效果

22 将光标移至名为 right_pic 的 Div 中，将多余文字删除，插入名为 photo 的 Div，切换到外部 CSS 样式表文件中，创建名为 #photo 的 CSS 样式，如图 20-86 所示。返回设计视图中，可以看到页面的效果，如图 20-87 所示。

```
#photo{
    float:left;
    width:289px;
    height:157px;
    background-image:url(../images/19219.jpg);
    background-repeat:no-repeat;
    background-position:8px 5px;
    padding-top:30px;
    padding-left:2px;
    padding-right:2px;
}
```

图 20-86 CSS 样式代码

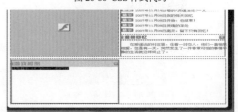

图 20-87 页面效果

23 将光标移至名为 photo 的 Div 中，将多余文字删除，依次插入相应的素材图像，页面效果如

图 20-88 所示。切换到外部 CSS 样式表文件中，创建名为 #photo img 的 CSS 样式，如图 20-89 所示。

图 20-88　页面效果

```
#photo img{
    margin:3px 3px;
}
```

图 20-89　CSS 样式代码

24 返回设计视图中，可以看到页面的效果，如图 20-90 所示。转换到代码视图中，为相应的图像添加项目列表代码，如图 20-91 所示。

图 20-90　页面效果

```
<div id="photo">
    <ul><li><img src="images/19220.jpg" width=
"90" height="69" /><img src="images/19221.jpg" width=
"90" height="69" /><img src="images/19222.jpg" width=
"90" height="69" />
    </li></ul>
<img src="images/19223.jpg" width="90"
height="69" /><img src="images/19224.jpg" width="90"
height="69" /><img src="images/19225.jpg" width="90"
height="69" /></div>
```

图 20-91　代码视图

25 切换到外部 CSS 样式表文件中，创建名为 #photo li 的 CSS 样式，如图 20-92 所示。返回设计视图中，可以看到页面的效果，如图 20-93 所示。

```
#photo li{
    list-style:none;
    border-top:1px solid #e5e5e5;
    padding-top:2px;
}
```

图 20-92　CSS 样式代码

图 20-93　页面效果

26 使用相同的方法，完成其他相似内容的制作，页面效果如图 20-94 所示。在名为 middle01 的 Div 之后插入名为 bottom 的 Div，切换到外部 CSS 样式表文件中，创建名为 #bottom 的 CSS 样式，如图 20-95 所示。

图 20-94　页面效果

```
#bottom{
    color:#FFFFFF;
    width:452px;
    height:126px;
    line-height:15px;
    padding-left:89px;
    padding-right:89px;
    padding-top:7px;
    background-image:
url(../images/19229.jpg);
    background-repeat:no-repeat;
}
```

图 20-95　CSS 样式代码

27 返回设计视图中，可以看到页面的效果，如图 20-96 所示。将光标移至名为 bottom 的 Div 中，将多余文字删除，输入相应的文字，如图 20-97 所示。

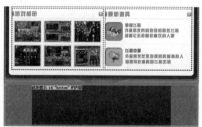

图 20-96　页面效果

图 20-97　输入文字

28 转换到代码视图中，为相应文字添加 <span> 标签，如图 20-98 所示。切换到外部 CSS 样式表文件中，创建名为 #bottom span 的 CSS 样式和名为 .font 的类 CSS 样式，如图 20-99 所示。

```
<div id="bottom" class="font">联系方式<span>|</span>地理位置式<span>|
</span>人才招聘式<span>|</span>业务合同式<span>|</span>客户留言式<span>|</
span>写信咨询式<span>|</span>我要帮助
    <p></p>
    <p> 地址:北京市朝阳区金台路嘉花大厦A座12312室<br >
       联系电话: 010-12345678  分机: 010-8765421<br >
       邮编: 100025</p>
</div>
```

图 20-98 代码视图

```
#bottom span{
    margin-left:5px;
    margin-right:5px;
}
.font{
    line-height:55px;
}
```

图 20-99 CSS 样式代码

29 返回设计视图中,为相应文字应用名为 font 的类 CSS 样式,效果如图 20-100 所示。在名为 middle 的 Div 之后插入名为 right 的 Div,切换到外部 CSS 样式表文件中,创建名为 #right 的 CSS 样式,如图 20-101 所示。

图 20-100 页面效果

```
#right{
    float:left;
    width:175px;
    height:521px;
    background-image:url(../images/19230.jpg);
    background-repeat:no-repeat;
    background-position:center top;
}
```

图 20-101 CSS 样式代码

30 返回设计视图中,可以看到页面的效果,如图 20-102 所示。将光标移至名为 right 的 Div 中,将多余文字删除,依次插入相应的素材图像,如图 20-103 所示。

图 20-102 页面效果

图 20-103 插入图像

31 切换到外部 CSS 样式表文件中,创建名为 .pic 的类 CSS 样式,如图 20-104 所示。返回设计视图中,为相应图像应用该类 CSS 样式,效果如图 20-105 所示。

```
.pic{
    margin-bottom:21px;
}
```

图 20-104 CSS 样式代码

图 20-105 页面效果

32 完成该页面的制作,执行"文件 > 保存"命令,保存该页面,在浏览器中预览该页面,效果如图 20-106 所示。

图 20-106 在浏览器中预览页面效果

20.2.3　实例小结

完成本实例的制作，用户需要能够掌握使用 DIV+CSS 对网页进行布局制作的方法，特别是使用 CSS 样式对背景图像进行定位的方法，并且在页面的制作过程中，涉及了表单元素、新闻列表等网页中常见的元素，需要掌握这些网页元素的制作方法。

20.3　制作儿童类网站页面

儿童类的网站通常会使用非常鲜明的色调与一些卡通动画的形象进行搭配，并且尽量为整个页面的氛围营造一种生命的活力与朝气，这样才能够真切地表现出儿童世界的欢乐与纯真，页面最终效果如图 20-107 所示。

图 20-107　页面最终效果

20.3.1　设计分析

本实例制作的是儿童类网站页面。在整体的色彩搭配上大部分以比较淡的红色、黄色、绿色和蓝色相互搭配，且整个页面色彩非常丰富，给人一种轻松、舒适的视觉感受。同时加入动画的运用为整个页面增添了很多活力。

20.3.2　实例制作

本实例的页面结构从整体上来看分为上、中、下 3 个部分，且中间部分又分为左、中、右 3 个部分。首先通过对 Div 标签的定义将大致的框架进行划分和定位，再完成里面内容的制作，顶部和底部均使用 Flash 动画进行展示。

动手实践——制作儿童类网站页面

📄 最终文件：光盘 \ 最终文件 \ 第 20 章 \20-3.html

🎬 视频：光盘 \ 视频 \ 第 20 章 \20-3.swf

01 执行"文件 > 新建"命令，新建一个 HTML 页面，如图 20-108 所示。将该页面保存为"光盘 \ 源文件 \ 第 20 章 \20-3.html"。新建一个外部 CSS 样式表文件，将其保存为"光盘 \ 源文件 \ 第 20 章 \style\20-3.css"。返回"20-3.html"页面中，链接刚创建的外部 CSS 样式表文件，设置如图 20-109 所示。

图 20-108 "新建文档"对话框

图 20-109 "使用现有的 CSS 文件"对话框

02 切换到"20-3.css"文件中，创建名为 * 的通配符 CSS 样式和名为 body 的标签 CSS 样式，如图 20-110 所示。返回"20-3.html"页面中，页面效果如图 20-111 所示。

```
*{
    margin:0px;
    padding:0px;
    border:0px;
}
body {
    font-family:"宋体";
    font-size:12px;
    color:#666666;
}
```

图 20-110 CSS 样式代码

图 20-111 页面效果

03 将光标放置在页面中，插入名为 box 的 Div，切换到外部 CSS 样式表文件中，创建名为 #box 的 CSS 样式，如图 20-112 所示。返回设计视图中，可以看到页面的效果，如图 20-113 所示。

```
#box{
    width:100%;
    height:100%;
    overflow:hidden;
    margin:0px auto;
    background-image:url(../images/19301.gif);
    background-repeat:repeat-x;
    background-position:center top;
}
```

图 20-112 CSS 样式代码

图 20-113 页面效果

04 将光标移至名为 box 的 Div 中，将多余文字删

除，插入名为 flash 的 Div，切换到外部 CSS 样式表文件中，创建名为 #flash 的 CSS 样式，如图 20-114 所示。返回设计视图中，可以看到页面的效果，如图 20-115 所示。

```
#flash{
    width:997px;
    height:360px;
}
```

图 20-114 CSS 样式代码

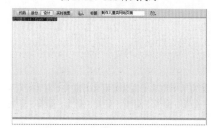

图 20-115 页面效果

05 将光标移至名为 flash 的 Div 中，将多余文字删除，插入 Flash 动画"光盘 \ 源文件 \ 第 20 章 \ images\20302.swf"，如图 20-116 所示。在名为 flash 的 Div 之后插入名为 main 的 Div，切换到外部 CSS 样式表文件中，创建名为 #main 的 CSS 样式，如图 20-117 所示。

图 20-116 插入 Flash 动画

```
#main{
    width:906px;
    height:940px;
}
```

图 20-117 CSS 样式代码

06 返回设计视图中，可以看到页面的效果，如图 20-118 所示。将光标移至名为 main 的 Div 中，将多余文字删除，插入名为 left 的 Div，切换到外部 CSS 样式表文件中，创建名为 #left 的 CSS 样式，如图 20-119 所示。

图 20-118 页面效果

```
#left{
    float:left;
    width:249px;
    height:100%;
    overflow:hidden;
    background-image:url(../images/19303.jpg);
    background-repeat:no-repeat;
    background-position:center top;
}
```

图 20-119 CSS 样式代码

07 返回设计视图中，可以看到页面的效果，如图 20-120 所示。将光标移至名为 left 的 Div 中，将多余文字删除，插入名为 login 的 Div，切换到外部 CSS 样式表文件中，创建名为 #login 的 CSS 样式，如图 20-121 所示。

图 20-120 页面效果

```
#login{
    width:185px;
    height:83px;
    margin:0px auto;
    background-image:url(../images/19304.gif);
    background-repeat:no-repeat;
    background-position:left top;
    padding-top:30px;
    text-align:center;
}
```

图 20-121 CSS 样式代码

08 返回设计视图中，可以看到页面的效果，如图 20-122 所示。将光标移至名为 login 的 Div 中，将多余文字删除，单击"插入"面板上的"表单"选项卡中的"表单"按钮，插入表单域，如图 20-123 所示。

图 20-122 页面效果

图 20-123 插入表单域

09 将光标移至刚插入的表单域中，单击"插入"面板上的"表单"选项卡中的"文本"按钮，插入文本域，删除提示文字，如图 20-124 所示。选中刚插入的文本域，在"属性"面板中设置其 Name 属性为 name，如图 20-125 所示。

图 20-124 页面效果

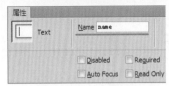

图 20-125 设置 Name 属性

10 将光标移至刚插入的文本域后，按快捷键 Shift+Enter，插入换行符，单击"插入"面板上的"表单"选项卡中的"密码"按钮，插入密码域，删除提示文字，如图 20-126 所示。选中刚插入的密码域，在"属性"面板上设置其 Name 属性为 pass，如图 20-127 所示。

图 20-126 页面效果

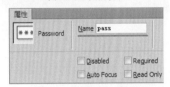

图 20-127 设置 Name 属性

11 切换到外部 CSS 样式表文件中，创建名为 #name,#pass 的 CSS 样式，如图 20-128 所示。返回设计视图中，效果如图 20-129 所示。

```
#name,#pass{
    height:16px;
    width:110px;
    color:#FFF;
    line-height:16px;
    border-width:0px;
    border:1px solid #376304;
    margin-top:5px;
    margin-bottom:5px;
    margin-right:7px;
    background-color:#4b9001;
}
```

图 20-128 CSS 样式代码

图 20-129 文本字段的效果

12 将光标移至第 1 个文本域前，单击"插入"面板上的"表单"选项卡中的"图像按钮"按钮，在弹出的"选择图像源文件"对话框中选择相应的图像，如图 20-130 所示。单击"确定"按钮，插入图像按钮，效果如图 20-131 所示。

图 20-130 "选择图像源文件"对话框

图 20-131 页面效果

13 选中刚插入的图像按钮，在"属性"面板上设置其 Name 属性为 button，如图 20-132 所示。切换到外部 CSS 样式表文件中，创建名为 #button 的 CSS 样式，如图 20-133 所示。

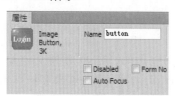

图 20-132 设置 Name 属性

```
#button{
    float:right;
    margin-right:3px;
}
```

图 20-133 CSS 样式代码

14 返回设计视图中，可以看到页面的效果，如图 20-134 所示。将光标移至密码域后，按快捷键 Shift+Enter，插入换行符，插入相应的图像，如图 20-135 所示。

图 20-134 页面效果

图 20-135 插入图像

15 切换到外部 CSS 样式表文件中，创建名为 #login img 的 CSS 样式，如图 20-136 所示。返回设计视图中，可以看到图像的效果，如图 20-137 所示。

```
#login img{
    margin-left:2px;
    margin-right:2px;
}
```

图 20-136 CSS 样式代码

图 20-137 图像效果

16 在名为 login 的 Div 之后插入名为 text 的 Div，切换到外部 CSS 样式表文件中，创建名为 #text 的 CSS 样式，如图 20-138 所示。返回设计视图中，可以看到页面的效果，如图 20-139 所示。

```
#text{
    width:211px;
    height:110px;
    line-height:22px;
    background-image:url(../images/19308.jpg);
    background-repeat:no-repeat;
    margin-top:120px;
    margin-left:19px;
    padding-top:46px;
}
```

图 20-138 CSS 样式代码

图 20-139 页面效果

17 将光标移至名为 text 的 Div 中，将多余文字删除，并输入文字，如图 20-140 所示。转换到代码视图中，为文字添加相应的标签，如图 20-141 所示。

图 20-140 输入文字

```
<ul>
    <li><span>[学习]</span>英语主题夏令营</li>
    <li><span>[声乐]</span>威尔第歌剧《弄臣》.</li>
    <li><span>[故事]</span>周日讲故事大赛..</li>
    <li><span>[游戏]</span>羽毛球比赛开展...</li>
    <li><span>[表演]</span>潜江小演员照片..</li>
</ul>
```

图 20-141 代码视图

18 切换到外部 CSS 样式表文件中，创建名为
#text li 和 #text span 的 CSS 样式，如图 20-142 所示。
返回设计视图中，可以看到文字的效果，如图 20-143
所示。

```
#text li{
    list-style:none;
    background-image:url(../images/19309.gif);
    background-repeat:no-repeat;
    background-position:center left;
    margin-left:20px;
    padding-left:10px;
}
#text span{
    color:#739f64;
    font-weight:bold;
    margin-right:5px;
}
```

图 20-142 CSS 样式代码

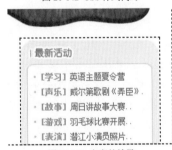

图 20-143 文字的效果

19 在名为 text 的 Div 之后插入名为 text01
的 Div，切换到外部 CSS 样式表文件中，创建名为
#text01 的 CSS 样式，如图 20-144 所示。返回设计
视图中，可以看到页面的效果，如图 20-145 所示。

```
#text01{
    width:211px;
    height:162px;
    margin-left:19px;
    padding-top:53px;
    background-image:url(../images/19310.jpg);
    background-repeat:no-repeat;
}
```

图 20-144 CSS 样式代码

图 20-145 页面效果

20 将光标移至名为 text01 的 Div 中，将多余文
字删除，插入名为 #text01_pic 的 Div，切换到外部
CSS 样式表文件中，创建名为 #text01_pic 的 CSS 样式，
如图 20-146 所示。返回设计视图中，可以看到页面
的效果，如图 20-147 所示。

```
#text01_pic{
    width:87px;
    height:132px;
    margin:0px auto;
    line-height:22px;
    background-image:url(../images/19311.gif);
    background-repeat:no-repeat;
    background-position:left center;
    padding-left:85px;
}
```

图 20-146 CSS 样式代码

图 20-147 图像效果

21 将光标移至名为 text01_pic 的 Div 中，将多余
文字删除，并输入文字，如图 20-148 所示。切换到
外部 CSS 样式表文件中，创建名为 .font 的类 CSS 样式，
如图 20-149 所示。

图 20-148 输入文字

```
.font{
    color:#739f64;
    font-weight:bold;
}
```

图 20-149 CSS 样式代码

22 返回设计视图中，为相应的文字应用该类 CSS 样式，效果如图 20-150 所示。将光标移至名为 text01_pic 的 Div 后，插入图像"光盘 \ 源文件 \ 第 20 章 \images\20312.gif"，如图 20-151 所示。

图 20-150 文字效果

图 20-151 插入图像

23 切换到外部 CSS 样式表文件中，创建名为 #text01 img 的 CSS 样式，如图 20-152 所示。返回设计视图中，可以看到页面的效果，如图 20-153 所示。

图 20-153 页面效果

```
#text01 img{
    margin-left:20px;
    margin-top:5px;
}
```
图 20-152 CSS 样式代码

24 在名为 text01 的 Div 之后插入名为 pic 的 Div，切换到外部 CSS 样式表文件中，创建名为 #pic 的 CSS 样式，如图 20-154 所示。返回设计视图中，可以看到页面的效果，如图 20-155 所示。

```
#pic{
    width:211px;
    height:177px;
    text-align:center;
    background-image:url(../images/19313.jpg);
    background-repeat:no-repeat;
    margin-left:19px;
    padding-top:31px;
}
```
图 20-154 CSS 样式代码

图 20-155 页面效果

25 将光标移至名为 pic 的 Div 中，将多余文字删除，插入相应的素材图像，如图 20-156 所示。切换到外部 CSS 样式表文件中，创建名为 #pic img 的 CSS 样式，如图 20-157 所示。

图 20-156 插入图像

```
#pic img{
    margin-top:2px;
    margin-bottom:2px;
}
```
图 20-157 CSS 样式代码

26 返回设计视图中，可以看到页面的效果，如图 20-158 所示。在名为 left 的 Div 之后插入名为 center 的 Div，切换到外部 CSS 样式表文件中，创建名为 #center 的 CSS 样式，如图 20-159 所示。

图 20-158 页面效果

```
#center{
    float:left;
    width:368px;
    height:100%;
    overflow:hidden;
}
```
图 20-159 CSS 样式代码

27 返回设计视图中，可以看到页面的效果，如图 20-160 所示。将光标移至名为 center 的 Div 中，将多余文字删除，插入名为 flv 的 Div，切换到外部 CSS 样式表文件中，创建名为 #flv 的 CSS 样式，如图 20-161 所示。

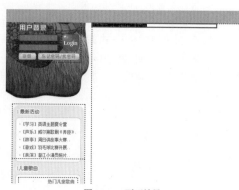
图 20-160 页面效果

```
#flv{
    width:338px;
    height:313px;
    background-image:url(../images/19317.gif);
    background-repeat:no-repeat;
    padding-top:50px;
    padding-left:15px;
    padding-right:15px;
}
```

图 20-161 CSS 样式代码

28 返回设计视图中，可以看到页面的效果，如图 20-162 所示。将光标移至名为 fiv 的 Div 中，将多余文字删除，单击"插入"面板上的"媒体"选项卡中 Flash Video 按钮，弹出"插入 Flv"对话框，设置如图 20-163 所示。

图 20-162 页面效果

图 20-163 "插入 Flv"对话框

29 单击"确定"按钮，即可插入 Flv 视频，页面效果如图 20-164 所示。在名为 flv 的 Div 之后插入名为 notice 的 Div，切换到外部 CSS 样式表文件中，创建名为 #notice 的 CSS 样式，如图 20-165 所示。

图 20-164 页面效果

```
#notice{
    width:283px;
    height:52px;
    color:#FFF;
    line-height:52px;
    background-image:url(../images/19319.gif);
    background-repeat:no-repeat;
    margin-top:15px;
    margin-bottom:15px;
    padding-left:65px;
    padding-right:20px;
}
```

图 20-165 CSS 样式代码

30 返回设计视图中，可以看到页面的效果，如图 20-166 所示。将光标移至名为 notice 的 Div 中，将多余文字删除，并输入文字，如图 20-167 所示。

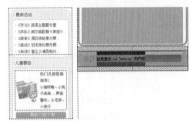

图 20-166 页面效果

图 20-167 输入文字

31 转换到代码视图中，为文字添加相应的代码，如图 20-168 所示。返回设计视图中，在名为 notice 的 Div 之后插入名为 hot 的 Div，切换到外部 CSS 样式表文件中，创建名为 #hot 的 CSS 样式，如图 20-169 所示。

```
<div id="notice"> <marquee direction="left" width="283" height=
"52" scrollamount="1" scrolldelay="18" onmouseover="start()">
欢迎来到儿童乐园，我们将竭诚为您提供服务！
</marquee></div>
```

图 20-168 代码视图

```
#hot{
    width:336px;
    height:120px;
    padding-top:31px;
    background-image:url(../images/19320.gif);
    background-repeat:no-repeat;
    background-position:top left;
    padding-left:16px;
    padding-right:16px;
}
```

图 20-169 CSS 样式代码

32 返回设计视图中，可以看到页面的效果，如图 20-170 所示。将光标移至名为 hot 的 Div 中，将多余文字删除，插入图像并输入文字，如图 20-171 所示。

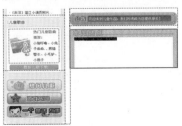

图 20-170 页面效果

图 20-171 页面效果

33 转换到代码视图中，为文字和图像添加相应的定义列表标签，如图 20-172 所示。切换到外部 CSS 样式表文件中，创建名为 #hot dt、#hot dd 和 #hot img 的 CSS 样式，如图 20-173 所示。

```html
<div id="hot">
    <dl>
        <dt><img src="images/19321.gif" width="14"
height="13" /><img src="images/19322.gif" width="41"
height="18" /></dt>
        <dd>[2009.3.5] 爱孩子要智爱不要溺爱 ...</dd>
        <dt><img src="images/19323.gif" width="14"
height="13" /><img src="images/19322.gif" width="41"
height="18" /></dt>
        <dd>[2009.3.5] 父爱对孩子智力影响比母爱更大 ...</dd
>
        <dt><img src="images/19324.gif" width="14"
height="13" /><img src="images/19325.gif" width="41"
height="18" /></dt>
        <dd>[2009.3.5] 如何教会宝宝控制大小便 ...</dd>
        <dt><img src="images/19326.gif" width="14"
height="13" /><img src="images/19325.gif" width="41"
height="18" /></dt>
        <dd>[2009.3.5] 让宝宝怎样爱上白开水 ...</dd>
        <dt><img src="images/19327.gif" width="14"
height="13" /><img src="images/19328.gif" width="41"
height="18" /></dt>
        <dd>[2009.3.5] 可以让孩子更耐寒的食品 ...</dd>
    </dl>
</div>
```

图 20-172 代码视图

```css
#hot dt{
    float:left;
    list-style:none;
    width:65px;
    height:23px;
}
#hot dd{
    float:left;
    width:271px;
    height:23px;
    line-height:23px;
    border-bottom:1px dashed #8597b4;
    color:#5583b7;
}
#hot img{
    margin-top:2px;
    margin-right:5px;
}
```

图 20-173 CSS 样式代码

34 返回设计视图中，可以看到页面的效果，如图 20-174 所示。在名为 hot 的 Div 之后插入名为 story 的 Div，切换到外部 CSS 样式表文件中，创建名为 #story 的 CSS 样式，如图 20-175 所示。

图 20-174 页面效果

```css
#story{
    width:345px;
    height:92px;
    line-height:23px;
    background-image:url(../images/19329.jpg);
    background-repeat:no-repeat;
    margin-top:15px;
    margin-bottom:15px;
    padding:39px 11px 9px 11px;
}
```

图 20-175 CSS 样式代码

35 返回设计视图中，可以看到页面的效果，如图 20-176 所示。将光标移至名为 story 的 Div 中，将多余文字删除，插入图像并输入文字，如图 20-177 所示。

图 20-176 页面效果

图 20-177 页面效果

36 切换到外部 CSS 样式表文件中，创建名为 #story img 的 CSS 样式，如图 20-178 所示。返回设计视图中，可以看到页面的效果，如图 20-179 所示。

```css
#story img{
    float:left;
    margin-right:10px;
}
```

图 20-178 CSS 样式代码

故事乐园

寒号鸟 豹王之子的故事 后来居上
把我装回去 感情化了的电视机
李敖酷论：毛泽东的玄武门之变
钢铁是怎样炼成的 更多...

图 20-179 页面效果

37 在名为 story 的 Div 之后插入名为 news 的 Div，切换到外部 CSS 样式表文件中，创建名为 #news 的 CSS 样式，如图 20-180 所示。返回设计视图中，可以看到页面的效果，如图 20-181 所示。

```
#news{
    width:336px;
    height:133px;
    background-image:url(../images/19331.jpg);
    background-repeat:no-repeat;
    padding:35px 16px 6px 16px;
}
```

图 20-180 CSS 样式代码

图 20-181 页面效果

38 将光标移至名为 news 的 Div 中，将多余文字删除，插入相应的图像，如图 20-182 所示。转换到代码视图，为图像添加相应的标签，如图 20-183 所示。

图 20-182 插入图像

```
<div id="news">
    <ul>
        <li><img src="images/19332.gif"
width="97" height="84" /></li>
        <li><img src="images/19333.gif"
width="97" height="84" /></li>
        <li><img src="images/19334.gif"
width="97" height="86" /></li>
    </ul>
</div>
```

图 20-183 添加项目列表标签

39 切换到外部 CSS 样式表文件中，创建名为 #news li 的 CSS 样式，如图 20-184 所示。返回设计视图中，可以看到图像的效果，如图 20-185 所示。

```
#news li{
    width:97px;
    height:130px;
    line-height:20px;
    list-style:none;
    float:left;
    padding-left:6px;
    padding-right:6px;
}
```

图 20-184 CSS 样式代码

图 20-185 图像效果

40 将光标移至第 1 张图像后，按快捷键 Shift+Enter，插入换行符，并输入相应的文字，效果如图 20-186 所示。使用相同的方法，完成页面其他部分内容的制作，页面效果如图 20-187 所示。

图 20-186 输入文字

图 20-187 页面效果

41 完成该页面的制作，执行"文件 > 保存"命令，保存页面，在浏览器中预览该页面的效果，如图 20-188 所示。

图 20-188 在浏览器中预览页面

20.3.3 实例小结

本实例主要希望用户掌握图像和文字之间的搭配和定位，其包括该页面绝大部分的制作步骤。同时需要熟练掌握的是运用 CSS 样式和类 CSS 样式对图像和文字进行控制，并且图像与文字同在的 Div 标签的大小一定要精确，不然将无法对标签内的图像和文字进行精确定位。

20.4 本章小结

本章通过 3 个具有代表性的商业网站实例，向用户介绍了在 Dreamweaver CC 中制作网站页面的方法和技巧。希望通过实例的制作，使用户能够熟练掌握网站制作的方法，并通过自己的努力和不断练习，早日成为网页制作的高手。